中国可持续发展研究会人居环境专业委员会
中国可持续发展研究会创新与绿色发展专业委员会　联合策划

中国落实2030年可持续发展议程目标11评估报告

# 中国城市人居蓝皮书
# （2022）

张晓彤　邵超峰　周　亮　主编

U0295991

中国城市出版社

第三篇　实践案例

# 第一篇 政策指引

▼ 住房保障方向政策

▼ 公共交通方向政策

▼ 规划管理方向政策

▼ 遗产保护方向政策

▼ 防灾减灾方向政策

▼ 环境改善方向政策

▼ 公共空间方向政策

▼ 城乡融合方向政策

▼ 低碳韧性方向政策

▼ 对外援助方向政策

## 1.1 住房保障方向政策

SDG11.1：到2030年，确保人人获得适当、安全和负担得起的住房和基本服务，并改造贫民窟。

《中国落实2030年可持续发展议程国别方案》承诺：推动公共租赁住房发展。到2030年，基本完成现有城镇棚户区、城中村和危房改造任务。加大农村危房改造力度，对贫困农户维修、加固、翻建危险住房给予补助。

**持续实施农村危房改造和抗震改造，逐步建立农村低收入群体住房安全保障长效机制。**保障农村低收入群体住房安全，巩固拓展脱贫攻坚成果同乡村振兴有效衔接。住房和城乡建设部等4部门印发《关于做好农村低收入群体等重点对象住房安全保障工作的实施意见》，明确继续实施农村危房改造和地震高烈度设防地区农房抗震改造，对保障对象、保障方式、具体工作等内容作出规定，提出健全农房安全动态监测机制、加强质量安全管理、提升农房建设品质、加强监督和激励引导4个方面工作任务。2021年，农村低收入群体危房改造和抗震改造开工49.29万户。深入开展农村房屋安全隐患排查整治，住房和城乡建设部办公厅组织编制"农村自建房安全常识"一张图，要求各地加强农村自建房安全常识宣传。

**明确工作衡量标准，加强配套设施建设，全面推进城镇老旧小区改造。**为解决城镇老旧小区改造地方工作中存在的问题，住房和城乡建设部办公厅、国家发展改革委办公厅、财政部办公厅印发《关于进一步明确城镇老旧小区改造工作要求的通知》，从民生工程底线要求、需要重点破解的难点问题和督促指导工作机制等方面明确城镇老旧小区改造工作衡量标准。为推进配套设施建设，国家发展改革委、住房和城乡建设部印发《关于加强城镇老旧小区改造配套设施建设的通知》，要求摸排城镇老旧小区改造配套设施短板和安全隐患，作为重点内容优先改造，并对资金保障、项目监管、长效管理机制等方面提出要求。在政府投资重点保障方面明确，中央预算内投资全部用于城镇老旧小区改造配套设施建设项目。2021年全国新开工改造城镇老旧小区5.56万个，惠及居民965万户。

**明确基础制度和支持政策，加快发展保障性租赁住房，着力解决新市民、青年人住房困难问题。**国务院办公厅印发《关于加快发展保障性租赁住房的意见》（以下简称《意见》），明确我国住房保障体系以公租房、保障性租赁住房和共有产权住房为主体。《意见》提出明确对象标准、引导多方参与、坚持供需匹配、严格监督管理、落实地方责任5项基础制度，提出对保障性租赁住房的土地、财税、金融等支持政策以及相应的审批制度改革措施。

在资金支持方面，为规范中央预算内投资支持保障性租赁住房建设有关项目管理，国家发展改革委印发《保障性租赁住房中央预算内投资专项管理暂行办法》，对该专项的支持范围和标准、资金申请、资金下达及调整、监管措施等作出规范。在住房建设管理方面，住房和城乡建设部办公厅印发《关于集中式租赁住房建设适用标准的通知》，分类明确宿舍型（包括公寓型）、住宅型租赁住房适用的工程设计标准，为集中式租赁住房设计、施工、验收等提供依据。在实施监测评价方面，住房和城乡建设部等5部门印发《关于做好2021年度发展保障性租赁住房情况监测评价工作的通知》，要求从发展目标、支持政策、工作机制、监督管理、工作成效等五个方面开展监测评价，明确具体内容及评分标准。

2021年，全国40个城市开工建设和筹集保障性租赁住房94.2万套。住房和城乡建设部总结部分城市在保障性租赁住房目标任务制定、筹建渠道拓展、联审机制建立等方面的经验做法，形成《发展保障性租赁住房 可复制可推广经验清单（第一批）》。

**持续整治规范房地产市场秩序，加强住房租赁企业监管，促进住房租赁市场健康发展。**住房和城乡建设部等8部门联合印发《关于持续整治规范房地产市场秩序的通知》，对房地产开发、房屋买卖、住房租赁、物业服务方面提出重点整治要求，并要求依法有效开展整治工作，建立制度化常态化整治机制。

针对房地产市场监管，中国银保监会办公厅、住房和城乡建设部办公厅、中国人民银行办公厅联合发布《关于防止经营用途贷款违规流入房地产领域的通知》，加强经营用途贷款管理，支持实体经济，促进房地产市场平稳健康发展。针对住房租赁企业监管，住房和城乡建设部等6部门联合印发《关于加强轻资产住房租赁企业监管的意见》，对从事转租经营的轻资产住房租赁企业，明确从业管理、住房租赁经营行为、住房租赁资金监管、禁止套取使用住房租赁消费贷款、调控住房租金水平等方面的监管措施。为进一步支持住房租赁市场发展，财政部、国家税务总局、住房和城乡建设部发布《关于完善住房租赁有关税收政策的公告》，对住房租赁企业特定出租收入提出税收优惠政策（表1.1）。

**2021年中央政府发布住房保障方向政策一览** 表1.1

| 发布时间 | 发布政策 | 发布机构 |
|---|---|---|
| 2021年3月 | 《关于防止经营用途贷款违规流入房地产领域的通知》 | 中国银保监会办公厅、住房和城乡建设部办公厅、中国人民银行办公厅 |
| 2021年4月 | 《关于做好农村低收入群体等重点对象住房安全保障工作的实施意见》 | 住房和城乡建设部、财政部、民政部、国家乡村振兴局 |
| 2021年4月 | 《关于加强轻资产住房租赁企业监管的意见》 | 住房和城乡建设部、国家发展改革委、公安部、市场监管总局、国家网信办、银保监会 |
| 2021年5月 | 《保障性租赁住房中央预算内投资专项管理暂行办法》 | 国家发展改革委 |
| 2021年5月 | 《关于集中式租赁住房建设适用标准的通知》 | 住房和城乡建设部办公厅 |
| 2021年7月 | 《关于加快发展保障性租赁住房的意见》 | 国务院办公厅 |

| 发布时间 | 发布政策 | 发布机构 |
| --- | --- | --- |
| 2021年7月 | 《关于持续整治规范房地产市场秩序的通知》 | 住房和城乡建设部、国家发展改革委、公安部、自然资源部、国家税务总局、国家市场监督管理总局、中国银行保险监督管理委员会、国家互联网信息办公室 |
| 2021年7月 | 《关于完善住房租赁有关税收政策的公告》 | 财政部、国家税务总局、住房和城乡建设部 |
| 2021年9月 | 《关于加强城镇老旧小区改造配套设施建设的通知》 | 国家发展改革委、住房和城乡建设部 |
| 2021年11月 | 《关于加强农村自建房安全常识宣传的通知》 | 住房和城乡建设部办公厅 |
| 2021年11月 | 《关于做好2021年度发展保障性租赁住房情况监测评价工作的通知》 | 住房和城乡建设部、国家发展改革委、财政部、自然资源部、国家税务总局 |
| 2021年11月 | 《发展保障性租赁住房 可复制可推广经验清单（第一批）》 | 住房和城乡建设部 |
| 2021年12月 | 《关于进一步明确城镇老旧小区改造工作要求的通知》 | 住房和城乡建设部办公厅、国家发展改革委办公厅、财政部办公厅 |

## 1.2 公共交通方向政策

目标 11·2

负担得起、可持续的交通运输系统

SDG11.2：到2030年，向所有人提供安全、负担得起的、易于利用、可持续的交通运输系统，改善道路安全，特别是扩大公共交通，要特别关注处境脆弱者、妇女、儿童、残疾人和老年人的需要。

《中国落实2030年可持续发展议程国别方案》承诺：实施公共交通优先发展战略，完善公共交通工具无障碍功能，推动可持续城市交通体系建设。2020年初步建成适应小康社会需求的现代化城市公共交通体系。

推进交通基础设施数字化、网联化，提升交通运输智慧发展水平。改善交通运输服务，满足不同群体出行需求。中共中央、国务院印发《国家综合立体交通网规划纲要》（以下简称《纲要》），推进交通强国建设，构建便捷顺畅、经济高效、绿色集约、智能先进、安全可靠的现代化高质量国家综合立体交通网。在综合交通统筹融合发展方面，《纲要》提出推进交通基础设施网与运输服务网、信息网、能源网融合发展。交通运输部印发《交通运输领域新型基础设施建设行动方案（2021—2025年）》，提出打造重点工程、形成应用场景、制修订标准规范，促进交通基础设施网与三网融合。在综合交通智慧发展方面，《纲要》提出推动智能网联汽车与智慧城市协同发展，建设城市道路、建筑、公共设施融合感知体系，打造智慧出行平台。住房和城乡建设部、工业和信息化部印发通知，分批次先后确定北京、上海、重庆等16个城市开展智慧城市基础设施与智能网联汽车协同发展试点，加快推进智能化基础设施、新型网络设施、车城网平台建

设，完善标准制度。在交通运输人文建设方面，《纲要》要求加强无障碍设施建设，完善无障碍装备设备，提高特殊人群出行便利程度和服务水平；健全老年人交通运输服务体系，满足老龄化社会交通需求。针对老年人在运用智能技术方面遇到的"数字鸿沟"，交通运输部将"便利老年人打车出行"纳入2021年交通运输更贴近民生实事重点推进。

持续开展国家公交都市建设，改善步行交通系统环境，推进城市绿色出行。深入落实城市公共交通优先发展战略，持续开展国家公交都市建设。经评估验收，交通运输部命名太原市、长春市、重庆市、贵阳市、昆明市、兰州市、西宁市为第四批国家公交都市建设示范城市，要求示范城市按照《关于开展国家公交都市建设示范城市动态评估工作的通知》，建立健全国家公交都市建设的长效机制，持续提升城市公共交通治理水平。

保障城市步行和自行车交通出行安全，提升步行交通空间品质。住房和城乡建设部、国家

市场监督管理总局联合发布《城市步行和自行车交通系统规划标准》GB/T 51439—2021，对城市交通网络、通行空间、过街设施、停驻空间、交通环境、交通信号、交通标志标线等步行交通系统提出规划要点和控制要求。

深化绿色出行创建行动，加强对不同类型城市的分类指导。交通运输部办公厅和国家发展改革委办公厅联合印发《绿色出行创建行动考核评价标准》，从创建实施方案完成情况和创建目标完成情况两个方面进行考核评价。评价标准包括政策体制机制保障、基础设施建设、交通服务创新、宣传和文化建设等方面。

全面推动农村交通基础设施建设和交通运输服务品质提升，深化"四好农村路"示范创建。交通运输部印发《关于巩固拓展交通运输脱贫攻坚成果全面推进乡村振兴的实施意见》，围绕乡村振兴总要求，从建管养运和行业治理角度提出支撑保障乡村振兴战略实施的主要任务，通过道路交通提档升级、改善农村交通环境、提升运输服务供给、强化管理养护升级、加强组织文化建设等方面推进农村交通高质量发展。持续开展"四好农村路"示范创建，为乡村振兴战略提供

支撑。交通运输部等4部门印发《关于深化"四好农村路"示范创建工作的意见》，提出"四好农村路"创建标准、工作程序、工作要求等。围绕农村公路治理能力提升、农村公路网络体系建设、农村公路管养保障体系、农村公路管理信息化水平等方面明确示范创建标准。

推进农村客运体系高质量发展，加强重点时段安全便捷出行保障，改善农村地区交通出行条件。推进建设安全、便捷、舒适、经济的农村客运体系，提升农村地区基本出行服务保障能力。交通运输部、公安部等9部委印发《关于推动农村客运高质量发展的指导意见》，以提升均等化水平、优化供给模式、构建长效机制、促进产业融合等为重点，指导农村客运体系高质量发展。针对农村群众农忙时节出行、农民工返乡返岗出行等重点时段群体性、潮汐性出行需求，交通运输部办公厅、农业农村部办公厅印发《关于加强农村地区重点时段群众出行服务保障工作的通知》，通过提升农村客运安全应急保障能力、引导选乘合规交通工具、强化资金政策支持等方式多部门协同、因地制宜加强安全便捷出行保障（表1.2）。

**2021年中央政府发布公共交通方向政策一览**　　　　　　　　　　　　　　　　表1.2

| 发布时间 | 发布政策 | 发布机构 |
| --- | --- | --- |
| 2021年2月 | 《国家综合立体交通网规划纲要》 | 中共中央、国务院 |
| 2021年4月 | 《城市步行和自行车交通系统规划标准》GB/T 51439—2021 | 住房和城乡建设部、国家市场监督管理总局 |
| 2021年5月 | 《关于深化"四好农村路"示范创建工作的意见》 | 交通运输部、财政部、农业农村部、国家乡村振兴局 |
| 2021年5月 | 《关于巩固拓展交通运输脱贫攻坚成果全面推进乡村振兴的实施意见》 | 交通运输部 |
| 2021年6月 | 《关于加强农村地区重点时段群众出行服务保障工作的通知》 | 交通运输部办公厅、农业农村部办公厅 |
| 2021年7月 | 《关于命名太原市等7个城市国家公交都市建设示范城市的通报》 | 交通运输部 |

| 发布时间 | 发布政策 | 发布机构 |
|---|---|---|
| 2021年8月 | 《关于推动农村客运高质量发展的指导意见》 | 交通运输部、公安部、财政部、自然资源部、农业农村部、文化和旅游部、国家乡村振兴局、国家邮政局、中华全国供销合作总社 |
| 2021年8月 | 《交通运输领域新型基础设施建设行动方案（2021—2025年）》 | 交通运输部 |
| 2021年10月 | 《绿色出行创建行动考核评价标准》 | 交通运输部办公厅、国家发展改革委办公厅 |
| 2021年11月 | 《关于开展国家公交都市建设示范城市动态评估工作的通知》 | 交通运输部 |

# 1.3 规划管理方向政策

目标 11·3

包容、可持续的城市
建设

SDG11.3：到2030年，在所有国家加强包容和可持续的城市建设，加强参与性、综合性、可持续的人类住区规划和管理能力。

《中国落实2030年可持续发展议程国别方案》承诺：推进以人为核心的新型城镇化，提高城市规划、建设、管理水平。到2020年，通过城市群、中小城市和小城镇建设优化城市布局，努力打造和谐宜居、富有活力、各具特色的城市。完善社会治理体系，实现政府治理和社会调节、居民自治良性互动。

加快构建国土空间规划技术标准体系，以标准化手段全面助力国土空间规划体系建立和监督实施。我国基本建立"多规合一"的国土空间规划体系，基本完成市县以上各级国土空间总体规划编制，统筹推进省以下各级国土空间规划编制。截至2021年12月31日，我国除港澳台地区之外的31个省级行政区中，有28个已经发布省级国土空间规划征求意见稿。

为加快建立全国统一的国土空间规划技术标准体系，自然资源部、国家标准化管理委员会印发《国土空间规划技术标准体系建设三年行动计划（2021—2023年）》提出，到2023年，编制修订标准30余项，形成一批（包含基础通用、编制审批、实施监督、信息技术标准方面）国土空间规划标准，基本建立多规合一、统筹协调、包容开放、科学适用的国士空间规划技术标准体系。

基础通用类标准支撑国土空间规划全流程管理，强化基础标准的约束作用。自然资源部发布《国土空间规划城市设计指南》TD/T 1065—

2021、《社区生活圈规划技术指南》TD/T 1062—2021、《城区范围确定规程》TD/T 1064—2021等行业标准，加强对各类规划编制的指导。编制审批类标准规范相关细则，支撑不同类别国土空间总体规划、详细规划和相关专项规划编制或审批。自然资源部发布《市级国土空间总体规划制图规范（试行）》《都市圈国土空间规划编制规程》等行业标准。实施监督类标准规范工作机制，提高国土空间规划的监管水平。自然资源部发布行业标准《国土空间规划城市体检评估规程》TD/T 1063—2021，按照"一年一体检、五年一评估"的方式，对城市发展特征及规划实施效果定期进行分析和评价。从城市发展状态和规划实施动态两个方面，确立体检评估指标及其标准，明确城市体检评估的工作流程。信息技术类标准整合各类空间关联数据，规范建立全国统一的国土空间基础信息平台。国家标准《国土空间规划"一张图"实施监督信息系统技术规范》GB/T 39972—2021发布并实施。自然资源部发布《国土空间用途管制数据规范（试行）》

《市级国土空间总体规划数据库规范（试行）》行业标准，规范开展国土空间规划空间数据信息化建设，构建"全域、全要素、全流程、全生命周期"的空间数据标准体系。

**严格耕地用途管制，细化临时用地管理制度，优化配置区域城乡土地资源，促进耕地保护和节约集约用地。** 为进一步加大耕地保护力度，从严落实耕地占补平衡，自然资源部、农业农村部、国家林业和草原局印发《关于严格耕地用途管制有关问题的通知》，明确永久基本农田特殊保护制度、一般耕地转为其他农用地、耕地占补平衡、违法违规处置等方面规定。

细化临时用地管理制度。自然资源部印发规范性文件《关于规范临时用地管理的通知》，对《土地管理法》和《土地管理法实施条例》确立的临时用地管理制度进行补充和细化，以解决临时用地范围界定不规范、超期使用严重、使用后复垦不到位及违规批准临时用地等突出问题，切实加强耕地保护，促进节约集约用地。

探索城乡土地资源统筹，落实乡村振兴战略、区域协调发展战略。自然资源部、财政部、国家乡村振兴局印发《巩固拓展脱贫攻坚成果同乡村振兴有效衔接过渡期内城乡建设用地增减挂钩节余指标跨省域调剂管理办法》，5年过渡期内允许深度贫困地区继续开展城乡建设用地增减挂钩节余指标跨省域调剂。明确由国家统一下达调剂任务，统一确定调剂价格标准，统一资金收取和支出。

**转变城市开发建设方式，推进实施城市更新行动，推动城市结构优化、功能完善和品质提升。** 因地制宜探索城市更新的工作机制、实施模式、配套制度政策。住房和城乡建设部办公厅印发《关于开展第一批城市更新试点工作的通知》，确定在北京、唐山、厦门等21个城市（区）开展

为期2年的第一批城市更新试点工作，形成可复制、可推广的经验做法，推动城市结构优化、功能完善和品质提升，引领城市转型发展。根据住房和城乡建设部数据统计，截至2021年底，全国411个城市共实施2.3万个城市更新项目。

建立完善城市体检评估体系，扩大城市体检范围，精准治理"城市病"。住房和城乡建设部印发《关于开展2021年城市体检工作的通知》，将城市体检范围扩大到59个样本城市，围绕生态宜居、健康舒适、安全韧性、交通便捷、风貌特色等8个方面制定65项指标，指导工作开展。防止城市更新中过度开发、大拆大建、风貌破坏等问题。住房和城乡建设部印发《关于在实施城市更新行动中防止大拆大建问题的通知》，提出底线控制、应留尽留、结合地方实际推进改造提升等要求，指导各地积极稳妥实施城市更新行动。住房和城乡建设部、应急管理部印发《关于加强超高层建筑规划建设管理的通知》，严格管控新建超高层建筑高度。

在城市功能完善方面，加强城镇老旧小区改造。国家发展改革委、住房和城乡建设部等部委印发《关于加强城镇老旧小区改造配套设施建设的通知》《关于进一步明确城镇老旧小区改造工作要求的通知》，强化资金保障，优先支持城镇老旧小区改造配套设施建设，明确城镇老旧小区改造工作衡量标准。住房和城乡建设部总结各地在城镇老旧小区改造中开展美好环境与幸福生活共同缔造活动的经验做法，形成《城镇老旧小区改造可复制政策机制清单（第三批）》。完善城市停车设施有效供给，改善交通环境。国务院办公厅转发国家发展改革委等部门《关于推动城市停车设施发展的意见》，要求以市场化、法制化方式推动城市停车设施发展，提高综合管理能力。为推进工作落实，国家发展改革委、住房和城乡

建设部等4部门联合发布《关于近期推动城市停车设施发展重点工作的通知》，从完善标准规划、建立指标体系、加快停车设施建设、制定用地支持政策、加大金融支持力度、加强充电设施保障等10个方面对推动城市停车设施发展工作提出要求。

**运用数字技术提升城乡建设管理数字化智能化水平，推动建设"一网统管"的城市运行管理服务平台。加快推进新型城市基础设施、数字乡村建设。**住房和城乡建设部办公厅印发《关于全面加快建设城市运行管理服务平台的通知》提出，2023年底前，所有省、自治区建成省级城市运管服平台，地级以上城市基本建成城市运管服平台。要求围绕城市运行安全高效健康、城市管理干净整洁有序、城市服务精准精细精致，以物联网、大数据、人工智能、5G移动通信等前沿技术为支撑，整合相关信息系统，加强对城市运行管理服务状况的实时监测、动态分析、统筹协调、指挥监督和综合评价。住房和城乡建设部发布行业标准《城市运行管理服务平台技术标准》CJJ/T 312—2021、《城市运行管理服务平台数据标准》CJ/T 545—2021，健全信息化平台，指导构建工作体系，推进国家、省、市三级城市运行管理服务平台建设。

我国新型城市基础设施建设扩大试点范围，2021年增加天津滨海新区、烟台、温州、长沙、常德等为试点城市（区），重点开展城市信息模型（CIM）基础平台建设、智能市政、智慧出行、智慧社区、智能建造等一系列专项试点。住房和城乡建设部总结CIM基础平台建设试点经验，修订《城市信息模型（CIM）基础平台技术导则》，进一步完善CIM基础平台的技术要求，支撑智慧城市建设。为推进物联网等新兴技术在智慧城市、数字乡村、智能交通、智慧建造等领域的应用。工信部等8部门联合印发《物联网新型基础设施建设三年行动计划（2021—2023年）》，从技术创新、产业培育、融合应用等方面推进物联网新型基础设施建设，提升社会管理与公共服务的智能化水平。

因地制宜、分类推进数字乡村建设，逐步探索具有本地特色的数字乡村发展路径。中央网信办、农业农村部、国家发展改革委等7部门联合制定《数字乡村建设指南1.0》，提出数字乡村建设的总体参考框架（包含信息基础设施、公共支撑平台、数字应用场景、建设运营管理、保障体系建设等方面）和若干可参考的应用场景。指南从省、县两级层面，指导以县域为基本单元的数字乡村的建设、运营和管理，为推进乡村全面振兴提供支撑。

**统筹推进城乡社区治理，完善城乡社区服务体系，加快建设完整居住社区，为推进基层治理体系和治理能力现代化建设奠定基础。**中共中央、国务院印发《关于加强基层治理体系和治理能力现代化建设的意见》（以下简称《意见》）指出：统筹推进乡镇（街道）和城乡社区治理，是实现国家治理体系和治理能力现代化的基础工程。《意见》要求完善党全面领导的基层治理制度，以加强基层政权建设和健全基层群众自治制度为重点，提高基层治理社会化、法治化、智能化、专业化水平。

"十四五"期间，我国将完善城乡社区服务体系，推动基本公共服务资源向社区下沉。国务院办公厅印发《"十四五"城乡社区服务体系建设规划》（以下简称《规划》），从完善城乡社区服务格局、增强服务供给、提升服务效能、加快数字化建设、加强人才队伍建设等方面，明确主要指标、行动计划和重大工程。《规划》提出，以老年人、残疾人、未成年人、困难家庭等为重点，优先发展社区养老、托育等服务，大力发展社区生活性服务业。

住房和城乡建设部总结地方实践经验，制定《完整居住社区建设指南》（以下简称《指南》），指导各地统筹推进完整居住社区建设工作。《指南》明确了完整居住社区的概念和内涵，提出完整居住社区建设的基本要求，细化了完善基本公共服务设施、便民商业服务设施、市政配套基础设施、公共活动空间、物业管理全覆盖、社区管理机制等建设指引。

**推动生活性服务业向高品质和多样化升级，为社区居民提供精准化、精细化服务。提升社区商业服务水平，推进城市一刻钟便民生活圈建设。**围绕生活性服务业补短板、上水平，提高居民生活品质，国务院办公厅转发国家发展改革委《关于推动生活性服务业补短板上水平提高人民生活品质的若干意见》，分基本公共服务、普惠性生活服务、社区便民服务三大类，从场地设施、品牌建设、人力资源、数字化赋能、市场培育、营商环境等方面提出"生活性服务业30条"任务措施，提出我国生活性服务业发展的重点任务和实施路径，着力加强公益性、基础性服务业供给，加快发展健康、养老、育幼、文化、旅游、体育、家政、物业等生活性服务业。

为满足居民便利生活和日常消费需求，丰富社区商圈，提升社区商业服务水平，商务部、住房和城乡建设部等部门先后发布《关于推进城市一刻钟便民生活圈建设的意见》《城市一刻钟便民生活圈建设指南》，鼓励有条件的物业服务企业向养老、托育、家政、邮政快递、前置仓等领域延伸，推动"物业服务＋生活服务"，提升消费便利化、品质化水平。确定北京市东城区等30个地区为全国首批城市一刻钟便民生活圈试点地区，重点探索和推广商业网点布局、设施配

套、业态提升、市场发展等方面的经验。为加快数字化家庭生活服务系统，强化宜居住宅和新型城市基础设施建设，住房和城乡建设部等16部委联合印发《关于加快发展数字家庭 提高居住品质的指导意见》，明确数字家庭服务功能、工程设施建设、平台系统建设三方面重点任务。

**统筹解决"一老一小"问题，推进老年友好城市、儿童友好城市建设。**国务院印发《"十四五"国家老龄事业发展和养老服务体系规划》提出，"十四五"时期，新建城区、新建居住区配套建设养老服务设施达标率要达到100%。部署包括强化居家社区养老服务能力、践行积极老龄观、营造老年友好型社会环境等方面的具体工作任务。国家发展改革委办公厅等3部门联合印发《关于建立积极应对人口老龄化重点联系城市机制的通知》，鼓励有特点和代表性的区域，以养老服务体系、体制机制、要素支持、业态模式、适老环境为重点，探索积极应对人口老龄化经验，形成示范带动效应。

为提升社区老年服务能力和水平，满足老年人在居住环境、日常出行、健康服务、养老服务、社会参与、精神文化生活等方面的需要，探索建立老年友好型社区工作模式和长效机制。国家卫生健康委、全国老龄办持续组织开展全国示范性老年友好型社区创建工作，公布北京市东城区朝阳门街道新鲜社区等992个2021年全国示范性老年友好社区名单，宣传推广典型经验。

关注儿童成长发展，保障儿童的生存权、发展权、受保护权和参与权，推进儿童友好城市建设。国家发展改革委、国务院妇儿工委办公室、住房和城乡建设部等23部门联合印发《关于推进儿童友好城市建设的指导意见》，明确到2025年，在全国范围内开展100个儿童友好城市建设试点，要求在社会政策、公共服务、权利保障、

成长空间、发展环境等方面体现儿童友好。

**改善农村住房条件，整治提升农村人居环境，开展乡村建设评价，提升乡村建设水平。**中共中央、国务院印发《关于全面推进乡村振兴加快农业农村现代化的意见》，在实施乡村建设行动方面，提出推进村庄规划、加强乡村公共基础设施建设、实施农村人居环境整治提升五年行动、提升农村基本公共服务水平等重点要求。

以农房和村庄建设现代化作为重要着力点，改善农村住房条件，整治提升农村人居环境。住房和城乡建设部、农业农村部、国家乡村振兴局联合印发《关于加快农房和村庄建设现代化的指导意见》，对新建农房、生态保护、农房设计建造、村容村貌等方面提出12项建设原则，

指导建设美丽宜居乡村，整体提升乡村建设水平。中共中央办公厅、国务院办公厅印发《农村人居环境整治提升五年行动方案（2021—2025年）》，要求以农村厕所革命、生活污水垃圾治理、村容村貌提升为重点，巩固拓展农村人居环境整治三年行动成果，全面提升农村人居环境质量。

建立乡村建设评价机制，全面掌握乡村建设状况和水平。住房和城乡建设部印发通知，在28个省份81个样本县开展乡村建设评价，要求采取第三方评价方式，聚焦与农民群众生产生活密切相关的内容，从发展水平、农房建设、村庄建设、县城建设4个方面对县域乡村建设进行分析评价（表1.3）。

**2021年中央政府发布规划管理方向政策一览**　　　　　　　　　表1.3

| 发布时间 | 发布政策 | 发布机构 |
|---|---|---|
| 2021年1月 | 《关于建立积极应对人口老龄化重点联系城市机制的通知》 | 国家发展改革委办公厅、民政部办公厅、国家卫生健康委办公厅 |
| 2021年2月 | 《关于全面推进乡村振兴加快农业农村现代化的意见》 | 中共中央、国务院 |
| 2021年3月 | 《国土空间规划"一张图"实施监督信息系统技术规范》GB/T 39972—2021 | 国家市场监督管理总局、中国国家标准化管理委员会发布，自然资源部主管 |
| 2021年4月 | 《关于开展2021年城市体检工作的通知》 | 住房和城乡建设部 |
| 2021年4月 | 《关于加强基层治理体系和治理能力现代化建设的意见》 | 中共中央、国务院 |
| 2021年4月 | 《关于加快发展数字家庭 提高居住品质的指导意见》 | 住房和城乡建设部、中央网信办、教育部等16部门 |
| 2021年5月 | 《城镇老旧小区改造可复制政策机制清单（第三批）》 | 住房和城乡建设部办公厅 |
| 2021年5月 | 《关于推动城市停车设施发展意见的通知》 | 国务院办公厅转发国家发展改革委、住房和城乡建设部、公安部、自然资源部 |
| 2021年5月 | 《关于推进城市一刻钟便民生活圈建设的意见》 | 商务部、国家发展改革委、民政部等12部门 |
| 2021年6月 | 《国土空间规划城市体检评估规程》 | 自然资源部 |
| 2021年6月 | 《关于加快农房和村庄建设现代化的指导意见》 | 住房和城乡建设部、农业农村部、国家乡村振兴局 |
| 2021年7月 | 《数字乡村建设指南1.0》 | 中央网信办、农业农村部、国家发展改革委、工业和信息化部、科技部、市场监管总局、国家乡村振兴局 |
| 2021年7月 | 《关于开展2021年乡村建设评价工作的通知》 | 住房和城乡建设部 |

| 发布时间 | 发布政策 | 发布机构 |
| --- | --- | --- |
| 2021年7月 | 《城市一刻钟便民生活圈建设指南》 | 商务部办公厅、国家发展改革委办公厅、民政部办公厅等11部门 |
| 2021年8月 | 《关于在实施城市更新行动中防止大拆大建问题的通知》 | 住房和城乡建设部 |
| 2021年8月 | 《关于近期推动城市停车设施发展重点工作的通知》 | 国家发展改革委办公厅、住房和城乡建设部办公厅、公安部办公厅、自然资源部办公厅 |
| 2021年9月 | 《国土空间规划技术标准体系建设三年行动计划（2021—2023年）》 | 自然资源部、国家标准化管理委员会 |
| 2021年9月 | 《物联网新型基础设施建设三年行动计划（2021—2023年）》 | 工业和信息化部、中央网络安全和信息化委员会办公室、科学技术部、生态环境部、住房和城乡建设部、农业农村部、国家卫生健康委员会、国家能源局 |
| 2021年9月 | 《关于推进儿童友好城市建设的指导意见》 | 国家发展改革委、国务院妇儿工委办公室、住房和城乡建设部等23部门 |
| 2021年10月 | 《关于命名2021年全国示范性老年友好型社区的通知》 | 国家卫生健康委、全国老龄办 |
| 2021年10月 | 《关于推动生活性服务业补短板上水平提高人民生活品质的若干意见》 | 国务院办公厅转发国家发展改革委 |
| 2021年11月 | 《关于严格耕地用途管制有关问题的通知》 | 自然资源部、农业农村部、国家林业和草原局 |
| 2021年11月 | 《关于规范临时用地管理的通知》 | 自然资源部 |
| 2021年11月 | 《关于开展第一批城市更新试点工作的通知》 | 住房和城乡建设部办公厅 |
| 2021年12月 | 《巩固拓展脱贫攻坚成果同乡村振兴有效衔接过渡期内城乡建设用地增减挂钩节余指标跨省域调剂管理办法》 | 自然资源部、财政部、国家乡村振兴局 |
| 2021年12月 | 《关于全面加快建设城市运行管理服务平台的通知》 | 住房和城乡建设部办公厅 |
| 2021年12月 | 《城市运行管理服务平台技术标准》CJJ/T 312—2021 | 住房和城乡建设部 |
| 2021年12月 | 《城市运行管理服务平台数据标准》CJ/T 545—2021 | 住房和城乡建设部 |
| 2021年12月 | 《"十四五"城乡社区服务体系建设规划》 | 国务院办公厅 |
| 2021年12月 | 《关于印发完整居住社区建设指南的通知》 | 住房和城乡建设部办公厅 |
| 2021年12月 | 《"十四五"国家老龄事业发展和养老服务体系规划》 | 国务院 |
| 2021年12月 | 《农村人居环境整治提升五年行动方案（2021—2025年）》 | 中共中央办公厅、国务院办公厅 |

## 1.4 遗产保护方向政策

目标 11·4

保护世界文化和自然遗产

SDG11.4：进一步努力保护和捍卫世界文化和自然遗产。

《中国落实2030年可持续发展议程国别方案》承诺：执行《文物保护法》《非物质文化遗产法》《风景名胜区条例》和《博物馆条例》，到2030年，保障公众的基本文化服务，满足多样化的文化生活需求。提高非物质文化遗产保护水平，到2020年，参加研修、研习和培训的非遗传承人群争取达到10万人次。

**持续推进中国世界遗产、自然和文化遗产、非物质文化遗产申报和保护工作。** 2021年7月，我国世界遗产提名项目"泉州：宋元中国的世界海洋商贸中心"顺利通过联合国教科文组织第44届世界遗产委员会会议审议，成功列入《世界遗产名录》。我国世界遗产总数升至56项。长城保护管理实践被世界遗产委员会评为保护管理示范案例，为各国开展巨型线性文化遗产和系列遗产保护贡献中国经验。

江苏省里运河—高邮灌区、江西省潦河灌区、西藏自治区萨迦古代蓄水灌溉系统成功入选2021年（第八批）世界灌溉工程遗产名录。截至2021年11月26日，我国的世界灌溉工程遗产达到26处，成为拥有遗产工程类型最丰富、分布范围最广泛、灌溉效益最突出的国家。农业农村部公布第六批中国重要农业文化遗产名单，山西阳城蚕桑文化系统等21项传统农业系统入选。截至2021年底，我国共认定138项中国重要农业文化遗产，其中15项入选全球重要农业文化遗产，数量居全球第一。

**加快推进第一批国家公园高质量建设，示范引领以国家公园为主体的自然保护地体系建设。** 2021年10月，我国正式设立三江源、大熊猫、东北虎豹、海南热带雨林、武夷山首批5个国家公园，保护面积达23万平方公里，涵盖近30%的陆域国家重点保护野生动植物种类。首批国家公园实现对重要生态区域大尺度整体保护，对建立以国家公园为主体的自然保护地体系具有重要的示范引领作用。同时，本着统筹就地保护与迁地保护相结合的原则，启动北京、广州等国家植物园体系建设。

《国家公园设立规范》等5项国家标准正式实施，全过程管理国家公园的设立、规划、勘界立标、监测和考核评价等环节，为中国国家公园体制提供重要支撑。为加强国家公园建设项目的科学性和规范性，国家林业和草原局规划财务司、国家发展改革委社会发展司印发《国家公园基础设施建设项目指南（试行）》，为国家公园中央预算内投资建设项目的实施提供依据和参考。2021年10月，国家林业和草原局批准发布《自然保护地分类分级》LY/T 3291—2021、《自然保护地生态旅游规范》LY/T 3292—2021等系列标准，从技术和管理角度推进自然保护地体系建设标准化工作。

**传承和弘扬中华优秀传统文化，全面加强文物保护利用，加快推进国家文化公园建设。**国务院办公厅印发《"十四五"文物保护和科技创新规划》，指导和引领"十四五"时期文物事业高质量发展，部署文物资源管理、文物安全、文物科技创新、加强革命文物保护管理运用、激发博物馆创新活力、文物活化利用、人才培养等方面重点任务。国家文物局先后出台《大遗址保护利用"十四五"专项规划》《"十四五"石窟寺保护利用专项规划》《革命文物保护利用"十四五"专项规划》等专项规划，全面加强"十四五"时期文物保护利用。

在推进国家文化公园建设方面，国家发展改革委等7部门印发《文化保护传承利用工程实施方案》，提出国家文化公园建设、国家重点文物保护和考古发掘、国家公园等重要自然遗产保护展示、重大旅游基础设施建设、重点公共文化设施建设等重点建设任务。《方案》提出到2025年，大运河、长城、长征、黄河等国家文化公园建设基本完成。国家文化公园建设工作领导小组印发《长城国家文化公园建设保护规划》《大运河国家文化公园建设保护规划》《长征国家文化公园建设保护规划》，为沿线省份完善分省份建设保护规划、推进国家文化公园建设提供科学指引。在推动文物活动利用、繁荣文化产业方面，文化和旅游部等8部门联合印发《关于进一步推动文化文物单位文化创意产品开发的若干措施》，鼓励和引导社会力量参与文化创意产品开发，增强文化文物单位社会服务能力。

**在城乡建设中加强历史文化保护传承，系**统性构建城乡历史文化保护传承体系。中共中央办公厅、国务院办公厅印发《关于在城乡建设中加强历史文化保护传承的意见》，为城乡历史文化保护传承工作指明方向，要求建立分类科学、保护有力、管理有效的城乡历史文化保护传承体系，系统性保护各个时期重要城乡历史文化遗产，在国家、省级、市县层面分级落实保护传承体系重点任务。在规划编制和实施方面，自然资源部、国家文物局印发《关于在国土空间规划编制和实施中加强历史文化遗产保护管理的指导意见》，从历史文化遗产空间信息对接、加强历史文化保护类规划编制和审批、严格历史文化保护相关区域用途管制和规划许可、健全"先考古，后出让"政策机制等方面作出指导。

**持续推进和加强国家历史文化名城名镇名村、历史文化街区和历史建筑保护。**2021年，国务院将城乡历史文化保护传承工作纳入国务院的大督查，对8个国家历史文化名城进行监督检查。为提升国家历史文化名城保护能力和水平，建立名城保护评估制度。住房和城乡建设部、国家文物局印发《关于加强国家历史文化名城保护专项评估工作的通知》，要求各历史文化名城全面准确评估名城保护工作情况、保护对象的保护状况，及时发现和解决历史文化遗产屡遭破坏、拆除等突出问题，运用评估成果，推进落实保护责任，推动经验推广，对照《国家历史文化名城保护不力处理标准（试行）》开展处罚问责。

在历史文化街区和历史建筑保护方面，住房和城乡建设部办公厅印发《关于进一步加强历史文化街区和历史建筑保护工作的通知》，提出加强普查认定、推进挂牌建档、加强修复修缮、严格拆除管理等要求加强相关工作。住房和城乡建设部批准《历史建筑数字化技术标准》JGJ/T 489—2021，规范历史建筑信息登记和数字化成果管理及应用。加强历史文化资源普查认定，开展历史文化街区划定和历史建筑确定工作。截至2021年11月底，全国共划定历史文化街区超过1200片、确定历史建筑约5.7万处。较2016年年底，历史文化街区数量将近翻一番，历史建筑增长近5倍。

**进一步加强非物质文化遗产保护传承，完善代表性项目制度和代表性传承人制度。加大特殊类型地区非遗保护支持，推动非物质文化遗产助力乡村振兴。**中共中央办公厅、国务院办公厅印发《关于进一步加强非物质文化遗产保护工作的意见》，对非物质文化遗产保护传承体系、非物质文化遗产保护传承水平、非物质文化遗产传播普及力度等方面提出具体要求。持续推进非物质文化遗产代表性项目名录制度。国务院公布第五批国家级非物质文化遗产代表性项目名录共185项和扩展项目名录共140项。截至2021年年底，国务院共公布国家级非物质文化遗产代表性项目名录1557项。实施中国非物质文化遗

产传承人研修培训计划，进一步提升传承人综合能力。文化和旅游部、教育部、人力资源和社会保障部联合印发《中国非物质文化遗产传承人研修培训计划实施方案（2021—2025）》，提出"十四五"期间培训人次目标，要求重点开展传统工艺、传统表演艺术类非遗项目的研修培训，同时探索民间文学、民俗等非遗项目的试点工作。

在非物质文化遗产助力精准脱贫工作基础上，继续推动非遗工坊（原非遗扶贫就业工坊）建设，助力乡村振兴。文化和旅游部办公厅、人力资源社会保障部办公厅、国家乡村振兴局综合司印发《关于持续推动非遗工坊建设助力乡村振兴的通知》明确，将符合条件的非遗工坊纳入县级巩固拓展脱贫攻坚成果和乡村振兴项目库，给予就业帮扶车间各项优惠政策，并对工坊建设、人员培训、生产销售、宣传推广等方面提出要求。到2021年，全国各地建立非遗工坊近1100家（表1.4）。

**2021年中央政府发布遗产保护方向政策一览**　　　　　　　　表1.4

| 发布时间 | 发布政策 | 发布机构 |
|---|---|---|
| 2021年1月 | 《关于进一步加强历史文化街区和历史建筑保护工作的通知》 | 住房和城乡建设部办公厅 |
| 2021年3月 | 《关于在国土空间规划编制和实施中加强历史文化遗产保护管理的指导意见》 | 自然资源部、国家文物局 |
| 2021年4月 | 《文化保护传承利用工程实施方案》 | 国家发展改革委、中央宣传部、住房和城乡建设部、文化和旅游部、广电总局、国家林草局、国家文物局 |
| 2021年6月 | 《历史建筑数字化技术标准》JGJ/T 489—2021 | 住房和城乡建设部 |
| 2021年8月 | 《长城国家文化公园建设保护规划》 | 国家文化公园建设工作领导小组 |
| 2021年8月 | 《长征国家文化公园建设保护规划》 | 国家文化公园建设工作领导小组 |
| 2021年8月 | 《大运河国家文化公园建设保护规划》 | 国家文化公园建设工作领导小组 |
| 2021年8月 | 《关于进一步加强非物质文化遗产保护工作的意见》 | 中共中央办公厅、国务院办公厅 |
| 2021年8月 | 《关于进一步推动文化文物单位文化创意产品开发的若干措施》 | 文化和旅游部、中央宣传部、国家发展改革委、财政部、人力资源社会保障部、市场监管总局、国家文物局、国家知识产权局 |
| 2021年9月 | 《关于在城乡建设中加强历史文化保护传承的意见》 | 中共中央办公厅、国务院办公厅 |
| 2021年10月 | 《国务院关于同意设立海南热带雨林国家公园的批复》 | 国务院 |

| 发布时间 | 发布政策 | 发布机构 |
|---|---|---|
| 2021年10月 | 《国务院关于同意设立三江源国家公园的批复》 | 国务院 |
| 2021年10月 | 《国务院关于同意设立大熊猫国家公园的批复》 | 国务院 |
| 2021年10月 | 《国务院关于同意设立东北虎豹国家公园的批复》 | 国务院 |
| 2021年10月 | 《国务院关于同意设立武夷山国家公园的批复》 | 国务院 |
| 2021年10月 | 《中国非物质文化遗产传承人研修培训计划实施方案2021—2025》 | 文化和旅游部、教育部、人力资源社会保障部 |
| 2021年10月 | 《国家公园设立规范》GB/T 39737—2021 | 国家市场监督管理总局、中国国家标准化管理委员会发布 |
| 2021年10月 | 《"十四五"文物保护和科技创新规划》 | 国务院办公厅 |
| 2021年11月 | 《关于公布第六批中国重要农业文化遗产名单的通知》 | 农业农村部 |
| 2021年11月 | 《国家公园基础设施建设项目指南（试行）》 | 国家林业和草原局规划财务司、国家发展改革委社会发展司 |
| 2021年11月 | 《大遗址保护利用"十四五"专项规划》 | 国家文物局 |
| 2021年11月 | 《"十四五"石窟寺保护利用专项规划》 | 国家文物局 |
| 2021年11月 | 《关于加强国家历史文化名城保护专项评估工作的通知》 | 住房和城乡建设部、国家文物局 |
| 2021年12月 | 《关于持续推动非遗工坊建设助力乡村振兴的通知》 | 文化和旅游部办公厅、人力资源社会保障部办公厅、国家乡村振兴局综合司 |
| 2021年12月 | 《革命文物保护利用"十四五"专项规划》 | 国家文物局 |

## 1.5 防灾减灾方向政策

**目标 11·5**

减少自然灾害造成的不利影响

SDG11.5：到2030年，大幅减少包括水灾在内的各种灾害造成的死亡人数和受灾人数，大幅减少上述灾害造成的与全球国内生产总值有关的直接经济损失，重点保护穷人和处境脆弱群体。

《中国落实2030年可持续发展议程国别方案》承诺：依照《突发事件应对法》《气象法》《森林防火条例》《道路交通安全法》等法律法规科学减灾，重点保护受灾弱势群体。按照全面规划、统筹兼顾、预防为主、综合治理、局部利益服从全局利益的原则做好防洪工作，大幅减少洪灾造成的死亡人数、受灾人数和经济损失。

**统筹发展和安全，聚焦防范化解重大安全风险，推进应急管理体系和能力现代化建设。**国务院印发《"十四五"国家应急体系规划》（以下简称《规划》），全面部署"十四五"时期国家安全生产、防灾减灾救灾等工作。《规划》聚焦防范化解事故和自然灾害重大安全风险，推进健全应急管理指挥体系、隐患排查和安全预防控制体系、自然灾害防治能力体系、应急救援力量体系等，重点部署深化体制机制改革、夯实应急法治基础、防范化解重大风险、加强应急力量建设、强化灾害应对准备、优化要素资源配置、推动共建共治共享七方面重点任务，安排重点工程。

2021年，我国积极应对一系列重大自然灾害，最大程度减轻灾害事故损失。自然灾害受灾人次、因灾死亡失踪人数、倒塌房屋数量和直接经济损失与近5年均值相比，分别下降28.0%、10.4%、18.6%和5.5%。

**建立和完善自然灾害综合风险普查工作制度体系及技术体系，第一次全国自然灾害综合风险**普查工作取得明显成效。国务院第一次全国自然灾害综合风险普查领导小组办公室（以下简称：国务院普查办）印发《第一次全国自然灾害综合风险普查省级实施方案编制要求》《第一次全国自然灾害综合风险普查实施方案（修订版）》《第一次全国自然灾害综合风险普查数据与成果汇交和入库管理办法（修订稿）》《关于加强第一次全国自然灾害综合风险普查成果应用的指导意见》等一系列政策，构建适合我国国情的自然灾害综合风险普查工作制度体系。截至2021年12月29日，全国调查总进度超过85%。

为加强技术标准统筹衔接，国务院普查办组织各行业主管部门修订48项调查类技术规范，制订45项评估与区划类技术规范，形成自然灾害综合风险普查分行业技术指导和普查数据质检体系，推进调查、评估与区划等重点工作。例如：自然资源部、中国地质调查局印发《地质灾害风险调查评价编图技术要求（试行）》《地质灾害风险调查评价成果信息化技术要求（试行）》

《地质灾害风险普查成果汇交和入库管理办法（试行）》等技术文件，为全国地质灾害风险调查评价和普查提供技术保障；住房和城乡建设部牵头开展全国房屋建筑和市政设施调查工作，印发《第一次全国自然灾害综合风险普查房屋建筑和市政设施调查质量控制细则》《第一次全国自然灾害综合风险普查房屋建筑和市政设施调查数据汇交和质量审核办法》等规定，确保调查数据质量；交通运输部办公厅印发《自然灾害综合风险水路承灾体普查技术指南》《自然灾害综合风险水路承灾体普查数据与成果质检核查技术规则》等技术文件，规范和指导自然灾害综合风险水路承灾体普查工作；国家林业和草原局多次组织开展全国森林和草原火灾风险普查技术指导和技术培训会议。

**防范应对洪涝灾害，提升城乡防洪排涝能力，保障居民生命财产安全。**针对极端天气气候事件风险加剧，加快推进城市内涝治理。国务院办公厅印发《关于加强城市内涝治理的实施意见》，从系统建设城市排水防涝工程体系、提升城市排水防涝工作管理水平、统筹推进城市内涝治理工作三个方面部署重点工作任务。同时，为落实《国家防汛抗旱总指挥部办公室关于切实做好汛前准备工作的通知》，住房和城乡建设部办公厅印发《关于做好2021年城市排水防涝工作的通知》，要求各地落实工作责任、强化隐患排查整治、开展应急演练、加强部门联动、加快设施建设补短板、严格落实值班值守制度。

为有效应对洪涝灾害，减少洪涝灾害对农村住房造成的损失，住房和城乡建设部办公厅印发《洪涝灾害农村住房安全应急预案（暂行）》和《洪涝灾区农村住房安全应急评估指南（暂行）》，明确农村住房应对洪涝灾害时应该采取的措施，指导洪涝灾区农村住房安全应急评估，快速评判

灾后农村群众能否返家居住或必须过渡安置。为强化群众转移避险，国家防汛抗旱总指挥部办公室印发《关于加强强降雨期间山丘区人员转移避险工作的指导意见》，对转移避险工作中的关键环节提出具体要求。

**强化城市安全风险综合监测预警，加强城市重要基础设施安全防护，治理城市运行安全隐患。**建立健全国家城市安全风险综合监测预警工作体系，提升城市安全风险辨识、防范、化解能力。国务院安全生产委员会办公室、应急管理部下发通知，部署加强城市安全风险防范工作，确定合肥等18个城市（区）开展国家城市安全风险综合监测预警建设试点。国务院安全生产委员会办公室配套制定《城市安全风险综合监测预警平台建设指南（试行）》，为各地区推进相关工作提供指导，要求试点地区分阶段构建城市生命线工程、公共安全、生产安全、自然灾害领域风险监测和分析预警等建设内容，配套相应技术保障。

吸取重大事件事故教训，加强城市重要基础设施安全防护，防范化解重大安全风险。国务院安全生产委员会、国家防汛抗旱总指挥部印发《关于切实加强城市安全工作的通知》，要求重点强化城市防汛排涝、城市建筑和市政设施建设运行安全监管、应急救援救灾工作实效。国家发展改革委印发《关于加强城市重要基础设施安全防护工作的紧急通知》，提出开展隐患排查、抓实防控措施、完善应急机制、在建工程管控、开展抢险救灾等安全防护要求。

全面开展安全隐患排查整治。住房和城乡建设部办公厅印发《城市轨道交通工程基坑、隧道施工坍塌防范导则》，加强城市轨道交通工程建设质量安全管理；联合多部门印发《关于加强窨井盖安全管理的指导意见》，对窨井盖安全管理提出全面普查建档、规范建设施工、加强巡查

维护和应急处置、推动信息化智能化建设等重点任务，开展窨井盖治理专项行动。2021年，排查整治住房和城乡建设领域安全生产隐患77万个，整治城市燃气安全隐患38.66万处。

**加强和改进建设工程消防设计审查验收，强化高层民用建筑消防安全管理。**住房和城乡建设部办公厅印发《关于做好建设工程消防设计审查验收工作的通知》，对审验管理、技术标准、评审论证、技术服务、监督责任等环节提出具体要求，从源头上防范化解建设工程消防安全风险。为加强高层建筑规划建设和消防安全管理，住房和城乡建设部、应急管理部印发《关于加强超高层建筑规划建设管理的通知》，要求严格管控新建超高层建筑高度、对建筑高度、深化评估论证、强化公共投资管理；强化既有超高层建筑安全管理、排查整治安全隐患、加强消防和运行管理。针对高层民用建筑消防安全管理，应急管理部发布《高层民用建筑消防安全管理规定》，对高层民用建筑消防安全职责、消防安全管理规章制度、消防宣传教育等作出具体规定。住房和城乡建设部办公厅印发《关于做好建筑高度大于250米民用建筑防火设计研究论证的通知》，要求建筑高度大于250米民用建筑的防火设计加强性措施，由省级建设工程消防设计审查主管部门组织研究论证，并落实各方责任。

**防范化解灾害风险，加强防灾减灾宣传教育，提升全社会安全意识和基层应急管理能力。**2021年5月，国家减灾委员会办公室、应急管理部部署开展2021年防灾减灾宣传周活动，要求全国各地以"防范化解灾害风险、筑牢安全发展基础"为主题，修订完善应急预案，广泛开展防汛、地质灾害、森林草原防火、地震等防灾减灾救灾宣传教育、风险隐患排查治理、应急演练和技能培训等活动。2021年10月，国家减灾委员会办公室印发通知，要求各地围绕"构建灾害风险适应性和抗灾力"主题，组织开展国际减灾日活动，构建多元参与的防灾减灾救灾新格局。

加强农村房屋安全管理，提高农村群众建房安全意识。住房和城乡建设部办公厅印发《关于加强农村自建房安全常识宣传的通知》，同步发布《"农村自建房安全常识"一张图及说明》，在选址、房屋布局、地基基础、墙体砌筑、施工安全等方面对农村自建房建造进行安全提示（表1.5）。

**2021年中央政府发布防灾减灾方向政策一览**　　　　　　　　　　　　　　　　表1.5

| 发布时间 | 发布政策 | 发布机构 |
|---|---|---|
| 2021年1月 | 《第一次全国自然灾害综合风险普查省级实施方案编制要求》 | 国务院第一次全国自然灾害综合风险普查领导小组办公室 |
| 2021年1月 | 《关于做好建筑高度大于250米民用建筑防火设计研究论证的通知》 | 住房和城乡建设部办公厅 |
| 2021年2月 | 《关于加强强降雨期间山丘区人员转移避险工作的指导意见》 | 国家防汛抗旱总指挥部办公室 |
| 2021年2月 | 《关于加强窨井盖安全管理的指导意见》 | 住房和城乡建设部办公厅、工业和信息化部办公厅、公安部办公厅、交通运输部办公厅、广电总局办公厅、能源局综合司 |
| 2021年3月 | 《关于切实做好汛前准备工作的通知》 | 国家防汛抗旱总指挥部办公室 |
| 2021年3月 | 《关于做好2021年城市排水防涝工作的通知》 | 住房和城乡建设部办公厅 |
| 2021年4月 | 《关于加强城市内涝治理的实施意见》 | 国务院办公厅 |

| 发布时间 | 发布政策 | 发布机构 |
| --- | --- | --- |
| 2021年4月 | 《第一次全国自然灾害综合风险普查实施方案（修订版）》 | 国务院第一次全国自然灾害综合风险普查领导小组办公室 |
| 2021年4月 | 《第一次全国自然灾害综合风险普查数据与成果汇交和入库管理办法（修订稿）》 | 国务院第一次全国自然灾害综合风险普查领导小组办公室 |
| 2021年5月 | 《关于印发〈自然灾害综合风险水路承灾体普查技术指南〉〈自然灾害综合风险水路承灾体普查数据与成果质检核查技术规则〉的通知》 | 交通运输部办公厅 |
| 2021年6月 | 《第一次全国自然灾害综合风险普查房屋建筑和市政设施调查实施方案》 | 住房和城乡建设部办公厅 |
| 2021年6月 | 《第一次全国自然灾害综合风险普查宣传工作方案》 | 国务院第一次全国自然灾害综合风险普查领导小组办公室、中共中央宣传部 |
| 2021年6月 | 《关于做好建设工程消防设计审查验收工作的通知》 | 住房和城乡建设部办公厅 |
| 2021年6月 | 《高层民用建筑消防安全管理规定》 | 应急管理部 |
| 2021年7月 | 《关于切实加强城市安全工作的通知》 | 国务院安全生产委员会、国家防汛抗旱总指挥部 |
| 2021年7月 | 《关于加强城市重要基础设施安全防护工作的紧急通知》 | 国家发展改革委 |
| 2021年8月 | 《关于印发〈洪涝灾害农村住房安全应急预案（暂行）〉和〈洪涝灾区农村住房安全应急评估指南（暂行）〉的通知》 | 住房和城乡建设部办公厅 |
| 2021年9月 | 《关于加强第一次全国自然灾害综合风险普查成果应用的指导意见》 | 国务院第一次全国自然灾害综合风险普查领导小组办公室 |
| 2021年9月 | 《关于做好2021年国际减灾日有关工作的通知》 | 国家减灾委员会办公室 |
| 2021年9月 | 《城市轨道交通工程基坑、隧道施工坍塌防范导则》 | 住房和城乡建设部办公厅 |
| 2021年9月 | 《城市安全风险综合监测预警平台建设指南（试行）》 | 国务院安委会办公室 |
| 2021年10月 | 《关于加强超高层建筑规划建设管理的通知》 | 住房和城乡建设部、应急管理部 |
| 2021年11月 | 《全国城镇燃气安全专项整治工作方案》 | 国务院安全生产委员会 |
| 2021年11月 | 《关于加强农村自建房安全常识宣传的通知》 | 住房和城乡建设部办公厅 |
| 2021年12月 | 《"十四五"国家应急体系规划》 | 国务院 |

## 1.6 环境改善方向政策

SDG11.6：到2030年，减少城市的人均负面环境影响，包括特别关注空气质量，以及城市废物管理等。

《中国落实2030年可持续发展议程国别方案》承诺：积极推动城乡绿化建设，人均公园绿地面积持续增加。全面提升城市生活垃圾管理水平，全面推进农村生活垃圾治理，不断提高治理质量。制定城市空气质量达标计划，到2020年，地级及以上城市重污染天数减少25%。

**协同推进减污降碳，以更高标准打好蓝天、碧水、净土保卫战，为美丽中国建设提供有力支撑。** 以改善生态环境质量为核心，统筹污染治理、生态保护、应对气候变化。中共中央、国务院印发《关于深入打好污染防治攻坚战的意见》提出，到2025年，生态环境持续改善，主要污染物排放总量持续下降，地级及以上城市细颗粒物（PM2.5）浓度比2020年下降10%，空气质量优良天数比率达到87.5%，地表水Ⅰ－Ⅲ类水体比例达到85%，重污染天气、城市黑臭水体基本消除，土壤污染风险得到有效管控，固体废物和新污染物治理能力明显增强。要求以实现减污降碳协同增效为总抓手，加快推动绿色低碳发展，以更高标准打好蓝天、碧水、净土保卫战，切实维护生态环境安全，提高生态环境治理现代化水平。在城乡环境建设方面，提出推动能源清洁低碳转型、推进清洁生产和能源资源节约高效利用、加强生态环境分区管控、加快形成绿色低碳生活方式、着力打好重污染天气消除攻坚战、持续打好城市黑臭水体治理攻坚战、稳步推

进"无废城市"建设、实施环境基础设施补短板行动等任务。

**持续推动北方地区冬季清洁取暖，强化大气污染物协同控制，稳固空气质量改善成果。** 生态环境部等17部门印发《2021—2022年秋冬季大气污染综合治理攻坚方案》，要求重点区域以减少重污染天气和降低PM2.5浓度为主要目标，有序推进北方地区清洁取暖，加快实施大宗货物运输"公转铁"，深入开展钢铁行业、柴油货车、锅炉炉窑、挥发性有机物（VOCs）、秸秆禁烧和扬尘专项治理。进一步扩大北方地区冬季清洁取暖支持范围。财政部等4部门印发《关于组织申报北方地区冬季清洁取暖项目的通知》，明确除已纳入中央财政冬季清洁取暖试点的43个城市，其他冬季实行清洁取暖且有改造需求的北方地区地级以上城市均可申请纳入支持范围。截至2021年12月底，北方地区清洁取暖面积约156亿平方米，清洁取暖率为73.6%。2021年，全年北方地区完成散煤治理420万户左右。

加强挥发性有机物（VOCs）防治。生态环

境部印发《关于加快解决当前挥发性有机物治理突出问题的通知》，要求各地针对挥发性有机液体储罐、装卸、敞开液面等10个关键环节开展排查整治；发布《挥发性有机物治理实用手册（第二版）》，提出更加细化的VOCs治理解决方案，为地方、企业开展治理提供借鉴；完善VOCs排放标准体系，制定印刷工业大气污染物排放标准及VOCs泄漏检测与修复技术指南。

2021年，全国空气质量有所改善。全国339个地级及以上城市平均优良天数比例为87.5%，同比上升0.5个百分点；218个城市环境空气质量达标[1]，占全部地级及以上城市数的64.3%，比2020年上升3.5个百分点。地级及以上城市六项污染物指标浓度均有所下降。细颗粒物（PM2.5）年平均浓度为30微克/立方米，同比下降9.1%；可吸入颗粒物（PM10）年平均浓度为54微克/立方米，同比下降3.6%；臭氧（$O_3$）年平均浓度为137微克/立方米，同比下降0.7%；$SO_2$年平均浓度为9微克/立方米，同比下降10.0%；$NO_2$年平均浓度为23微克/立方米，同比下降4.2%；CO年平均浓度为1.1微克/立方米，同比下降8.3%。

**协同污水处理和资源化利用，系统推进城镇污水处理设施高质量建设和运维。**针对我国城镇污水处理及资源化利用领域存在的发展不平衡不充分问题，国家发展改革委、住房和城乡建设部发布《"十四五"城镇污水处理及资源化利用发展规划》，指导各地有序开展城镇污水处理及资源化利用工作。明确到2025年，全国城市生活污水集中收集率力争达到70%以上；县城污水处理率达到95%以上，提出城镇污水收集、处理、再生利用、污泥处置等设施建设任务和设施运行维护要求及保障措施。国家发展改革委等10部门印发《关于推进污水资源化利用的指导意见》，提出在城镇、工业和农业农村等领域系统开展污水资源化利用，并对重点领域、重点工程作出指导，要求健全污水资源化利用体制机制。针对医疗机构污水处理设施建设运行存在的问题，生态环境部办公厅等5部门印发《关于加快补齐医疗机构污水处理设施短板 提高污染治理能力的通知》，要求完善医疗机构污水处理设施、加强日常运营管理、加强责任落实。

**加快推进生活垃圾分类和处理设施建设，稳步推进"无废城市"建设，提升固体废物综合管理水平。**国家发展改革委、住房和城乡建设部组织编制《"十四五"城镇生活垃圾分类和处理设施发展规划》（以下简称《规划》），对全国垃圾资源化利用率、垃圾分类收运能力、垃圾焚烧处理能力提出具体目标，明确到2025年底，全国城市生活垃圾资源化利用率达到60%左右。《规划》提出完善垃圾分类设施体系、开展厨余垃圾处理设施建设等重点任务，指导和推动全国生活垃圾分类和处理设施建设。住房和城乡建设部发布《农村生活垃圾收运和处理技术标准》GB/T 51435—2021，规范农村生活垃圾分类、收集、运输和处理。2021年，我国地级及以上城市开展垃圾分类的小区覆盖率达到74%，全国90%以上的自然村实现生活垃圾收运处置。

为落实《中共中央 国务院关于深入打好污染防治攻坚战的意见》"稳步推进无废城市建设"指示，生态环境部、国家发展改革委等18部委联合印发《"十四五"时期"无废城市"建设工作方案》提出，"十四五"期间推动100个左右地

---

[1] 环境空气质量达标：参与评价的六项污染物浓度均达标。

级及以上城市开展"无废城市"建设，明确工业、农业、建筑业、生活领域固体废物管理等重点任务和工作步骤，制定《"无废城市"建设指标体系（2021年版）》为建设"无废城市"提供参考。

**因地制宜、系统推进农村人居环境整治，进一步改善农村人居环境，加快建设生态宜居美丽乡村。** 在标准引领和保障方面，市场监管总局、生态环境部等7部委印发《关于推动农村人居环境标准体系建设的指导意见》，明确综合通用、农村厕所、生活垃圾、生活污水、村容村貌五方面三个层级的农村人居环境标准体系框架，确定

标准体系建设、标准实施推广等重点任务。在行动指导方面，为推动"十四五"时期农村人居环境向美丽宜居升级，建立健全长效管护机制，中共中央办公厅、国务院办公厅印发《农村人居环境整治提升五年行动方案（2021—2025年）》明确，到2025年，农村人居环境显著改善，生态宜居美丽乡村建设取得新进步。要求深入学习浙江"千村示范、万村整治"工程经验，以农村厕所革命、生活污水垃圾治理、村容村貌整治提升、建立健全长效管护机制为重点，全面提升农村人居环境质量（表1.6）。

**2021年中央政府发布环境改善方向政策一览**　　　　　　表1.6

| 发布时间 | 发布政策 | 发布机构 |
|---|---|---|
| 2021年1月 | 《关于推动农村人居环境标准体系建设的指导意见》 | 市场监管总局、生态环境部、住房和城乡建设部、水利部、农业农村部、国家卫生健康委、林草局 |
| 2021年1月 | 《关于推进污水资源化利用的指导意见》 | 国家发展改革委、科技部、工业和信息化部等10部门 |
| 2021年3月 | 《关于组织申报北方地区冬季清洁取暖项目的通知》 | 财政部办公厅、住房和城乡建设部办公厅、生态环境部办公厅、国家能源局综合司 |
| 2021年4月 | 《农村生活垃圾收运和处理技术标准》GB/T 51435—2021 | 住房和城乡建设部、国家市场监督管理总局 |
| 2021年5月 | 《"十四五"城镇生活垃圾分类和处理设施发展规划》 | 国家发展改革委、住房和城乡建设部 |
| 2021年6月 | 《"十四五"城镇污水处理及资源化利用发展规划》 | 国家发展改革委、住房和城乡建设部 |
| 2021年8月 | 《关于加快补齐医疗机构污水处理设施短板 提高污染治理能力的通知》 | 生态环境部办公厅、国家卫健委办公厅、国家发展和改革委办公厅、财政部办公厅、中央军委后勤保障部办公厅 |
| 2021年8月 | 《关于加快解决当前挥发性有机物治理突出问题的通知》 | 生态环境部 |
| 2021年9月 | 《挥发性有机物治理实用手册（第二版）》 | 生态环境部大气环境司、生态环境部环境规划院 |
| 2021年10月 | 《2021—2022年秋冬季大气污染综合治理攻坚方案》 | 生态环境部、国家发展改革委、工业和信息化部等17部门 |
| 2021年11月 | 《关于深入打好污染防治攻坚战的意见》 | 中共中央、国务院 |
| 2021年12月 | 《"十四五"时期"无废城市"建设工作方案》 | 生态环境部、国家发展改革委、工业和信息化部等18部门 |
| 2021年12月 | 《农村人居环境整治提升五年行动方案（2021—2025年）》 | 中共中央办公厅、国务院办公厅 |

# 1.7 公共空间方向政策

SDG11.7：到2030年，向所有人，特别是妇女、儿童、老年人和残疾人，普遍提供安全、包容、无障碍、绿色的公共空间。

《中国落实2030年可持续发展议程国别方案》承诺：严格控制城市开发强度，保护城乡绿色生态空间。结合水体湿地修复治理、道路交通系统建设、风景名胜资源保护等工作，推进环城绿带、生态廊道建设。到2020年，城市建成区绿地率达到38.9%，人均公园绿地面积达14.6%。

**合理安排绿化空间，实行造林绿化落地上图，推进城乡科学绿化。**遵循自然规律系统推进科学绿化，着力提升绿化质量。国务院办公厅印发《关于科学绿化的指导意见》，为科学开展大规模国土绿化，提出科学编制绿化相关规划、合理安排绿化用地、规范开展绿化设计施工、科学推进重点区域植被恢复、节俭务实推进城乡绿化等工作任务。

合理安排绿化空间，将造林绿化空间落实到国土空间"一张图"上。自然资源部、国家林业和草原局印发《关于在国土空间规划中明确林绿化空间的通知》，要求各地组织开展造林绿化空间适宜性评估，科学确定造林绿化目标和空间。为准确掌握造林地块信息，支持造林绿化精细化管理，国家林业和草原局印发《造林绿化落地上图工作方案》，明确了以一张底图、一项规范、一套系统、一个应用为主要内容的造林绿化落地上图技术体系，建立国家、省和县三级联动的落地上图工作机制。为进一步规范工作，国家林业和草原局办公室、自然资源部办公厅组织制定《造林绿化落地上图技术规范（试行）》，规定造林绿化落地上图的目的任务、技术方法、上图流程、成果要求等。统筹推进城乡绿化美化，2021年，新增43个城市开展国家森林城市建设。全国累计建设"口袋公园"2万余个，建设绿道8万余公里。

**进一步加强无障碍环境建设和适老化改造，保障残疾人、老年人等特殊群体出行便利和融入社会生活。**中共中央、国务院出台《关于加强新时代老龄工作的意见》，提到要将无障碍环境建设和适老化改造纳入城市更新、城镇老旧小区改造、农村危房改造、农村人居环境整治提升统筹推进，让老年人参与社会活动更加安全方便。

中国残联、住房和城乡建设部等13部门联合印发《无障碍环境建设"十四五"实施方案》，提出到2025年，城乡无障碍设施的系统性、完整性和包容性水平明显提升，要求城市道路、公共建筑无障碍设施建设率达到100%，将支持110万户困难重度残疾人家庭进行无障碍改造，方便残疾人、老年人的生活。实施方案细化了"十四五"无障碍环境建设的主要指标，对"十四五"城市道路无障碍设施建设率、公共建筑无障碍设施建设率、居家适老化改造等指标提出具体要求，并将无障碍环境建设情况纳入城市体检指标体系。在建筑与市政工程无障碍设施建设方面，住房和城乡建设部批准发布《建筑与市政工程无障碍通用规范》GB 55019—2021，对新建、改建和扩建的市政和建筑工程无障碍设施的建设和运行维护提出强制性要求。

**扩大健身场地有效供给，补齐健身设施短板，更好满足居民多层次、多样化的体育健身需求。**推进实施健康中国和全民健身国家战略，构建全民健身公共服务体系，国务院印发《全民健身计划（2021—2025年）》，明确加大全民健身场地设施供给、广泛开展全民健身赛事活动等8项主要任务，提出5年新建或改扩建2000个以上体育公园、全民健身中心、公共体育场馆等健身场地设施。

着力解决健身设施总量不足、结构不优、质量不高等突出问题，国家发展改革委、体育总局印发《"十四五"时期全民健身设施补短板工程实施方案》，重点支持体育公园、全民健身中心、公共体育场中标准田径跑道和标准足球场地、社会足球场、建设步道、户外运动公共服务设施6类项目建设，并明确项目资金来源及支持标准。在体育公园建设方面，国家发展改革委等7部门印发《关于推进体育公园建设的指导意见》，部署重点任务和指导目标，对绿色空间与健身设施有机融合、规划布局、建设方式、运营模式、配套政策体系等方面作出指引。

**提升公共文化服务品质，打造公共文化空间，加强旅游休闲街区建设，更好满足居民文化休闲需求。**深化公共文化服务供给侧改革，为居民提供高质量、更有效率、更加公平、更可持续的公共文化服务。文化和旅游部、国家发展改革委、财政部印发《关于推动公共文化服务高质量发展的意见》，提出完善基层公共文化服务网络、拓展城乡公共文化空间、促进公共文化服务提质增效等重点任务，推动基本公共文化服务品质提升、均衡发展、开放多元、融合发展，使城乡居民更好地参与文化活动。

发展城市旅游休闲，推动文化和旅游融合发展，更好满足人民群众游览、休闲需求。文化和旅游部办公厅与国家发展改革委办公厅联合印发《关于开展旅游休闲街区有关工作的通知》，提出各地要加强旅游休闲街区品牌建设，开展省级旅游休闲街区认定工作，加强国家级旅游休闲街区创建，塑造旅游休闲城市形象。在各省、市文旅部门推荐的基础上，文化和旅游部会同国家发展改革委，依据旅游行业标准《旅游休闲街区等级划分》LB/T 082—2021，开展国家级旅游休闲街区认定工作（表1.7）。

**2021年中央政府发布公共空间方向政策一览**　　表1.7

| 发布时间 | 发布政策 | 发布机构 |
|---|---|---|
| 2021年1月 | 《旅游休闲街区等级划分》LB/T 082—2021 | 文化和旅游部 |
| 2021年2月 | 《造林绿化落地上图工作方案》 | 国家林业和草原局 |
| 2021年3月 | 《关于推动公共文化服务高质量发展的意见》 | 文化和旅游部、国家发展改革委、财政部 |
| 2021年4月 | 《关于开展旅游休闲街区有关工作的通知》 | 文化和旅游部办公厅、国家发展改革委办公厅 |
| 2021年4月 | 《"十四五"时期全民健身设施补短板工程实施方案》 | 国家发展改革委、体育总局 |
| 2021年6月 | 《关于科学绿化的指导意见》 | 国务院办公厅 |

| 发布时间 | 发布政策 | 发布机构 |
|---|---|---|
| 2021年8月 | 《全民健身计划（2021—2025年）》 | 国务院 |
| 2021年9月 | 《建筑与市政工程无障碍通用规范》GB 55019—2021 | 住房和城乡建设部、国家市场监督管理总局 |
| 2021年10月 | 《关于推进体育公园建设的指导意见》 | 国家发展改革委、体育总局、自然资源部、水利部、农业农村部、国家林业和草原局、农业发展银行 |
| 2021年11月 | 《造林绿化落地上图技术规范（试行）》 | 国家林业和草原局办公室、自然资源部办公厅 |
| 2021年11月 | 《无障碍环境建设"十四五"实施方案》 | 中国残联、住房和城乡建设部、中央网信办等13部门 |
| 2021年12月 | 《关于在国土空间规划中明确造林绿化空间的通知》 | 自然资源部、国家林业和草原局 |

## 1.8 城乡融合方向政策

目标 11·A

加强国家和区域发展
规划，建立城乡联系

SDG11.a：通过加强国家和区域发展规划，支持在城市、近郊和农村地区之间建立积极的经济、社会和环境联系。

《中国落实2030年可持续发展议程国别方案》承诺：推动新型城镇化和新型农村建设协调发展，促进公共资源在城乡间均衡配置。统筹规划城乡基础设施网络，推动城镇公共服务向农村延伸，逐步实现城乡基本公共服务制度并轨、标准统一。"十三五"期间推进有能力在城镇稳定就业和生活的农村转移人口举家进城落户，并与城镇居民享有同等权利和义务。

**深入实施以人为核心的新型城镇化战略，建立健全城乡融合发展机制和政策体系。**国家发展改革委印发《2021年新型城镇化和城乡融合发展重点任务》，对促进农业转移人口有序有效融入城市、增强城市群和都市圈承载能力、转变超大特大城市发展方式、提升城市建设与治理现代化水平、推进以县城为重要载体的城镇化建设、加快推进城乡融合发展等方面提出具体任务举措，为"十四五"继续深入实施新型城镇化战略提供有力支撑。

国家新型城镇化综合试点等试点示范任务顺利完成。国家发展改革委办公厅印发通知，推广第三批国家新型城镇化综合试点等地区经验。2021年全国推广的试点经验涉及提高农业转移人口市民化质量、提高城市建设与治理水平、加快推进城乡融合发展等三大领域内容。为建立城乡融合发展体制机制和政策体系，国家发展改革委办公厅批复浙江嘉湖片区等11个国家城乡融合发展试验区方案，要求各试验区围绕各自重点试验任务开展探索，为全国提供城乡融合发展样本和可复制可推广的典型经验及体制机制改革措施。

**培育发展现代化都市圈，引导特色小镇规范健康发展，推进城乡交通运输一体化发展。**增强中心城市对周边地区辐射带动能力，培育发展现代化都市圈。《2021年新型城镇化和城乡融合发展重点任务》提出支持福州、成都、西安等都市圈编制实施发展规划，支持有条件中心城市编制都市圈发展规划。为加强对特色小镇发展的指导引导、规范管理和激励约束，国家发展改革委、自然资源部等10部委印发《全国特色小镇规范健康发展导则》，围绕特色小镇发展定位、空间布局、质量效益、管理方式和底线约束等方面，明确普适性操作性的指引。推进城乡交通运输基础设施、客运服务、货运物流服务一体化发展，持续提升城乡交通运输公共服务均等化水平。交通运输部命名北京怀柔区等41个县（区、市）城乡交通运输一体化示范县。

**深入推进西部大开发、东北全面振兴、中部地区崛起、东部率先发展，在发展中促进相对**

平衡。

推进西部陆海新通道建设，为西部大开发形成新格局提供支撑。国家发展改革委印发《"十四五"推进西部陆海新通道高质量建设实施方案》，提出到2025年，基本建成经济、高效、便捷、绿色、安全的西部陆海新通道；东中西三条通路持续强化，通道、港口和物流枢纽运营更加高效，对沿线经济和产业发展带动作用明显。

围绕"五大安全"[1]战略定位，推动"十四五"时期东北振兴取得新突破。国务院批复《东北全面振兴"十四五"实施方案》，部署深化国资国企改革、促进民营经济高质量发展、建设开放合作发展新高地、推动产业结构调整升级、构建区域动力系统、完善基础设施补齐民生短板等方面的重点任务。

以高质量发展为主线，推动中部地区加快崛起。中共中央、国务院印发《关于新时代推动中部地区高质量发展的意见》，重点围绕制造业高质量发展，增强城乡区域发展协调性，加强生态环境保护与修复，推进内陆高水平开放，提升公共服务保障水平等方面进行布局。

鼓励东部地区加快推进现代化，发挥示范引领作用。中共中央、国务院印发《关于支持浙江高质量发展建设共同富裕示范区的意见》《关于支持浦东新区高水平改革开放打造社会主义现代化建设引领区的意见》等文件，支持东部地区在统筹城乡区域发展、创新社会治理、完善收入分配制度、推进高水平改革开放等方面先行先试，探索高质量发展道路。

**统筹推进城乡区域协调，支持特殊类型地区因地制宜推动高质量振兴发展。**为巩固拓展脱贫攻坚成果同乡村振兴有效衔接、持续缩小城乡区域发展差距、优化区域经济布局、统筹发展和安全，国务院批复《"十四五"特殊类型地区振兴发展规划》（以下简称《规划》），首次明确我国特殊类型地区[2]的规划范围、振兴的目标定位和重点任务。《规划》提出，因地制宜明确特殊类型地区发展重点，支持欠发达地区做好易地扶贫搬迁后续帮扶、以工代赈和消费帮扶等工作；统筹推进革命老区振兴发展；加大对边境建设精准支持力度；推进生态退化地区综合治理；加快推进资源型地区转型发展；支持老工业城市转型升级。

以《规划》为引领，国家发展改革委报请国务院印发了《关于新时代支持革命老区振兴发展的意见》，报请国务院批复了《推进资源型地区高质量发展"十四五"实施方案》，会同有关部门印发了《关于切实做好易地扶贫搬迁后续扶持工作巩固拓展脱贫攻坚成果的指导意见》《关于继续大力实施消费帮扶巩固拓展脱贫攻坚成果的指导意见》《全国"十四五"以工代赈工作方案》《"十四五"支持革命老区巩固拓展脱贫攻坚成果衔接推进乡村振兴实施方案》《"十四五"支持老工业城市和资源型城市产业转型升级示范区高质量发展实施方案》等政策文件，推动形成新时代支持特殊类型地区振兴的"1+N"政策体系。

**推动跨区域、跨流域协同发展，深入实施京津冀协同发展、长江经济带发展、粤港澳大湾区建设、长三角一体化发展、黄河流域生态保护和高质量发展等区域重大战略。**

扎实推进京津冀协同发展。京津冀交通一体化、生态环境保护、产业升级转移等重点领域

---

[1] 国防安全、粮食安全、生态安全、能源安全、产业安全。

[2] 特殊类型地区包括以脱贫地区为重点的欠发达地区和革命老区、边境地区、生态退化地区、资源型地区、老工业城市等。

协作不断加强。北京大兴国际机场投运，京张高铁开通运营，津冀两省市组建港口联盟。区域环境生态治理持续改善。2021年，京津冀地区平均优良天数比例达到79.2%，比上年提高9.5个百分点；细颗粒物（PM2.5）和可吸入颗粒物（PM10）平均浓度分别降至38微克/立方米和69微克/立方米，同比下降约15.6%和11.5%。深入开展汽车、物联网、工业互联网等京津冀产业链系列对接活动27场次，推动570多项高端高新项目签约。开展公共服务共建共享，三地民政部门共同签署《京津冀民政事业协同发展三年行动计划（2021—2023年）》《京津冀城乡社区治理协同发展战略合作协议》，在养老服务、社会事务、社会组织、干部人才交流等领域推进协同发展。

生态优先推动长江经济带绿色发展。财政部印发《关于全面推动长江经济带发展财税支持政策的方案》，出台完善财政投入和生态补偿机制等举措，加大对长江经济带发展财税支持。财政部、生态环境部、水利部、国家林业和草原局印发《支持长江全流域建立横向生态保护补偿机制的实施方案》，要求长江沿线各地共担保护责任，共治流域环境，共享生态效益；中央支持引导，以地方为主体建立横向生态保护补偿机制。2021年，长江两岸持续推进造林绿化，完成营造林1786.6万亩、石漠化综合治理391.5万亩、水土流失治理574.7万亩，长江流域重点水域10年禁渔全面启动。推进成渝双城经济圈融入长江经济带。中共中央、国务院印发《成渝地区双城经济圈建设规划纲要》指导和推动成渝地区形成有实力、有特色的双城经济圈，打造带动全国高质量发展的重要增长极和新的动力源。

深化合作助力粤港澳大湾区建设。中共中央、国务院印发《横琴粤澳深度合作区建设总体方案》《全面深化前海深港现代服务业合作区改革开放方案》，设立横琴粤澳深度合作区，进一步扩展前海合作区发展空间，丰富"一国两制"实践，再为粤港澳大湾区建设发展注入重要动力。河套深港科技创新合作区成为中央专项资金的优先支持对象，加快探索科技创新合作机制。为推进人才互联互通，人社部、财政部、国家税务总局、国务院港澳办印发《关于支持港澳青年在粤港澳大湾区就业创业的实施意见》，进一步完善港澳青年在粤港澳大湾区就业创业支持体系和便利举措。

全面深化长三角一体化发展。推动长三角一体化发展领导小组办公室印发《长三角一体化发展规划"十四五"实施方案》，部署构建新发展格局、区域联动发展、构建协同创新产业体系、共建绿色美丽长三角等九个方面重点任务，并按照清单制、项目化推进工作；印发《长江三角洲区域生态环境共同保护规划》，推进生态环境共同保护。在制造业协同发展方面，长三角城市联合开展产业链补链固链强链行动，成立集成电路、生物医药、人工智能、新能源汽车4个重点领域产业链联盟。在一体化制度创新方面，长三角生态绿色一体化发展示范区发布先行启动区规划建设导则，聚焦生态环境、城市设计、综合交通三大重点领域，探索跨省域规划管理制度。

深入推动黄河流域生态保护和高质量发展。中共中央、国务院印发《黄河流域生态保护和高质量发展规划纲要》指导沿黄各省区研究出台配套政策和综合改革措施，着力加强生态保护治理，保障黄河长治久安，促进全流域高质量发展，改善人民群众生活，保护传承弘扬黄河文化。全面实施黄河流域深度节水控水行动，推进水资源集约节约利用。水利部印发《关于实施黄河流域深度节水控水行动的意见》、国家发展改革委等5部门印发《黄河流域水资源节约集约利用实施方案》指导工作开展。为推进黄河流域城镇污水垃圾处理领域补短板，国家发展改革委、住房和城乡建设部联合印发《"十四五"黄河流域城镇污水垃圾处理实施方案》，要求"建管并重"，提升设施建设和运营管理水平。在推进黄河文化旅游发展方面，文化和旅游部、国家发展改革联合发布10条黄河主题国家级旅游线路和《黄河文化旅游带精品线路路书》，推进黄河文化与旅游融合发展（表1.8）。

**2021年中央政府发布城乡融合方向政策一览**　　　　　　　表1.8

| 发布时间 | 发布政策 | 发布机构 |
| --- | --- | --- |
| 2021年1月 | 《长江三角洲区域生态环境共同保护规划》 | 推动长三角一体化发展领导小组办公室 |
| 2021年2月 | 《关于国家城乡融合发展试验区实施方案的复函》 | 国家发展改革委办公厅 |
| 2021年2月 | 《关于新时代支持革命老区振兴发展的意见》 | 国务院 |
| 2021年4月 | 《2021年新型城镇化和城乡融合发展重点任务》 | 国家发展改革委 |
| 2021年4月 | 《关于新时代推动中部地区高质量发展的意见》 | 中共中央、国务院 |
| 2021年4月 | 《关于切实做好易地扶贫搬迁后续扶持工作巩固拓展脱贫攻坚成果的指导意见》 | 国家发展改革委、国家乡村振兴局、教育部等20部门 |
| 2021年4月 | 《支持长江全流域建立横向生态保护补偿机制的实施方案》 | 财政部、生态环境部、水利部、国家林业和草原局 |
| 2021年6月 | 《关于支持浙江高质量发展建设共同富裕示范区的意见》 | 中共中央、国务院 |
| 2021年6月 | 《长三角一体化发展规划"十四五"实施方案》 | 推动长三角一体化发展领导小组办公室 |
| 2021年7月 | 《关于支持浦东新区高水平改革开放打造社会主义现代化建设引领区的意见》 | 中共中央、国务院 |
| 2021年8月 | 《关于推广第三批国家新型城镇化综合试点等地区经验的通知》 | 国家发展改革委办公厅 |
| 2021年8月 | 《"十四五"推进西部陆海新通道高质量建设实施方案》 | 国家发展改革委 |
| 2021年8月 | 《关于实施黄河流域深度节水控水行动的意见》 | 水利部 |
| 2021年8月 | 《"十四五"黄河流域城镇污水垃圾处理实施方案》 | 国家发展改革委、住房和城乡建设部 |
| 2021年9月 | 《国务院关于东北全面振兴"十四五"实施方案的批复》 | 国务院 |
| 2021年9月 | 《全国特色小镇规范健康发展导则》 | 国家发展改革委、自然资源部、生态环境部等10部门 |
| 2021年9月 | 《关于全面推动长江经济带发展财税支持政策的方案》 | 财政部 |
| 2021年9月 | 《关于支持港澳青年在粤港澳大湾区就业创业的实施意见》 | 人力资源和社会保障部、财政部、国家税务总局、国务院港澳办 |
| 2021年9月 | 《横琴粤澳深度合作区建设总体方案》 | 中共中央、国务院 |
| 2021年9月 | 《全面深化前海深港现代服务业合作区改革开放方案》 | 中共中央、国务院 |
| 2021年10月 | 《国务院关于"十四五"特殊类型地区振兴发展规划的批复》 | 国务院 |
| 2021年10月 | 《成渝地区双城经济圈建设规划纲要》 | 中共中央、国务院 |
| 2021年10月 | 《黄河流域生态保护和高质量发展规划纲要》 | 中共中央、国务院 |
| 2021年11月 | 《关于公布第二批城乡交通运输一体化示范创建县的通知》 | 交通运输部 |
| 2021年11月 | 《推进资源型地区高质量发展"十四五"实施方案》 | 国家发展改革委、财政部、自然资源部 |

续表

| 发布时间 | 发布政策 | 发布机构 |
|---|---|---|
| 2021年11月 | 《"十四五"支持革命老区巩固拓展脱贫攻坚成果衔接推进乡村振兴实施方案》 | 国家发展改革委、农业农村部、国家乡村振兴局等15部门 |
| 2021年11月 | 《"十四五"支持老工业城市和资源型城市产业转型升级示范区高质量发展实施方案》 | 国家发展改革委、科技部、工业和信息化部、自然资源部、国家开发银行 |
| 2021年12月 | 《黄河流域水资源节约集约利用实施方案》 | 国家发展改革委、水利部、住房和城乡建设部、工业和信息化部、农业农村部 |

## 1.9 低碳韧性方向政策

**建立并实施资源集约化、综合防灾减灾的政策**

SDG11.b：到2020年，大幅增加采取和实施综合政策和计划以构建包容、资源使用效率高、减缓和适应气候变化、具有抵御灾害能力的城市和人类住区数量，并根据《2015—2030年仙台减少灾害风险框架》在各级建立和实施全面的灾害风险管理。

《中国落实2030年可持续发展议程国别方案》承诺：完善住房保障制度，大力推进棚户区和危房改造。提高建筑节能标准，推广超低能耗、零能耗建筑。开展既有建筑节能改造，推广绿色建材，大力发展装配式建筑。加强自然灾害监测预警体系、工程防御能力建设，完善防灾减灾社会动员机制，建立畅通的防灾减灾社会参与渠道。全面推广海绵城市建设，在省市、城镇、园区、社区等区域开展全方位低碳试点，开展气候适应型城市建设试点。

积极应对气候变化，将绿色低碳发展贯穿城乡建设全过程，推动城乡建设领域落实碳达峰、碳中和目标。中共中央、国务院印发《关于完整准确全面贯彻新发展理念做好碳达峰碳中和工作的意见》，从顶层设计上明确碳达峰碳中和工作的主要目标、减碳路径措施及相关配套措施。文件明确提出要"提升城乡建设绿色低碳发展质量"。国务院印发《2030年前碳达峰行动方案》，聚焦2030年前碳达峰目标，对推进碳达峰工作作出总体部署。方案要求将碳达峰贯穿于经济社会发展全过程和各方面，重点实施能源绿色低碳转型行动、节能降碳增效行动、工业领域碳达峰行动、城乡建设碳达峰行动、交通运输绿色低碳行动、循环经济助力降碳行动、绿色低碳科技创新行动、碳汇能力巩固提升行动、绿色低碳全民行动、各地区梯次有序碳达峰行动"碳达峰十大行动"。在城乡建设碳达峰行动方面，

重点推进城乡建设绿色低碳转型，加快提升建筑能效水平，加快优化建筑用能结构，推进农村建设和用能低碳转型。

转变城乡建设发展方式，推动城乡建设绿色转型。中共中央办公厅、国务院办公厅印发《关于推动城乡建设绿色发展的意见》，从区域协调发展、转变城乡发展方式、创新工作方法等方面提出系统解决思路。在推进城乡建设一体化发展方面，提出促进区域和城市群绿色发展、建设人与自然和谐共生的美丽城市、打造绿色生态宜居的美丽乡村；在转变城乡建设发展方式方面，要求建设高品质绿色建筑、提高城乡基础设施体系化水平、加强城乡历史文化保护传承、实现工程建设全过程绿色建造、推动形成绿色生活方式；在创新工作方法中，提出要统筹城乡规划建设管理、建立城市体检评估制度、加大科技创新力度、推动城市智慧化

建设、推动美好环境共建共治共享，为城乡建设绿色发展提供保障。以绿色低碳理念引领县城高质量发展，住房和城乡建设部等15部门印发《关于加强县城绿色低碳建设的意见》，要求县城在安全发展、建设密度和强度、民用建筑高度、与自然环境相协调、绿色建筑和建筑节能、历史文化保护传承、公共环境等方面严格落实绿色低碳建设的有关要求。

**实施全面节约战略，推动城乡建设领域节能减排，推进水资源、土地资源节约高效利用。**大力推动节能减排，推进经济社会发展绿色转型。国务院印发《"十四五"节能减排综合工作方案》，在城乡建设领域部署园区节能环保提升、城镇绿色节能改造、交通物流节能减排、农业农村节能减排等重点工程具体任务，进一步健全节能减排政策机制。在建筑领域提高能源资源利用效率，推动可再生能源利用，降低建筑碳排放。住房和城乡建设部批准国家标准《建筑节能与可再生能源利用通用规范》GB 55015—2021，从新建建筑节能设计、既有建筑节能、可再生能源利用三个方面，明确了设计、施工、调试、验收、运行管理的强制性指标及基本要求。

提升城市水资源集约节约水平，提高城市节水系统性。住房和城乡建设部办公厅等4部门印发《关于加强城市节水工作的指导意见》对城市节水工作作出总体部署，要求构建城市健康水循环体系、提高城市用水效率、加强节水型城市建设、完善城市节水机制，全面、系统加强城市节水。推动社会关注并采用节地技术和节地模式，促进土地资源节约高效利用。自然资源部办公厅印发《节地技术和节地模式推荐目录（第三批）》，推广包括工业厂房节地技术、基础设施建设节地技术、新能源环保产业节地技术、地上地下空间综合开发模式、城镇低效用地再开发模式、农村集体建设用地节约挖潜模式6种类型、共23个典型案例。

**提升城市发展韧性，加强城市重要基础设施安全防护，系统化全域推进海绵城市。**城市韧性建设纳入新型城镇化建设任务。国家发展改革委印发《2021年新型城镇化和城乡融合发展重点任务》，明确提出"增强城市发展韧性"的工作任务，对公共卫生防控、城市内涝治理、海绵城市建设、应急物资收储调配、基本生活用品保障等作出部署。2021年世界城市日中国主场活动暨首届城市可持续发展全球大会以"应对气候变化，建设韧性城市"为主题，旨在提高有关适应气候变化和城市韧性的公众意识；通过分享提高城市韧性解决方案，鼓励在国家和地方层面采取有效的气候行动。

在优化基础设施韧性方面，《关于切实加强城市安全工作的通知》《关于加强城市重要基础设施安全防护工作的紧急通知》等政策，对城市重要基础设施安全防护提出具体要求；住房和城乡建设部会同有关部门加强城市供水、燃气、供热等市政公用设施安全运行监督管理。在提高城市生态韧性方面，中央财政支持系统化全域推进海绵城市建设。财政部办公厅、住房和城乡建设部办公厅、水利部办公厅联合印发《关于开展系统化全域推进海绵城市建设示范工作的通知》，选拔确定第一批20个示范城市，给予定额补助。要求示范城市结合城市防洪排涝设施建设、地下空间建设、老旧小区改造等工作系统开展示范建设。

**推动全过程绿色建造，推进建筑垃圾减量化，促进建筑业转型升级和绿色发展。**为进一步规范和指导绿色建造试点工作，引导绿色建造技术方向，住房和城乡建设部办公厅发布《绿色建造技术导则（试行）》强调，绿色建造应将绿色发展理念融入工程策划、设计、施工、交付的建造全过程,充分体现绿色化、工业化、信息化、集约化和产业化的总体特征。加快探索建材行业工业固体废物减量化路径。生态环境部等18部门联合发布《"十四五"时期"无废城市"建设工作方案》,要求加强全过程管理,推进建筑垃圾综合利用,明确大力发展节能低碳建筑、推广绿色低碳建材、推动建筑材料循环利用。住房和城乡建设部科技与产业化发展中心发布《绿色建材产品目录框架(2021年)》,推动绿色建材产品推广应用,促进绿色建材产品认证实施。

**总结推广智能建造经验,大力发展装配式建筑,推动智能建造与建筑工业化协同发展。**住房和城乡建设部总结地方、企业、科研院所在数字设计、智能生产、智慧施工、建筑产业互联网平台、智能建造设备等方面的经验做法,先后发布《智能建造与新型建筑工业化协同发展可复制经验做法清单(第一批)》《智能建造新技术新产品创新服务典型案例清单(第一批)》,推广智能建造可复制优秀经验。

构建装配式建筑标准化设计和生产体系。住房和城乡建设部发布《装配式混凝土结构住宅主要构件尺寸指南》《住宅装配化装修主要部品部件尺寸指南》,推进装配式混凝土结构住宅的工业化建造,提升预制混凝土构件的标准化应用水平,提高生产和施工效率,节约工程建设成本;推进装修部品部件标准化、模数化、系列化,提高装修部品部件的标准化水平(表1.9)。

**2021年中央政府发布低碳韧性方向政策一览** 表1.9

| 发布时间 | 发布政策 | 发布机构 |
| --- | --- | --- |
| 2021年1月 | 《节地技术和节地模式推荐目录(第三批)》 | 自然资源部办公厅 |
| 2021年3月 | 《关于印发绿色建造技术导则(试行)的通知》 | 住房和城乡建设部办公厅 |
| 2021年4月 | 联合印发《关于开展系统化全域推进海绵城市建设示范工作的通知》 | 财政部办公厅、住房城乡建设部办公厅、水利部办公厅 |
| 2021年5月 | 《关于加强县城绿色低碳建设的意见》 | 住房和城乡建设部、科技部、工业和信息化部等15部门 |
| 2021年7月 | 《关于印发智能建造与新型建筑工业化协同发展可复制经验做法清单(第一批)的通知》 | 住房和城乡建设部办公厅 |
| 2021年7月 | 《关于加强城市重要基础设施安全防护工作的紧急通知》 | 国家发展改革委 |
| 2021年7月 | 《关于切实加强城市安全工作的通知》 | 国务院安全生产委员会、国家防汛抗旱总指挥部 |
| 2021年9月 | 《关于发布〈装配式混凝土结构住宅主要构件尺寸指南〉〈住宅装配化装修主要部品部件尺寸指南〉的公告》 | 住房和城乡建设部 |
| 2021年9月 | 《关于完整准确全面贯彻新发展理念做好碳达峰碳中和工作的意见》 | 中共中央、国务院 |
| 2021年9月 | 《建筑节能与可再生能源利用通用规范》GB 55015—2021 | 住房和城乡建设部、国家市场监督管理总局 |
| 2021年10月 | 《2030年前碳达峰行动方案》 | 国务院 |
| 2021年10月 | 《关于推动城乡建设绿色发展的意见》 | 中共中央办公厅、国务院办公厅 |
| 2021年12月 | 《关于加强城市节水工作的指导意见》 | 住房和城乡建设部办公厅、国家发展改革委办公厅、水利部办公厅、工业和信息化部办公厅 |

续表

| 发布时间 | 发布政策 | 发布机构 |
|---|---|---|
| 2021年12月 | 《"十四五"节能减排综合工作方案》 | 国务院 |
| 2021年12月 | 《"十四五"时期"无废城市"建设工作方案》 | 生态环境部、国家发展和改革委、工业和信息化部等18部门 |
| 2021年12月 | 《智能建造新技术新产品创新服务典型案例清单（第一批）》 | 住房和城乡建设部办公厅 |

# 1.10 对外援助方向政策

**目标  11·C**

支持最不发达国家建造可持续的、有抵御灾害能力的建筑

SDG11.c：通过财政和技术援助等方式，支持最不发达国家就地取材，建造可持续的，有抵御灾害能力的建筑。

《中国落实2030年可持续发展议程国别方案》承诺：支持最不发达国家建造可持续的基础设施，在节能建筑领域推动与相关国家技术合作，帮助最不发达国家培养本地技术工人。

**支持发展中国家加大基础设施建设力度，开展社区减贫示范合作，改善居民生产生活条件。**中国政府和联合国开发计划署在南南合作援助基金框架下合作，支持莫桑比克开展热带气旋灾后重建项目，用于为莫受灾地区修复8所学校、3个市场和17户住宅等设施。2021年8月21日，中国援助乌干达"万村通"二期项目实施研讨会在乌首都坎帕拉举行，全面启动村落卫星电视建设。截至2021年11月，"万村通"项目直接受益的非洲国家家庭超过17.2万户，实现卫星数字电视信号覆盖的民众超过650万。截至2021年8月，"万村通"项目已顺利完成非洲20个国家项目验收，覆盖非洲大陆8612个村落，直接受益家庭超过17.2万户，实现覆盖的民众超过650万。

2021年，东亚减贫示范合作技术援助项目圆满完成。柬埔寨、老挝、缅甸项目分别于2020年12月3日、2021年2月10日和11月26日通过验收，并全部完成政府间移交。项目面向农村贫困地区，重点改善社区基础设施、公共服务设施、人居环境，开展能力建设，提供技术支持，为东亚国家的减贫、改善民生提供示范。6个项目村2900余户居民受益。中国国际扶贫中心编写《中国援外乡村减贫项目操作指南》，总结东亚减贫示范合作技术援助项目实践经验，丰富和完善我国援外乡村减贫项目的管理机制，为今后相似项目提供有益借鉴和参考。

**共建防灾减灾和灾害管理国际合作机制，助力"一带一路"国家和地区自然灾害防治和应急管理能力提升。**加强自然灾害防治和应急管理国际合作顶层设计，中国提议共建"一带一路"自然灾害防治和应急管理国际合作机制。中国应急管理部与白俄罗斯、文莱、柬埔寨、智利、印度尼西亚、哈萨克斯坦、吉尔吉斯斯坦、老挝、蒙古、莫桑比克、巴基斯坦、俄罗斯、沙特阿拉伯、塞尔维亚和新加坡自然灾害防治和应急管理部门共同通过《"一带一路"自然灾害防治和应急管理国际合作北京宣言》，积极推进"一带一路"国家在安全生产、防灾减灾和应急响应领域的交流与合作。

中国—东盟双方设立灾害管理部长级会议机制，批准《中国—东盟灾害管理工作计划（2021—2025）》，发表联合声明，进一步拓展和深化在灾害风险评估和监测、预防和减轻、备灾和响应、韧性恢复等方面的合作。

**积极开展应对气候变化南南合作，推动清洁能源、低碳示范区、节能设施等领域合作，支持发展中国家绿色低碳发展。**落实"一带一路"应对气候变化南南合作计划和气候变化南南合作"十百千"倡议。中非合作论坛第八届部长级会议通过《中非合作论坛——达喀尔行动计划（2022—2024）》和《中非应对气候变化合作宣言》。中方将与非方共同倡导绿色低碳理念，大力发展太阳能、风能等可再生能源，为非洲援助实施绿色环保和应对气候变化项目，在非洲建设低碳示范区和适应气候变化示范区，提供技术、能力建设等方面支持。

合作开展低碳示范区建设。中国与塞舌尔签署应对气候变化南南合作塞舌尔低碳示范区建设实施谅解备忘录，推动低碳示范区建设。中方将与塞舌尔共同编制低碳示范区方案，援助太阳能LED照明工程、科普用光伏车棚、离网光伏储

能系统等相关物资，提供能力建设培训，促进当地绿色、低碳和可持续发展。

提供节能设施物资援助。中国向古巴援助5000套家用太阳能光伏发电系统，帮助解决偏远农村居民用电问题。中国与巴基斯坦签署应对气候变化南南合作物资援助谅解备忘录，向巴方援助3000套太阳能光伏电源系统，解决巴基斯坦瓜达尔地区民众家庭用电和照明需求。

**开展文物保护国际合作，积极参与世界遗产事务，支持世界遗产保护。**到2021年，中国已在海外开展11个援外文物保护工程和44个中外合作考古项目，涉及亚洲、非洲、欧洲、南美洲的24个国家。2021年7月，中国成功举办第44届世界遗产大会，通过中国的世界遗产保护实践为世界遗产公约贡献中国经验。大会共同通过《福州宣言》，呼吁加大对发展中国家的支持，并重申世界遗产保护和开展国际合作的重要意义。2021年10月，国家文物局与北京市人民政府邀请亚洲各国召开亚洲文化遗产保护对话会，中国与柬埔寨等亚洲10个国家共同发起成立"亚洲文化遗产保护联盟"，搭建亚洲文化遗产领域首个国际合作机制；代表亚洲27国发布《关于共同开展"亚洲文化遗产保护行动"的倡议》，凝聚共识，持续推进亚洲文化遗产保护（表1.10）。

**2021年中央政府发布对外援助方向政策一览**　　　　　　　　　　　　　表1.10

| 发布时间 | 发布政策 | 发布机构/会议 |
| --- | --- | --- |
| 2021年1月 | 《关于应对气候变化南南合作低碳示范区建设实施的谅解备忘录》 | 中华人民共和国生态环境部、塞舌尔共和国农业、气候变化和环境部 |
| 2021年7月 | 《关于应对气候变化物资援助的谅解备忘录》 | 中华人民共和国生态环境部、巴基斯坦伊斯兰共和国中巴经济走廊事务局 |
| 2021年7月 | 《福州宣言》 | 第44届世界遗产大会 |
| 2021年10月 | 《中国—东盟灾害管理工作计划（2021—2025）》 | 首届中国—东盟灾害管理部长级会议 |
| 2021年10月 | 《关于共同开展"亚洲文化遗产保护行动"的倡议》 | 亚洲文化遗产保护对话会 |

| 发布时间 | 发布政策 | 发布机构/会议 |
|---|---|---|
| 2021年11月 | 《中国援外乡村减贫项目操作指南》 | 中国国际扶贫中心 |
| 2021年11月 | 《中非合作论坛—达喀尔行动计划（2022—2024年）》 | 中非合作论坛第八届部长级会议 |
| 2021年11月 | 《中非应对气候变化合作宣言》 | 中非合作论坛第八届部长级会议 |
| 2021年11月 | 《"一带一路"自然灾害防治和应急管理国际合作北京宣言》 | "一带一路"自然灾害防治和应急管理国际合作部长论坛 |

# 第二篇 城市评估

- 中国城市落实SDG11评估技术方法
- 参评城市整体情况
- 副省级及省会城市评估
- 地级市评估

# 2.1 中国城市落实SDG11评估技术方法

《中国落实2030年可持续发展目标11评估报告：中国城市人居蓝皮书（2022）》使用公开、来源可靠的最新数据，概述了中国城市在落实联合国SDG11方面的进展情况和发展趋势。本报告评估体系基于IAEG-SDGs提出的全球指标框架和城市SDGs评估本土化实践，结合国家发布的中长期专项发展规划里明确提出的考核指标、国家对外发布国家行动中明确考核的指标，形成了一套符合SDGs语境、针对SDG11的中国城市人居领域的本土化指标体系。指标体系包含城市住房保障、公共交通、规划管理、遗产保护、防灾减灾、环境改善、公共空间七个专题，全面反映"SDG11：可持续城市和社区"中对可持续城市和社区提出的目标和要求。

## 2.1.1 全球SDGs本土化实践

### 2.1.1.1 区域及国际组织实践

（1）联合国可持续发展解决方案网络

联合国可持续发展解决方案网络（Sustainable Development Solutions Network，SDSN）是2012年在联合国秘书长潘基文推动下成立的全球网络性组织，自2016年起，每年与贝塔斯曼基金会联合发布可持续发展目标指数和指示板全球报告，在联合国SDGs跨机构专家组（IAEG-SDGs）提出的全球指标框架基础上构建评估体系，提出了SDG指数（SDG Index）和SDG指示板（SDG Dashboards），为国别层面SDGs进展测量提供了方法的同时，对各国实际落实情况进行比较分析。

1）SDG11相关指标选择

为筛选出适用于SDG指数和指示板中的指标，SDSN与贝塔斯曼基金会就每项目标提出了基于技术的定量指标，并确保指标筛选符合以下5项标准：①相关性和普适性：所选指标与监测SDGs进展相关联，且适用于所有国家。它们可以直接对国家表现进行评估，并能在国家间进行比较。它们能定义表明SDGs进展的数量阈值。②统计的准确性：采用有效可信的方法选择指标。③时效性：数据序列必须具有时效性，近些年的数据有效且能够获取。④数据质量：必须采用针对某一问题最有效的测量方法获取数据。数据须是国家或国际官方数据以及其他国际知名来源的数据。比如，国家统计局、国际组织数据以及同行评议的出版物。⑤覆盖面：数据至少覆盖80%联合国成员国，覆盖国家的人口规模均超过百万。2016—2021年报告评估SDG11采用的指标如表2.1所示。

2）评估方法及评估标准

为确保与联合国官方框架的一致性，基于联合国发布可持续发展目标体系和全球指标框架，并根据IAEG-SDGs对指标的动态调整结果，SDSN和贝塔斯曼基金会动态调整SDG指数和指示板的评估技术体系。

**2016—2021年间报告中SDG11指标选择情况** 表2.1

| 年份 | 指标 | | | |
|---|---|---|---|---|
| 2016 | PM2.5浓度（ug/m³） | 城市管网供水覆盖率（%） | — | — |
| 2017 | PM2.5浓度（ug/m³） | 城市管网供水覆盖率（%） | — | — |
| 2018 | | | | |
| 2019 | PM2.5浓度（ug/m³） | 城市管网供水覆盖率（%） | 对公共交通的满意程度 | — |
| 2020 | | | | |
| 2021 | PM2.5浓度（ug/m³） | 城市管网供水覆盖率（%） | 对公共交通的满意程度 | 居住在贫民窟的城市人口比例（%） |

构建SDG指数的方法：SDG指数由17项可持续发展目标构成，每项目标至少有一项用于表现其现状的指标，个别情况下一项目标对应多项指标。通过两次求取平均值可以得出SDG指数得分，即第一次是将对应的指标分别求平均值得出每项目标的得分，第二次是将17项目标的得分加总求平均值得出该国的SDG指数。

针对每一个具体评估指标，首选确定最优值和最差值的方式，然后采用插值法确定每一个国家的指标评分值。其中，最差值的确定是在评估年份对当前的每一项指标从低到高进行排名，剔除"最差"中2.5%的观测值以消除异常值对评分的干扰后即得到。最优值的选择基于"不落下任何人"原则，按照自然状态下最佳、技术上可行的原则确定，在具体实施过程中主要分为两类：对于有明确量化目标的指标，如既定目标或理论最优值，则直接采用该值；对于没有明确量化目标的指标，将评估年度表现最好的五个国家的平均值作为最优值。

构建SDG指示板的方法：SDG指示板是利用可获取的数据，通过红、橙、黄、绿四种颜色编码来体现17项SDGs的整体实施情况。其中，绿色表示接近实现目标；黄色表示存在一定差距；橙色表示存在明显差距；红色表示距实现2030年的目标面临严峻挑战。

从评估方法和评估标准设计上看，这套SDG指数和指示板难免出现数据缺失、分类错误、时效性滞后等问题，例如从一些国家的发展现状来看若干年前的数据往往并不准确；一些强调SDGs优先性问题的指标数据可能无法获取，或已失去时效性。解决该类问题需要更好的数据和指标，因此SDG实施过程中也在不断增加在数据收集和统计能力方面的投入。

（2）经济合作与发展组织

经济合作与发展组织（Organization for Economic Co-operation and Development, OECD）长期致力于推进联合国有关人类发展和福祉，发展筹资，环境可持续性和气候变化的倡议，参与制定了《2030年可持续发展议程》。OECD与发展中经济体、发达经济体都有长期、良好的合作记录，拥有发展中国家和发达国家强有力的政策跟踪记录。利用OECD的能力和经验，可为及时有效地达成可持续发展目标作出贡献。

《衡量与可持续发展目标的距离：2019年OECD国家实现SDGs进程评估》报告中，采用的指标与IAEG-SDGs的全球指标框架的内容高度一致（SDG11相关指标见表2.2）。这些参数来源于OECD和联合国可持续发展目标全球数据库。设定目标水平时尽可能地参考了

《2030年可持续发展议程》中所述的目标水平。如果《2030年可持续发展议程》对目标水平没有清晰的表述，研究则主要依靠国际协定和专家意见，余下的指标则主要参照OECD表现最好的10%成员。

**2019年OECD进程评估指标及数据来源（仅列出SDG11相关指标）** 表2.2

| 指标名称 | 数据来源 |
| --- | --- |
| 居住地有基本环境卫生条件（%） | OECD |
| 人均建筑面积年均变化（%） | OECD |
| 都市废物的回收率（循环再造及堆肥）（%） | OECD |
| 大都市PM2.5人均暴露水平（毫克/立方米） | OECD |
| 已建立法律或监督机制应对灾害的国家数量（1=是，0=否） | UN |

指标选择方面，OECD在对各个国家的评估中，将联合国提供的全球指标框架作为参考，同时扩展了自己的指标体系。OECD可持续发展指标的选择遵循以下3条基本原则：①政策的相关性原则。包括：指标要提供环境状况、环境压力或社会响应的代表性愿景；简单、易于解释并能够揭示随时间的变化趋势；对环境和相关人类活动的变化敏感；提供国际比较的基础；是国家尺度的或者能够应用于具有国家重要性的区域环境问题；具有一个可与之相比较的阈值或参照值，据此使用者可以评估其数值所表达的重要意义。②分析的合理性原则。包括：在理论上应当是用技术或科学术语严格定义；具有国际标准和共识；可以与经济模型、预测、信息系统等相联系。③指标的可测量性原则。包括：已经具备或者能够以合理的成本/效益取得；适当地建档并能判断数据质量；可以依据可靠的程序定期更新。

2020年10月，OECD发布了《如何衡量与可持续发展目标的距离》（How to measure distance to SDG targets anywhere）文件，提供了一套适用于不同国家测量SDG目标距离的方法。方法文件中强调，以数据为基础的任何评估的优缺点往往取决于基础指标的质量。而指标质量在这里被定义为根据需求"适合使用"，需要涵盖指标的相关性、准确性、及时性及可用性，这是在构建指标体系时必须要考虑的。

（3）联合国亚洲及太平洋经济社会委员会

联合国亚洲及太平洋经济社会委员会（United Nations Economic and Social Commission for Asia and Pacific，UNESCAP，简称"亚太经社会"）是联合国促进各国合作、实现包容和可持续发展的区域中心。其战略重点是落实《2030年可持续发展议程》，加强和深化区域合作和一体化，推进互联互通、金融合作和市场一体化。面向各国政府提供政策咨询服务、能力建设和技术援助，支持各国实现可持续发展目标。

1）SDG11相关指标选择

自2017年起，亚太经社会开始发布可持续发展进展报告，并于2021年4月16日发布最新的《2021年亚洲及太平洋可持续发展目标进展报告》。指标选取方面，亚太可持续发展目标进展评估所采用的指标来源于联合国的全球指标框架。指标值大多来自全球可持续发展目标数据库。当指标缺乏充分的数据时，报告使用国际公认的其他指标。指标选取遵循3个原则：①数据可用性：过半数的亚太地区国家具有2个或以上的数据点时，可选用该指标；②可设置明显的目标值；③元数据明确：选取的指标可由元数据支持。所选择的指标必须全部满足以上三项目标。《2021年亚太可持续发展进展报告》共选取了122项指标，其中与SDG11相关的指标共5个，见表2.3。该报告同时强调了因新冠肺炎疫情而实施的强制性封锁和社交远离措施对数据收集工作的影响，特别是有关弱势群体的数据。为了更好地重建，各国政府应重申对可持续发展目标监控框架的承诺，以使复苏能够加速实现《2030年可持续发展议程》所承诺的全球转型。

**2021年ESCAP SDG11相关指标　表2.3**

| SDG | 指标名称 |
|---|---|
| 11 | 每10万人口道路交通死亡率 |
| | 灾害造成的死亡、失踪人员和直接受影响的人员数量 |
| | 灾害造成的直接经济损失，以及灾害造成的关键基础设施受损和基本服务中断数量 |
| | PM2.5年平均浓度 |
| | 根据《仙台框架》采纳和实施国家减灾战略得分指数 |

2）评估内容

指标监测需对两方面进行评估：①当前状况指数：自2000年以来所取得的进展。②预期进展指数：2030年实现这些目标的可能性。在进展评估年报中，当前状况指数从目标层面呈现，预期进展指数以目标和指标两个层面进行汇报。

（4）欧盟

欧盟可持续发展战略启动于2001年，2010年起，可持续发展已成为欧洲2020战略的主流，始终致力于成为全球《2030年可持续发展议程》的领跑者。围绕可持续发展，其工作主要有两个方向。一是将联合国可持续发展目标与欧盟政策框架、欧盟委员会的优先目标（10 commission's priorities）整合，识别与可持续发展最为相关的目标，评估欧盟的可持续发展目标完成情况。第二类工作是发布2020年之后的长期发展规划及各部门政策的侧重点。

2017年4月，由欧盟委员会SDGs相关工作组商定了2017年欧盟SDGs指标集，以监测欧盟的可持续发展进程。该指标集被欧盟统计局发布的《欧盟可持续发展目标监测报告》等采用。受到了欧洲统计系统委员会（European Statistical System Committee，ESSC）的好评。欧盟SDGs指标集是一个广泛协商的结果，涉及包括委员会、成员国、理事会委员会、用户、非政府组织、学术界和国际组织在内的诸多利益攸关方。

选择的指标与委员会发布的"欧洲可持续未来的下一步"（Next steps for a sustainable European future）密切相关，与SDG11相关的指标见表2.4。此外，所有选定的指标都清楚地说明了欧盟有关政策和倡议所规定的改革方向。优先考虑以简单、清楚和容易理解的绩效指标来衡量欧盟政策、倡议的影响。该指标集着眼于欧盟政策对落实《2030年可持续发展议程》的贡献，从欧盟角度补充了联合国全球指标框架。

**2019年欧盟SDGs指标及数据来源（仅列出SDG11相关指标）　　表2.4**

| 目标 | 指标 | 更新频率 | 数据来源 |
|---|---|---|---|
| SDG11 | 过度拥挤率 | 每年 | Eurostat |
| | 居住在受噪声影响的家庭中的人 | 每年 | Eurostat |
| | 人均定居用地面积 | 每三年 | Eurostat |
| | 交通事故死亡人数 | 每年 | DG MOVE |
| | 暴露在颗粒物污染的空气中 | 每年 | EEA |
| | 城市垃圾循环利用率 | 每年 | Eurostat |

| 目标 | 指标 | 更新频率 | 数据来源 |
|---|---|---|---|
| SDG11 | 居住在屋顶漏水、墙壁潮湿、地板或地基或窗框因贫困而腐烂的住宅内的人 | 每年 | Eurostat |
| | 至少经过二次处理的污水处理系统的人口比例 | 每两年 | Eurostat |
| | 公共汽车和火车在客运总量中所占的份额 | 每年 | Eurostat |
| | 报告其地区发生犯罪、暴力或故意破坏行为的人数 | 每年 | Eurostat |

关于数据质量要求，欧盟SDGs指标只采用了目前可用的或将定期发布的数据。要求数据能够在线访问，元数据必须公开可用。指标选取也考虑了欧洲统计的标准质量原则：普及率、及时性、地理范围、国家间和随时间的可比性以及时间序列的长度。在气候变化、海洋或陆地生态系统等领域，指标集中的部分指标虽并非出自欧洲统计系统，但采用的是满足质量要求的外部数据。

为保持政策相关性，提高指标集的统计质量，指标集每年进行一次审查。评审遵循以下原则：①应保留欧盟SDG指标集的主要特征，即基于17个SDGs构建，每个目标限制6个指标。因此，每一个目标都由5~12个指标进行监控。②指标集每个目标至多包含6个指标。以便将总指标控制在100左右的同时，对所有目标一视同仁，从社会、经济、环境和体制层面上平衡地衡量进展。③新指标只能通过删除同一目标中已包含的指标来添加。④新指标必须符合：可用性，比其前任指标更具政策相关性或更好的统计质量，才考虑更换指标。

### 2.1.1.2 国家及城市层面SDGs本土化评估方法研究及实践进展

（1）德国

德国自2006年开始每两年发布一次可持续发展指标报告，自2015年《2030年可持续发展议程》发布后，德国先后发布了《德国可持续发展指标报告》（2016年）及《德国可持续发展指标报告》（2018年）。报告生动地描绘了德国已经走过的道路、德国前面的道路以及德国走向政治商定的目标的速度，这些目标的实现将有助于使德国更加可持续，从而使其具有前瞻性。《德国可持续发展指标报告》（2016年）从三个层面提出了包括气候和生物多样性保护、资源效率和移动解决方案等领域，以及减少贫困、卫生保健、教育、性别平等、稳健的国家财政、公平分配和反腐等17个可持续发展目标及36个发展领域的具体实施措施。在这17个目标里，战略又制定了63个关键指标，其中多数指标与量化目标相关联，17个可持续发展目标中每一个都包含至少一个可量化指标。《德国可持续发展指标报告》（2018年）是德国可持续性战略指标的制定，大体内容与2016版可持续发展指标报告相同。报告详细介绍了指标所反映的内容，并以天气标志——从阳光到雷雨这种简单而容易理解的方式说明了该指标在向目标迈进的"天气状况"，将指标的发展在图形中可视化，并对指标的变化及价值进行陈述。报告制定的德国可持续发展指标体系见表2.5（仅列出SDG11相关指标）。

（2）日本

日本政府根据国情，对可持续发展目标进行重组，确定了日本应该关注的SDGs目标和指标中的8个优先领域：①赋予所有人权力（相关SDGs：1、4、5、8、10、12）。②实现健康长寿（相关SDGs：3）。③创造增长型市场，振

**德国可持续发展指标体系（仅列出SDG11相关指标）**　　　　　　　　　　表2.5

| 序号 | 指标范围可持续发展要求 | 指标 | 目标 |
|---|---|---|---|
| SDG11.1.a | 土地使用<br>可持续的土地使用 | 居住用地和交通用地的增加 | 到2030年降至低于每天30公顷 |
| SDG11.1.b | | 自由空间的损失（平方米/每个居民） | 减少与涉及居民的空地损失 |
| SDG11.1.c | | 单位住宅面积和交通面积的居民人数（居住密度） | 避免居住密度降低 |
| SDG11.2.a | 交通运输<br>保障交通运输，爱护环境 | 货物流通的终端能源消费量 | 到2030年的"目标走廊"为降低15%至20% |
| SDG11.2.b | | 客运的终端能源消费量 | 到2030年的"目标走廊"为降低15%至20% |
| SDG11.2.c | | 居民人口加权后使用公共交通工具从每个车站到下一个中型及大型城镇的平均行驶时间 | 缩短 |
| SDG11.3 | 居住<br>为所有人提供价格可承受的住房 | 居住费用造成的过重负担 | 到2030年将这部分居民的比例降至13% |

兴农村，促进科学技术与创新（相关SDGs：2、8、9、11）。④可持续和有弹性的土地利用，促进质量基础设施（相关SDGs：2、6、9、11）。⑤节能、可再生能源及气候变化对策和健全的物质循环社会（相关SDGs：7、12、13）。⑥环境保护，包括生物多样性，森林和海洋（相关SDGs：2、3、14、15）。⑦实现和平，安全和安全的社会（相关SDGs：16）。⑧加强实施可持续发展目标的手段和框架（相关SDGs：17）。

日本重视指标的监测与量化，其可持续发展目标促进总部于2017年7月发布了《日本关于可持续发展目标实施情况的国家自愿审查报告》，报告中提到2017年日本对可持续发展现状的评估，选取了80个指标，并对每个指标进行了打分并划分了等级。指标集中用于评估SDG11的指标见表2.6。

**日本自愿审查报告评估指标**
**（仅列出SDG11相关指标）**　表2.6

| 目标 | 指标 |
|---|---|
| SDG11 | 城市地区PM2.5年平均浓度 |
| | 每人拥有房间数 |
| | 改善水源的管道占比 |

**（3）美国纽约**

2015年4月，为解决纽约仍然面临的很多问题，例如，生活成本不断升高、收入不平等也在不断加剧；贫困和无家可归的数量居高不下；气候变化等，纽约市政府基于增长、公平、可持续性和恢复力四个相互依赖的愿景发布了第四版《PlaNYC2015》。同年9月，世界各国领导人通过了《2030年可持续发展议程》。在认识到《一个纽约》（OneNYC）与可持续发展目标之间的协同作用后，纽约市市长办公室利用这一共同框架，与世界各地的城市和国家分享纽约市可持续发展的创新。为了跟踪纽约市在实现OneNYC详细目标方面的进展，纽约市制定了一套关键绩效指标，每年公开报告，旨在让纽约市对实现具体的量化目标负责，同时提供有关OneNYC计划和政策有效性的指导性数据。最新"一个纽约"规划——《一个纽约2050》（OneNYC2050）战略的30个倡议和监测指标集见表2.7。

**（4）中国浙江省德清县**

国家基础地理信息中心联合国内多所高校

**《一个纽约 2050》战略的 30 个倡议和监测指标集**　　　　　　　　　　　　表 2.7

| 目标 | 倡议 | 指标 |
|---|---|---|
| 1. 充满活力的民主 | 1. 授权所有纽约人参与我们的民主 | • 年度报告中参与的志愿者人数<br>• 投票人登记数<br>• 在当地选举中投票人出席率 |
| | 2. 欢迎来自世界各地的纽约人，让他们充分参与公民生活 | • 入籍的移民纽约人<br>• 移民和美国本土家庭的贫富差距 |
| | 3. 促进正义和平等权利，在纽约人和政府之间建立信任 | • 每日平均入狱人数<br>• 重大犯罪数 |
| | 4. 在全球舞台上促进民主和公民创新 | • 向联合国提交一份自愿的地方审查报告 |
| 2. 包容经济 | 5. 以高薪工作促进经济增长，让纽约人做好填补空缺的准备 | • 按种族划分的收入差距<br>• 通过城市劳动力系统就业的人数<br>• 劳动力就业率<br>• 证券行业工资收入占总工资的比重<br>• 总就业人数 |
| | 6. 通过合理的工资和扩大的福利为所有人提供经济保障 | • 粮食不安全率<br>• 脱离贫困或接近贫困的纽约人数<br>• 生活在或接近贫困的纽约人的百分比 |
| | 7. 扩大工人和社区的发言权、所有权和决策权 | • 授予城市认证的 M/WBE 业务的金额，包括分包合同<br>• 少数民族和妇女独资企业认证总数<br>• 通过职工合作社业务发展倡议创建的职工合作社总数 |
| | 8. 加强城市财政健康，以满足当前和未来的需要 | • 纽约市的一般债务债券信用评级<br>• 证券行业工资收入占总工资的比重 |
| 3. 繁荣社区 | 9. 确保所有纽约人都能获得安全、可靠和负担得起的住房 | • 新建或保留的经济适用房数（自 2014 年纽约住房计划推出以来）<br>• 承受沉重的租金负担的低收入租户家庭百分比<br>• 拆迁住户数 |
| | 10. 确保所有纽约人都能获得社区开放空间和文化资源 | • 居住在公园步行距离内的纽约人数百分数 |
| | 11. 促进社区安全的共同责任，促进社区治安 | • 平均每日入狱人数<br>• 重大犯罪数 |
| | 12. 推广以地点为基础的社区规划和策略 | • 纽约市房屋维护及发展局向市民提出经济发展、房屋及改善社区的提议数 |
| 4. 健康生活 | 13. 确保所有纽约人享有高质量、负担得起和可获得的医疗保健 | • 觉得自己在过去的 12 个月里得到了他们所需要的医疗护理的纽约人比例<br>• 拥有纽约市保障的人数<br>• 有健康保险的纽约人比例 |
| | 14. 通过解决所有社区的卫生和精神卫生需求促进公平 | • 成年纽约人高血压比例<br>• 没有接受治疗的有心理困扰的成年人<br>• 全市范围鸦片类药物过量致死比例<br>• 黑人和白人妇女所生婴儿死亡率的差距<br>• 婴儿死亡率<br>• 可预防的严重产妇发病率 |
| | 15. 让所有社区的健康生活更容易 | • 在过去 30 天里锻炼的成年纽约人<br>• 纽约人食用推荐的水果和蔬菜的数量<br>• 达到推荐体育活动水平的纽约高中生比例 |

| 目标 | 倡议 | 指标 |
|------|------|------|
| 4.健康生活 | 16. 设计一个为健康和幸福创造条件的物理环境 | • 来自内部和外部来源的全市3年平均PM2.5水平<br>• 全市NO$_2$水平<br>• 污水溢流综合截留率<br>• 城市社区黑碳（blackcarbon）含量的差异<br>• 在过去12个月，证实有污水渠经常堵塞的街道段 |
| 5.公平与卓越教育 | 17. 使纽约市成为全国领先的幼儿教育模式 | • 能够读"三岁学前班"的儿童人数<br>• 参加了全日制学前教育的四岁孩子数量<br>• 二年级文化水平 |
| | 18. 提高K-12机会和成绩的公平性 | • 读大学意愿<br>• 按时毕业的纽约公立学校学生<br>• 六年内取得副学士或以上学位的公立学校学生<br>• 种族毕业率差距 |
| | 19. 增加纽约市学校的融合、多样性和包容性 | • 平均停课时间<br>• 推行多元化计划的地区<br>• 接受内隐偏见训练的教师 |
| 6.宜居气候 | 20. 实现碳平衡和100%清洁电力 | • 路缘边改道速度<br>• 消除、减少或抵消温室气体排放百分比<br>• 来自清洁能源的电力百分比 |
| | 21. 加强社区、建筑、基础设施和滨水区建设，增强抗灾能力 | • 客户平均中断时间指数（CAIDI），单位为小时<br>• 洪水保险登记，以2019年1月生效的NFIP政策为基准<br>• 每1000个客户的系统平均中断频率指数（SAIFI） |
| | 22. 通过气候行动为所有纽约人创造经济机会 | • 投资于可再生能源、能源效率等气候变化解决方案的城市资金 |
| | 23. 为气候问责制和正义而战 | • 投资化石燃料储备持有者的城市资金 |
| 7.高效移动性 | 24. 现代化纽约市的公共交通网络 | • 每年巴士客运量（NYCT及MTA巴士公司）<br>• 纽约年度渡轮乘客<br>• 全市平均公交速度 |
| | 25. 确保纽约的街道安全畅通 | • 居住在自行车网络1/4英里范围内的纽约人的比例<br>• 交通死亡事故 |
| | 26. 减少交通堵塞及废气排放 | • 交通部门的温室气体排放<br>• 通过可持续方式（步行、骑自行车和公共交通）出行的比例 |
| | 27. 加强与本地区和世界的联系 | • 铁路货运量的比例<br>• 水路货运量的比例 |
| 8.现代化基础设施 | 28. 在核心实体基础设施和减灾方面进行前瞻性投资 | • 电动汽车占新车销售比例<br>• 来自清洁能源的电力比例 |
| | 29. 改善数字基建设施，以配合21世纪的需要 | • 网络安全工作<br>• 拥有免费公共Wi-Fi的商业走廊<br>• 有三个或三个以上可供选择的商业光纤服务区域的社区<br>• 纽约市的家庭与住宅宽带订阅<br>• 纽约市拥有三个或三个以上住宅宽带提供商选项的家庭<br>• 纽约安全应用下载<br>• 纽约市公共计算机中心的使用 |
| | 30. 实施资产维护和资本项目交付的最佳实践 | • 基本按期完成桥梁工程（结构工程）<br>• 全部DDC建设项目提前/按时完成 |

和高新技术企业，依据联合国SDGs全球指标框架，综合利用地理和统计信息，对德清县践行SDGs实施情况进行了定量、定性和定位相结合的评估分析。2018年11月20日，联合国世界地理信息大会举行"基于地理与统计信息开展德清可持续发展定量评估"分会，会上发布了我国首个践行联合国2030可持续发展目标定量评估报告——《德清践行2030年可持续发展议程进展报告（2017）》，提出了适合德清县县情的SDGs指标群，进行了102个指标量化计算，完成了16个SDGs（不包含SDG14）的单目标

评估以及经济、社会和环境三大领域总体发展水平和协调程度综合分析。

1）SDG11相关指标选择

在理解联合国SDGs和各别国别方案的基础上，通过分析德清县可持续发展状况，对联合国SDGs全球指标框架的244个指标进行筛选和调整，形成适合德清县县情的SDGs指标集，共含有102个指标，其中，直接采纳的指标47个，扩展的指标6个，修改的指标42个，替代的指标7个。中国浙江省德清县SDGs评估中SDG11的指标见表2.8。

中国浙江省德清县SDGs指标（仅列出SDG11相关指标）　　　　　　　表2.8

| 内容 | 指标 |
| --- | --- |
| 居住条件 | 11.1.1居住在城中村和非正规住区内或者住房不足的城市人口比例 |
|  | 11.3.1土地使用率与人口增长率之间的比率 |
| 宜居环境 | 11.2.1可便利使用公共交通的人口比例 |
|  | 11.7.1城市建设区中供人使用的人均公共开放空间、绿地率及人均公园绿地 |
| 居住安全 | 11.4.1政府在文化和自然遗产的公共财政支出比例 |
|  | 11.5.1每十万人中因灾害死亡、失踪和直接影响的人数 |
|  | 11.5.2灾害造成的直接经济损失 |
|  | 11.6.1定期收集并得到适当最终排放的城市固体废物占废物总量的比例 |
|  | 11.6.2城市细颗粒物年均浓度及空气重污染物天数减少占比 |

统计数据主要来源于《德清县统计公报》《德清县政府工作报告》《水资源公报》等官方资料，或由政府相关部门提供。地理空间数据主要由德清地理信息中心提供，也采用遥感等手段获取数据资料。为便于实现统计和地理数据的融合分析，对人口等统计数据进行地理空间分解处理。

2）SDGs评估分析方法：

指标评估方面，报告首先参考贝塔斯曼基金会与SDSN于2017年发布的报告《SDG指数和指示板》，对指标进行量化评估。鉴于其提供的指标较少，难以完全覆盖德清指标集，因此采用《中国落实2030年可持续发展议程国别方案》、世界水平综合评估及多元评估方法，顺序依次进行指标评价。

①单目标评价：为便于进行单目标评价，根据区域实际情况将其包含的具体目标分为2~3

个子集，凝练出对应的基本内涵、分析重点及其指标；继而采用量化的指标和事实（数据和实况），进行有针对性、有重点的评估。基于指标的量化评估结果，按照最小因子原理对单个目标进行评级，每个目标的实现程度均受目标内最低指标的实现程度约束和决定。并按照确定的分析重点，阐述德清践行该项目标的基本情况、具体措施和经验做法或特色、分析存在问题和改进方向。②多目标评估：为便于进行经济—社会—环境综合评估分析，按照各目标所含指标

对环境、经济、社会的贡献和影响程度，参考联合国贸发会议可持续发展目标结构和斯德哥尔摩应变中心提出的可持续发展综合概念框架，借鉴 David Le Blanc 等学术专家相关研究成果，并结合德清践行SDGs实际，将16项SDGs（不包含SDG14）分归为环境、经济、社会三个目标群，如图2.1所示。③指标和事实相结合的分析：依据SDGs单目标和多目标评估结果结合德清践行SDGs的经验做法，分析德清县SDGs的总体发展水平、发展经验、德清特色，讲述德清可持续发展的故事，讨论今后的努力。

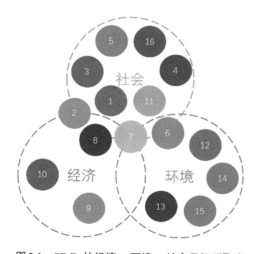

**图2.1　SDGs的经济—环境—社会目标群聚类**

资料来源：《德清践行2030年可持续发展议程进展报告（2017）》

（5）意大利

为了实现国际层面和国家层面的可持续发展目标，必须辅以城市层面的战略。自2015年发布《2030年可持续发展议程》以来，意大利从城市层面探索了如何以协调的方式解决城市的关键问题：从消除贫困到提高能效，从可持续流动到社会包容。为了使城市政策以及对城市和领土有影响的社区政策与国际可持续发展议程保持一致，建设惠及最勤劳、可持续、包容的城市，意大利探索了城市层面的SDG指数。2018年

发布了《可持续的意大利：2018年SDSN意大利SDGs城市指数》。将可持续发展的17个目标全部纳入了评估指标体系，构建了适合意大利的城市一级可持续发展指标体系。此后，又于2020年发布《两年后的SDSN意大利SDGs城市指数：更新报告》，更新截止到2020年的最新数据。此外，意大利还发布了《了解现状，创造可持续的未来：意大利各省和大都市可持续发展目标指数》。相关监测指标见表2.9。

**意大利城市层面SDGs指标**
**（仅列出SDG11相关指标）**　　表2.9

| 报告 | 指标 |
|---|---|
| 《可持续的意大利：2018年SDSN意大利SDGs城市指数》 | 单车道密度 |
| | 住房质量 |
| | PM2.5浓度 |
| 《两年后的SDSN意大利SDGs城市指数：更新报告》 | 每百人自行车道长度 |
| | PM2.5浓度 |
| | PM10浓度 |
| | 噪声污染（每10万居民投诉数） |
| | NO₂浓度 |
| | 灾害造成的死亡和失踪（每十万居民） |
| 《了解现状，创造可持续的未来：意大利各省和大都市可持续发展目标指数》 | 城市绿化可用性（立方米/人） |
| | 无厕所住宅居民比例（每10万人） |
| | PM10浓度 |
| | NO₂浓度 |

### 2.1.1.3 经验借鉴

（1）纵观其他国家或区域或城市公布的报告，其可持续发展实践过程中大多根据自身实际情况，重点关注自身表现较差的几个目标或目标中的较差指标，例如日本重点关注在《2018年可持续发展目标指数和指示板报告》中日本指标得分较低，表现较差的几方面，即SDG1（消除贫困）、SDG5（性别平等）、SDG7（经济适用的清洁能源）、SDG13（气候行动）、SDG14

（水下生物）、SDG15（陆地生物）和SDG17（促进目标实现的伙伴关系）等。本报告依据此经验，在指标选择过程中也会纳入中国城市层面表现较差的指标。

（2）欧盟指标的选择考虑到其政策相关性，从欧盟的角度，可用性，国家覆盖面，数据的新鲜度和质量。除了少数例外，这些指标源自用于监测欧盟长期政策的现有指标集，如《欧洲2020总体指标》《2016—2020年战略计划影响指标集》（10个委员会优先事项）等。所以本报告在选取指标时，首先考虑的是国家中长期规划中明确要考核的指标，看其与联合国给出的指标能否对接，并重点考虑数据的可获得性、数据的质量以及连续性。

（3）《德清践行2030年可持续发展议程进展报告（2017）》建立的适合县域层面指标体系时将各大可持续发展目标细分为几大专题内容，如SDG11这一目标下分了"居住条件""宜居环境"及"居住安全"三个专题，在本报告建立指标体系时参考此种做法将SDG11目标进行专题划分。

（4）在指标选取方面，部分国家及城市的做法可以提供一些经验。用于选择和衡量可持续发展目标指标的标准考虑以下因素：原则上，可持续发展目标指标在全球指标框架中进行衡量，如果列表中的指标无法测量，则会寻求一个替代指标，用于说明中国城市层面在有关目标方面的位置。有时增加额外的指标，用来更好地反映该目标的现状。所有测量的指标最好满足以下每个标准：与SDG有关系；可以显示中国城市之间的明显差异（区分）；可以直接测量；符合统计质量的要求（大多数指标来自官方统计来源，公众咨询产生的指标也符合统计要求）；优先使用存在国际公认定义的指标。

（5）在指标数据来源方面，要注重指标的统计质量。数据必须具有可靠来源，以可复制和可靠的方式获取。优先考虑定期更新和可以分解数据的数据集。数据必须是近期公布的，优先考虑覆盖2015年之后的数据。

## 2.1.2 中国城市落实SDG11评估指标体系设计

### 2.1.2.1 研究综述

（1）国外城市可持续发展研究

《2030年可持续发展议程》正式发布前，国外已经针对可持续发展基础理论、可持续城市的内涵、城市可持续发展指标框架、城市可持续发展评估等方面做了大量研究。Nijkamp、Walter和Pezzy分别提出了各自关于可持续发展基本内涵的理解和认识；关于城市可持续发展指标体系构建，国外专家学者做了比较多研究，Marta通过对13个代表性指标体系进行总结，结合西班牙地中海城市的特点构建了可持续发展评估指标体系。Didem对当前国际、国家等不同层面的可持续评估指标体系和方法及评估内容进行了研究总结。国外相关机构或国际组织如荷兰智库阿卡迪斯、西门子和经济学人智库联合国人居署（United Nations Human Settlements Programme，UN-HABITAT）、美国住房和城市发展部等都对城市可持续性指标进行了深入研究并展开实践。

《2030年可持续发展议程》正式发布后，国外学者及机构将先前研究与SDGs对接，进一步分析可持续发展的内涵，并积极探索SDGs本土化方法，建立适合于某一国家或地区的面向SDGs的指标，并对SDGs的实施情况进行了监测和分析。Tomislav结合经济、社会、资源三方面，参考《2030年可持续发展议程》，基于国际视野较为完整地介绍了可持续发展概念及其理论的历史起源、发展进程和其现状；Luca Coscieme等认为《2030年可持续发展议程》及未来可持续发展国家政治议程中的相关政策连贯性将主要得益于加大力度研究开发一系列符合可持续性原则（及其支持数据）以及可持续性科学与治理等领域的进步。此外，学者还在城市SDGs本土化理论及基于SDGs的城市可持续发展评估方面展开了研究。Billie Giles-Corti等考察了SDGs将在多大程度上帮助城市评估其为实现可持续发展和健康成果所做的努力，综合SDGs及UN-HABITAT指定的城市指标行动框架，建议对旨在实现健康和可持续城市的政策制定基准、监测和评估政策以及评估空间不平等问题采取更全面的办法。Florian Koch等考虑到城市在促进可持续发展方面的具体作用，把重点放在国家和地方各级之间的关系，分析了德国如何通过不同的举措将SDGs与城市水平的可持续性联系起来。Stefan Steiniger等通过专家咨询法选择5个可持续发展类别和29个指标，对智利的6个城市进行评估，这29个指标均可以分配给特定的SDG，提出对于《2030年可持续发展议程》《新城市议程》等中强调的城市发展挑战，至关重要的是优先考虑有效的指标集，以视情况而定地审查随时间变化的城市可持续发展水平。另外，部分学者开始探讨不同类型城市、不同产业与实现联合国可持续发展目标的关系，如S.J. Pittman等探讨了沿海城市和联合国可持续发展目标的关系，指出与沿海城市相关联的多个SDGs。RanjulaBaliSwain等探究了电力行业与可持续发展之间的密切联系，Nathalie Barbosa ReisMonteiro等探讨了采矿活动与可持续发展目标之间的一致性，指出了

将可持续发展目标应用于采矿业的许多可能性，以期为实现SDGs作出贡献。

（2）国内城市可持续发展研究

《2030年可持续发展议程》正式发布前，中国的专家学者已对可持续发展的基本内涵、可持续发展主要指标体系的构建、可持续发展能力或水平的评估方法，可持续发展政策、路径等问题做了大量的深入研究。牛文元从可持续发展的基本内涵提取、三维映射、数学分析和可持续发展的阈值判断等维度分析了中国可持续发展的基础及其理论实际。对于可持续发展评估指标体系的研究，杨银峰等引入协调发展程度的基本概念，引入人口维度将前人研究的协调发展度扩展到了5个方面，并创建了一套关于城市可持续发展程度系统协调评估的指标体系。孙晓等针对中国不同规模的277个地级城市建立了包含经济发展、社会进步、生态环境3大类24项可持续发展指标的体系。评估方法方面，学者主要采用客观熵权法、神经网络分析法、数据包络分析法、层次分析法、模糊综合评估法等评估方法对国家、区域、城市、县域等不同层次的可持续发展水平或能力进行测度。在推进区域性的可持续发展政策、路径、机制等方面，姚琼建立"人—产业—空间—制度"的研究框架，提出了城市可持续发展的路径。

《2030年可持续发展议程》正式发布后，中国建立国家一级的协调领导机制，并且研究和制定了国家2030年可持续发展战略目标的具体国家计划，还将SDGs的实施及落实纳入"十三五"规划，同时也积极推动在更大的范围内实现SDGs。国内学者及各大研究机构也积极推进SDGs本土化研究，对SDGs各个目标指标进行度量和监测。中国国际经济交流中心、美国哥伦比亚大学地球研究院等机构发布的《中

国可持续发展评价报告》建立了由经济发展、社会民生、资源环境、消耗排放、环境治理5个一级指标以及若干二级指标组成的城市可持续发展评价指标体系，对中国100个大城市可持续发展水平进行了探索性评价。国内学者也积极推进SDGs本土化研究。王鹏龙等在梳理国际城市可持续性评价指标研究的基础上，以SDG11为研究导向建立了一个开放式的城市可持续性评价指标体系框架。朱婧等以贯彻落实《2030年可持续发展议程》精神为依据，以中国的可持续发展战略所强调的经济、社会、资源和环境三者之间协调发展作为重要的理论依据和支撑，对标SDGs构建了一套完整的适用于中国国家层面的可持续发展进展评估方法及指标体系。马延吉等结合SDGs构建了城镇化可持续发展评价指标体系，从省内外两个方面研究了吉林省城镇化可持续发展现状。杨振山等基于SDGs的内容和相关的现有研究，在当前中国城市管理的大背

景下，选择了经济、生活、风险、环境、污染治理和自然资源等6个子系统共20项指标，采用熵值法对京津冀地区13个城市的可持续发展能力分别进行了评估。

### 2.1.2.2 中国城市落实SDG11评估指标体系构架

SDG11旨在针对城镇化进程中城市无序扩张、居住条件差、大气污染等严重制约城市可持续发展的问题，涉及居民居住条件改善、公共交通发展、城乡绿色发展、城市治理能力等方面，具体子目标及关键词见表2.10。借鉴已有可持续发展评估和SDGs本土化经验，结合SDG11目标及子目标要求，将中国城市SDG11评估指标体系划分为7个专题。同时，为方便对城市进行统计分析、分类评估，增加基础指标反映城市的基本背景。最终评估指标体系由"基础指标＋7个专题"构成。

SDG11目标及子目标关键词         表2.10

| 目标 | 子目标 | 关键词 |
|---|---|---|
| 建设包容、安全、有抵御灾害能力和可持续的城市和人类住区 | 11.1 到2030年，确保人人获得适当、安全和负担得起的住房和基本服务，并改造贫民窟 | 住房保障 |
| | 11.2 到2030年，向所有人提供安全、负担得起的、易于利用、可持续的交通运输系统，改善道路安全，特别是扩大公共交通，要特别关注处境脆弱者、妇女、儿童、残疾人和老年人的需要 | 公共交通 |
| | 11.3 到2030年，在所有国家加强包容和可持续的城市建设，加强参与性、综合性、可持续的人类住区规划和管理能力 | 规划管理 |
| | 11.4 进一步努力保护和捍卫世界文化和自然遗产 | 遗产保护 |
| | 11.5 到2030年，大幅减少包括水灾在内的各种灾害造成的死亡人数和受灾人数，大幅减少上述灾害造成的与全球国内生产总值有关的直接经济损失，重点保护穷人和处境脆弱群体 | 防灾减灾 |
| | 11.6 到2030年，减少城市的人均负面环境影响，包括特别关注空气质量，以及城市废物管理等 | 环境改善 |
| | 11.7 到2030年，向所有人，特别是妇女、儿童、老年人和残疾人，普遍提供安全、包容、无障碍、绿色的公共空间 | 公共空间 |
| | 11.a* 通过加强国家和区域发展规划，支持在城市、近郊和农村地区之间建立积极的经济、社会和环境联系 | 城乡融合 |

| 目标 | 子目标 | 关键词 |
|---|---|---|
| 建设包容、安全、有抵御灾害能力和可持续的城市和人类住区 | 11.b* 到2020年，大幅增加采取和实施综合政策和计划以构建包容、资源使用效率高、减缓和适应气候变化、具有抵御灾害能力的城市和人类住区数量，并根据《2015—2030年仙台减少灾害风险框架》在各级建立和实施全面的灾害风险管理 | 低碳韧性 |
| | 11.c* 通过财政和技术援助等方式，支持最不发达国家就地取材，建造可持续的、有抵御灾害能力的建筑 | 对外援助 |

* 目标执行手段

### 2.1.2.3 中国城市落实SDG11评估指标体系设计

（1）指标体系的构建流程

SDGs是一个普适性的框架，各国、各地区在追踪评估SDGs的过程中，也纷纷对SDGs展开本土化，目前而言SDGs本土化的概念已经从在地方（即国家以下）一级实施可持续发展目标演变为调整可持续发展目标及其指标，以适应当地的实际情况。

系统梳理国内外SDGs的重要实践。整理全球针对SDGs的本土化实践，重点关注欧洲城市、美国城市、意大利城市、德国、美国纽约市、中国浙江省德清县等适合其城市现状的SDG11本土化指标体系。整理中国官方发布的可持续发展相关评估指标。以中国统计年鉴的统计指标为基准，统筹考虑绿色发展、生态文明建设、循环经济发展、美丽中国建设等中国现有可持续发展相关评估指标，汇总国家发布的《能源生产和消费革命战略（2016—2030）》《全国国土规划纲要（2016—2030年）》等中长期专项发展战略规划与行动计划里针对城市提出的主要目标，结合外交部两次发布的中国进展报告，对接绿色低碳重点小城镇建设评价、国家生态文明建设试点示范区建设、中国人居环境奖评价、2021年城市体检指标体系等城市层面的评估指标，构建中国官方可持续发展相关指标库。梳理国内外关于城市可持续发展评估指标体系的重要研究，构建城市可持续发展研究指标库。

汇总"SDGs评估指标库""中国官方可持续发展相关指标库"和"城市可持续发展研究指标库"的所有指标，删除不适用于中国城市可持续发展评估或无可靠数据来源的指标，剔除重复指标，并依据权威性、"就高不就低"的检索频次要求和数据来源的可靠性删去具有相同内涵的相似指标，即保留来源权威性高、检索频次高、数据来源可靠的指标，组建中国城市可持续发展评估基础指标库，作为城市层面可持续发展评估的备选指标库。最终基于指标筛选原则确定SDG11进展评估指标体系。SDG11进展评估指标体系创建路径如图2.2所示。

（2）指标选择原则

相关性：所选指标应当与SDG11实施情况相关联，且适用于中国绝大多数城市。指标体系在给出的SDG11的相关列表中选择与城市背景最相关的，不包括"11.b.1依照《2015—2030年仙台减少灾害风险框架》通过和执行国家减少灾害风险战略的国家数目"等明显是国家级别或涉及国际合作的指标。最后，在可能的情况下，指标应与政策背景相关和/或支持领导人的决策。

科学性：指标体系应建立在科学基础上，既能够客观地反映对应专题城市的发展水平和状况，整体上能够形成可持续发展内部的相互联系，又要保证其研究方法具有一定的科学依据。

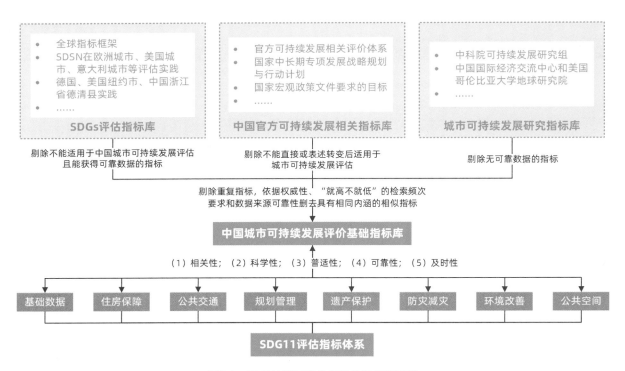

**图2.2　SDG11进展评估指标体系创建路径**

普适性：一般指标的数据覆盖度须达到所选城市的70%以上；选择的数据具有合理或科学确定的阈值，这些指标还应当能够在中国范围内直接用于城市间的绩效评估和比较。

可靠性：数据的收集处理基于有效和可靠的统计学方法，优先考虑定期更新的数据集，以便可以跟踪到2030年的进展；数据还必须是针对某一问题最有效的测度，且来源于国家或地方上的官方数据（比如国家、地方统计局），或其他国家相关知名数据库。

及时性：数据序列必须具有时效性，近些年的数据有效且能够获取，所选指标为最新且按合理计划适时公布的指标。

（3）评估指标体系的构建

最终构建的SDG11进展评估指标体系如表2.11所示。

SDG11进展评估指标体系　　　　　　　　　　　　　　　　　　　　　　表2.11

| 专题 | 指标 | 单位 | 指标解释 |
| --- | --- | --- | --- |
| 基础数据 | 常住人口 | 万人 | 实际居住在某地区半年以上的人口 |
| | 人均GDP | 万元 | 一定时期内GDP与同期常住人口平均数的比值 |
| | GDP增长率 | % | GDP的年度增长率，按可比价格计算的国内生产总值计算 |
| | 辖区面积 | 平方公里 | 行政区域土地总面积 |
| | 城镇化率 | % | 城镇常住人口占总人口的比例 |
| 11.1-住房保障 | 城镇居民人均住房建筑面积 | 平方米 | 城镇地区按居住人口计算的平均每人拥有的住宅建筑面积 |

| 专题 | 指标 | 单位 | 指标解释 |
|---|---|---|---|
| 11.1－住房保障 | 租售比 | — | 每平方米建筑面积房价与每平方米使用面积的月租金之间的比值 |
| | 房价收入比 | — | 住房价格与城市居民家庭年收入之比 |
| 11.2－公共交通 | 公共交通发展指数 | — | 由"每万人拥有公共交通车辆""公交车出行分担率""建成区公交站点500米覆盖率"三项子指标得分等权聚合 |
| | 道路网密度 | 公里/平方公里 | 道路网的总里程与该区域面积的比值 |
| | 交通事故发生率 | % | 交通事故数量与常住人口的比值 |
| 11.3－规划管理 | 国家贫困线以下人口比例 | % | 贫困线以下人口占总人口的比重 |
| | 财政自给率 | % | 地方财政一般预算内收入与地方财政一般预算内支出的比值 |
| | 基本公共服务保障能力 | % | 城乡基本公共服务支出占财政支出比重 |
| | 单位GDP能耗 | 吨标准煤/万元 | 每生产万元地区生产总值消耗的能源量 |
| | 单位GDP水耗 | 立方米/万元 | 每生产万元地区生产总值消耗的水资源量 |
| | 国土开发强度 | GDP/平方公里 | 每平方公里辖区地区生产总值产生量 |
| | 人均日生活用水量 | 升 | 每一用水人口平均每天的生活用水量 |
| 11.4－遗产保护 | 每万人国家A级景区数量 | 个/万人 | 每万常住人口国家A级景区拥有量 |
| | 万人非物质文化遗产数量 | 个/万人 | 每万常住人口非物质文化遗产拥有量 |
| | 自然保护地面积占陆域国土面积比例 | % | 自然保护地面积与陆域国土面积的比值 |
| 11.5－防灾减灾 | 人均水利、环境和公共设施管理业固定投资 | 万元/万人 | 水利、环境和公共设施管理业固定投资与常住人口的比值 |
| | 单位GDP碳排放 | 万t/万元 | 产生万元GDP排放的二氧化碳数量 |
| | 人均碳排放 | 万t/万人 | 每万常住人口二氧化碳排放量 |
| | 城市空气质量优良天数比率 | % | 一年内城市空气质量为优或者良的天数比例 |
| | 生活垃圾无害化处理率 | % | 生活垃圾中进行无害化处理的比例 |
| 11.6－环境改善 | 生态环境状况指数 | — | 反映被评价区域生态环境质量状况的一系列指数的综合 |
| | 地表水水质优良比例 | % | 根据全市主要河湖水质断面状况计算得出的断面达到或好于Ⅲ类水质的百分比 |
| | 城市污水处理率 | % | 经管网进入污水处理厂处理的城市污水量占污水排放总量的百分比 |
| | PM2.5年均浓度 | μg/m³ | 指每立方米空气中空气动力学直径小于或等于2.5μm的颗粒物含量的年平均值 |
| 11.7－公共空间 | 人均公园绿地面积 | 平方米 | 城镇公园绿地面积的人均占有量 |
| | 建成区绿地率 | % | 建成区内绿化用地所占比例 |

## 2.1.3 中国城市落实SDG11评估方法

### 2.1.3.1 指标数据来源

数据来源主要为国家及地方统计年鉴、地方国民经济及社会发展统计公报、生态环境状况公报、地方政府工作报告、地方预算执行情况和预算草案报告等官方公布的统计报告，若官方指标还存在数据缺失等问题，则通过其他可靠数据来源和测量方法加以完善，包括安居客、中国房价行情网等网站及中国经济社会大数据研究平台、中国经济与社会发展统计数据库、前瞻数据库等国内数据库，以及正式发布的期刊文献，以及家庭调查或民间社会组织。指标数据均为评估年度能获取的最新数据。

### 2.1.3.2 数据处理及标准化

为了对数据进行重新标度和标准化，采用改进的离差标准化法进行数据处理，具体如下：为了使不同指标的数据具有可比性，将各个指标的数据都重新标度为0~100的数值，0表示与目标最远（最差），100表示与目标最接近（最优）。该步骤旨在将所有指标的取值约束到可以进行比较和汇总成综合指数的通用数值范围内。

（1）确定指标上限及下限的方法

重新缩放数据的上限和下限的选择是一个敏感的问题，如果不考虑极值和异常值，可能会给评估结果带来意想不到的影响。在确定指标阈值上限时，将《2030年可持续发展议程》中"不落下任何人"的原则作为基本准则，参考目前国内外关于SDGs进展评估的实践探索和典型经验，结合中国实际情况，最优值确定具体规则见表2.12。在确定指标下限时，考虑到最差值对异常值比较敏感，采用全部城市剔除表现最差中

2.5%的观测值后的最差值作为指标下限。需要说明的是，部分指标的最优值、最差值是基于评估年份的所有数据确定的。因此，新增评估年份的数据会导致指标最优值、最差值的变动。由于变动对于各个指标的得分影响程度不同，导致本年度城市得分和排名与上一年度蓝皮书有一定差异。各年度评估结果不具横向对比性，以本年度评估结果为准。

最优值确定规则　　　　表2.12

| 指标情况 | 最优值设定 | 举例 |
|---|---|---|
| SDGs中有明确标准导向的指标 | 使用其绝对数值 | 贫困发生率的最优值为0 |
| SDGs中无明确要求，但具有公认理想值的指标 | 选取公认理想值 | 空气质量优良天数比率的最优值为公认理想值100% |
| 对于其他所有的指标 | 使用全国表现最好的5个城市数据平均值 | — |

（2）数据标准化

建立上限和下限之后，运用该公式对变量进行[0，100]范围内的线性转换：

$$x' = \frac{x - \min(x)}{\max(x) - \min(x)}$$

其中，$x$是原始数据值；max/min分别表示同一指标下所有数据最优和最差表现的极值，而$x'$是计算之后的标准化值。

经过这一计算过程，指标分数可以解释为实现可持续发展目标的进展百分比，所有指标的数据都能够按照升序进行比较，即更高的数值意味着距离实现目标更近，100分意味着指标（目标）已经实现。如果使用前5名的平均值来确定100分，则"100分"仅表示在中国背景下可以合理预期这一阈值水平的成就。

### 2.1.3.3 计算得分和分配颜色

通过取归一化指标得分的算术平均值来创

建七个专题得分。总分是通过计算七个专题的平均得分出来的。颜色是通过创建内部阈值来制定的，这些阈值是实现SDGs的基准。

（1）指标加权及聚合

由于要求到2030年实现所有目标，所以选择固定的权重赋予SDG11目标下的每一项指标，以此反映决策者对这些可持续发展目标平等对待的承诺，并将其作为"完整且不可分割"的目标集。这意味着为了提高SDG11的分数，各城市需要将注意力平等集中在所有指标上，并需要特别关注得分较低的指标，因为这些指标距离实现最遥远，也因此预期实现进展最快。

指标加权聚合主要分为两个步骤：①利用标准化后的指标数值计算算数平均值，得出每项专题的得分；②用算术平均来对每一项专题进行聚合，得出SDG11得分。

具体加权及聚合的方法见下式：

$$I_i = \sum_{j=1}^{N_{ij}} \frac{1}{N_{ij}} I_{ij}$$

$$I = \sum_{i=1}^{N_i} \frac{1}{N_i} I_i$$

其中，$I_i$表示第$i$个专题的分数，$N_i$表示一个城市有数据的专题数（一般，所有城市七个专题的数据及得分均有）。$N_{ij}$表示每个城市的第$i$个专题内包含的指标数，$I_{ij}$表示第$i$个专题内的指标$j$的分数。第$i$个专题的分数$I_{ij}$由该城市重新调整的指标$j$的分数确定。接下来，将第$i$个专题上的$I_{ij}$进行聚合。第$i$个专题的分数$I_i$由该城市分数$I_{ij}$的算术平均值确定。各城市的SDG11指数的分数$I$由分数$I_i$的算术平均值确定。

（2）内部阈值的确定及颜色分配

为了评估一个城市在特定专题和可持续发展目标方面的进展，构建了可持续发展目标指示板，并在一个有四个色带的"交通灯"（包含红色、橙色、黄色、绿色）表中对各城市进行分组，由红色色带到绿色色带表示城市可持续发展表现由差到优，构建可持续发展目标指示板的目的是确定面临重大挑战并需要每个城市给予更多关注的目标。指示板用于对不同城市的绩效进行比较评估，并确定落后于全国其他城市的城市。"绿色"类别意味着一个城市与一系列城市相比表现相对较好。相反，"红色"类别意味着一个城市与一系列城市相比表现相对较差。增加灰色表示数据缺失。如表2.13所示。

**可持续发展目标指示板含义**　　表2.13

| 指示板 | 指示板含义 |
|---|---|
| ● | 实现SDG面临严峻挑战 |
| ● | 距离实现SDG存在明显差距 |
| ● | 距离实现SDG存在一定差距 |
| ● | 接近实现SDG |
| ● | 数据缺失 |

1）指标内部阈值的确定及颜色分配

使用以下方法确定内部阈值：0~30分为红色，30~50分为橙色，50~65分为黄色，65~100分是绿色，并保证每一个间隔的连续性，如图2.3所示。

| 0 | 30 | 50 | 65 | 100 |

**图2.3　指标数值阈值与颜色示意图**

2）专题颜色分配

①如果某个专题下只有一个指标，那么该指标的颜色等级决定了专题的总体评级。

②如果某个专题下不止一个指标，那么利用所有指标的平均值来确定专题的评级，其中0~30分为红色，30~50分为橙色，50~65分为黄色，65~100分是绿色，并保证每一个间隔的连续性。

（3）趋势判断

为衡量各城市在SDG11上的实现情况，进行得分趋势判断，即利用近五年历史数据来估算城市向SDG11迈进的速度，并推断该速度能否保证城市在2030年前实现SDG11。利用各城市最近一段时间（2016—2021年）SDG11得分的面板数据混合回归预测2030年得分情况，比较城市2021年的实际得分和2030年的预测得分差异，利用"四箭头系统"来描述SDGs实现的趋势。具体见表2.14。

**描述SDGs实现趋势的"四箭头系统"　表2.14**

| 四箭头系统 | 箭头含义 |
| --- | --- |
| ↑ | **步入正轨**：2030年预测得分指示板达到绿色 |
| ↗ | **适度改善**：2030年预测得分高于2021年得分，且2030年模拟得分指示板颜色改善（不为绿色） |
| → | **停滞**：2030年预测得分高于2020年得分，且2030年模拟得分指示板颜色与2021年相同（不为绿色） |
| ↓ | **下降**：2030年预测得分低于2021年得分，2030年预测得分指示板颜色不为绿色 |

**参考文献**

［1］ ARCADIS. Sustainable Cities Index[R]. Amsterdam：2011.

［2］ BILLIE G C，MELANIE L，JONATHAN A. Achieving the SDGs：Evaluating indicators to be used to benchmark and monitor progress towards creating healthy and sustainable cities[J]. Health Policy，2020，6（124）：581-590.

［3］ BRAULIO M. Sustainability on the urban scale：Proposal of a structure of indicators for the Spanish context[J]. Environmental Impact Assessment Review，2015，53：16-30.

［4］ DIZDAROGLU D. The Role of Indicator-Based Sustainability Assessment in Policy and the Decision-Making Process：A Review and Outlook[J]. Sustainability，2017（6）：1018.

［5］ Economist Intelligence Unit. Green City Index[R]. München，2009.

［6］ European Commission. Europe 2020.Strategy[R]. 2010.

［7］ European Commission. Next steps for a sustainable European future[R]. 2016.

［8］ FLORIAN K，KERSTIN K. How to Contextualize SDG 11? Looking at Indicators for Sustainable Urban Development in Germany[J]. International Journal of Geo-Information，2018，7（12）：1-16.

［9］ Gomes F B，Moraes J C，Neri D. A sustainable Europe for a Better World. A European Union Strategy for Sustainable Development. The Commission's proposal to the Gothenburg European Council[J]. Proceedings of the Institution of Mechanical Engineers Part H Journal of Engineering in Medicine，2001，228（4）：330-341.

［10］ Institute for Global Environmental Strategies. Achieving the Sustainable Development Goals：From Agenda to Action[R]. Japan：Institute for Global Environmental Strategies，2015.

［11］ LUCA C，LARS F，ANDERSON S，et.al. Going beyond Gross Domestic Product as an indicator to bring coherence to the Sustainable Development Goals[J]. Journal of Cleaner Production, 2019(248): 6.

[ 12 ] NATHALIE B R, ELAINE A S, José MachadoMoita Neto. Sustainable development goals in mining[J]. Journal of Cleaner Production, 2019(228): 509-520.

[ 13 ] New York Mayor's Office for International Affairs. New York City's Implemention of the 2030 Agenda for Sustainable Development[R]. New York, 2018.

[ 14 ] Organization for Economic Co-operation and Development. Better Policies for 2030: An OECD Action Plan on the Sustainable Development Goals[R]. 2016.

[ 15 ] Organization for Economic Co-operation and Development. Measuring Distance to the SDG Targets: OECD Statistics and Data Directorate[R]. Paris, 2019.

[ 16 ] PITTMANA S J, RODWELLA L D, SHELLOCK R J, et.al. Marine parks for coastal cities: A concept for enhanced community wellbeing, prosperity and sustainable city living[J]. Marine Policy, 2019(103): 160-171.

[ 17 ] RANJULA B S, AMIN K. Renewable electricity and sustainable development goals in the EU[J]. World Development, 2020(125): 5-9.

[ 18 ] Statistisches Bundesamt. Nachhaltige entwicklung in Deutschland Indikatorenbericht 2016[R]. 2016.

[ 19 ] Statistisches Bundesamt. Nachhaltige entwicklung in deutschland Indikatorenbericht 2018[R]. 2018.

[ 20 ] STEFAN S, ELIZABETH W, FRANCISCO B, et al. Localising urban sustainability indicators: The CEDEUS indicator set, and lessons from an expert-driven process[J]. Cities, 2020(101): 1-15.

[ 21 ] STEFAN S, ELIZABETH W, FRANCISCO B, et al. Localising urban sustainability indicators: The CEDEUS indicator set, and lessons from an expert-driven process[J]. Cities, 2020(101): 1-15.

[ 22 ] SUN L, CHEN J, LI Q, et al. Dramatic uneven urbanization of large cities throughout the world in recent decades[J]. Nature Communications, 2020, 11(1): 5366.

[ 23 ] Sustainable Development Solutions Network, Bertelsmann Foundation. Sustainable Development Report of the United States 2018[R]. 2018.

[ 24 ] Sustainable Development Solutions Network, BERTELSMANNS. 2016 SDG Index and Dashboards Report [R]. Paris: SDSN, 2016.

[ 25 ] Sustainable Development Solutions Network, BERTELSMANNS. 2017 SDG Index and Dashboards Report [R]. Paris: SDSN, 2017.

[ 26 ] Sustainable Development Solutions Network, BERTELSMANNS. 2018 SDG Index and Dashboards Report [R]. Paris: SDSN, 2018.

[ 27 ] Sustainable Development Solutions Network, BERTELSMANNS. 2019 SDG Index and Dashboards Report [R]. Paris: SDSN, 2019.

[ 28 ] Sustainable Development Solutions Network，BERTELSMANNS. 2020 SDG Index and Dashboards Report [R]. Paris：SDSN，2020.

[ 29 ] The City of New York Mayor Bill de Blasio. One New York：The Plan for a strong and Just City[R]. New York，2015.

[ 30 ] The City of New York Mayor Bill de Blasio. OneNYC 2050：Building a strong and fair city[R]. 2019.

[ 31 ] The Inter-agency and Expert Group on SDG Indicators. Global indicator framework for the Sustainable Development Goals and targets of the 2030 Agenda for Sustainable Development [EB/OL].（2020-02-01）[2021-03-01]. https：//unstats.un.org/sdgs/indicators/indicators-list/.

[ 32 ] The United Nations Development Programme. Sustainable Development Goals in motion：China's progress and the 13th Five-Year Plan[R]. 2016.

[ 33 ] TOMISLAV. K. The Concept of Sustainable Development：From its Beginning to the Contemporary Issues[J]. Zagreb International Review of Economics and Business，2018（5）：67-94.

[ 34 ] United Nations Economic and Social Commission for Asia and Pacific. Asia and the Pacific SDG Progress Report 2018[R]. Bangkok：UNESCAP，2019.

[ 35 ] United Nations. SDG Indicators：global indicator framework for the Sustainable Development Goals and targets of the 2030 Agenda for Sustainable Development [R]. NewYork：UN，2015.

[ 36 ] United Nations. Transforming our World：The 2030 Agenda for Sustainable Development[R]. NewYork：UN，2015.

[ 37 ] 陈军，彭舒，赵学胜，等. 顾及地理空间视角的区域SDGs综合评估方法与示范[J]. 测绘学报，2019，48（4）：473-479.

[ 38 ] 联合国经济和社会事务部. 世界人口展望2019[R]. 纽约，2019.

[ 39 ] 邵超峰，陈思含，高俊丽，等. 基于 SDGs 的中国可持续发展评价指标体系设计[J]. 中国人口·资源与环境，2021，31（4）：1-12.

[ 40 ] 杨锋. 加快构建城市可持续发展标准新格局[J]. 质量与认证，2019（4）：33-35.

## 2.2 参评城市整体情况

考虑到数据的可获取性和评估的科学性，本报告选择了139个城市作为中国城市落实SDG11评估对象，包含副省级及省会城市和典型地级城市。评估对象包含全国32个副省级城市及省会城市（不含台北市）。与一般城市相比，副省级城市政府在国民经济和社会发展规划上，已经部分拥有了相当于省级政府的职权。而省会城市作为一个省的政治、决策中心，相较于地级市，在享有的政策和资源方面具有较多的优势，要素集聚性和规模化效益更显著，经济社会发展水平在省内较高。在进行参评地级市的筛选过程中，主要综合考虑了地域分布及城市可持续发展基础，最终选择了107个有国家级可持续发展实验示范建设基础的地级城市作为评估对象。

### 2.2.1 总体进展分析

从整体上看（图2.4），中国城市落实SDG11的情况向好发展。2016—2021年，参评城市落实SDG11平均分提高了8.45%。从发展趋势看（图2.5），中国城市在实现SDG11的趋势上两极分化较为严重。60%的城市在SDG11落实上步入正轨；同时有35%的城市处于停滞发展状态；有3%的城市向相反方向发展；另外有2%的城市适度改善。基于近6年中国城市落实SDG11得分趋势模拟2030年SDG11得分情况，中国城市距离实现SDG11还存在明显差距。主要原因在于地区发展不均衡，2030年城市整体实现SDG11还颇具挑战。此外新冠疫情等突发事件也在一定程度上对城市治理和城市韧性等方面提出了挑战，影响了中国城市落实SDG11的建设成效。

从得分排名看，前15名城市呈现出不同程度的升降变化。仍在前15名的城市中，黄山、宝鸡、抚州3座城市排名上升，泉州、大连等5座城市排名下降。同时，有7座城市为新上榜城市，见图2.6。

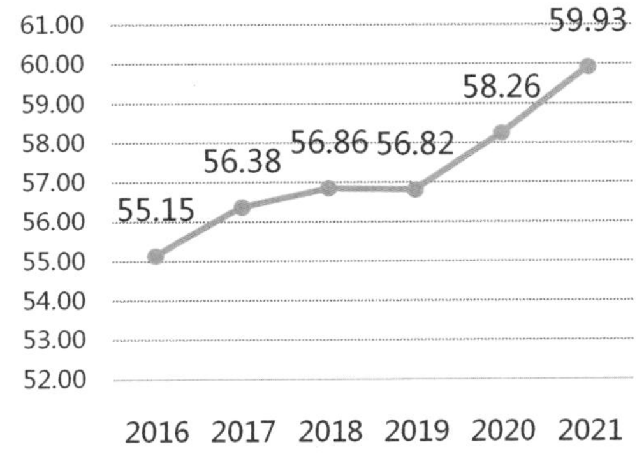

**图2.4　参评城市2016—2021年落实SDG11平均得分**

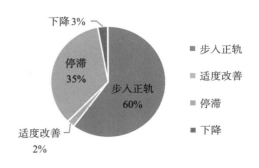

**图2.5　参评城市落实SDG11发展趋势分析图**

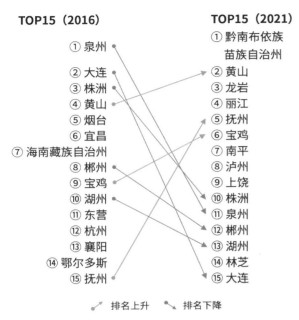

**TOP15（2016）**
① 泉州
② 大连
③ 株洲
④ 黄山
⑤ 烟台
⑥ 宜昌
⑦ 海南藏族自治州
⑧ 郴州
⑨ 宝鸡
⑩ 湖州
⑪ 东营
⑫ 杭州
⑬ 襄阳
⑭ 鄂尔多斯
⑮ 抚州

**TOP15（2021）**
① 黔南布依族苗族自治州
② 黄山
③ 龙岩
④ 丽江
⑤ 抚州
⑥ 宝鸡
⑦ 南平
⑧ 泸州
⑨ 上饶
⑩ 株洲
⑪ 泉州
⑫ 郴州
⑬ 湖州
⑭ 林芝
⑮ 大连

↗ 排名上升　　↘ 排名下降

**图2.6　2016年、2021年参评城市总分前15名及排名变化**

从城市区域分布看，参评城市2021年落实SDG11得分呈现以下特征：①城市总体得分呈现明显的南北差异，南方城市总体表现优于北方城市。表现相对薄弱的地区主要集中在北方，尤其是西北及东北地区；表现较好的地区主要集中在中部地区及东南地区。②东西部城市得分差距明显。东部城市得分比较均衡，差距较小；西部地区城市得分跨度较大，涵盖了四种指示板颜色。总体上看，东西部城市差距逐渐减小。

从专题得分看，只有住房保障专题呈现明显的倒退趋势。公共交通、遗产保护、环境改善、公共空间四个专题呈现出相对明显的改善趋势，其中以环境改善专题最为明显。规划管理和防灾减灾两个专题变化相对不明显。由此可见，我国近年来重视生态环境保护，大力推动的生态文明建设等举措产生了显著效果，城市生态环境质量改善明显。但是随着城市化进程的推进，城市人

口的增多导致住房问题更加突出，多数城市在住房保障专题表现欠佳。此外，遗产保护专题总体得分较低。住房保障、遗产保护两个专题目前是制约中国城市实现SDG11的关键因素。具体见图2.7。

—— 2016 —— 2017 —— 2018 —— 2019 —— 2020 —— 2021

**图2.7　2016—2021年参评城市各专题平均得分**

表2.15展示了各专题排名前十的城市及其与前一年排名相比的升降变化。参评城市中存在一个城市在几个专题中表现较好的情况，但并未出现一个城市在多数或全部专题都进入前十的情况。可见目前我国城市人居环境仍处于发展和改善阶段，几乎所有城市都存在优势方面和弱势方面，面临发展不平衡的问题。经济发展水平较高的城市在基础设施建设等方面表现较好，但由于城市人口数量压力，在住房保障方面往往表现不佳，同时生态环境改善也存在较大压力。而经济水平暂时落后的地区，在住房保障、生态环境以及遗产保护等专题通常有较好的表现。此外，一些专题中的领先城市中也存在退步的情况，在改善城市人居环境的过程中，不仅要推动弱势专题的改善，也要关注现有优势的保持。

**2021年各专题排名前10的城市及其排名变化**　　　　　　　　　　　　　　　表2.15

| 排名 | 11.1 住房保障 | | 11.2 公共交通 | | 11.3 规划管理 | | 11.4 遗产保护 | | 11.5 防灾减灾 | | 11.6 环境改善 | | 11.7 公共空间 | |
|---|---|---|---|---|---|---|---|---|---|---|---|---|---|---|
| 1 | 克拉玛依 | – | 深圳 | ↑ | 长春 | ↑ | 拉萨 | – | 林芝 | ↑ | 韶关 | ↑ | 广州 | ↑ |
| 2 | 巴音郭楞蒙古自治州 | – | 海西蒙古族藏族自治州 | ↑ | 深圳 | ↑ | 林芝 | – | 桂林 | ↑ | 梅州 | – | 鄂尔多斯 | – |
| 3 | 邵阳 | ↑ | 成都 | ↑ | 郑州 | ↑ | 黄山 | – | 临沧 | ↑ | 丽水 | ↑ | 江门 | ↑ |
| 4 | 黔南布依族苗族自治州 | ↓ | 铜陵 | ↑ | 无锡 | ↑ | 海南藏族自治州 | – | 黄山 | ↑ | 南平 | ↑ | 固原 | ↑ |
| 5 | 宝鸡 | ↓ | 厦门 | ↑ | 武汉 | ↑ | 东营 | ↑ | 丽江 | ↑ | 海口 | ↓ | 中卫 | ↑ |
| 6 | 上饶 | – | 黄冈 | ↑ | 济南 | ↑ | 酒泉 | ↓ | 泸州 | ↑ | 黄山 | – | 抚州 | ↑ |
| 7 | 鹰潭 | ↑ | 阳泉 | ↑ | 青岛 | ↑ | 丽江 | ↑ | 宝鸡 | ↓ | 厦门 | ↑ | 廊坊 | ↑ |
| 8 | 昌吉回族自治州 | ↑ | 海口 | ↑ | 东莞 | ↑ | 银川 | ↓ | 株洲 | ↑ | 龙岩 | ↓ | 东莞 | ↓ |
| 9 | 郴州 | ↓ | 合肥 | ↑ | 许昌 | ↑ | 本溪 | ↑ | 盐城 | ↑ | 丽江 | ↑ | 铜陵 | ↑ |
| 10 | 大庆 | ↑ | 唐山 | ↑ | 厦门 | ↑ | 巴音郭楞蒙古自治州 | – | 天水 | ↑ | 上饶 | ↑ | 淮北 | ↑ |

注：箭头表示2021年分专题排名与2020年比较的情况，↑表示排名上升，↓表示排名下降，–表示无变动。

### 2.2.2 城市分类分析

#### 2.2.2.1 按城市规模划分

参考2014年10月国务院发布的《关于调整城市规模划分标准的通知》（国发〔2014〕51号），可将城市按照常住人口划分为六类：常住人口50万以下为小城市；常住人口50万以上100万以下的城市为中等城市；常住人口100万以上500万以下的城市为大城市，其中300万以上500万以下的城市为Ⅰ型大城市，100万以上300万以下的城市为Ⅱ型大城市；常住人口500万以上1000万以下的城市为特大城市；常住人口1000万以上的城市为超大城市。进行城市规模分类的人口数据以评估年份中最新一年的数据为准，因此，各规模包含的城市会发生变动，由此导致各规模城市分数与上一年蓝皮书的结论有所差异。

建设可持续发展的城市实质上就是建设以人为本的宜居城市，因此要关注对于人均指标的考察。不同人口规模的城市在SDG11上表现出显著的差异。如图2.8所示，不同规模的城市总体上呈现出一定的上升趋势，其中以小城市的发展趋势最不稳定，可能的原因是参评城市中小城市的数量较少，个别城市的变化对总体发展趋势的影响较大。同时，不同规模的城市呈现出明显的得分差异。总体上看，人口规模较小的城市得分要高于大规模城市。这也与以人为本的宜居城市建设的内涵相符，契合未来适度控制城市规模的发展趋势，中小型城市将成为宜居城市的优选。

图2.9展示了不同规模城市2021年各专题

得分情况。不同规模城市在各专题上的表现呈现出比较明显的差异。在住房保障、遗产保护专题，人口规模较小的城市表现较好，这类城市通常面临较小的人口数量压力，而自然和文化遗产资源较丰富。而在规划管理、防灾减灾专题则是人口规模较大的城市表现较好，这类城市通常经济发展水平较高，相对应的基础设施等建设情况较好，城市的规划管理也处于较高水平。

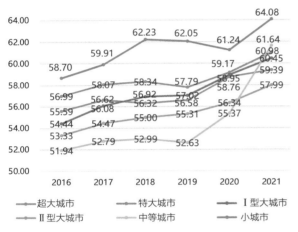

图2.8　2016—2021年不同规模城市分数变化

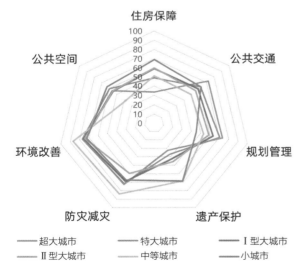

图2.9　不同规模城市2021年各专项得分

## 2.2.2.2 按经济发展水平划分

根据经济社会发展状况及人均GDP水平，

参照联合国人均GDP评定国家富裕程度的分级标准，将参评城市分为四类：一类城市，年人均GDP高于70000元；二类城市，年人均GDP介于40000至70000元；三类城市，年人均GDP介于30000~40000元；四类城市，年人均GDP低于30000元。

如图2.10所示，不同经济发展水平的城市在SDG11的总体得分呈现明显差异。其中一类城市得分最高，四类城市得分最低。可见经济发展水平较高的城市落实SDG11得分往往也处于较高水平。此外，所有类型城市的总体得分呈现一定的增长趋势，以三、四类城市的增幅最高，一、二类城市则相对平稳上升。

图2.10　2016—2021年不同经济发展水平城市得分及趋势

图2.11展示了2021年不同经济发展水平城市在各专题中的表现。在环境改善专题，各类型城市间没有明显的差距。遗产保护专题各类型城市得分均较低，需要进一步加强相关自然遗产和文化遗产的认证与保护工作。在住房保障专题，经济发展水平较低的城市往往得分较高，这类城市面临的住房压力相对较小；而经济发展水平较高的城市人口压力通常较大，因此住房方面表现不佳。不同经济发展水平的城市在公共交通、规划管理、防灾减灾专题也表现出明显差距。其中在公共交通和规划管理专题，经济发展

水平较高的一类和二类城市表现较好，这两类城市在城市基础设施建设和公共服务方面发展水平较高，而经济发展水平较低的城市受财政等因素制约，还有较大的进步空间。

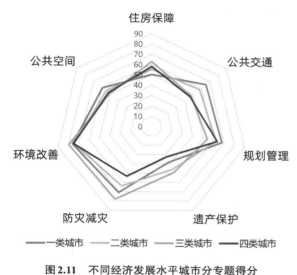

图2.11　不同经济发展水平城市分专题得分

## 2.2.3 数据缺失分析

在实际评估中，一些城市的部分指标由于统计口径、统计条件的限制，存在数据缺失的情况，具体缺失比例如表2.16所示。其中，"交通事故发生率""基本公共服务保障能力""单位GDP水耗""人均水利、环境和公共设施管理业固定投资""地表水水质优良比例"的数据缺失率高于10%。其中"交通事故发生率"指标缺失率最大，这项指标目前数据收集或公开情况较差。

评估指标数据缺失情况　　　表2.16

| 专题 | 指标 | 缺失率（%） |
|---|---|---|
| 住房保障 | 城镇居民人均住房建筑面积 | 5.03 |
| | 租售比 | 0.00 |
| | 房价收入比 | 0.00 |
| 公共交通 | 公共交通发展指数 | 2.88 |
| | 道路网密度 | 0.00 |
| | 交通事故发生率 | 26.62 |
| 规划管理 | 国家贫困线以下人口比例 | 0.00 |
| | 财政自给率 | 0.00 |
| | 基本公共服务保障能力 | 10.79 |
| | 单位GDP能耗 | 8.63 |
| | 单位GDP水耗 | 13.67 |
| | 国土开发强度 | 2.88 |
| | 人均日生活用水量 | 4.32 |
| 遗产保护 | 每万人国家A级景区数量 | 0.00 |
| | 万人非物质文化遗产数量 | 5.04 |
| | 自然保护地面积占陆域国土面积比例 | 3.60 |
| 防灾减灾 | 人均水利、环境和公共设施管理业固定投资 | 18.71 |
| | 单位GDP碳排放 | 2.88 |
| | 人均碳排放 | 1.43 |
| 环境改善 | 城市空气质量优良天数比率 | 3.60 |
| | 生活垃圾无害化处理率 | 3.60 |
| | 生态环境状况指数 | 0.00 |
| | 地表水水质优良比例 | 10.07 |
| | 城市污水处理率 | 2.88 |
| | 年均PM2.5浓度 | 2.16 |
| 公共空间 | 人均公园绿地面积 | 5.03 |
| | 建成区绿地率 | 5.03 |

## 2.3 副省级及省会城市评估

### 2.3.1 2021年副省级及省会城市现状评估

#### 2.3.1.1 总体情况

（1）SDG11得分情况

选择32个副省级城市及省会城市进行评估，整体得分情况如图2.12所示。

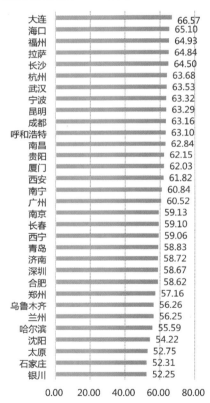

**图2.12 副省级及省会城市总体得分**

在参评城市中，得分最高的为大连——66.57分，得分最低的是银川——52.25分，分差为14.32分，整体上差距不大。如图2.13所示，约82.35%的城市SDG11总体得分介于55~65分之间。

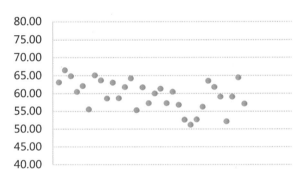

**图2.13 副省级及省会城市总体得分区间**

按照城市规模划分，32座副省级及省会城市分属于中等城市、Ⅱ型大城市、Ⅰ型大城市、特大城市和超大城市[1]。由于中等城市只包含拉萨一座城市，为保证分析结果的客观性，将中等城市和Ⅱ型大城市合并进行分析。不同规模城市平均得分情况如图2.14所示。对于副省级及省会城市而言，人口规模较小的Ⅱ型大城市及中等城市SDG11得分最高，而规模更大的城市，从平均得分上看均处于相对不利的状况。

[1] 城市规模按照《中国城市统计年鉴2021》中2020年人口数据进行分类，具体名单如下：
超大城市：成都、广州、深圳、西安、郑州、武汉、杭州、石家庄、青岛、长沙、哈尔滨。
特大城市：宁波、合肥、南京、济南、沈阳、长春、南宁、昆明、福州、大连、南昌、贵阳、太原、厦门。
Ⅰ型大城市：兰州、乌鲁木齐、呼和浩特。
Ⅱ型大城市及中等城市：海口、银川、西宁、拉萨。

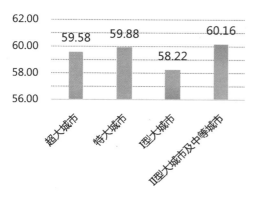

**图2.14 不同规模副省级及省会城市平均得分**

（2）专题情况

从住房保障、公共交通、规划管理、遗产保护、防灾减灾、环境改善、公共空间7个专题得分情况上看（图2.15），中国城市落实SDG11具有明显的不均衡特征，大部分城市在各专题的发展上存在明显短板，迫切需要采取有效的改革措施补齐发展短板，提升落实SDG11的水平。副省级及省会城市各专题具体得分及排名见附表1。

| 城市 | 住房保障 | 公共交通 | 规划管理 | 遗产保护 | 防灾减灾 | 环境改善 | 公共空间 |
|---|---|---|---|---|---|---|---|
| 成都 | ● | ● | ● | ● | ● | ● | ● |
| 长春 | ● | ● | ● | ● | ● | ● | ● |
| 长沙 | ● | ● | ● | ● | ● | ● | ● |
| 大连 | ● | ● | ● | ● | ● | ● | ● |
| 福州 | ● | ● | ● | ● | ● | ● | ● |
| 广州 | ● | ● | ● | ● | ● | ● | ● |
| 贵阳 | ● | ● | ● | ● | ● | ● | ● |
| 哈尔滨 | ● | ● | ● | ● | ● | ● | ● |
| 海口 | ● | ● | ● | ● | ● | ● | ● |
| 杭州 | ● | ● | ● | ● | ● | ● | ● |
| 合肥 | ● | ● | ● | ● | ● | ● | ● |
| 呼和浩特 | ● | ● | ● | ● | ● | ● | ● |
| 济南 | ● | ● | ● | ● | ● | ● | ● |
| 昆明 | ● | ● | ● | ● | ● | ● | ● |
| 拉萨 | ● | ● | ● | ● | ● | ● | ● |
| 兰州 | ● | ● | ● | ● | ● | ● | ● |
| 南昌 | ● | ● | ● | ● | ● | ● | ● |
| 南京 | ● | ● | ● | ● | ● | ● | ● |
| 南宁 | ● | ● | ● | ● | ● | ● | ● |
| 宁波 | ● | ● | ● | ● | ● | ● | ● |
| 青岛 | ● | ● | ● | ● | ● | ● | ● |
| 厦门 | ● | ● | ● | ● | ● | ● | ● |
| 深圳 | ● | ● | ● | ● | ● | ● | ● |
| 沈阳 | ● | ● | ● | ● | ● | ● | ● |
| 石家庄 | ● | ● | ● | ● | ● | ● | ● |
| 太原 | ● | ● | ● | ● | ● | ● | ● |

| 城市 | 住房保障 | 公共交通 | 规划管理 | 遗产保护 | 防灾减灾 | 环境改善 | 公共空间 |
|---|---|---|---|---|---|---|---|
| 乌鲁木齐 | ● | ● | ● | ● | ● | ● | ● |
| 武汉 | ● | ● | ● | ● | ● | ● | ● |
| 西安 | ● | ● | ● | ● | ● | ● | ● |
| 西宁 | ● | ● | ● | ● | ● | ● | ● |
| 银川 | ● | ● | ● | ● | ● | ● | ● |
| 郑州 | ● | ● | ● | ● | ● | ● | ● |

**图2.15　副省级及省会城市分专题评估指示板**

按照城市规模分析，不同规模城市在7个专题的平均得分上存在一定差距，其中，在遗产保护专题得分差距较为显著。随着城市规模增大，人口密度增加，城市在住房保障和遗产保护专题得分逐渐降低，但城市公共交通专题得分则提高。同时，随着国家及地方对生态环境问题的持续重视，副省级及省会城市环境质量整体较好，环境改善专题得分总体较高，如图2.16所示。

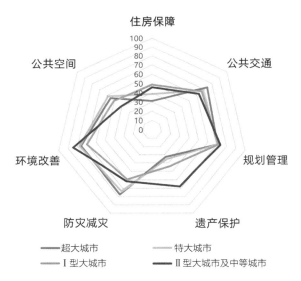

**图2.16　不同规模副省级及省会城市各专题平均得分**

### 2.3.1.2 各专题情况

（1）住房保障

住房保障专题考察了"城镇居民人均住房建筑面积""售租比"和"房价收入比"3项指标。随着城镇化率的不断提高，城市人口的增长带来了城市住房压力。参评城市中有6个城市（广州、杭州、南京、青岛、厦门、深圳）在住房保障专题表现为红色，即面临严峻挑战。在所有参评城市中，城镇人均住房建筑面积最小值为23.2平方米。如图2.17所示，大部分城市"城镇居民人均住房建筑面积"表现为红色和橙色，即在该项指标亟待提升。

从整体发展的角度看，中国在城市居住方面一直稳步提升，2020年，全国人均住房建筑面积41.76平方米，城镇居民人均住房建筑面积达到36.52平方米，农村居民人居住房建筑面积达到46.8平方米。新建住房质量不断提高，住房功能和配套设施逐步完善。在住房租赁方面，各地因地制宜发展保障性租赁住房，为人民群众提供更加便捷高效的住房租赁服务。

| 城市 | 城镇居民人均住房建筑面积 | 租售比 | 房价收入比 | 综合评估 |
|------|------------------------|--------|-----------|----------|
| 成都 | ● | ● | ● | ● |
| 长春 | ● | ● | ● | ● |
| 长沙 | ● | ● | ● | ● |
| 大连 | ● | ● | ● | ● |
| 福州 | ● | ● | ● | ● |
| 广州 | ● | ● | ● | ● |
| 贵阳 | ● | ● | ● | ● |
| 哈尔滨 | ● | ● | ● | ● |
| 海口 | ● | ● | ● | ● |
| 杭州 | ● | ● | ● | ● |
| 合肥 | ● | ● | ● | ● |
| 呼和浩特 | ● | ● | ● | ● |
| 济南 | ● | ● | ● | ● |
| 昆明 | ● | ● | ● | ● |
| 拉萨 | ● | ● | ● | ● |
| 兰州 | ● | ● | ● | ● |
| 南昌 | ● | ● | ● | ● |
| 南京 | ● | ● | ● | ● |
| 南宁 | ● | ● | ● | ● |
| 宁波 | ● | ● | ● | ● |
| 青岛 | ● | ● | ● | ● |
| 厦门 | ● | ● | ● | ● |
| 深圳 | ● | ● | ● | ● |
| 沈阳 | ● | ● | ● | ● |
| 石家庄 | ● | ● | ● | ● |
| 太原 | ● | ● | ● | ● |
| 乌鲁木齐 | ● | ● | ● | ● |
| 武汉 | ● | ● | ● | ● |
| 西安 | ● | ● | ● | ● |
| 西宁 | ● | ● | ● | ● |
| 银川 | ● | ● | ● | ● |
| 郑州 | ● | ● | ● | ● |

**图 2.17　副省级及省会城市住房保障评估指示板**

（2）公共交通

公共交通专题考察了"公共交通发展指数""道路网密度""交通事故发生率"3项指标。城市公共交通是城市基础设施的重要组成部分，它直接关系城市的经济发展与居民生活。发展城市交通不仅能为居民提供更好的便民服务，改善人居环境，也是提高交通资源利用率，节约资源和能源，缓解空气污染和气候变化的重要手段。道路网密度反应了城市路网发展规模和水平，也是实施公交优先、提高公共交通服务水平的前提。

从评估结果上看，拉萨在公共交通专题表现为橙色，与该方向可持续发展存在明显差距。绝大多数城市在公共交通方面表现良好。针对各项评估指标，从图2.18可以看出，各城市道路网密度反映出的城市路网发展水平普遍较好，而公共交通发展指数有待提高。另外，32座副省级及省会城市交通事故发生率的数据缺失率较高，应加强这一重要指标的信息统计和公开。

| 城市 | 公共交通发展指数 | 道路网密度 | 交通事故发生率 | 综合评估 |
|---|---|---|---|---|
| 成都 | ● | ● | ● | ● |
| 长春 | ● | ● | ● | ● |
| 长沙 | ● | ● | ● | ● |
| 大连 | ● | ● | ● | ● |
| 福州 | ● | ● | ● | ● |
| 广州 | ● | ● | ● | ● |
| 贵阳 | ● | ● | ● | ● |
| 哈尔滨 | ● | ● | ● | ● |
| 海口 | ● | ● | ● | ● |
| 杭州 | ● | ● | ● | ● |
| 合肥 | ● | ● | ● | ● |
| 呼和浩特 | ● | ● | ● | ● |
| 济南 | ● | ● | ● | ● |
| 昆明 | ● | ● | ● | ● |
| 拉萨 | ● | ● | ● | ● |
| 兰州 | ● | ● | ● | ● |
| 南昌 | ● | ● | ● | ● |
| 南京 | ● | ● | ● | ● |
| 南宁 | ● | ● | ● | ● |
| 宁波 | ● | ● | ● | ● |
| 青岛 | ● | ● | ● | ● |
| 厦门 | ● | ● | ● | ● |
| 深圳 | ● | ● | ● | ● |
| 沈阳 | ● | ● | ● | ● |
| 石家庄 | ● | ● | ● | ● |
| 太原 | ● | ● | ● | ● |
| 乌鲁木齐 | ● | ● | ● | ● |
| 武汉 | ● | ● | ● | ● |
| 西安 | ● | ● | ● | ● |
| 西宁 | ● | ● | ● | ● |
| 银川 | ● | ● | ● | ● |
| 郑州 | ● | ● | ● | ● |

**图2.18 副省级及省会城市公共交通评估指示板**

（3）规划管理

如图2.19所示，规划管理专题考察指标涉及财政收支、公共服务保障、国土开发、能源资源消耗等方面。从评估结果上看，拉萨在规划管理专题表现为橙色，与该方向可持续发展存在明显差距，其余城市规划管理水平表现普遍良好。

"财政自给率"是判断一个城市发展健康与否的重要指标，财政自给率提高意味着地方财政"造血能力"改善。在参评城市中，有两个城市（哈尔滨、拉萨）在该指标的得分较低，指示板呈红色，自给财政缺口大，面临严峻挑战。

"基本公共服务保障能力"是反映政府提供公共服务的指标，提高公共服务保障能力是提升民生水平的重点。在新冠肺炎疫情带来持续挑战的形势下，政府的基本公共服务保障能力的重要性得以进一步凸显。参评城市中，有四个城市（拉萨、厦门、长沙、郑州）在该指标表现为橙色，距离目标的实现存在明显差距。

"单位GDP能耗、水耗"和"人均日生活用水量"是反映城市发展对资源消费状况的主要指标，节约资源能源、提升其利用效率对于"双碳"目标的实现具有重要意义。从评估结果看，在参评城市中，银川在单位GDP能耗指标上表现为红色，面临严峻挑战，其余各城市单位GDP能耗和水耗表现普遍良好，体现了我国在发展节能降耗的集约型经济增长模式上取得的显著成效。在人均日生活用水量方面，南方水资源较为丰富的城市人均日生活用水量高于北方地区较为缺水的城市，这符合富水地区的城市资源禀赋条件，同时也表现出较高的节水潜力。

| 城市 | 财政自给率 | 基本公共服务保障能力 | 单位GDP能耗 | 单位GDP水耗 | 国土开发强度 | 人均日生活用水量 | 综合评估 |
|------|-----------|-------------------|-----------|-----------|-----------|---------------|---------|
| 成都 | ● | ● | ● | ● | ● | ● | ● |
| 长春 | ● | ● | ● | ● | ● | ● | ● |
| 长沙 | ● | ● | ● | ● | ● | ● | ● |
| 大连 | ● | ● | ● | ● | ● | ● | ● |
| 福州 | ● | ● | ● | ● | ● | ● | ● |
| 广州 | ● | ● | ● | ● | ● | ● | ● |
| 贵阳 | ● | ● | ● | ● | ● | ● | ● |
| 哈尔滨 | ● | ● | ● | ● | ● | ● | ● |
| 海口 | ● | ● | ● | ● | ● | ● | ● |
| 杭州 | ● | ● | ● | ● | ● | ● | ● |
| 合肥 | ● | ● | ● | ● | ● | ● | ● |
| 呼和浩特 | ● | ● | ● | ● | ● | ● | ● |
| 济南 | ● | ● | ● | ● | ● | ● | ● |
| 昆明 | ● | ● | ● | ● | ● | ● | ● |
| 拉萨 | ● | ● | ● | ● | ● | ● | ● |
| 兰州 | ● | ● | ● | ● | ● | ● | ● |
| 南昌 | ● | ● | ● | ● | ● | ● | ● |
| 南京 | ● | ● | ● | ● | ● | ● | ● |
| 南宁 | ● | ● | ● | ● | ● | ● | ● |
| 宁波 | ● | ● | ● | ● | ● | ● | ● |
| 青岛 | ● | ● | ● | ● | ● | ● | ● |
| 厦门 | ● | ● | ● | ● | ● | ● | ● |
| 深圳 | ● | ● | ● | ● | ● | ● | ● |
| 沈阳 | ● | ● | ● | ● | ● | ● | ● |
| 石家庄 | ● | ● | ● | ● | ● | ● | ● |
| 太原 | ● | ● | ● | ● | ● | ● | ● |
| 乌鲁木齐 | ● | ● | ● | ● | ● | ● | ● |
| 武汉 | ● | ● | ● | ● | ● | ● | ● |
| 西安 | ● | ● | ● | ● | ● | ● | ● |
| 西宁 | ● | ● | ● | ● | ● | ● | ● |
| 银川 | ● | ● | ● | ● | ● | ● | ● |
| 郑州 | ● | ● | ● | ● | ● | ● | ● |

**图2.19　副省级及省会城市规划管理评估指示板**

（4）遗产保护

如图2.20所示，遗产保护专题考察了"每万人国家A级景区数量""万人非物质文化遗产数量""自然保护地面积占陆域国土空间面积比例"3项指标。参评城市中有10个城市在遗产保护专题表现为红色，仅4个城市（呼和浩特、拉萨、西宁、银川）表现为绿色，绝大多数参评城市在遗产保护方面还有很大的提升空间。各城市要在遗产保护方面采取积极举措，加强对于各类遗产（自然遗产和文化遗产）的保护，提高在此专题相关指标的得分。

副省级及省会城市每万人国家A级景区数量整体表现存在较大提升空间，仅拉萨表现为绿色。由于中国人口众多且分布不均，目前的国家A级景区数量对于居民而言无法满足需求。绝大多数参评城市应持续推进国家A级景区建设，在开发新景区的同时，提高现有景区的质量，加强景区管理与保护。

参评城市万人非物质文化遗产数量整体表现较不理想，仅拉萨表现为绿色。非物质文化遗产是提升中华民族认同感的重要依据，保护非物质文化遗产就是保护人类的文化多样性。各地应加强非物质文化遗产的申报与保护工作，加强对非物质文化遗产重要性的认识。

参评城市在"自然保护地面积占辖区面积比例"指标方面差距较大。该指标与生态资源和自然遗产空间分布有一定联系，但也能在一定程度上反映出城市对自然保护地建设和管理的水平。

| 城市 | 每万人国家A级景区数量 | 万人非物质文化遗产数量 | 自然保护地面积占陆域国土面积比例 | 综合评估 |
|---|---|---|---|---|
| 成都 | ● | ● | ● | ● |
| 长春 | ● | ● | ● | ● |
| 长沙 | ● | ● | ● | ● |
| 大连 | ● | ● | ● | ● |
| 福州 | ● | ● | ● | ● |
| 广州 | ● | ● | ● | ● |
| 贵阳 | ● | ● | ● | ● |
| 哈尔滨 | ● | ● | ● | ● |
| 海口 | ● | ● | ● | ● |
| 杭州 | ● | ● | ● | ● |
| 合肥 | ● | ● | ● | ● |
| 呼和浩特 | ● | ● | ● | ● |
| 济南 | ● | ● | ● | ● |
| 昆明 | ● | ● | ● | ● |
| 拉萨 | ● | ● | ● | ● |
| 兰州 | ● | ● | ● | ● |
| 南昌 | ● | ● | ● | ● |
| 南京 | ● | ● | ● | ● |
| 南宁 | ● | ● | ● | ● |
| 宁波 | ● | ● | ● | ● |
| 青岛 | ● | ● | ● | ● |
| 厦门 | ● | ● | ● | ● |
| 深圳 | ● | ● | ● | ● |
| 沈阳 | ● | ● | ● | ● |
| 石家庄 | ● | ● | ● | ● |
| 太原 | ● | ● | ● | ● |
| 乌鲁木齐 | ● | ● | ● | ● |
| 武汉 | ● | ● | ● | ● |
| 西安 | ● | ● | ● | ● |
| 西宁 | ● | ● | ● | ● |
| 银川 | ● | ● | ● | ● |
| 郑州 | ● | ● | ● | ● |

**图2.20　副省级及省会城市遗产保护评估指示板**

（5）防灾减灾

如图2.21所示，防灾减灾专题考察了"人均水利、环境和公共设施管理业固定投资""单位GDP碳排放""人均碳排放"3项指标。参评城市中有1个城市（银川）表现为红色，存在严峻挑战。参评城市整体表现较好，大部分城市在该专题表现为绿色，体现了各城市在防灾减灾、减缓气候变化方面做出的努力。

参评城市"人均水利、环境和公共设施管理业固定投资"指标得分整体较低，仅5个城市表现为绿色。各城市应重视在人均水利、环境和公共设施管理业固定资金的投入，加强城市公共设施建设和管理水平，以提高各城市抵御自然灾害的能力。

自中国提出"2030年碳达峰，2060年碳中和"的"双碳"目标以来，各行业和领域聚焦目标的实现，制定举措，探索路径，积极应对全球气候变化。从评估结果来看，参评城市中有一个城市（银川）在"单位GDP排放""人均GDP排放"两项指标显示为红色，即面临严峻挑战，绝大部分城市表现较好，表明"双碳"目标的实现具有较好的基础，副省级及省会城市拥有实现"双碳"目标的乐观前景。

| 城市 | 人均水利、环境和公共设施管理业固定投资 | 单位GDP碳排放 | 人均碳排放 | 综合评估 |
|---|---|---|---|---|
| 成都 | ● | ● | ● | ● |
| 长春 | ● | ● | ● | ● |
| 长沙 | ● | ● | ● | ● |
| 大连 | ● | ● | ● | ● |
| 福州 | ● | ● | ● | ● |
| 广州 | ● | ● | ● | ● |
| 贵阳 | ● | ● | ● | ● |
| 哈尔滨 | ● | ● | ● | ● |
| 海口 | ● | ● | ● | ● |
| 杭州 | ● | ● | ● | ● |
| 合肥 | ● | ● | ● | ● |
| 呼和浩特 | ● | ● | ● | ● |
| 济南 | ● | ● | ● | ● |
| 昆明 | ● | ● | ● | ● |
| 拉萨 | ● | ● | ● | ● |
| 兰州 | ● | ● | ● | ● |
| 南昌 | ● | ● | ● | ● |
| 南京 | ● | ● | ● | ● |
| 南宁 | ● | ● | ● | ● |
| 宁波 | ● | ● | ● | ● |
| 青岛 | ● | ● | ● | ● |
| 厦门 | ● | ● | ● | ● |
| 深圳 | ● | ● | ● | ● |
| 沈阳 | ● | ● | ● | ● |
| 石家庄 | ● | ● | ● | ● |
| 太原 | ● | ● | ● | ● |
| 乌鲁木齐 | ● | ● | ● | ● |
| 武汉 | ● | ● | ● | ● |
| 西安 | ● | ● | ● | ● |
| 西宁 | ● | ● | ● | ● |
| 银川 | ● | ● | ● | ● |
| 郑州 | ● | ● | ● | ● |

**图2.21 副省级及省会城市防灾减灾评估指示板**

（6）环境改善

如图2.22所示，环境改善专题考察了"城市空气质量优良天数比率""生活垃圾无害化处理率""生态环境状况指数""地表水水质优良比例""城市污水处理率""年均PM2.5浓度"6项指标。副省级及省会城市在环境改善专题整体表现较好，其中26个城市表现为绿色，体现了我国在生态环境质量改善方面取得的成效。

从环境改善专题的各个指标来看，副省级及省会城市在生活垃圾处理、城市污水处理方面表现良好，可获取数据的城市在这两项指标上均显示为绿色，评估结果体现了各城市在城市生活垃圾和污水处理方面已取得显著成效，逐渐向"无废城市"趋势发展。生态环境状况指数和PM2.5浓度是环境改善专题各指标中的弱项，部分城市生态环境状况指数表现为红色或橙色，有待进一步提高。在城市空气质量方面，石家庄市在"城市空气质量优良天数比率"指标上表现为红色。2020年，石家庄城市空气质量优良天数比例为56%，与参评城市平均水平84.52%存在明显差距；在地表水水质方面，沈阳市在"地表水水质优良比例"为17.6%，指标上表现为红色，与全国平均水平存在较大差距。另有多个城市在生态环境状况指数上表现为红色。相应城市有待重视在该方面环境质量的改善。

| 城市 | 城市空气质量优良天数比率 | 生活垃圾无害化处理率 | 生态环境状况指数 | 地表水水质优良比例 | 城市污水处理率 | 年均PM2.5浓度 | 综合评估 |
|---|---|---|---|---|---|---|---|
| 成都 | ● | ● | ● | ● | ● | ● | ● |
| 长春 | ● | ● | ● | ● | ● | ● | ● |
| 长沙 | ● | ● | ● | ● | ● | ● | ● |
| 大连 | ● | ● | ● | ● | ● | ● | ● |
| 福州 | ● | ● | ● | ● | ● | ● | ● |
| 广州 | ● | ● | ● | ● | ● | ● | ● |
| 贵阳 | ● | ● | ● | ● | ● | ● | ● |
| 哈尔滨 | ● | ● | ● | ● | ● | ● | ● |
| 海口 | ● | ● | ● | ● | ● | ● | ● |
| 杭州 | ● | ● | ● | ● | ● | ● | ● |
| 合肥 | ● | ● | ● | ● | ● | ● | ● |
| 呼和浩特 | ● | ● | ● | ● | ● | ● | ● |
| 济南 | ● | ● | ● | ● | ● | ● | ● |
| 昆明 | ● | ● | ● | ● | ● | ● | ● |
| 拉萨 | ● | ● | ● | ● | ● | ● | ● |
| 兰州 | ● | ● | ● | ● | ● | ● | ● |
| 南昌 | ● | ● | ● | ● | ● | ● | ● |
| 南京 | ● | ● | ● | ● | ● | ● | ● |
| 南宁 | ● | ● | ● | ● | ● | ● | ● |
| 宁波 | ● | ● | ● | ● | ● | ● | ● |
| 青岛 | ● | ● | ● | ● | ● | ● | ● |

| 城市 | 城市空气质量优良天数比率 | 生活垃圾无害化处理率 | 生态环境状况指数 | 地表水水质优良比例 | 城市污水处理率 | 年均PM2.5浓度 | 综合评估 |
|---|---|---|---|---|---|---|---|
| 厦门 | ● | ● | ● | ● | ● | ● | ● |
| 深圳 | ● | ● | ● | ● | ● | ● | ● |
| 沈阳 | ● | ● | ● | ● | ● | ● | ● |
| 石家庄 | ● | ● | ● | ● | ● | ● | ● |
| 太原 | ● | ● | ● | ● | ● | ● | ● |
| 乌鲁木齐 | ● | ● | ● | ● | ● | ● | ● |
| 武汉 | ● | ● | ● | ● | ● | ● | ● |
| 西安 | ● | ● | ● | ● | ● | ● | ● |
| 西宁 | ● | ● | ● | ● | ● | ● | ● |
| 银川 | ● | ● | ● | ● | ● | ● | ● |
| 郑州 | ● | ● | ● | ● | ● | ● | ● |

**图2.22　副省级及省会城市环境改善评估指示板**

（7）公共空间

如图2.23所示，公共空间专题考察了"人均公园绿地面积""建成区绿地率"2项指标。参评城市中有1个城市（西宁）在公共空间专题表现为红色，面临严峻挑战，其他城市以橙色和黄色为主，表现相对欠佳，在公共空间建设和管理方面有待进一步加强。

对"人均公园绿地面积""建成区绿地率"2项指标进行综合比较可以看出，参评城市在"建成区绿地率"上的表现明显优于在"人均公园绿地面积"上的表现，表明尽管各城市不断加强绿化建设，但城市人口的增加仍然带来了人均公园绿地面积的紧张。参评城市在"人均公园绿地面积"上表现普遍较差，其中有10个城市表现为红色，亟需加强城市公园和绿化建设，提高城市公共空间建设水平，营造绿色环境。

| 城市 | 人均公园绿地面积 | 建成区绿地率 | 综合评估 |
|---|---|---|---|
| 成都 | ● | ● | ● |
| 长春 | ● | ● | ● |
| 长沙 | ● | ● | ● |
| 大连 | ● | ● | ● |
| 福州 | ● | ● | ● |
| 广州 | ● | ● | ● |
| 贵阳 | ● | ● | ● |
| 哈尔滨 | ● | ● | ● |
| 海口 | ● | ● | ● |
| 杭州 | ● | ● | ● |
| 合肥 | ● | ● | ● |
| 呼和浩特 | ● | ● | ● |
| 济南 | ● | ● | ● |
| 昆明 | ● | ● | ● |
| 拉萨 | ● | ● | ● |
| 兰州 | ● | ● | ● |
| 南昌 | ● | ● | ● |
| 南京 | ● | ● | ● |
| 南宁 | ● | ● | ● |
| 宁波 | ● | ● | ● |
| 青岛 | ● | ● | ● |
| 厦门 | ● | ● | ● |
| 深圳 | ● | ● | ● |
| 沈阳 | ● | ● | ● |
| 石家庄 | ● | ● | ● |
| 太原 | ● | ● | ● |
| 乌鲁木齐 | ● | ● | ● |
| 武汉 | ● | ● | ● |
| 西安 | ● | ● | ● |
| 西宁 | ● | ● | ● |
| 银川 | ● | ● | ● |
| 郑州 | ● | ● | ● |

**图2.23  副省级及省会城市公共空间评估指示板**

## 2.3.2 近六年副省级及省会城市变化趋势分析

### 2.3.2.1 总体情况

如图2.24所示，2016—2021年6年中32座副省级和省会城市指示板整体呈黄色。从发展趋势看，有19个城市表现较好，为稳定上升趋势，说明其发展已进入稳步提升阶段，根据现有数据预测其2030年在SDG11上的综合评估指示板有希望达到绿色，占参评城市的59.38%。值得注意的是，大连为唯一发展趋势呈下降的城市，但大连6年以来一直居于排名前列，且于2021年指示板达到绿色，预测其2030年在SDG11上的综合评估指示板也有希望达到绿色。有12个城市的发展趋势表现为停滞，即2030年的预测分数与2021年相比将有一定的提升，但由于其发展活力不足，很难实现指示板颜色的改变，该类城市占参评城市的37.5%，对于2030年达到指示板综合表现为绿色的目标面临较大的挑战。副省级及省会城市2016—2021年落实SDG11总体得分及排名见附表2。

| 城市 | 2016 | 2017 | 2018 | 2019 | 2020 | 2021 | 趋势 |
|---|---|---|---|---|---|---|---|
| 成都 | ● | ● | ● | ● | ● | ● | ↑ |
| 长春 | ● | ● | ● | ● | ● | ● | ↑ |
| 长沙 | ● | ● | ● | ● | ● | ● | ↑ |
| 大连 | ● | ● | ● | ● | ● | ● | ↓ |
| 福州 | ● | ● | ● | ● | ● | ● | ↑ |
| 广州 | ● | ● | ● | ● | ● | ● | ↑ |
| 贵阳 | ● | ● | ● | ● | ● | ● | ↑ |
| 哈尔滨 | ● | ● | ● | ● | ● | ● | ↑ |
| 海口 | ● | ● | ● | ● | ● | ● | ↑ |
| 杭州 | ● | ● | ● | ● | ● | ● | → |
| 合肥 | ● | ● | ● | ● | ● | ● | ↑ |
| 呼和浩特 | ● | ● | ● | ● | ● | ● | ↑ |
| 济南 | ● | ● | ● | ● | ● | ● | → |
| 昆明 | ● | ● | ● | ● | ● | ● | → |
| 拉萨 | ● | ● | ● | ● | ● | ● | ↑ |
| 兰州 | ● | ● | ● | ● | ● | ● | ↑ |
| 南昌 | ● | ● | ● | ● | ● | ● | → |
| 南京 | ● | ● | ● | ● | ● | ● | ↑ |
| 南宁 | ● | ● | ● | ● | ● | ● | → |
| 宁波 | ● | ● | ● | ● | ● | ● | → |
| 青岛 | ● | ● | ● | ● | ● | ● | → |
| 厦门 | ● | ● | ● | ● | ● | ● | ↑ |
| 深圳 | ● | ● | ● | ● | ● | ● | → |
| 沈阳 | ● | ● | ● | ● | ● | ● | → |
| 石家庄 | ● | ● | ● | ● | ● | ● | → |
| 太原 | ● | ● | ● | ● | ● | ● | → |
| 乌鲁木齐 | ● | ● | ● | ● | ● | ● | ↑ |
| 武汉 | ● | ● | ● | ● | ● | ● | ↑ |
| 西安 | ● | ● | ● | ● | ● | ● | ↑ |
| 西宁 | ● | ● | ● | ● | ● | ● | ↑ |
| 银川 | ● | ● | ● | ● | ● | ● | → |
| 郑州 | ● | ● | ● | ● | ● | ● | ↑ |

**图2.24 副省级及省会城市2016—2021年落实SDG11指示板及实现趋势**

### 2.3.2.2 各专题情况

（1）住房保障

如图2.25所示，从2016—2021年指示板的颜色来看，六年间副省级及省会城市在住房保障专题得分呈停滞甚至下降趋势，多数城市指示板由黄色变为橙色（以成都为例），或由橙色变为红色（以海口、杭州为例）；在某些人口密集、经济发达的地区（以深圳为例），六年间的指示板一直都显示为红色。由此可以看出，住房问题仍是制约副省级及省会城市可持续发展的突出短板，亟待进一步加强住房保障建设。副省级及省会城市2016—2021年住房保障专题得分及排名见附表3。

住房问题关系民生福祉，一直以来都是社会最关心的问题之一，既是伴随城市发展的长期问题，更是紧迫的现实问题。大城市的住房问题主要包括供需矛盾突出、供给结构不合理、房价收入比过高、住房消费压力大、租赁市场供应不足等。针对以上问题，各城市应在调研清楚真正住房需求的前提下，深化住房的供需匹配改革，完善住房市场体系。应加快构建以公租房、保障性租赁住房为主体的住房保障体系，加大住房保障力度，加大公租房精准保障实施力度，精准施策，逐步破解城市住房问题。

| 城市 | 2016 | 2017 | 2018 | 2019 | 2020 | 2021 |
|------|------|------|------|------|------|------|
| 成都 | ● | ● | ● | ● | ● | ● |
| 长春 | ● | ● | ● | ● | ● | ● |
| 长沙 | ● | ● | ● | ● | ● | ● |
| 大连 | ● | ● | ● | ● | ● | ● |
| 福州 | ● | ● | ● | ● | ● | ● |
| 广州 | ● | ● | ● | ● | ● | ● |
| 贵阳 | ● | ● | ● | ● | ● | ● |
| 哈尔滨 | ● | ● | ● | ● | ● | ● |
| 海口 | ● | ● | ● | ● | ● | ● |
| 杭州 | ● | ● | ● | ● | ● | ● |
| 合肥 | ● | ● | ● | ● | ● | ● |
| 呼和浩特 | ● | ● | ● | ● | ● | ● |
| 济南 | ● | ● | ● | ● | ● | ● |
| 昆明 | ● | ● | ● | ● | ● | ● |
| 拉萨 | ● | ● | ● | ● | ● | ● |
| 兰州 | ● | ● | ● | ● | ● | ● |
| 南昌 | ● | ● | ● | ● | ● | ● |
| 南京 | ● | ● | ● | ● | ● | ● |
| 南宁 | ● | ● | ● | ● | ● | ● |
| 宁波 | ● | ● | ● | ● | ● | ● |
| 青岛 | ● | ● | ● | ● | ● | ● |
| 厦门 | ● | ● | ● | ● | ● | ● |
| 深圳 | ● | ● | ● | ● | ● | ● |
| 沈阳 | ● | ● | ● | ● | ● | ● |
| 石家庄 | ● | ● | ● | ● | ● | ● |
| 太原 | ● | ● | ● | ● | ● | ● |
| 乌鲁木齐 | ● | ● | ● | ● | ● | ● |
| 武汉 | ● | ● | ● | ● | ● | ● |
| 西安 | ● | ● | ● | ● | ● | ● |
| 西宁 | ● | ● | ● | ● | ● | ● |
| 银川 | ● | ● | ● | ● | ● | ● |
| 郑州 | ● | ● | ● | ● | ● | ● |

**图2.25　副省级及省会城市2016—2021年住房保障专题指示板**

（2）公共交通

如图2.26所示，从2016—2021指示板的颜色来看，6年间副省级及省会城市在公共交通专题的得分情况较好，且不断发展完善。大部分城市指示板由黄色变为绿色，有9个城市六年内指示板颜色都表现为绿色，整体上看经济发展水平较高的城市公共交通表现也较好。副省级及省会城市2016—2021年公共交通专题得分及排名见附表4。

近年来，随着我国经济持续稳定发展，城市人口及城市规模不断扩大，对城市公共交通的需求也不断增加。随着我国人民生活水平的提高，机动车的保有量直线上升，交通设施规模不断地发展。公共交通不仅能为城市居民提供便民服务，也是提高交通资源利用率，节约能源消耗的重要方式。

（3）规划管理

如图2.27所示，参评城市中除个别城市（拉萨）外，绝大部分城市在规划管理专题表现较好，指示板整体以绿色为主，2016—2021年整体发展趋势向好。副省级及省会城市2016—2021年规划管理专题得分及排名见附表5。

**图 2.26** 副省级及省会城市 2016—2021 年公共交通专题指示板

| 城市 | 2016 | 2017 | 2018 | 2019 | 2020 | 2021 |
|---|---|---|---|---|---|---|
| 成都 | | | | | | |
| 长春 | | | | | | |
| 长沙 | | | | | | |
| 大连 | | | | | | |
| 福州 | | | | | | |
| 广州 | | | | | | |
| 贵阳 | | | | | | |
| 哈尔滨 | | | | | | |
| 海口 | | | | | | |
| 杭州 | | | | | | |
| 合肥 | | | | | | |
| 呼和浩特 | | | | | | |
| 济南 | | | | | | |
| 昆明 | | | | | | |
| 拉萨 | | | | | | |
| 兰州 | | | | | | |
| 南昌 | | | | | | |
| 南京 | | | | | | |
| 南宁 | | | | | | |
| 宁波 | | | | | | |
| 青岛 | | | | | | |
| 厦门 | | | | | | |
| 深圳 | | | | | | |
| 沈阳 | | | | | | |
| 石家庄 | | | | | | |
| 太原 | | | | | | |
| 乌鲁木齐 | | | | | | |
| 武汉 | | | | | | |
| 西安 | | | | | | |
| 西宁 | | | | | | |
| 银川 | | | | | | |
| 郑州 | | | | | | |

**图 2.27** 副省级及省会城市 2016—2021 年规划管理专题指示板

| 城市 | 2016 | 2017 | 2018 | 2019 | 2020 | 2021 |
|---|---|---|---|---|---|---|
| 成都 | | | | | | |
| 长春 | | | | | | |
| 长沙 | | | | | | |
| 大连 | | | | | | |
| 福州 | | | | | | |
| 广州 | | | | | | |
| 贵阳 | | | | | | |
| 哈尔滨 | | | | | | |
| 海口 | | | | | | |
| 杭州 | | | | | | |
| 合肥 | | | | | | |
| 呼和浩特 | | | | | | |
| 济南 | | | | | | |
| 昆明 | | | | | | |
| 拉萨 | | | | | | |
| 兰州 | | | | | | |
| 南昌 | | | | | | |
| 南京 | | | | | | |
| 南宁 | | | | | | |
| 宁波 | | | | | | |
| 青岛 | | | | | | |
| 厦门 | | | | | | |
| 深圳 | | | | | | |
| 沈阳 | | | | | | |
| 石家庄 | | | | | | |
| 太原 | | | | | | |
| 乌鲁木齐 | | | | | | |
| 武汉 | | | | | | |
| 西安 | | | | | | |
| 西宁 | | | | | | |
| 银川 | | | | | | |
| 郑州 | | | | | | |

**（4）遗产保护**

如图2.28所示，参评城市2016—2021年在遗产保护专题表现距离实现可持续发展目标有较大差距，其中有少数城市表现出向好趋势。在遗产保护专题，拉萨6年间指示板始终表现为绿色；银川从2017年开始指示板表现为绿色；呼和浩特、西宁在2021年指示板表现为绿色，可以看出这些城市在遗产保护方面做出了持续的努力。由于各城市自然及文化遗产历史条件及发展条件不同，各城市在遗产保护方面发展存在不均衡。整体来看，大多数参评城市在遗产保护方面还有很大提升空间，遗产保护专题已成为近年来制约中国城市可持续发展的突出短板，各城市亟待采取积极行动，补齐这一短板。副省级及省会城市2016—2021年遗产保护专题得分及排名见附表6。

**（5）防灾减灾**

如图2.29所示，参评城市在防灾减灾专题六年间整体表现趋势向好，一半以上城市表现为绿色，但存在1个城市（银川）在防灾减灾专题表现为橙色或红色，1个城市（拉萨）数据缺失，2个城市（呼和浩特、济南）连续几年表现为黄色，没有表现出向好趋势。各城市应在目前防灾减灾建设的基础上不断完善，以应对和降低自然灾害带来的风险。副省级及省会城市2016—2021年防灾减灾专题得分及排名见附表7。

| 城市 | 2016 | 2017 | 2018 | 2019 | 2020 | 2021 |
|---|---|---|---|---|---|---|
| 成都 | ● | ● | ● | ● | ● | ● |
| 长春 | ● | ● | ● | ● | ● | ● |
| 长沙 | ● | ● | ● | ● | ● | ● |
| 大连 | ● | ● | ● | ● | ● | ● |
| 福州 | ● | ● | ● | ● | ● | ● |
| 广州 | ● | ● | ● | ● | ● | ● |
| 贵阳 | ● | ● | ● | ● | ● | ● |
| 哈尔滨 | ● | ● | ● | ● | ● | ● |
| 海口 | ● | ● | ● | ● | ● | ● |
| 杭州 | ● | ● | ● | ● | ● | ● |
| 合肥 | ● | ● | ● | ● | ● | ● |
| 呼和浩特 | ● | ● | ● | ● | ● | ● |
| 济南 | ● | ● | ● | ● | ● | ● |
| 昆明 | ● | ● | ● | ● | ● | ● |
| 拉萨 | ● | ● | ● | ● | ● | ● |
| 兰州 | ● | ● | ● | ● | ● | ● |
| 南昌 | ● | ● | ● | ● | ● | ● |
| 南京 | ● | ● | ● | ● | ● | ● |
| 南宁 | ● | ● | ● | ● | ● | ● |
| 宁波 | ● | ● | ● | ● | ● | ● |
| 青岛 | ● | ● | ● | ● | ● | ● |
| 厦门 | ● | ● | ● | ● | ● | ● |
| 深圳 | ● | ● | ● | ● | ● | ● |
| 沈阳 | ● | ● | ● | ● | ● | ● |
| 石家庄 | ● | ● | ● | ● | ● | ● |
| 太原 | ● | ● | ● | ● | ● | ● |
| 乌鲁木齐 | ● | ● | ● | ● | ● | ● |
| 武汉 | ● | ● | ● | ● | ● | ● |
| 西安 | ● | ● | ● | ● | ● | ● |
| 西宁 | ● | ● | ● | ● | ● | ● |
| 银川 | ● | ● | ● | ● | ● | ● |
| 郑州 | ● | ● | ● | ● | ● | ● |

**图2.28　副省级及省会城市2016—2021年遗产保护专题指示板**

| 城市 | 2016 | 2017 | 2018 | 2019 | 2020 | 2021 |
|------|------|------|------|------|------|------|
| 成都 | ● | ● | ● | ● | ● | ● |
| 长春 | ● | ● | ● | ● | ● | ● |
| 长沙 | ● | ● | ● | ● | ● | ● |
| 大连 | ● | ● | ● | ● | ● | ● |
| 福州 | ● | ● | ● | ● | ● | ● |
| 广州 | ● | ● | ● | ● | ● | ● |
| 贵阳 | ● | ● | ● | ● | ● | ● |
| 哈尔滨 | ● | ● | ● | ● | ● | ● |
| 海口 | ● | ● | ● | ● | ● | ● |
| 杭州 | ● | ● | ● | ● | ● | ● |
| 合肥 | ● | ● | ● | ● | ● | ● |
| 呼和浩特 | ● | ● | ● | ● | ● | ● |
| 济南 | ● | ● | ● | ● | ● | ● |
| 昆明 | ● | ● | ● | ● | ● | ● |
| 拉萨 | ● | ● | ● | ● | ● | ● |
| 兰州 | ● | ● | ● | ● | ● | ● |
| 南昌 | ● | ● | ● | ● | ● | ● |
| 南京 | ● | ● | ● | ● | ● | ● |
| 南宁 | ● | ● | ● | ● | ● | ● |
| 宁波 | ● | ● | ● | ● | ● | ● |
| 青岛 | ● | ● | ● | ● | ● | ● |
| 厦门 | ● | ● | ● | ● | ● | ● |
| 深圳 | ● | ● | ● | ● | ● | ● |
| 沈阳 | ● | ● | ● | ● | ● | ● |
| 石家庄 | ● | ● | ● | ● | ● | ● |
| 太原 | ● | ● | ● | ● | ● | ● |
| 乌鲁木齐 | ● | ● | ● | ● | ● | ● |
| 武汉 | ● | ● | ● | ● | ● | ● |
| 西安 | ● | ● | ● | ● | ● | ● |
| 西宁 | ● | ● | ● | ● | ● | ● |
| 银川 | ● | ● | ● | ● | ● | ● |
| 郑州 | ● | ● | ● | ● | ● | ● |

**图 2.29　副省级及省会城市 2016—2021 年防灾减灾专题指示板**

（6）环境改善

如图 2.30 所示，在环境改善方面，六年间参评城市整体上分数呈上升趋势，一半以上的城市在 2020 年或 2021 年指示板颜色为绿色。根据评估结果可以看出，随着我国对生态环境质量的持续关注，出台的一系列环境政策得以实施落地，取得了显著的成效，城市环境质量改善成效显著，中国城市环境质量总体达到了较好的水平。由于地理条件和产业结构的布局，我国中部和北部在环境质量发展方面处于劣势，但随着北方城市产业结构调整、发展节能降耗的集约型经济，南北方城市在环境质量方面的差距也在不断缩小。副省级及省会城市 2016—2021 年环境改善专题得分及排名见附表 8。

（7）公共空间

如图 2.31 所示，参评城市六年间整体表现以黄色和橙色为主，在 2021 年表现出较为明显的向好趋势。在参评城市中，有 4 个城市（成都、大连、福州、贵阳）在 2021 年由橙色或黄色转为绿色。整体来看，32 座副省级及省会城市在公共空间方面仍有待提升。副省级及省会城市 2016—2021 年公共空间专题得分及排名见附表 9。

| 城市 | 2016 | 2017 | 2018 | 2019 | 2020 | 2021 |
|---|---|---|---|---|---|---|
| 成都 | | | | | | |
| 长春 | | | | | | |
| 长沙 | | | | | | |
| 大连 | | | | | | |
| 福州 | | | | | | |
| 广州 | | | | | | |
| 贵阳 | | | | | | |
| 哈尔滨 | | | | | | |
| 海口 | | | | | | |
| 杭州 | | | | | | |
| 合肥 | | | | | | |
| 呼和浩特 | | | | | | |
| 济南 | | | | | | |
| 昆明 | | | | | | |
| 拉萨 | | | | | | |
| 兰州 | | | | | | |
| 南昌 | | | | | | |
| 南京 | | | | | | |
| 南宁 | | | | | | |
| 宁波 | | | | | | |
| 青岛 | | | | | | |
| 厦门 | | | | | | |
| 深圳 | | | | | | |
| 沈阳 | | | | | | |
| 石家庄 | | | | | | |
| 太原 | | | | | | |
| 乌鲁木齐 | | | | | | |
| 武汉 | | | | | | |
| 西安 | | | | | | |
| 西宁 | | | | | | |
| 银川 | | | | | | |
| 郑州 | | | | | | |

图2.30 副省级及省会城市2016—2021年环境改善专题指示板

| 城市 | 2016 | 2017 | 2018 | 2019 | 2020 | 2021 |
|---|---|---|---|---|---|---|
| 成都 | | | | | | |
| 长春 | | | | | | |
| 长沙 | | | | | | |
| 大连 | | | | | | |
| 福州 | | | | | | |
| 广州 | | | | | | |
| 贵阳 | | | | | | |
| 哈尔滨 | | | | | | |
| 海口 | | | | | | |
| 杭州 | | | | | | |
| 合肥 | | | | | | |
| 呼和浩特 | | | | | | |
| 济南 | | | | | | |
| 昆明 | | | | | | |
| 拉萨 | | | | | | |
| 兰州 | | | | | | |
| 南昌 | | | | | | |
| 南京 | | | | | | |
| 南宁 | | | | | | |
| 宁波 | | | | | | |
| 青岛 | | | | | | |
| 厦门 | | | | | | |
| 深圳 | | | | | | |
| 沈阳 | | | | | | |
| 石家庄 | | | | | | |
| 太原 | | | | | | |
| 乌鲁木齐 | | | | | | |
| 武汉 | | | | | | |
| 西安 | | | | | | |
| 西宁 | | | | | | |
| 银川 | | | | | | |
| 郑州 | | | | | | |

图2.31 副省级及省会城市2016—2021年公共空间专题指示板

## 2.4 地级市评估

### 2.4.1 2021年地级市现状评估

#### 2.4.1.1 总体情况

在充分考虑地域分布及城市发展基础的背景下，选择了107个有国家级可持续发展实验示范建设基础的地级城市作为评估对象。整体得分前50名的城市及其得分见表2.17。在所有城市中，得分最高的为黔南布依族苗族自治州——72.08分，得分最低的是昌吉回族自治州——31.00分，分差达41.08分。与副省级城市及省会城市相比，地级市整体上呈现出了更为明显的分化趋势，共有14座城市的总体得分超过了副省级城市及省会城市中得分最高的大连，但同时也有13座城市落后于副省级城市及省会城市中得分最低的银川。

地级市落实SDG11前50名及其得分　　　　　　　　　　　表2.17

| 排名 | 城市 | 总体得分 | 排名 | 城市 | 总体得分 |
|------|------|----------|------|------|----------|
| 1 | 黔南布依族苗族自治州 | 72.08 | 22 | 三明 | 65.47 |
| 2 | 黄山 | 71.75 | 23 | 黄冈 | 65.42 |
| 3 | 龙岩 | 71.59 | 24 | 吉安 | 65.22 |
| 4 | 丽江 | 71.17 | 25 | 台州 | 64.91 |
| 5 | 抚州 | 69.50 | 26 | 海南藏族自治州 | 64.81 |
| 6 | 宝鸡 | 68.93 | 27 | 克拉玛依 | 64.75 |
| 7 | 南平 | 68.83 | 28 | 铜陵 | 64.41 |
| 8 | 泸州 | 68.49 | 29 | 乐山 | 64.37 |
| 9 | 上饶 | 68.37 | 30 | 遵义 | 64.23 |
| 10 | 株洲 | 68.17 | 31 | 洛阳 | 63.64 |
| 11 | 泉州 | 67.31 | 32 | 烟台 | 63.59 |
| 12 | 郴州 | 66.98 | 33 | 韶关 | 63.36 |
| 13 | 湖州 | 66.93 | 34 | 桂林 | 63.22 |
| 14 | 林芝 | 66.75 | 35 | 绍兴 | 63.12 |
| 15 | 酒泉 | 66.55 | 36 | 江门 | 62.95 |
| 16 | 盐城 | 66.35 | 37 | 大庆 | 62.86 |
| 17 | 漳州 | 66.13 | 38 | 宜昌 | 62.80 |
| 18 | 鹤壁 | 65.68 | 39 | 鹰潭 | 62.76 |
| 19 | 襄阳 | 65.56 | 40 | 宿迁 | 62.75 |
| 20 | 岳阳 | 65.49 | 41 | 临沧 | 62.73 |
| 21 | 赣州 | 65.48 | 42 | 固原 | 62.6 |

续表

| 排名 | 城市 | 总体得分 | 排名 | 城市 | 总体得分 |
|---|---|---|---|---|---|
| 43 | 佛山 | 62.22 | 47 | 毕节 | 61.83 |
| 44 | 东营 | 62.21 | 48 | 金华 | 61.80 |
| 45 | 焦作 | 61.99 | 49 | 丽水 | 61.75 |
| 46 | 东莞 | 61.89 | 50 | 广安 | 61.47 |

根据经济发展水平将参评的107个地级市划为四类。其中，一类地级市40个，二类地级市54个，三类地级市9个，四类地级市4个。划分结果如图2.32所示。

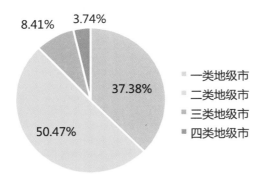

图2.32　地级市类型划分

从地级市的SDG11得分情况来看（图2.33），一类地级市得分＞三类地级市得分＞二类地级市得分＞四类地级市得分。与2020年同类别地级市落实SDG11得分相比，三类地级市的得分显著提升，排名超过二类地级市，位居第二。

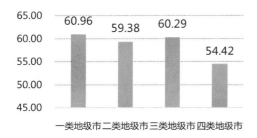

图2.33　不同类型地级市SDG11得分情况

分专题来看（见图2.34），地级市在住房保障、规划管理和环境改善3个专题得分差距较小，特别是在环境改善专题，所有类型地级市得分均处于较高水平；遗产保护专题得分明显低于其他6个专题，需要着重关注和改善；公共交通、防灾减灾和公共空间三个专题的得分受城市经济规模的影响较大，整体上呈现出经济发展水平较高的城市对应专题得分较高的特点。

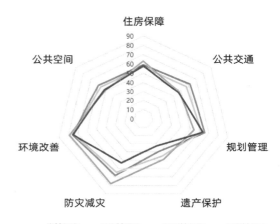

图2.34　不同类型地级市SDG11各专题得分情况

（1）一类地级市

一类地级市总体得分及排名见表2.18。

一类地级市分专题指示板见图2.35，具体得分及排名见附表10。

**一类地级市总体得分及排名** 表 2.18

| 排名 | 城市 | 总体得分 | 等级 | 排名 | 城市 | 总体得分 | 等级 |
|---|---|---|---|---|---|---|---|
| 1 | 龙岩 | 71.59 | ● | 21 | 佛山 | 62.22 | ● |
| 2 | 南平 | 68.83 | ● | 22 | 东营 | 62.21 | ● |
| 3 | 株洲 | 68.17 | ● | 23 | 东莞 | 61.89 | ● |
| 4 | 泉州 | 67.31 | ● | 24 | 许昌 | 61.45 | ● |
| 5 | 湖州 | 66.93 | ● | 25 | 湘潭 | 61.41 | ● |
| 6 | 林芝 | 66.75 | ● | 26 | 常州 | 61.11 | ● |
| 7 | 盐城 | 66.35 | ● | 27 | 徐州 | 60.48 | ● |
| 8 | 漳州 | 66.13 | ● | 28 | 海西蒙古族藏族自治州 | 60.00 | ● |
| 9 | 襄阳 | 65.56 | ● | 29 | 连云港 | 60.00 | ● |
| 10 | 岳阳 | 65.49 | ● | 30 | 无锡 | 59.87 | ● |
| 11 | 三明 | 65.47 | ● | 31 | 南通 | 58.90 | ● |
| 12 | 台州 | 64.91 | ● | 32 | 鄂尔多斯 | 57.21 | ● |
| 13 | 克拉玛依 | 64.75 | ● | 33 | 荆门 | 56.18 | ● |
| 14 | 铜陵 | 64.41 | ● | 34 | 苏州 | 55.70 | ● |
| 15 | 洛阳 | 63.64 | ● | 35 | 淄博 | 55.16 | ● |
| 16 | 烟台 | 63.59 | ● | 36 | 嘉兴 | 54.86 | ● |
| 17 | 绍兴 | 63.12 | ● | 37 | 包头 | 50.93 | ● |
| 18 | 大庆 | 62.86 | ● | 38 | 唐山 | 48.74 | ● |
| 19 | 宜昌 | 62.80 | ● | 39 | 榆林 | 47.51 | ● |
| 20 | 鹰潭 | 62.76 | ● | 40 | 昌吉回族自治州 | 31.01 | ● |

| 城市 | 住房保障 | 公共交通 | 规划管理 | 遗产保护 | 防灾减灾 | 环境改善 | 公共空间 |
|---|---|---|---|---|---|---|---|
| 包头 | ● | ● | ● | ● | ● | ● | ● |
| 昌吉回族自治州 | ● | ● | ● | ● | ● | ● | ● |
| 常州 | ● | ● | ● | ● | ● | ● | ● |
| 大庆 | ● | ● | ● | ● | ● | ● | ● |
| 东莞 | ● | ● | ● | ● | ● | ● | ● |
| 东营 | ● | ● | ● | ● | ● | ● | ● |
| 鄂尔多斯 | ● | ● | ● | ● | ● | ● | ● |
| 佛山 | ● | ● | ● | ● | ● | ● | ● |
| 海西蒙古族藏族自治州 | ● | ● | ● | ● | ● | ● | ● |
| 湖州 | ● | ● | ● | ● | ● | ● | ● |
| 嘉兴 | ● | ● | ● | ● | ● | ● | ● |
| 荆门 | ● | ● | ● | ● | ● | ● | ● |

| 城市 | 住房保障 | 公共交通 | 规划管理 | 遗产保护 | 防灾减灾 | 环境改善 | 公共空间 |
|---|---|---|---|---|---|---|---|
| 克拉玛依 | ● | ● | ● | ● | ● | ● | ● |
| 连云港 | ● | ● | ● | ● | ● | ● | ● |
| 林芝 | ● | ● | ● | ● | ● | ● | ● |
| 龙岩 | ● | ● | ● | ● | ● | ● | ● |
| 洛阳 | ● | ● | ● | ● | ● | ● | ● |
| 南平 | ● | ● | ● | ● | ● | ● | ● |
| 南通 | ● | ● | ● | ● | ● | ● | ● |
| 泉州 | ● | ● | ● | ● | ● | ● | ● |
| 三明 | ● | ● | ● | ● | ● | ● | ● |
| 绍兴 | ● | ● | ● | ● | ● | ● | ● |
| 苏州 | ● | ● | ● | ● | ● | ● | ● |
| 台州 | ● | ● | ● | ● | ● | ● | ● |
| 唐山 | ● | ● | ● | ● | ● | ● | ● |
| 铜陵 | ● | ● | ● | ● | ● | ● | ● |
| 无锡 | ● | ● | ● | ● | ● | ● | ● |
| 湘潭 | ● | ● | ● | ● | ● | ● | ● |
| 襄阳 | ● | ● | ● | ● | ● | ● | ● |
| 徐州 | ● | ● | ● | ● | ● | ● | ● |
| 许昌 | ● | ● | ● | ● | ● | ● | ● |
| 烟台 | ● | ● | ● | ● | ● | ● | ● |
| 盐城 | ● | ● | ● | ● | ● | ● | ● |
| 宜昌 | ● | ● | ● | ● | ● | ● | ● |
| 鹰潭 | ● | ● | ● | ● | ● | ● | ● |
| 榆林 | ● | ● | ● | ● | ● | ● | ● |
| 岳阳 | ● | ● | ● | ● | ● | ● | ● |
| 漳州 | ● | ● | ● | ● | ● | ● | ● |
| 株洲 | ● | ● | ● | ● | ● | ● | ● |
| 淄博 | ● | ● | ● | ● | ● | ● | ● |

图2.35　一类地级市各专题评估指示板

（2）二类地级市

二类地级市总体得分及排名见表2.19。

**二类地级市总体得分及排名**　　　　　　　　　　　　　　　　表2.19

| 排名 | 城市 | 总体得分 | 等级 | 排名 | 城市 | 总体得分 | 等级 |
|---|---|---|---|---|---|---|---|
| 1 | 黔南布依族苗族自治州 | 72.08 | ● | 28 | 本溪 | 59.55 | ● |
| 2 | 黄山 | 71.75 | ● | 29 | 阳泉 | 59.51 | ● |
| 3 | 丽江 | 71.17 | ● | 30 | 平顶山 | 59.42 | ● |
| 4 | 抚州 | 69.50 | ● | 31 | 廊坊 | 58.62 | ● |
| 5 | 宝鸡 | 68.93 | ● | 32 | 白山 | 58.45 | ● |
| 6 | 泸州 | 68.49 | ● | 33 | 承德 | 58.16 | ● |
| 7 | 上饶 | 68.37 | ● | 34 | 云浮 | 57.42 | ● |
| 8 | 郴州 | 66.98 | ● | 35 | 淮北 | 56.53 | ● |
| 9 | 酒泉 | 66.55 | ● | 36 | 潍坊 | 56.26 | ● |
| 10 | 鹤壁 | 65.68 | ● | 37 | 淮南 | 56.04 | ● |
| 11 | 赣州 | 65.48 | ● | 38 | 邯郸 | 55.96 | ● |
| 12 | 吉安 | 65.22 | ● | 39 | 濮阳 | 55.47 | ● |
| 13 | 海南藏族自治州 | 64.81 | ● | 40 | 赤峰 | 55.12 | ● |
| 14 | 乐山 | 64.37 | ● | 41 | 日照 | 54.57 | ● |
| 15 | 遵义 | 64.23 | ● | 42 | 辽源 | 54.36 | ● |
| 16 | 韶关 | 63.36 | ● | 43 | 呼伦贝尔 | 54.22 | ● |
| 17 | 江门 | 62.95 | ● | 44 | 临沂 | 54.08 | ● |
| 18 | 宿迁 | 62.75 | ● | 45 | 安阳 | 53.67 | ● |
| 19 | 焦作 | 61.99 | ● | 46 | 枣庄 | 53.36 | ● |
| 20 | 金华 | 61.80 | ● | 47 | 德州 | 52.78 | ● |
| 21 | 丽水 | 61.75 | ● | 48 | 长治 | 51.92 | ● |
| 22 | 广安 | 61.47 | ● | 49 | 晋城 | 50.56 | ● |
| 23 | 曲靖 | 61.11 | ● | 50 | 中卫 | 50.08 | ● |
| 24 | 信阳 | 60.56 | ● | 51 | 营口 | 48.87 | ● |
| 25 | 德阳 | 60.31 | ● | 52 | 晋中 | 47.77 | ● |
| 26 | 南阳 | 59.97 | ● | 53 | 朔州 | 42.09 | ● |
| 27 | 眉山 | 59.92 | ● | 54 | 巴音郭楞蒙古自治州 | 40.02 | ● |

　　二类地级市分专题指示板见图2.36，具体得分及排名见附表11。

| 城市 | 住房保障 | 公共交通 | 规划管理 | 遗产保护 | 防灾减灾 | 环境改善 | 公共空间 |
|------|------|------|------|------|------|------|------|
| 安阳 | ● | ● | ● | ● | ● | ● | ● |
| 巴音郭楞蒙古自治州 | ● | ● | ● | ● | ● | ● | ● |
| 白山 | ● | ● | ● | ● | ● | ● | ● |
| 宝鸡 | ● | ● | ● | ● | ● | ● | ● |
| 本溪 | ● | ● | ● | ● | ● | ● | ● |
| 郴州 | ● | ● | ● | ● | ● | ● | ● |
| 承德 | ● | ● | ● | ● | ● | ● | ● |
| 赤峰 | ● | ● | ● | ● | ● | ● | ● |
| 德阳 | ● | ● | ● | ● | ● | ● | ● |
| 德州 | ● | ● | ● | ● | ● | ● | ● |
| 抚州 | ● | ● | ● | ● | ● | ● | ● |
| 赣州 | ● | ● | ● | ● | ● | ● | ● |
| 广安 | ● | ● | ● | ● | ● | ● | ● |
| 海南藏族自治州 | ● | ● | ● | ● | ● | ● | ● |
| 邯郸 | ● | ● | ● | ● | ● | ● | ● |
| 鹤壁 | ● | ● | ● | ● | ● | ● | ● |
| 呼伦贝尔 | ● | ● | ● | ● | ● | ● | ● |
| 淮北 | ● | ● | ● | ● | ● | ● | ● |
| 淮南 | ● | ● | ● | ● | ● | ● | ● |
| 黄山 | ● | ● | ● | ● | ● | ● | ● |
| 吉安 | ● | ● | ● | ● | ● | ● | ● |
| 江门 | ● | ● | ● | ● | ● | ● | ● |
| 焦作 | ● | ● | ● | ● | ● | ● | ● |
| 金华 | ● | ● | ● | ● | ● | ● | ● |
| 晋城 | ● | ● | ● | ● | ● | ● | ● |
| 晋中 | ● | ● | ● | ● | ● | ● | ● |
| 酒泉 | ● | ● | ● | ● | ● | ● | ● |
| 廊坊 | ● | ● | ● | ● | ● | ● | ● |
| 乐山 | ● | ● | ● | ● | ● | ● | ● |
| 丽江 | ● | ● | ● | ● | ● | ● | ● |
| 丽水 | ● | ● | ● | ● | ● | ● | ● |
| 辽源 | ● | ● | ● | ● | ● | ● | ● |
| 临沂 | ● | ● | ● | ● | ● | ● | ● |
| 泸州 | ● | ● | ● | ● | ● | ● | ● |

| 城市 | 住房保障 | 公共交通 | 规划管理 | 遗产保护 | 防灾减灾 | 环境改善 | 公共空间 |
|------|------|------|------|------|------|------|------|
| 眉山 | ● | ● | ● | ● | ● | ● | ● |
| 南阳 | ● | ● | ● | ● | ● | ● | ● |
| 平顶山 | ● | ● | ● | ● | ● | ● | ● |
| 濮阳 | ● | ● | ● | ● | ● | ● | ● |
| 黔南布依族苗族自治州 | ● | ● | ● | ● | ● | ● | ● |
| 曲靖 | ● | ● | ● | ● | ● | ● | ● |
| 日照 | ● | ● | ● | ● | ● | ● | ● |
| 上饶 | ● | ● | ● | ● | ● | ● | ● |
| 韶关 | ● | ● | ● | ● | ● | ● | ● |
| 朔州 | ● | ● | ● | ● | ● | ● | ● |
| 宿迁 | ● | ● | ● | ● | ● | ● | ● |
| 潍坊 | ● | ● | ● | ● | ● | ● | ● |
| 信阳 | ● | ● | ● | ● | ● | ● | ● |
| 阳泉 | ● | ● | ● | ● | ● | ● | ● |
| 营口 | ● | ● | ● | ● | ● | ● | ● |
| 云浮 | ● | ● | ● | ● | ● | ● | ● |
| 枣庄 | ● | ● | ● | ● | ● | ● | ● |
| 长治 | ● | ● | ● | ● | ● | ● | ● |
| 中卫 | ● | ● | ● | ● | ● | ● | ● |
| 遵义 | ● | ● | ● | ● | ● | ● | ● |

**图2.36　二类地级市各专题评估指示板**

（3）三类地级市

三类地级市得分及排名见表2.20。

**三类地级市总体得分及排名**　　　　　　　　　　　　　　　表2.20

| 排名 | 城市 | 总体得分 | 等级 | 排名 | 城市 | 总体得分 | 等级 |
|------|------|------|------|------|------|------|------|
| 1 | 黄冈 | 65.42 | ● | 6 | 梅州 | 58.71 | ● |
| 2 | 桂林 | 63.22 | ● | 7 | 邵阳 | 57.32 | ● |
| 3 | 临沧 | 62.73 | ● | 8 | 渭南 | 56.77 | ● |
| 4 | 固原 | 62.60 | ● | 9 | 绥化 | 56.55 | ● |
| 5 | 牡丹江 | 59.26 | ● | | | | |

三类地级市分专题指示板见图2.37，具体得分及排名见附表12。

| 城市 | 住房保障 | 公共交通 | 规划管理 | 遗产保护 | 防灾减灾 | 环境改善 | 公共空间 |
|---|---|---|---|---|---|---|---|
| 固原 | ● | ● | ● | ● | ● | ● | ● |
| 桂林 | ● | ● | ● | ● | ● | ● | ● |
| 黄冈 | ● | ● | ● | ● | ● | ● | ● |
| 临沧 | ● | ● | ● | ● | ● | ● | ● |
| 梅州 | ● | ● | ● | ● | ● | ● | ● |
| 牡丹江 | ● | ● | ● | ● | ● | ● | ● |
| 邵阳 | ● | ● | ● | ● | ● | ● | ● |
| 绥化 | ● | ● | ● | ● | ● | ● | ● |
| 渭南 | ● | ● | ● | ● | ● | ● | ● |

图2.37　三类地级市各专题评估指示板

（4）四类地级市

四类地级市得分及排名见表2.21。

**四类地级市总体得分及排名**　　　　　　　　　　表2.21

| 排名 | 城市 | 总体得分 | 等级 | 排名 | 城市 | 总体得分 | 等级 |
|---|---|---|---|---|---|---|---|
| 1 | 毕节 | 61.83 | ● | 3 | 铁岭 | 48.91 | ● |
| 2 | 天水 | 60.33 | ● | 4 | 四平 | 44.87 | ● |

四类地级市分专题指示板见图2.38，具体得分及排名见附表13。

| 城市 | 住房保障 | 公共交通 | 规划管理 | 遗产保护 | 防灾减灾 | 环境改善 | 公共空间 |
|---|---|---|---|---|---|---|---|
| 毕节 | ● | ● | ● | ● | ● | ● | ● |
| 四平 | ● | ● | ● | ● | ● | ● | ● |
| 天水 | ● | ● | ● | ● | ● | ● | ● |
| 铁岭 | ● | ● | ● | ● | ● | ● | ● |

图2.38　四类地级市各专题评估指示板

### 2.4.1.2　各专题情况

（1）住房保障

住房保障专题得分排名前十的地级市分布在新疆、内蒙古、湖南、贵州、山西、江西和黑龙江（见表2.22）。我国长三角地区、珠三角地区等经济发达地区的地级市在住房保障专题得分普遍不理想，出现区域经济发展与居民生活质量提升之间脱钩的现象。城市在保障经济良好发展的同时，应适当关注提升民生福祉，做到社会经济均衡发展。

**参评地级市住房保障专题前十位及得分**　表2.22

| 排名 | 城市 | 得分 |
|---|---|---|
| 1 | 克拉玛依 | 95.34 |
| 2 | 巴音郭楞蒙古自治州 | 91.52 |

| 排名 | 城市 | 得分 |
|---|---|---|
| 3 | 邵阳 | 86.33 |
| 4 | 黔南布依族苗族自治州 | 85.50 |
| 5 | 宝鸡 | 84.43 |
| 6 | 上饶 | 81.48 |
| 7 | 鹰潭 | 81.11 |
| 8 | 昌吉回族自治州 | 78.13 |
| 9 | 郴州 | 77.49 |
| 10 | 大庆 | 76.10 |

参评城市中，有4个城市（唐山、廊坊、承德、邯郸）在"住房保障"专题得分表现为红色，即面临严峻挑战，22个城市表现为橙色，即面临较大挑战（图2.39~图2.42）。所有参评城市的城镇居民人均住宅建筑面积为40.72平方米，相比2020年（39.99平方米）有所提升。该指标中有60个城市表现为红色或橙色，可以看出尽管近些年来我国城市居民住房条件方面已经得到了一定程度的改善，但是对人均住房面积的提高仍然有较大的提升空间。目前我国社会经济处于平稳发展态势，售租比和房价收入比指标整体表现良好，在未来将有更多比例的人群拥有匹配其住房需求的住房支付实力，人均住房建筑面积指标将得到进一步改善。

| 城市 | 城镇居民人均住房建筑面积 | 租售比 | 房价收入比 | 综合评估 |
|---|---|---|---|---|
| 包头 | ● | ● | ● | ● |
| 昌吉回族自治州 | ● | ● | ● | ● |
| 常州 | ● | ● | ● | ● |
| 大庆 | ● | ● | ● | ● |
| 东莞 | ● | ● | ● | ● |
| 东营 | ● | ● | ● | ● |
| 鄂尔多斯 | ● | ● | ● | ● |

| 城市 | 城镇居民人均住房建筑面积 | 租售比 | 房价收入比 | 综合评估 |
|---|---|---|---|---|
| 佛山 | ● | ● | ● | ● |
| 海西蒙古族藏族自治州 | ● | ● | ● | ● |
| 湖州 | ● | ● | ● | ● |
| 嘉兴 | ● | ● | ● | ● |
| 荆门 | ● | ● | ● | ● |
| 克拉玛依 | ● | ● | ● | ● |
| 连云港 | ● | ● | ● | ● |
| 林芝 | ● | ● | ● | ● |
| 龙岩 | ● | ● | ● | ● |
| 洛阳 | ● | ● | ● | ● |
| 南平 | ● | ● | ● | ● |
| 南通 | ● | ● | ● | ● |
| 泉州 | ● | ● | ● | ● |
| 三明 | ● | ● | ● | ● |
| 绍兴 | ● | ● | ● | ● |
| 苏州 | ● | ● | ● | ● |
| 台州 | ● | ● | ● | ● |
| 唐山 | ● | ● | ● | ● |
| 铜陵 | ● | ● | ● | ● |
| 无锡 | ● | ● | ● | ● |
| 湘潭 | ● | ● | ● | ● |
| 襄阳 | ● | ● | ● | ● |
| 徐州 | ● | ● | ● | ● |
| 许昌 | ● | ● | ● | ● |
| 烟台 | ● | ● | ● | ● |
| 盐城 | ● | ● | ● | ● |
| 宜昌 | ● | ● | ● | ● |
| 鹰潭 | ● | ● | ● | ● |
| 榆林 | ● | ● | ● | ● |
| 岳阳 | ● | ● | ● | ● |
| 漳州 | ● | ● | ● | ● |
| 株洲 | ● | ● | ● | ● |
| 淄博 | ● | ● | ● | ● |

**图2.39 一类地级市住房保障专题评估指示板**

| 城市 | 城镇居民人均住房建筑面积 | 租售比 | 房价收入比 | 综合评估 |
| --- | --- | --- | --- | --- |
| 安阳 | ● | ● | ● | ● |
| 巴音郭楞蒙古自治州 | ● | ● | ● | ● |
| 白山 | ● | ● | ● | ● |
| 宝鸡 | ● | ● | ● | ● |
| 本溪 | ● | ● | ● | ● |
| 郴州 | ● | ● | ● | ● |
| 承德 | ● | ● | ● | ● |
| 赤峰 | ● | ● | ● | ● |
| 德阳 | ● | ● | ● | ● |
| 德州 | ● | ● | ● | ● |
| 抚州 | ● | ● | ● | ● |
| 赣州 | ● | ● | ● | ● |
| 广安 | ● | ● | ● | ● |
| 海南藏族自治州 | ● | ● | ● | ● |
| 邯郸 | ● | ● | ● | ● |
| 鹤壁 | ● | ● | ● | ● |
| 呼伦贝尔 | ● | ● | ● | ● |
| 淮北 | ● | ● | ● | ● |
| 淮南 | ● | ● | ● | ● |
| 黄山 | ● | ● | ● | ● |
| 吉安 | ● | ● | ● | ● |
| 江门 | ● | ● | ● | ● |
| 焦作 | ● | ● | ● | ● |
| 金华 | ● | ● | ● | ● |
| 晋城 | ● | ● | ● | ● |
| 晋中 | ● | ● | ● | ● |
| 酒泉 | ● | ● | ● | ● |
| 廊坊 | ● | ● | ● | ● |
| 乐山 | ● | ● | ● | ● |
| 丽江 | ● | ● | ● | ● |
| 丽水 | ● | ● | ● | ● |
| 辽源 | ● | ● | ● | ● |
| 临沂 | ● | ● | ● | ● |
| 泸州 | ● | ● | ● | ● |

| 城市 | 城镇居民人均住房建筑面积 | 租售比 | 房价收入比 | 综合评估 |
| --- | --- | --- | --- | --- |
| 眉山 | ● | ● | ● | ● |
| 南阳 | ● | ● | ● | ● |
| 平顶山 | ● | ● | ● | ● |
| 濮阳 | ● | ● | ● | ● |
| 黔南布依族苗族自治州 | ● | ● | ● | ● |
| 曲靖 | ● | ● | ● | ● |
| 日照 | ● | ● | ● | ● |
| 上饶 | ● | ● | ● | ● |
| 韶关 | ● | ● | ● | ● |
| 朔州 | ● | ● | ● | ● |
| 宿迁 | ● | ● | ● | ● |
| 潍坊 | ● | ● | ● | ● |
| 信阳 | ● | ● | ● | ● |
| 阳泉 | ● | ● | ● | ● |
| 营口 | ● | ● | ● | ● |
| 云浮 | ● | ● | ● | ● |
| 枣庄 | ● | ● | ● | ● |
| 长治 | ● | ● | ● | ● |
| 中卫 | ● | ● | ● | ● |
| 遵义 | ● | ● | ● | ● |

**图2.40　二类地级市住房保障专题评估指示板**

| 城市 | 城镇居民人均住房建筑面积 | 租售比 | 房价收入比 | 综合评估 |
| --- | --- | --- | --- | --- |
| 固原 | ● | ● | ● | ● |
| 桂林 | ● | ● | ● | ● |
| 黄冈 | ● | ● | ● | ● |
| 临沧 | ● | ● | ● | ● |
| 梅州 | ● | ● | ● | ● |
| 牡丹江 | ● | ● | ● | ● |
| 邵阳 | ● | ● | ● | ● |
| 绥化 | ● | ● | ● | ● |
| 渭南 | ● | ● | ● | ● |

**图2.41　三类地级市住房保障专题评估指示板**

| 城市 | 城镇居民人均住房建筑面积 | 租售比 | 房价收入比 | 综合评估 |
|------|------|------|------|------|
| 毕节 | ● | ● | ● | ● |
| 四平 | ● | ● | ● | ● |
| 天水 | ● | ● | ● | ● |
| 铁岭 | ● | ● | ● | ● |

图2.42 四类地级市住房保障专题评估指示板

### （2）公共交通

公共交通专题的指标选取不仅考虑到当地交通网络规划建设规模，也将城市交通服务落实到人均诉求的水平纳入到考核体系中，这使得经济发展水平高，交通网络庞大，但人群密度较高的城市在该专题的得分并不理想。在公共交通专题前十位的地级市中，有6个来自一类地级市，3个来自二类地级市，1个来自三类地级市（见表2.23）。表明对于地级市而言，良好的宏观经济运行状态为城市的交通基础设施建设提供了有效保障，经济发展是城市公共交通事业发展的重要支撑。

**参评地级市公共交通专题前十位及得分　表2.23**

| 排名 | 城市 | 得分 |
|------|------|------|
| 1 | 海西蒙古族藏族自治州 | 84.12 |
| 2 | 铜陵 | 81.59 |
| 3 | 黄冈 | 79.85 |
| 4 | 阳泉 | 79.51 |
| 5 | 唐山 | 77.26 |
| 6 | 鹤壁 | 76.73 |
| 7 | 洛阳 | 75.47 |
| 8 | 丽江 | 74.82 |
| 9 | 佛山 | 74.61 |
| 10 | 东莞 | 73.84 |

参评地级市中有3个城市在公共交通专题表现为红色（林芝、中卫、邵阳），面临严峻挑战；28个城市表现为橙色，面临较大挑战（见图2.43~图2.46）。地级市在"公共交通发展指数"方面表现一般，表明我国在地级市公共交通

供给仍具有较大缺口，增加公共交通运营车辆，提升公共交通分担率可有效优化交通结构，改善城市交通网络拥堵情况，降低人均出行碳足迹，在交通行业落实"双碳"目标具有重要意义，应当作为公共交通发展的优先目标。

| 城市 | 公共交通发展指数 | 道路网密度 | 交通事故发生率 | 综合评估 |
|------|------|------|------|------|
| 包头 | ● | ● | ● | ● |
| 昌吉回族自治州 | ● | ● | ● | ● |
| 常州 | ● | ● | ● | ● |
| 大庆 | ● | ● | ● | ● |
| 东莞 | ● | ● | ● | ● |
| 东营 | ● | ● | ● | ● |
| 鄂尔多斯 | ● | ● | ● | ● |
| 佛山 | ● | ● | ● | ● |
| 海西蒙古族藏族自治州 | ● | ● | ● | ● |
| 湖州 | ● | ● | ● | ● |
| 嘉兴 | ● | ● | ● | ● |
| 荆门 | ● | ● | ● | ● |
| 克拉玛依 | ● | ● | ● | ● |
| 连云港 | ● | ● | ● | ● |
| 林芝 | ● | ● | ● | ● |
| 龙岩 | ● | ● | ● | ● |
| 洛阳 | ● | ● | ● | ● |
| 南平 | ● | ● | ● | ● |
| 南通 | ● | ● | ● | ● |
| 泉州 | ● | ● | ● | ● |
| 三明 | ● | ● | ● | ● |
| 绍兴 | ● | ● | ● | ● |
| 苏州 | ● | ● | ● | ● |
| 台州 | ● | ● | ● | ● |
| 唐山 | ● | ● | ● | ● |
| 铜陵 | ● | ● | ● | ● |
| 无锡 | ● | ● | ● | ● |
| 湘潭 | ● | ● | ● | ● |
| 襄阳 | ● | ● | ● | ● |

| 城市 | 公共交通发展指数 | 道路网密度 | 交通事故发生率 | 综合评估 |
| --- | --- | --- | --- | --- |
| 徐州 | ● | ● | ● | ● |
| 许昌 | ● | ● | ● | ● |
| 烟台 | ● | ● | ● | ● |
| 盐城 | ● | ● | ● | ● |
| 宜昌 | ● | ● | ● | ● |
| 鹰潭 | ● | ● | ● | ● |
| 榆林 | ● | ● | ● | ● |
| 岳阳 | ● | ● | ● | ● |
| 漳州 | ● | ● | ● | ● |
| 株洲 | ● | ● | ● | ● |
| 淄博 | ● | ● | ● | ● |

图2.43　一类地级市公共交通专题评估指示板

| 城市 | 公共交通发展指数 | 道路网密度 | 交通事故发生率 | 综合评估 |
| --- | --- | --- | --- | --- |
| 安阳 | ● | ● | ● | ● |
| 巴音郭楞蒙古自治州 | ● | ● | ● | ● |
| 白山 | ● | ● | ● | ● |
| 宝鸡 | ● | ● | ● | ● |
| 本溪 | ● | ● | ● | ● |
| 郴州 | ● | ● | ● | ● |
| 承德 | ● | ● | ● | ● |
| 赤峰 | ● | ● | ● | ● |
| 德阳 | ● | ● | ● | ● |
| 德州 | ● | ● | ● | ● |
| 抚州 | ● | ● | ● | ● |
| 赣州 | ● | ● | ● | ● |
| 广安 | ● | ● | ● | ● |
| 海南藏族自治州 | ● | ● | ● | ● |
| 邯郸 | ● | ● | ● | ● |
| 鹤壁 | ● | ● | ● | ● |
| 呼伦贝尔 | ● | ● | ● | ● |
| 淮北 | ● | ● | ● | ● |
| 淮南 | ● | ● | ● | ● |
| 黄山 | ● | ● | ● | ● |

| 城市 | 公共交通发展指数 | 道路网密度 | 交通事故发生率 | 综合评估 |
| --- | --- | --- | --- | --- |
| 吉安 | ● | ● | ● | ● |
| 江门 | ● | ● | ● | ● |
| 焦作 | ● | ● | ● | ● |
| 金华 | ● | ● | ● | ● |
| 晋城 | ● | ● | ● | ● |
| 晋中 | ● | ● | ● | ● |
| 酒泉 | ● | ● | ● | ● |
| 廊坊 | ● | ● | ● | ● |
| 乐山 | ● | ● | ● | ● |
| 丽江 | ● | ● | ● | ● |
| 丽水 | ● | ● | ● | ● |
| 辽源 | ● | ● | ● | ● |
| 临沂 | ● | ● | ● | ● |
| 泸州 | ● | ● | ● | ● |
| 眉山 | ● | ● | ● | ● |
| 南阳 | ● | ● | ● | ● |
| 平顶山 | ● | ● | ● | ● |
| 濮阳 | ● | ● | ● | ● |
| 黔南布依族苗族自治州 | ● | ● | ● | ● |
| 曲靖 | ● | ● | ● | ● |
| 日照 | ● | ● | ● | ● |
| 上饶 | ● | ● | ● | ● |
| 韶关 | ● | ● | ● | ● |
| 朔州 | ● | ● | ● | ● |
| 宿迁 | ● | ● | ● | ● |
| 潍坊 | ● | ● | ● | ● |
| 信阳 | ● | ● | ● | ● |
| 阳泉 | ● | ● | ● | ● |
| 云浮 | ● | ● | ● | ● |
| 枣庄 | ● | ● | ● | ● |
| 长治 | ● | ● | ● | ● |
| 中卫 | ● | ● | ● | ● |
| 遵义 | ● | ● | ● | ● |

图2.44　二类地级市公共交通专题评估指示板

| 城市 | 公共交通发展指数 | 道路网密度 | 交通事故发生率 | 综合评估 |
|------|------|------|------|------|
| 固原 | ● | ● | ● | ● |
| 桂林 | ● | ● | ● | ● |
| 黄冈 | ● | ● | ● | ● |
| 临沧 | ● | ● | ● | ● |
| 梅州 | ● | ● | ● | ● |
| 牡丹江 | ● | ● | ● | ● |
| 邵阳 | ● | ● | ● | ● |
| 绥化 | ● | ● | ● | ● |
| 渭南 | ● | ● | ● | ● |

**图2.45　三类地级市公共交通专题评估指示板**

| 城市 | 公共交通发展指数 | 道路网密度 | 交通事故发生率 | 综合评估 |
|------|------|------|------|------|
| 毕节 | ● | ● | ● | ● |
| 四平 | ● | ● | ● | ● |
| 天水 | ● | ● | ● | ● |
| 铁岭 | ● | ● | ● | ● |

**图2.46　四类地级市公共交通专题评估指示板**

（3）规划管理

规划管理专题排名前十位的地级市主要分布在我国中东部地区（见表2.24），这些地区经济体量大，人口密度高，在城市长期的运营过程中探索出较好的社会经济规划管理政策措施，因此得分相对出色。该专题的具体指标受到人口因素影响程度高，如何有效应对人口压力配置资源，是城市规划管理需要重点探索的方向。

**参评地级市规划管理专题前十位及得分　表2.24**

| 排名 | 城市 | 得分 |
|------|------|------|
| 1 | 无锡 | 78.58 |
| 2 | 东莞 | 77.38 |
| 3 | 许昌 | 77.37 |
| 4 | 南阳 | 76.35 |
| 5 | 常州 | 76.11 |
| 6 | 烟台 | 75.88 |

续表

| 排名 | 城市 | 得分 |
|------|------|------|
| 7 | 洛阳 | 75.11 |
| 8 | 南通 | 75.00 |
| 9 | 苏州 | 75.00 |
| 10 | 鹤壁 | 74.36 |

参评城市中有1个城市（巴音郭楞蒙古自治州）在规划管理专题表现为红色，面临严峻挑战；有10个城市表现为橙色，距离实现可持续发展目标存在明显差距，主要分布在我国中西部地区（图2.47~图2.50）。2021年，我国国家贫困线以下人口比例实现0，脱贫攻坚战取得了伟大胜利，提前实现了2030年可持续发展目标，是国家乃至世界在实现可持续发展道路上的重大成果。

"财政自给率"是衡量城市自我维持社会经济运行状态的重要指标，参评城市中该指标表现为红色或橙色的城市高达83个，且集中在二、三、四类地级市。新冠疫情对宏观经济规模较小的城市财政收入产生了巨大冲击，目前三四类地级市的财政自给率远低于参评城市的平均水平，面临较大挑战。

"单位GDP能耗"是反映城市能源利用效率的关键指标，参评城市中有17个城市在该指标表现为红色或橙色。从我国"双碳"目标的规划与具体进程来看，所有城市在降低单位GDP能耗、优化能源结构的需求刻不容缓，此项指标亟需各城市投入重点关注进行改善。

| 城市 | 国家贫困线以下人口比例 | 财政自给率 | 基本公共服务保障能力 | 单位GDP能耗 | 单位GDP水耗 | 国土开发强度 | 人均日生活用水量 | 综合评估 |
|---|---|---|---|---|---|---|---|---|
| 包头 | ● | ● | ● | ● | ● | ● | ● | ● |
| 昌吉回族自治州 | ● | ● | ● | ● | ● | ● | ● | ● |
| 常州 | ● | ● | ● | ● | ● | ● | ● | ● |
| 大庆 | ● | ● | ● | ● | ● | ● | ● | ● |
| 东莞 | ● | ● | ● | ● | ● | ● | ● | ● |
| 东营 | ● | ● | ● | ● | ● | ● | ● | ● |
| 鄂尔多斯 | ● | ● | ● | ● | ● | ● | ● | ● |
| 佛山 | ● | ● | ● | ● | ● | ● | ● | ● |
| 海西蒙古族藏族自治州 | ● | ● | ● | ● | ● | ● | ● | ● |
| 湖州 | ● | ● | ● | ● | ● | ● | ● | ● |
| 嘉兴 | ● | ● | ● | ● | ● | ● | ● | ● |
| 荆门 | ● | ● | ● | ● | ● | ● | ● | ● |
| 克拉玛依 | ● | ● | ● | ● | ● | ● | ● | ● |
| 连云港 | ● | ● | ● | ● | ● | ● | ● | ● |
| 林芝 | ● | ● | ● | ● | ● | ● | ● | ● |
| 龙岩 | ● | ● | ● | ● | ● | ● | ● | ● |
| 洛阳 | ● | ● | ● | ● | ● | ● | ● | ● |
| 南平 | ● | ● | ● | ● | ● | ● | ● | ● |
| 南通 | ● | ● | ● | ● | ● | ● | ● | ● |
| 泉州 | ● | ● | ● | ● | ● | ● | ● | ● |
| 三明 | ● | ● | ● | ● | ● | ● | ● | ● |
| 绍兴 | ● | ● | ● | ● | ● | ● | ● | ● |
| 苏州 | ● | ● | ● | ● | ● | ● | ● | ● |
| 台州 | ● | ● | ● | ● | ● | ● | ● | ● |
| 唐山 | ● | ● | ● | ● | ● | ● | ● | ● |
| 铜陵 | ● | ● | ● | ● | ● | ● | ● | ● |
| 无锡 | ● | ● | ● | ● | ● | ● | ● | ● |
| 湘潭 | ● | ● | ● | ● | ● | ● | ● | ● |
| 襄阳 | ● | ● | ● | ● | ● | ● | ● | ● |
| 徐州 | ● | ● | ● | ● | ● | ● | ● | ● |
| 许昌 | ● | ● | ● | ● | ● | ● | ● | ● |
| 烟台 | ● | ● | ● | ● | ● | ● | ● | ● |
| 盐城 | ● | ● | ● | ● | ● | ● | ● | ● |
| 宜昌 | ● | ● | ● | ● | ● | ● | ● | ● |
| 鹰潭 | ● | ● | ● | ● | ● | ● | ● | ● |

| 城市 | 国家贫困线以下人口比例 | 财政自给率 | 基本公共服务保障能力 | 单位GDP能耗 | 单位GDP水耗 | 国土开发强度 | 人均日生活用水量 | 综合评估 |
|---|---|---|---|---|---|---|---|---|
| 榆林 | ● | ● | ● | ● | ● | ● | ● | ● |
| 岳阳 | ● | ● | ● | ● | ● | ● | ● | ● |
| 漳州 | ● | ● | ● | ● | ● | ● | ● | ● |
| 株洲 | ● | ● | ● | ● | ● | ● | ● | ● |
| 淄博 | ● | ● | ● | ● | ● | ● | ● | ● |

**图2.47 一类地级市规划管理专题评估指示板**

| 参评城市 | 国家贫困线以下人口比例 | 财政自给率 | 基本公共服务保障能力 | 单位GDP能耗 | 单位GDP水耗 | 国土开发强度 | 人均日生活用水量 | 综合评估 |
|---|---|---|---|---|---|---|---|---|
| 安阳 | ● | ● | ● | ● | ● | ● | ● | ● |
| 巴音郭楞蒙古自治州 | ● | ● | ● | ● | ● | ● | ● | ● |
| 白山 | ● | ● | ● | ● | ● | ● | ● | ● |
| 宝鸡 | ● | ● | ● | ● | ● | ● | ● | ● |
| 本溪 | ● | ● | ● | ● | ● | ● | ● | ● |
| 郴州 | ● | ● | ● | ● | ● | ● | ● | ● |
| 承德 | ● | ● | ● | ● | ● | ● | ● | ● |
| 赤峰 | ● | ● | ● | ● | ● | ● | ● | ● |
| 德阳 | ● | ● | ● | ● | ● | ● | ● | ● |
| 德州 | ● | ● | ● | ● | ● | ● | ● | ● |
| 抚州 | ● | ● | ● | ● | ● | ● | ● | ● |
| 赣州 | ● | ● | ● | ● | ● | ● | ● | ● |
| 广安 | ● | ● | ● | ● | ● | ● | ● | ● |
| 海南藏族自治州 | ● | ● | ● | ● | ● | ● | ● | ● |
| 邯郸 | ● | ● | ● | ● | ● | ● | ● | ● |
| 鹤壁 | ● | ● | ● | ● | ● | ● | ● | ● |
| 呼伦贝尔 | ● | ● | ● | ● | ● | ● | ● | ● |
| 淮北 | ● | ● | ● | ● | ● | ● | ● | ● |
| 淮南 | ● | ● | ● | ● | ● | ● | ● | ● |
| 黄山 | ● | ● | ● | ● | ● | ● | ● | ● |
| 吉安 | ● | ● | ● | ● | ● | ● | ● | ● |
| 江门 | ● | ● | ● | ● | ● | ● | ● | ● |
| 焦作 | ● | ● | ● | ● | ● | ● | ● | ● |
| 金华 | ● | ● | ● | ● | ● | ● | ● | ● |
| 晋城 | ● | ● | ● | ● | ● | ● | ● | ● |
| 晋中 | ● | ● | ● | ● | ● | ● | ● | ● |

| 参评城市 | 国家贫困线以下人口比例 | 财政自给率 | 基本公共服务保障能力 | 单位GDP能耗 | 单位GDP水耗 | 国土开发强度 | 人均日生活用水量 | 综合评估 |
|---|---|---|---|---|---|---|---|---|
| 酒泉 | ● | ● | ● | ● | ● | ● | ● | ● |
| 廊坊 | ● | ● | ● | ● | ● | ● | ● | ● |
| 乐山 | ● | ● | ● | ● | ● | ● | ● | ● |
| 丽江 | ● | ● | ● | ● | ● | ● | ● | ● |
| 丽水 | ● | ● | ● | ● | ● | ● | ● | ● |
| 辽源 | ● | ● | ● | ● | ● | ● | ● | ● |
| 临沂 | ● | ● | ● | ● | ● | ● | ● | ● |
| 泸州 | ● | ● | ● | ● | ● | ● | ● | ● |
| 眉山 | ● | ● | ● | ● | ● | ● | ● | ● |
| 南阳 | ● | ● | ● | ● | ● | ● | ● | ● |
| 平顶山 | ● | ● | ● | ● | ● | ● | ● | ● |
| 濮阳 | ● | ● | ● | ● | ● | ● | ● | ● |
| 黔南布依族苗族自治州 | ● | ● | ● | ● | ● | ● | ● | ● |
| 曲靖 | ● | ● | ● | ● | ● | ● | ● | ● |
| 日照 | ● | ● | ● | ● | ● | ● | ● | ● |
| 上饶 | ● | ● | ● | ● | ● | ● | ● | ● |
| 韶关 | ● | ● | ● | ● | ● | ● | ● | ● |
| 朔州 | ● | ● | ● | ● | ● | ● | ● | ● |
| 宿迁 | ● | ● | ● | ● | ● | ● | ● | ● |
| 潍坊 | ● | ● | ● | ● | ● | ● | ● | ● |
| 信阳 | ● | ● | ● | ● | ● | ● | ● | ● |
| 阳泉 | ● | ● | ● | ● | ● | ● | ● | ● |
| 营口 | ● | ● | ● | ● | ● | ● | ● | ● |
| 云浮 | ● | ● | ● | ● | ● | ● | ● | ● |
| 枣庄 | ● | ● | ● | ● | ● | ● | ● | ● |
| 长治 | ● | ● | ● | ● | ● | ● | ● | ● |
| 中卫 | ● | ● | ● | ● | ● | ● | ● | ● |
| 遵义 | ● | ● | ● | ● | ● | ● | ● | ● |

图2.48　二类地级市规划管理专题评估指示板

| 参评城市 | 国家贫困线以下人口比例 | 财政自给率 | 基本公共服务保障能力 | 单位GDP能耗 | 单位GDP水耗 | 国土开发强度 | 人均日生活用水量 | 综合评估 |
|---|---|---|---|---|---|---|---|---|
| 固原 | ● | ● | ● | ● | ● | ● | ● | ● |
| 桂林 | ● | ● | ● | ● | ● | ● | ● | ● |
| 黄冈 | ● | ● | ● | ● | ● | ● | ● | ● |
| 临沧 | ● | ● | ● | ● | ● | ● | ● | ● |
| 梅州 | ● | ● | ● | ● | ● | ● | ● | ● |
| 牡丹江 | ● | ● | ● | ● | ● | ● | ● | ● |
| 邵阳 | ● | ● | ● | ● | ● | ● | ● | ● |
| 绥化 | ● | ● | ● | ● | ● | ● | ● | ● |
| 渭南 | ● | ● | ● | ● | ● | ● | ● | ● |

**图2.49　三类地级市规划管理专题评估指示板**

| 参评城市 | 国家贫困线以下人口比例 | 财政自给率 | 基本公共服务保障能力 | 单位GDP能耗 | 单位GDP水耗 | 国土开发强度 | 人均日生活用水量 | 综合评估 |
|---|---|---|---|---|---|---|---|---|
| 毕节 | ● | ● | ● | ● | ● | ● | ● | ● |
| 四平 | ● | ● | ● | ● | ● | ● | ● | ● |
| 天水 | ● | ● | ● | ● | ● | ● | ● | ● |
| 铁岭 | ● | ● | ● | ● | ● | ● | ● | ● |

**图2.50　四类地级市规划管理专题评估指示板**

（4）遗产保护

遗产保护专题得分较高的城市中，少数民族聚集区占比较大，主要分布在我国中部及西部地区（见表2.25）。少数民族聚集区注重自然资源和民俗文化保护型的经济发展，因此自然和人文遗产得到了一定程度的保护。

参评城市中有71个城市在遗产保护专题表现红色或橙色（图2.51~图2.54），说明多数城市在城市追求经济发展的同时忽视了对遗产的有效保护和利用，城市需要在遗产保护方面采取积极行动，守护自然和文化遗产，提升相关指标得分。

**参评地级市遗产保护专题前十位及得分　表2.25**

| 排名 | 城市 | 得分 |
|---|---|---|
| 1 | 林芝 | 87.08 |
| 2 | 黄山 | 81.24 |
| 3 | 海南藏族自治州 | 80.50 |
| 4 | 东营 | 74.08 |
| 5 | 酒泉 | 73.50 |
| 6 | 丽江 | 70.38 |
| 7 | 本溪 | 68.65 |
| 8 | 巴音郭楞蒙古自治州 | 67.72 |
| 9 | 渭南 | 66.61 |
| 10 | 呼伦贝尔 | 64.74 |

| 城市 | 每万人国家A级景区数量 | 万人非物质文化遗产数量 | 自然保护地面积占陆域国土面积比例 | 综合评估 |
| --- | --- | --- | --- | --- |
| 包头 | ● | ● | ● | ● |
| 昌吉回族自治州 | ● | ● | ● | ● |
| 常州 | ● | ● | ● | ● |
| 大庆 | ● | ● | ● | ● |
| 东莞 | ● | ● | ● | ● |
| 东营 | ● | ● | ● | ● |
| 鄂尔多斯 | ● | ● | ● | ● |
| 佛山 | ● | ● | ● | ● |
| 海西蒙古族藏族自治州 | ● | ● | ● | ● |
| 湖州 | ● | ● | ● | ● |
| 嘉兴 | ● | ● | ● | ● |
| 荆门 | ● | ● | ● | ● |
| 克拉玛依 | ● | ● | ● | ● |
| 连云港 | ● | ● | ● | ● |
| 林芝 | ● | ● | ● | ● |
| 龙岩 | ● | ● | ● | ● |
| 洛阳 | ● | ● | ● | ● |
| 南平 | ● | ● | ● | ● |
| 南通 | ● | ● | ● | ● |
| 泉州 | ● | ● | ● | ● |
| 三明 | ● | ● | ● | ● |
| 绍兴 | ● | ● | ● | ● |
| 苏州 | ● | ● | ● | ● |
| 台州 | ● | ● | ● | ● |
| 唐山 | ● | ● | ● | ● |
| 铜陵 | ● | ● | ● | ● |
| 无锡 | ● | ● | ● | ● |
| 湘潭 | ● | ● | ● | ● |
| 襄阳 | ● | ● | ● | ● |
| 徐州 | ● | ● | ● | ● |
| 许昌 | ● | ● | ● | ● |
| 烟台 | ● | ● | ● | ● |
| 盐城 | ● | ● | ● | ● |
| 宜昌 | ● | ● | ● | ● |

| 城市 | 每万人国家A级景区数量 | 万人非物质文化遗产数量 | 自然保护地面积占陆域国土面积比例 | 综合评估 |
| --- | --- | --- | --- | --- |
| 鹰潭 | ● | ● | ● | ● |
| 榆林 | ● | ● | ● | ● |
| 岳阳 | ● | ● | ● | ● |
| 漳州 | ● | ● | ● | ● |
| 株洲 | ● | ● | ● | ● |
| 淄博 | ● | ● | ● | ● |

图2.51　一类地级市遗产保护专题评估指示板

| 城市 | 每万人国家A级景区数量 | 万人非物质文化遗产数量 | 自然保护地面积占陆域国土面积比例 | 综合评估 |
| --- | --- | --- | --- | --- |
| 安阳 | ● | ● | ● | ● |
| 巴音郭楞蒙古自治州 | ● | ● | ● | ● |
| 白山 | ● | ● | ● | ● |
| 宝鸡 | ● | ● | ● | ● |
| 本溪 | ● | ● | ● | ● |
| 郴州 | ● | ● | ● | ● |
| 承德 | ● | ● | ● | ● |
| 赤峰 | ● | ● | ● | ● |
| 德阳 | ● | ● | ● | ● |
| 德州 | ● | ● | ● | ● |
| 抚州 | ● | ● | ● | ● |
| 赣州 | ● | ● | ● | ● |
| 广安 | ● | ● | ● | ● |
| 海南藏族自治州 | ● | ● | ● | ● |
| 邯郸 | ● | ● | ● | ● |
| 鹤壁 | ● | ● | ● | ● |
| 呼伦贝尔 | ● | ● | ● | ● |
| 淮北 | ● | ● | ● | ● |
| 淮南 | ● | ● | ● | ● |
| 黄山 | ● | ● | ● | ● |
| 吉安 | ● | ● | ● | ● |
| 江门 | ● | ● | ● | ● |
| 焦作 | ● | ● | ● | ● |

| 城市 | 每万人国家A级景区数量 | 万人非物质文化遗产数量 | 自然保护地面积占陆域国土面积比例 | 综合评估 |
|---|---|---|---|---|
| 金华 | ● | ● | ● | ● |
| 晋城 | ● | ● | ● | ● |
| 晋中 | ● | ● | ● | ● |
| 酒泉 | ● | ● | ● | ● |
| 廊坊 | ● | ● | ● | ● |
| 乐山 | ● | ● | ● | ● |
| 丽江 | ● | ● | ● | ● |
| 丽水 | ● | ● | ● | ● |
| 辽源 | ● | ● | ● | ● |
| 临沂 | ● | ● | ● | ● |
| 泸州 | ● | ● | ● | ● |
| 眉山 | ● | ● | ● | ● |
| 南阳 | ● | ● | ● | ● |
| 平顶山 | ● | ● | ● | ● |
| 濮阳 | ● | ● | ● | ● |
| 黔南布依族苗族自治州 | ● | ● | ● | ● |
| 曲靖 | ● | ● | ● | ● |
| 日照 | ● | ● | ● | ● |
| 上饶 | ● | ● | ● | ● |
| 韶关 | ● | ● | ● | ● |
| 朔州 | ● | ● | ● | ● |
| 宿迁 | ● | ● | ● | ● |
| 潍坊 | ● | ● | ● | ● |
| 信阳 | ● | ● | ● | ● |
| 阳泉 | ● | ● | ● | ● |
| 营口 | ● | ● | ● | ● |
| 云浮 | ● | ● | ● | ● |
| 枣庄 | ● | ● | ● | ● |
| 长治 | ● | ● | ● | ● |
| 中卫 | ● | ● | ● | ● |
| 遵义 | ● | ● | ● | ● |

**图2.52　二类地级市遗产保护专题评估指示板**

| 城市 | 每万人国家A级景区数量 | 万人非物质文化遗产数量 | 自然保护地面积占陆域国土面积比例 | 综合评估 |
|---|---|---|---|---|
| 固原 | ● | ● | ● | ● |
| 桂林 | ● | ● | ● | ● |
| 黄冈 | ● | ● | ● | ● |
| 临沧 | ● | ● | ● | ● |
| 梅州 | ● | ● | ● | ● |
| 牡丹江 | ● | ● | ● | ● |
| 邵阳 | ● | ● | ● | ● |
| 绥化 | ● | ● | ● | ● |
| 渭南 | ● | ● | ● | ● |

**图2.53　三类地级市遗产保护专题评估指示板**

| 参评城市 | 每万人国家A级景区数量 | 万人非物质文化遗产数量 | 自然保护地面积占陆域国土面积比例 | 综合评估 |
|---|---|---|---|---|
| 毕节 | ● | ● | ● | ● |
| 四平 | ● | ● | ● | ● |
| 天水 | ● | ● | ● | ● |
| 铁岭 | ● | ● | ● | ● |

**图2.54　四类地级市遗产保护专题评估指示板**

（5）防灾减灾

在地级市防灾减灾专题评估中，排名前十的城市分布区域广泛，包含各类地级市（见表2.26），说明受我国灾种多样、灾次频发的自然灾害影响，城市普遍采取了积极的防灾减灾建设管理行动，并取得了一定效果。特别是芝林市评分为满分，是其他城市防灾减灾工作的学习标杆。

**参评地级市防灾减灾专题前十位及得分　表2.26**

| 排名 | 城市 | 得分 |
|---|---|---|
| 1 | 林芝 | 100.00 |
| 2 | 桂林 | 98.00 |
| 3 | 临沧 | 96.75 |
| 4 | 黄山 | 96.18 |

续表

| 排名 | 城市 | 得分 |
|---|---|---|
| 5 | 丽江 | 95.89 |
| 6 | 泸州 | 94.76 |
| 7 | 宝鸡 | 93.55 |
| 8 | 株洲 | 92.85 |
| 9 | 盐城 | 91.57 |
| 10 | 天水 | 90.53 |

从指示板（图2.55~图2.58）中看出，参评城市的人均水利、环境和公共设施管理业固定投资水平指标表现较为薄弱，城市需要适当加大该方面的投资，以保障防灾减灾设施的有效管理和运行，牢固城市抵御自然灾害的能力。单位GDP碳排放和人均碳排放是反映城市碳排放的核心指标，面向实现我国提出的"双碳"目标，所有城市应当重视这两项指标的优化。

| 城市 | 人均水利、环境和公共设施管理业固定投资 | 单位GDP碳排放 | 人均碳排放 | 综合评估 |
|---|---|---|---|---|
| 包头 | ● | ● | ● | ● |
| 昌吉回族自治州 | ● | ● | ● | ● |
| 常州 | ● | ● | ● | ● |
| 大庆 | ● | ● | ● | ● |
| 东莞 | ● | ● | ● | ● |
| 东营 | ● | ● | ● | ● |
| 鄂尔多斯 | ● | ● | ● | ● |
| 佛山 | ● | ● | ● | ● |
| 海西蒙古族藏族自治州 | ● | ● | ● | ● |
| 湖州 | ● | ● | ● | ● |
| 嘉兴 | ● | ● | ● | ● |
| 荆门 | ● | ● | ● | ● |
| 克拉玛依 | ● | ● | ● | ● |
| 连云港 | ● | ● | ● | ● |
| 林芝 | ● | ● | ● | ● |

| 城市 | 人均水利、环境和公共设施管理业固定投资 | 单位GDP碳排放 | 人均碳排放 | 综合评估 |
|---|---|---|---|---|
| 龙岩 | ● | ● | ● | ● |
| 洛阳 | ● | ● | ● | ● |
| 南平 | ● | ● | ● | ● |
| 南通 | ● | ● | ● | ● |
| 泉州 | ● | ● | ● | ● |
| 三明 | ● | ● | ● | ● |
| 绍兴 | ● | ● | ● | ● |
| 苏州 | ● | ● | ● | ● |
| 台州 | ● | ● | ● | ● |
| 唐山 | ● | ● | ● | ● |
| 铜陵 | ● | ● | ● | ● |
| 无锡 | ● | ● | ● | ● |
| 湘潭 | ● | ● | ● | ● |
| 襄阳 | ● | ● | ● | ● |
| 徐州 | ● | ● | ● | ● |
| 许昌 | ● | ● | ● | ● |
| 烟台 | ● | ● | ● | ● |
| 盐城 | ● | ● | ● | ● |
| 宜昌 | ● | ● | ● | ● |
| 鹰潭 | ● | ● | ● | ● |
| 榆林 | ● | ● | ● | ● |
| 岳阳 | ● | ● | ● | ● |
| 漳州 | ● | ● | ● | ● |
| 株洲 | ● | ● | ● | ● |
| 淄博 | ● | ● | ● | ● |

图2.55 一类地级市防灾减灾专题指示板

| 城市 | 人均水利、环境和公共设施管理业固定投资 | 单位GDP碳排放 | 人均碳排放 | 综合评估 |
|---|---|---|---|---|
| 安阳 | ● | ● | ● | ● |
| 巴音郭楞蒙古自治州 | ● | ● | ● | ● |
| 白山 | ● | ● | ● | ● |
| 宝鸡 | ● | ● | ● | ● |
| 本溪 | ● | ● | ● | ● |
| 郴州 | ● | ● | ● | ● |
| 承德 | ● | ● | ● | ● |
| 赤峰 | ● | ● | ● | ● |
| 德阳 | ● | ● | ● | ● |
| 德州 | ● | ● | ● | ● |
| 抚州 | ● | ● | ● | ● |
| 赣州 | ● | ● | ● | ● |
| 广安 | ● | ● | ● | ● |
| 海南藏族自治州 | ● | ● | ● | ● |
| 邯郸 | ● | ● | ● | ● |
| 鹤壁 | ● | ● | ● | ● |
| 呼伦贝尔 | ● | ● | ● | ● |
| 淮北 | ● | ● | ● | ● |
| 淮南 | ● | ● | ● | ● |
| 黄山 | ● | ● | ● | ● |
| 吉安 | ● | ● | ● | ● |
| 江门 | ● | ● | ● | ● |
| 焦作 | ● | ● | ● | ● |
| 金华 | ● | ● | ● | ● |
| 晋城 | ● | ● | ● | ● |
| 晋中 | ● | ● | ● | ● |
| 酒泉 | ● | ● | ● | ● |
| 廊坊 | ● | ● | ● | ● |
| 乐山 | ● | ● | ● | ● |
| 丽江 | ● | ● | ● | ● |
| 丽水 | ● | ● | ● | ● |
| 辽源 | ● | ● | ● | ● |
| 临沂 | ● | ● | ● | ● |
| 泸州 | ● | ● | ● | ● |

| 城市 | 人均水利、环境和公共设施管理业固定投资 | 单位GDP碳排放 | 人均碳排放 | 综合评估 |
|---|---|---|---|---|
| 眉山 | ● | ● | ● | ● |
| 南阳 | ● | ● | ● | ● |
| 平顶山 | ● | ● | ● | ● |
| 濮阳 | ● | ● | ● | ● |
| 黔南布依族苗族自治州 | ● | ● | ● | ● |
| 曲靖 | ● | ● | ● | ● |
| 日照 | ● | ● | ● | ● |
| 上饶 | ● | ● | ● | ● |
| 韶关 | ● | ● | ● | ● |
| 朔州 | ● | ● | ● | ● |
| 宿迁 | ● | ● | ● | ● |
| 潍坊 | ● | ● | ● | ● |
| 信阳 | ● | ● | ● | ● |
| 阳泉 | ● | ● | ● | ● |
| 营口 | ● | ● | ● | ● |
| 云浮 | ● | ● | ● | ● |
| 枣庄 | ● | ● | ● | ● |
| 长治 | ● | ● | ● | ● |
| 中卫 | ● | ● | ● | ● |
| 遵义 | ● | ● | ● | ● |

**图2.56　二类地级市防灾减灾专题指示板**

| 城市 | 人均水利、环境和公共设施管理业固定投资 | 单位GDP碳排放 | 人均碳排放 | 综合评估 |
|---|---|---|---|---|
| 固原 | ● | ● | ● | ● |
| 桂林 | ● | ● | ● | ● |
| 黄冈 | ● | ● | ● | ● |
| 临沧 | ● | ● | ● | ● |
| 梅州 | ● | ● | ● | ● |
| 牡丹江 | ● | ● | ● | ● |
| 邵阳 | ● | ● | ● | ● |
| 绥化 | ● | ● | ● | ● |
| 渭南 | ● | ● | ● | ● |

**图2.57　三类地级市防灾减灾专题指示板**

| 城市 | 人均水利、环境和公共设施管理业固定投资 | 单位GDP碳排放 | 人均碳排放 | 综合评估 |
|------|------|------|------|------|
| 毕节 | ● | ○ | ● | ● |
| 四平 | ● | ● | ● | ● |
| 天水 | ● | ● | ● | ● |
| 铁岭 | ● | ● | ● | ● |

**图2.58　四类地级市防灾减灾专题指示板**

（6）环境改善

环境改善专题排名前十位的城市包含一、二、三类地级市，均分布在我国南方地区（见表2.27）。南平市多次入选我国自然资源部公布的"生态产品价值实现案例"，在保护生态环境的同时实现了经济的高速发展，是"两山论"的重要实践基地，是其他城市需要投入学习的典范。

**参评地级市环境改善专题前十位及得分　表2.27**

| 排名 | 城市 | 得分 |
|------|------|------|
| 1 | 韶关 | 95.20 |
| 2 | 梅州 | 94.56 |
| 3 | 丽水 | 94.26 |
| 4 | 南平 | 93.34 |
| 5 | 黄山 | 92.92 |
| 6 | 龙岩 | 92.05 |
| 7 | 丽江 | 91.94 |
| 8 | 上饶 | 91.37 |
| 9 | 桂林 | 90.24 |
| 10 | 抚州 | 89.74 |

参评城市中昌吉回族自治州和巴音郭楞蒙古自治州的环境质量专题表现为红色，面临严峻挑战（图2.59~图2.62）。评估结果很大程度上受到指标数据获取的影响，两个城市仅有生态环境状况指数纳入统计，且表现为红色。"生态环境状况指数"是制约大多数城市环境改善专题表现的指标，参评城市中有25个城市表现为红色，这些城市需要尽快采取生态修复和自然资源保护的行动，注重区域整体的生态环境水平的提升。参评城市生活垃圾无害化处理率稳定在99%以上，说明城市在生活垃圾的处置方面投入了努力，但是目前可供城市使用的垃圾填埋场逐渐减少，如何合理处置垃圾是城市发展要重视的关键。"十四五"规划明确提出地级及以上城市的空气质量优良比率要达到87.5%，而参评城市空气质量优良天数比率不足80%，距离可持续发展目标的实现还有很长一段距离。

| 城市 | 城市空气质量优良天数比率 | 生活垃圾无害化处理率 | 生态环境状况指数 | 地表水水质优良比例 | 城市污水处理率 | 年均PM2.5浓度 | 综合评估 |
|---|---|---|---|---|---|---|---|
| 包头 | ● | ● | ● | ● | ● | ● | ● |
| 昌吉回族自治州 | ● | ● | ● | ● | ● | ● | ● |
| 常州 | ● | ● | ● | ● | ● | ● | ● |
| 大庆 | ● | ● | ● | ● | ● | ● | ● |
| 东莞 | ● | ● | ● | ● | ● | ● | ● |
| 东营 | ● | ● | ● | ● | ● | ● | ● |
| 鄂尔多斯 | ● | ● | ● | ● | ● | ● | ● |
| 佛山 | ● | ● | ● | ● | ● | ● | ● |
| 海西蒙古族藏族自治州 | ● | ● | ● | ● | ● | ● | ● |
| 湖州 | ● | ● | ● | ● | ● | ● | ● |
| 嘉兴 | ● | ● | ● | ● | ● | ● | ● |
| 荆门 | ● | ● | ● | ● | ● | ● | ● |
| 克拉玛依 | ● | ● | ● | ● | ● | ● | ● |
| 连云港 | ● | ● | ● | ● | ● | ● | ● |
| 林芝 | ● | ● | ● | ● | ● | ● | ● |
| 龙岩 | ● | ● | ● | ● | ● | ● | ● |
| 洛阳 | ● | ● | ● | ● | ● | ● | ● |
| 南平 | ● | ● | ● | ● | ● | ● | ● |
| 南通 | ● | ● | ● | ● | ● | ● | ● |
| 泉州 | ● | ● | ● | ● | ● | ● | ● |
| 三明 | ● | ● | ● | ● | ● | ● | ● |
| 绍兴 | ● | ● | ● | ● | ● | ● | ● |
| 苏州 | ● | ● | ● | ● | ● | ● | ● |
| 台州 | ● | ● | ● | ● | ● | ● | ● |
| 唐山 | ● | ● | ● | ● | ● | ● | ● |
| 铜陵 | ● | ● | ● | ● | ● | ● | ● |
| 无锡 | ● | ● | ● | ● | ● | ● | ● |
| 湘潭 | ● | ● | ● | ● | ● | ● | ● |
| 襄阳 | ● | ● | ● | ● | ● | ● | ● |
| 徐州 | ● | ● | ● | ● | ● | ● | ● |
| 许昌 | ● | ● | ● | ● | ● | ● | ● |
| 烟台 | ● | ● | ● | ● | ● | ● | ● |
| 盐城 | ● | ● | ● | ● | ● | ● | ● |
| 宜昌 | ● | ● | ● | ● | ● | ● | ● |
| 鹰潭 | ● | ● | ● | ● | ● | ● | ● |

| 城市 | 城市空气质量优良天数比率 | 生活垃圾无害化处理率 | 生态环境状况指数 | 地表水水质优良比例 | 城市污水处理率 | 年均PM2.5浓度 | 综合评估 |
|---|---|---|---|---|---|---|---|
| 榆林 | ● | ● | ● | ● | ● | ● | ● |
| 岳阳 | ● | ● | ● | ● | ● | ● | ● |
| 漳州 | ● | ● | ● | ● | ● | ● | ● |
| 株洲 | ● | ● | ● | ● | ● | ● | ● |
| 淄博 | ● | ● | ● | ● | ● | ● | ● |

图2.59　一类地级市环境改善专题评估指示板

| 城市 | 城市空气质量优良天数比率 | 生活垃圾无害化处理率 | 生态环境状况指数 | 地表水水质优良比例 | 城市污水处理率 | 年均PM2.5浓度 | 综合评估 |
|---|---|---|---|---|---|---|---|
| 安阳 | ● | ● | ● | ● | ● | ● | ● |
| 巴音郭楞蒙古自治州 | ● | ● | ● | ● | ● | ● | ● |
| 白山 | ● | ● | ● | ● | ● | ● | ● |
| 宝鸡 | ● | ● | ● | ● | ● | ● | ● |
| 本溪 | ● | ● | ● | ● | ● | ● | ● |
| 郴州 | ● | ● | ● | ● | ● | ● | ● |
| 承德 | ● | ● | ● | ● | ● | ● | ● |
| 赤峰 | ● | ● | ● | ● | ● | ● | ● |
| 德阳 | ● | ● | ● | ● | ● | ● | ● |
| 德州 | ● | ● | ● | ● | ● | ● | ● |
| 抚州 | ● | ● | ● | ● | ● | ● | ● |
| 赣州 | ● | ● | ● | ● | ● | ● | ● |
| 广安 | ● | ● | ● | ● | ● | ● | ● |
| 海南藏族自治州 | ● | ● | ● | ● | ● | ● | ● |
| 邯郸 | ● | ● | ● | ● | ● | ● | ● |
| 鹤壁 | ● | ● | ● | ● | ● | ● | ● |
| 呼伦贝尔 | ● | ● | ● | ● | ● | ● | ● |
| 淮北 | ● | ● | ● | ● | ● | ● | ● |
| 淮南 | ● | ● | ● | ● | ● | ● | ● |
| 黄山 | ● | ● | ● | ● | ● | ● | ● |
| 吉安 | ● | ● | ● | ● | ● | ● | ● |
| 江门 | ● | ● | ● | ● | ● | ● | ● |
| 焦作 | ● | ● | ● | ● | ● | ● | ● |
| 金华 | ● | ● | ● | ● | ● | ● | ● |
| 晋城 | ● | ● | ● | ● | ● | ● | ● |
| 晋中 | ● | ● | ● | ● | ● | ● | ● |

| 城市 | 城市空气质量优良天数比率 | 生活垃圾无害化处理率 | 生态环境状况指数 | 地表水水质优良比例 | 城市污水处理率 | 年均PM2.5浓度 | 综合评估 |
|------|------|------|------|------|------|------|------|
| 酒泉 | ● | ● | ● | ● | ● | ● | ● |
| 廊坊 | ● | ● | ● | ● | ● | ● | ● |
| 乐山 | ● | ● | ● | ● | ● | ● | ● |
| 丽江 | ● | ● | ● | ● | ● | ● | ● |
| 丽水 | ● | ● | ● | ● | ● | ● | ● |
| 辽源 | ● | ● | ● | ● | ● | ● | ● |
| 临沂 | ● | ● | ● | ● | ● | ● | ● |
| 泸州 | ● | ● | ● | ● | ● | ● | ● |
| 眉山 | ● | ● | ● | ● | ● | ● | ● |
| 南阳 | ● | ● | ● | ● | ● | ● | ● |
| 平顶山 | ● | ● | ● | ● | ● | ● | ● |
| 濮阳 | ● | ● | ● | ● | ● | ● | ● |
| 黔南布依族苗族自治州 | ● | ● | ● | ● | ● | ● | ● |
| 曲靖 | ● | ● | ● | ● | ● | ● | ● |
| 日照 | ● | ● | ● | ● | ● | ● | ● |
| 上饶 | ● | ● | ● | ● | ● | ● | ● |
| 韶关 | ● | ● | ● | ● | ● | ● | ● |
| 朔州 | ● | ● | ● | ● | ● | ● | ● |
| 宿迁 | ● | ● | ● | ● | ● | ● | ● |
| 潍坊 | ● | ● | ● | ● | ● | ● | ● |
| 信阳 | ● | ● | ● | ● | ● | ● | ● |
| 阳泉 | ● | ● | ● | ● | ● | ● | ● |
| 营口 | ● | ● | ● | ● | ● | ● | ● |
| 云浮 | ● | ● | ● | ● | ● | ● | ● |
| 枣庄 | ● | ● | ● | ● | ● | ● | ● |
| 长治 | ● | ● | ● | ● | ● | ● | ● |
| 中卫 | ● | ● | ● | ● | ● | ● | ● |
| 遵义 | ● | ● | ● | ● | ● | ● | ● |

**图2.60　二类地级市环境改善专题评估指示板**

| 城市 | 城市空气质量优良天数比率 | 生活垃圾无害化处理率 | 生态环境状况指数 | 地表水水质优良比例 | 城市污水处理率 | 年均PM2.5浓度 | 综合评估 |
|---|---|---|---|---|---|---|---|
| 固原 | ● | ● | ● | ○ | ● | ● | ● |
| 桂林 | ● | ● | ● | ● | ● | ● | ● |
| 黄冈 | ● | ● | ● | ● | ● | ○ | ● |
| 临沧 | ● | ● | ● | ● | ● | ● | ● |
| 梅州 | ● | ● | ● | ● | ● | ● | ● |
| 牡丹江 | ● | ● | ● | ● | ● | ● | ● |
| 邵阳 | ● | ● | ● | ● | ● | ● | ● |
| 绥化 | ● | ● | ● | ● | ● | ● | ● |
| 渭南 | ● | ● | ○ | ● | ● | ● | ○ |

**图2.61　三类地级市环境改善专题评估指示板**

| 城市 | 城市空气质量优良天数比率 | 生活垃圾无害化处理率 | 生态环境状况指数 | 地表水水质优良比例 | 城市污水处理率 | 年均PM2.5浓度 | 综合评估 |
|---|---|---|---|---|---|---|---|
| 毕节 | ● | ○ | ● | ● | ● | ● | ● |
| 四平 | ● | ● | ● | ● | ● | ○ | ● |
| 天水 | ● | ● | ● | ● | ● | ● | ● |
| 铁岭 | ● | ● | ● | ● | ● | ○ | ● |

**图2.62　四类地级市环境改善专题评估指示板**

（7）公共空间

公共空间专题得分排名前十的地级市地域分布较为广泛（见表2.28）。受到常住人口数量的影响，人口密度较高的城市对应的人均指标数值偏低，反映在公共空间专题表现较为薄弱。

参评城市中有3个城市的公共空间专题表现为红色，即面临严峻挑战，有29个城市表现为橙色，与可持续发展目标存在明显差距（图2.63~图2.66）。制约地级市公共空间专题表现的主要指标为人均公园绿地面积，大多数城市的指标评级为红色或橙色。优化公共空间资源配置，提升人均公园绿地面积，是改善公共空间建设质量、营造绿色环境的重要途径。

**参评地级市公共空间专题前十位及得分　表2.28**

| 排名 | 城市 | 得分 |
|---|---|---|
| 1 | 鄂尔多斯 | 84.22 |
| 2 | 江门 | 81.36 |
| 3 | 固原 | 81.30 |
| 4 | 中卫 | 77.79 |
| 5 | 抚州 | 77.68 |
| 6 | 廊坊 | 77.45 |
| 7 | 东莞 | 77.31 |
| 8 | 铜陵 | 77.03 |
| 9 | 淮北 | 77.03 |
| 10 | 龙岩 | 76.83 |

| 城市 | 人均公园绿地面积 | 建成区绿地率 | 综合评估 |
| --- | :---: | :---: | :---: |
| 包头 | ◐ | ◐ | ○ |
| 昌吉回族自治州 | ● | ● | ● |
| 常州 | ● | ◐ | ◐ |
| 大庆 | ◐ | ◐ | ● |
| 东莞 | ◐ | ◐ | ◐ |
| 东营 | ◐ | ● | ◐ |
| 鄂尔多斯 | ◐ | ◐ | ● |
| 佛山 | ● | ● | ● |
| 海西蒙古族藏族自治州 | ● | ● | ● |
| 湖州 | ◐ | ◐ | ○ |
| 嘉兴 | ◐ | ● | ◐ |
| 荆门 | ◐ | ◐ | ○ |
| 克拉玛依 | ◐ | ◐ | ○ |
| 连云港 | ◐ | ◐ | ◐ |
| 林芝 | ● | ● | ● |
| 龙岩 | ○ | ◐ | ● |
| 洛阳 | ○ | ◐ | ● |
| 南平 | ◐ | ● | ◐ |
| 南通 | ○ | ● | ◐ |
| 泉州 | ◐ | ● | ● |
| 三明 | ◐ | ● | ◐ |
| 绍兴 | ● | ◐ | ● |
| 苏州 | ◐ | ● | ○ |
| 台州 | ● | ◐ | ◐ |
| 唐山 | ○ | ◐ | ● |
| 铜陵 | ◐ | ◐ | ◐ |
| 无锡 | ● | ● | ○ |
| 湘潭 | ◐ | ● | ◐ |
| 襄阳 | ○ | ◐ | ◐ |
| 徐州 | ○ | ● | ◐ |
| 许昌 | ○ | ◐ | ● |
| 烟台 | ● | ◐ | ● |
| 盐城 | ○ | ◐ | ● |
| 宜昌 | ◐ | ○ | ● |
| 鹰潭 | ○ | ◐ | ● |

| 城市 | 人均公园绿地面积 | 建成区绿地率 | 综合评估 |
| --- | :---: | :---: | :---: |
| 榆林 | ● | ◐ | ● |
| 岳阳 | ◐ | ◐ | ○ |
| 漳州 | ◐ | ◐ | ○ |
| 株洲 | ◐ | ◐ | ○ |
| 淄博 | ● | ◐ | ◐ |

图2.63 一类地级市公共空间专题评估指示板

| 城市 | 人均公园绿地面积 | 建成区绿地率 | 综合评估 |
| --- | :---: | :---: | :---: |
| 安阳 | ◐ | ◐ | ○ |
| 巴音郭楞蒙古自治州 | ● | ● | ● |
| 白山 | ◐ | ◐ | ◐ |
| 宝鸡 | ◐ | ● | ◐ |
| 本溪 | ◐ | ◐ | ◐ |
| 郴州 | ◐ | ● | ◐ |
| 承德 | ◐ | ◐ | ◐ |
| 赤峰 | ○ | ◐ | ○ |
| 德阳 | ◐ | ◐ | ◐ |
| 德州 | ◐ | ● | ● |
| 抚州 | ○ | ◐ | ◐ |
| 赣州 | ◐ | ◐ | ◐ |
| 广安 | ● | ◐ | ● |
| 海南藏族自治州 | ● | ● | ● |
| 邯郸 | ○ | ● | ◐ |
| 鹤壁 | ○ | ● | ◐ |
| 呼伦贝尔 | ◐ | ◐ | ◐ |
| 淮北 | ○ | ◐ | ◐ |
| 淮南 | ◐ | ◐ | ◐ |
| 黄山 | ○ | ● | ◐ |
| 吉安 | ○ | ◐ | ◐ |
| 江门 | ◐ | ● | ● |
| 焦作 | ○ | ● | ◐ |
| 金华 | ● | ◐ | ● |
| 晋城 | ◐ | ◐ | ◐ |
| 晋中 | ● | ◐ | ● |

| 城市 | 人均公园绿地面积 | 建成区绿地率 | 综合评估 |
|---|---|---|---|
| 酒泉 | ● | ● | ● |
| 廊坊 | ● | ● | ● |
| 乐山 | ● | ● | ● |
| 丽江 | ● | ● | ● |
| 丽水 | ● | ● | ● |
| 辽源 | ● | ● | ● |
| 临沂 | ● | ● | ● |
| 泸州 | ● | ● | ● |
| 眉山 | ● | ● | ● |
| 南阳 | ● | ● | ● |
| 平顶山 | ● | ● | ● |
| 濮阳 | ● | ● | ● |
| 黔南布依族苗族自治州 | ● | ● | ● |
| 曲靖 | ● | ● | ● |
| 日照 | ● | ● | ● |
| 上饶 | ● | ● | ● |
| 韶关 | ● | ● | ● |
| 朔州 | ● | ● | ● |
| 宿迁 | ● | ● | ● |
| 潍坊 | ● | ● | ● |
| 信阳 | ● | ● | ● |
| 阳泉 | ● | ● | ● |
| 营口 | ● | ● | ● |
| 云浮 | ● | ● | ● |
| 枣庄 | ● | ● | ● |
| 长治 | ● | ● | ● |
| 中卫 | ● | ● | ● |
| 遵义 | ● | ● | ● |

**图 2.64　二类地级市公共空间专题评估指示板**

| 城市 | 人均公园绿地面积 | 建成区绿地率 | 综合评估 |
|---|---|---|---|
| 固原 | ● | ● | ● |
| 桂林 | ● | ● | ● |
| 黄冈 | ● | ● | ● |
| 临沧 | ● | ● | ● |
| 梅州 | ● | ● | ● |
| 牡丹江 | ● | ● | ● |
| 邵阳 | ● | ● | ● |
| 绥化 | ● | ● | ● |
| 渭南 | ● | ● | ● |

**图 2.65　三类地级市公共空间专题评估指示板**

| 城市 | 人均公园绿地面积 | 建成区绿地率 | 综合评估 |
|---|---|---|---|
| 毕节 | ● | ● | ● |
| 四平 | ● | ● | ● |
| 天水 | ● | ● | ● |
| 铁岭 | ● | ● | ● |

**图 2.66　四类地级市公共空间专题评估指示板**

## 2.4.2 近六年地级市变化趋势分析

### 2.4.2.1 总体情况

参评城市中有超过六成的地级市表现为步入正轨，有望在2030年实现指示板绿色水平，其余城市在实现2030年目标上具有一定困难。这表明我国在地级市层面整体有实现2030年SDG11相关目标的态势，这不仅需要现在步入正轨的城市保持现有发展态势，而且需要其他改善、停滞以及下降状态的城市及时调整发展策略，优化资源配置，在城市人居环境改善方面尽快取得突破，实现所有城市"不掉队"。

（1）一类地级市

在一类地级市中（见图2.67），六年来指示板整体以黄色为主，且大多数城市近年来分数变化较小。在这类城市中,泉州表现最佳,指示板表现常年为绿色,且稳定保持在步入正轨的发展态势。昌吉回族自治州表现相对较差,连续六年表现为橙色;未出现红色指示板城市。从发展趋势来看,有25个城市的发展趋势已经步入正轨,占一类地级市的62.5%,预计在2030年指示板颜色评估为绿色,能够实现SDG11的相关指标;有1个城市表现为适度改善(榆林),其余14个城市的实现趋势均为停滞;无下降趋势城市。一类地级市2016—2021年落实SDG11得分及排名见附表14。

| 参评城市 | 2016 | 2017 | 2018 | 2019 | 2020 | 2021 | 实现趋势 |
|---|---|---|---|---|---|---|---|
| 包头 | ○ | ○ | ○ | ○ | ○ | ○ | → |
| 昌吉回族自治州 | ● | ● | ● | ● | ● | ● | → |
| 常州 | ○ | ○ | ○ | ○ | ○ | ○ | → |
| 大庆 | ○ | ○ | ○ | ○ | ○ | ○ | ↑ |
| 东莞 | ○ | ○ | ○ | ○ | ○ | ○ | ↑ |
| 东营 | ○ | ○ | ○ | ○ | ● | ○ | ↑ |
| 鄂尔多斯 | ○ | ○ | ○ | ○ | ○ | ○ | → |
| 佛山 | ○ | ○ | ○ | ○ | ○ | ○ | ↑ |
| 海西蒙古族藏族自治州 | ○ | ○ | ○ | ○ | ○ | ○ | → |
| 湖州 | ○ | ○ | ○ | ● | ● | ● | ↑ |
| 嘉兴 | ○ | ○ | ○ | ○ | ○ | ○ | → |
| 荆门 | ● | ○ | ○ | ○ | ○ | ○ | ↑ |
| 克拉玛依 | ○ | ○ | ○ | ○ | ○ | ○ | ↑ |
| 连云港 | ○ | ○ | ○ | ○ | ○ | ○ | ↑ |
| 林芝 | ○ | ○ | ○ | ○ | ○ | ● | ↑ |
| 龙岩 | ○ | ○ | ○ | ○ | ○ | ● | ↑ |
| 洛阳 | ○ | ○ | ○ | ○ | ○ | ○ | → |
| 南平 | ○ | ○ | ○ | ○ | ○ | ● | ↑ |
| 南通 | ○ | ○ | ○ | ○ | ○ | ○ | → |
| 泉州 | ● | ● | ● | ● | ● | ● | ↑ |
| 三明 | ○ | ○ | ○ | ○ | ○ | ● | ↑ |
| 绍兴 | ○ | ○ | ○ | ○ | ● | ○ | ↑ |
| 苏州 | ○ | ○ | ○ | ○ | ○ | ○ | → |
| 台州 | ○ | ○ | ○ | ○ | ○ | ○ | ↑ |
| 唐山 | ○ | ○ | ○ | ○ | ○ | ● | → |
| 铜陵 | ○ | ○ | ○ | ○ | ○ | ○ | ↑ |
| 无锡 | ○ | ○ | ○ | ○ | ○ | ○ | → |
| 湘潭 | ○ | ○ | ○ | ○ | ○ | ○ | → |

| 参评城市 | 2016 | 2017 | 2018 | 2019 | 2020 | 2021 | 实现趋势 |
|---|---|---|---|---|---|---|---|
| 襄阳 | ● | ● | ● | ● | ● | ● | ↑ |
| 徐州 | ● | ● | ● | ● | ● | ● | → |
| 许昌 | ● | ● | ● | ● | ● | ● | ↑ |
| 烟台 | ● | ● | ● | ● | ● | ● | ↑ |
| 盐城 | ● | ● | ● | ● | ● | ● | ↑ |
| 宜昌 | ● | ● | ● | ● | ● | ● | ↑ |
| 鹰潭 | ● | ● | ● | ● | ● | ● | ↑ |
| 榆林 | ● | ● | ● | ● | ● | ● | ↗ |
| 岳阳 | ● | ● | ● | ● | ● | ● | ↑ |
| 漳州 | ● | ● | ● | ● | ● | ● | ↑ |
| 株洲 | ● | ● | ● | ● | ● | ● | ↑ |
| 淄博 | ● | ● | ● | ● | ● | ● | → |

图2.67　一类地级市2016—2021年落实SDG11指示板及实现趋势

（2）二类地级市

在二类地级市中（见图2.68），指示板颜色同样以黄色居多，没有城市连续6年显示为绿色。宝鸡和黄山表现较为突出，多数年份评级为绿色；巴音郭楞蒙古自治州在二类地级市中表现最差，连续六年呈现橙色，且处于停滞状态。从变化趋势来看，有28个城市步入正轨，占二类地级市的51.85%。有1个城市（晋中）表现为适度改善，其余25个城市实现趋势为停滞和下降。二类地级市2016—2021年落实SDG11得分及排名见附表15。

| 城市 | 2016 | 2017 | 2018 | 2019 | 2020 | 2021 | 实现趋势 |
|---|---|---|---|---|---|---|---|
| 安阳 | ● | ● | ● | ● | ● | ● | → |
| 巴音郭楞蒙古自治州 | ● | ● | ● | ● | ● | ● | → |
| 白山 | ● | ● | ● | ● | ● | ● | → |
| 宝鸡 | ● | ● | ● | ● | ● | ● | ↑ |
| 本溪 | ● | ● | ● | ● | ● | ● | → |
| 郴州 | ● | ● | ● | ● | ● | ● | ↑ |
| 承德 | ● | ● | ● | ● | ● | ● | → |
| 赤峰 | ● | ● | ● | ● | ● | ● | → |
| 德阳 | ● | ● | ● | ● | ● | ● | ↑ |
| 德州 | ● | ● | ● | ● | ● | ● | ↓ |
| 抚州 | ● | ● | ● | ● | ● | ● | ↑ |
| 赣州 | ● | ● | ● | ● | ● | ● | ↑ |

| 城市 | 2016 | 2017 | 2018 | 2019 | 2020 | 2021 | 实现趋势 |
|---|---|---|---|---|---|---|---|
| 广安 | ● | ● | ● | ● | ● | ● | ↑ |
| 海南藏族自治州 | ● | ● | ● | ● | ● | ● | → |
| 邯郸 | ● | ● | ● | ● | ● | ● | ↓ |
| 鹤壁 | ● | ● | ● | ● | ● | ● | ↑ |
| 呼伦贝尔 | ● | ● | ● | ● | ● | ● | → |
| 淮北 | ● | ● | ● | ● | ● | ● | → |
| 淮南 | ● | ● | ● | ● | ● | ● | → |
| 黄山 | ● | ● | ● | ● | ● | ● | ↑ |
| 吉安 | ● | ● | ● | ● | ● | ● | ↑ |
| 江门 | ● | ● | ● | ● | ● | ● | ↑ |
| 焦作 | ● | ● | ● | ● | ● | ● | ↑ |
| 金华 | ● | ● | ● | ● | ● | ● | → |
| 晋城 | ● | ● | ● | ● | ● | ● | → |
| 晋中 | ● | ● | ● | ● | ● | ● | ↗ |
| 酒泉 | ● | ● | ● | ● | ● | ● | ↑ |
| 廊坊 | ● | ● | ● | ● | ● | ● | ↑ |
| 乐山 | ● | ● | ● | ● | ● | ● | ↑ |
| 丽江 | ● | ● | ● | ● | ● | ● | ↑ |
| 丽水 | ● | ● | ● | ● | ● | ● | ↑ |
| 辽源 | ● | ● | ● | ● | ● | ● | → |
| 临沂 | ● | ● | ● | ● | ● | ● | → |
| 泸州 | ● | ● | ● | ● | ● | ● | ↑ |
| 眉山 | ● | ● | ● | ● | ● | ● | ↑ |
| 南阳 | ● | ● | ● | ● | ● | ● | ↑ |
| 平顶山 | ● | ● | ● | ● | ● | ● | ↑ |
| 濮阳 | ● | ● | ● | ● | ● | ● | ↑ |
| 黔南布依族苗族自治州 | ● | ● | ● | ● | ● | ● | ↑ |
| 曲靖 | ● | ● | ● | ● | ● | ● | → |
| 日照 | ● | ● | ● | ● | ● | ● | → |
| 上饶 | ● | ● | ● | ● | ● | ● | ↑ |
| 韶关 | ● | ● | ● | ● | ● | ● | ↑ |
| 朔州 | ● | ● | ● | ● | ● | ● | → |
| 宿迁 | ● | ● | ● | ● | ● | ● | ↑ |
| 潍坊 | ● | ● | ● | ● | ● | ● | → |
| 信阳 | ● | ● | ● | ● | ● | ● | ↑ |

| 城市 | 2016 | 2017 | 2018 | 2019 | 2020 | 2021 | 实现趋势 |
|------|------|------|------|------|------|------|----------|
| 阳泉 | ● | ● | ● | ● | ● | ● | → |
| 营口 | ● | ● | ● | ● | ● | ● | → |
| 云浮 | ● | ● | ● | ● | ● | ● | ↑ |
| 枣庄 | ● | ● | ● | ● | ● | ● | ↓ |
| 长治 | ● | ● | ● | ● | ● | ● | → |
| 中卫 | ● | ● | ● | ● | ● | ● | ↑ |
| 遵义 | ● | ● | ● | ● | ● | ● | ↑ |

图 2.68　二类地级市 2016—2021 年落实 SDG11 指示板及实现趋势

**（3）三类地级市**

在三类地级市中（图2.69），指示板等级颜色主要以黄色为主。从发展趋势来看，所有三类地级市的实现趋势均步入正轨，拥有良好的实现SDG11的前景。三类地级市2016—2021年落实SDG11得分及排名见附表16。

| 城市 | 2016 | 2017 | 2018 | 2019 | 2020 | 2021 | 实现趋势 |
|------|------|------|------|------|------|------|----------|
| 固原 | ● | ● | ● | ● | ● | ● | ↑ |
| 桂林 | ● | ● | ● | ● | ● | ● | ↑ |
| 黄冈 | ● | ● | ● | ● | ● | ● | ↑ |
| 临沧 | ● | ● | ● | ● | ● | ● | ↑ |
| 梅州 | ● | ● | ● | ● | ● | ● | ↑ |
| 牡丹江 | ● | ● | ● | ● | ● | ● | ↑ |
| 邵阳 | ● | ● | ● | ● | ● | ● | ↑ |
| 绥化 | ● | ● | ● | ● | ● | ● | ↑ |
| 渭南 | ● | ● | ● | ● | ● | ● | ↑ |

图 2.69　三类地级市 2016—2021 年落实 SDG11 指示板及实现趋势

**（4）四类地级市**

四个四类地级市整体表现以橙色为主（见图2.70），与上述三种类型城市相比表现相对较差，但毕节和天水实现SDG11的趋势步入正轨，而铁岭市目前的实现趋势为停滞状态。四类地级市2016—2021年落实SDG11得分及排名见附表17。

| 城市 | 2016 | 2017 | 2018 | 2019 | 2020 | 2021 | 实现趋势 |
|------|------|------|------|------|------|------|----------|
| 毕节 | ● | ● | ● | ● | ● | ● | ↑ |
| 四平 | ● | ● | ● | ● | ● | ● | ↗ |
| 天水 | ● | ● | ● | ● | ● | ● | ↑ |
| 铁岭 | ● | ● | ● | ● | ● | ● | → |

图 2.70　四类地级市 2016—2021 年落实 SDG11 指示板及实现趋势

## 2.4.2.2 各专项情况

（1）住房保障

2016—2021年，一类地级市在住房保障专题整体表现较好，以绿色和黄色为主，2021年有13个城市表现为绿色。有7个城市表现为橙色，具有很大提升空间，需要注意的是唐山2021年表现为红色，需要在住房保障方面格外重视（见图2.71）。

二类地级市住房保障专题评分呈现先降低、再回升的趋势，2017—2020年以绿色逐渐转变为黄色为主，多数城市评分有所下降。2020—2021年部分城市的评分有所回升，有11个城市等级从黄色改善为绿色。廊坊、承德和邯郸的表现相对较差，多年指示板表现为红色（见图2.72），河北省需要重视居民住房保障相关工作的建设。

三类地级市指示板颜色相对稳定，未出现明显的变化趋势，其中梅州市2016—2019年表现欠佳，近两年来得分有所改进（见图2.73）。

四类地级市的指示板颜色也相对稳定，毕节市多年等级为绿色，四平和铁岭连续六年稳定为黄色，天水2016—2017年指示板颜色为红色，2018—2021年改善情况微弱（见图2.74）。

各类地级市2016—2021年住房保障专题得分及排名见附表18~21。

| 参评城市 | 2016 | 2017 | 2018 | 2019 | 2020 | 2021 |
|---|---|---|---|---|---|---|
| 包头 | ● | ● | ● | | | ● |
| 昌吉回族自治州 | ● | ● | ● | ● | ● | ● |
| 常州 | ● | ● | ● | ● | ● | ● |
| 大庆 | ● | ● | ● | ● | ● | ● |
| 东莞 | ● | ● | ● | ● | ● | ● |
| 东营 | ● | ● | ● | ● | ● | ● |
| 鄂尔多斯 | ● | ● | ● | ● | ● | ● |

| 参评城市 | 2016 | 2017 | 2018 | 2019 | 2020 | 2021 |
|---|---|---|---|---|---|---|
| 佛山 | ● | ● | ● | ● | ● | ● |
| 海西蒙古族藏族自治州 | ● | ● | ● | ● | ● | ● |
| 湖州 | ● | ● | ● | ● | ● | ● |
| 嘉兴 | ● | ● | ● | ● | ● | ● |
| 荆门 | ● | ● | ● | ● | ● | ● |
| 克拉玛依 | ● | ● | ● | ● | ● | ● |
| 连云港 | ● | ● | ● | ● | ● | ● |
| 林芝 | ● | ● | ● | ● | ● | ● |
| 龙岩 | ● | ● | ● | ● | ● | ● |
| 洛阳 | ● | ● | ● | ● | ● | ● |
| 南平 | ● | ● | ● | ● | ● | ● |
| 南通 | ● | ● | ● | ● | ● | ● |
| 泉州 | ● | ● | ● | ● | ● | ● |
| 三明 | ● | ● | ● | ● | ● | ● |
| 绍兴 | ● | ● | ● | ● | ● | ● |
| 苏州 | ● | ● | ● | ● | ● | ● |
| 台州 | ● | ● | ● | ● | ● | ● |
| 唐山 | ● | ● | ● | ● | ● | ● |
| 铜陵 | ● | ● | ● | ● | ● | ● |
| 无锡 | ● | ● | ● | ● | ● | ● |
| 湘潭 | ● | ● | ● | ● | ● | ● |
| 襄阳 | ● | ● | ● | ● | ● | ● |
| 徐州 | ● | ● | ● | ● | ● | ● |
| 许昌 | ● | ● | ● | ● | ● | ● |
| 烟台 | ● | ● | ● | ● | ● | ● |
| 盐城 | ● | ● | ● | ● | ● | ● |
| 宜昌 | ● | ● | ● | ● | ● | ● |
| 鹰潭 | ● | ● | ● | ● | ● | ● |
| 榆林 | ● | ● | ● | ● | ● | ● |
| 岳阳 | ● | ● | ● | ● | ● | ● |
| 漳州 | ● | ● | ● | ● | ● | ● |
| 株洲 | ● | ● | ● | ● | ● | ● |
| 淄博 | ● | ● | ● | ● | ● | ● |

**图2.71　一类地级市2016—2021年住房保障专题指示板**

| 参评城市 | 2016 | 2017 | 2018 | 2019 | 2020 | 2021 |
|---|---|---|---|---|---|---|
| 安阳 | ● | ● | ● | ● | ● | ● |
| 巴音郭楞蒙古自治州 | ● | ● | ● | ● | ● | ● |
| 白山 | ● | ● | ● | ● | ● | ● |
| 宝鸡 | ● | ● | ● | ● | ● | ● |
| 本溪 | ● | ● | ● | ● | ● | ● |
| 郴州 | ● | ● | ● | ● | ● | ● |
| 承德 | ● | ● | ● | ● | ● | ● |
| 赤峰 | ● | ● | ● | ● | ● | ● |
| 德阳 | ● | ● | ● | ● | ● | ● |
| 德州 | ● | ● | ● | ● | ● | ● |
| 抚州 | ● | ● | ● | ● | ● | ● |
| 赣州 | ● | ● | ● | ● | ● | ● |
| 广安 | ● | ● | ● | ● | ● | ● |
| 海南藏族自治州 | ● | ● | ● | ● | ● | ● |
| 邯郸 | ● | ● | ● | ● | ● | ● |
| 鹤壁 | ● | ● | ● | ● | ● | ● |
| 呼伦贝尔 | ● | ● | ● | ● | ● | ● |
| 淮北 | ● | ● | ● | ● | ● | ● |
| 淮南 | ● | ● | ● | ● | ● | ● |
| 黄山 | ● | ● | ● | ● | ● | ● |
| 吉安 | ● | ● | ● | ● | ● | ● |
| 江门 | ● | ● | ● | ● | ● | ● |
| 焦作 | ● | ● | ● | ● | ● | ● |
| 金华 | ● | ● | ● | ● | ● | ● |
| 晋城 | ● | ● | ● | ● | ● | ● |
| 晋中 | ● | ● | ● | ● | ● | ● |
| 酒泉 | ● | ● | ● | ● | ● | ● |
| 廊坊 | ● | ● | ● | ● | ● | ● |
| 乐山 | ● | ● | ● | ● | ● | ● |
| 丽江 | ● | ● | ● | ● | ● | ● |
| 丽水 | ● | ● | ● | ● | ● | ● |
| 辽源 | ● | ● | ● | ● | ● | ● |
| 临沂 | ● | ● | ● | ● | ● | ● |
| 泸州 | ● | ● | ● | ● | ● | ● |
| 眉山 | ● | ● | ● | ● | ● | ● |

| 参评城市 | 2016 | 2017 | 2018 | 2019 | 2020 | 2021 |
|---|---|---|---|---|---|---|
| 南阳 | ● | ● | ● | ● | ● | ● |
| 平顶山 | ● | ● | ● | ● | ● | ● |
| 濮阳 | ● | ● | ● | ● | ● | ● |
| 黔南布依族苗族自治州 | ● | ● | ● | ● | ● | ● |
| 曲靖 | ● | ● | ● | ● | ● | ● |
| 日照 | ● | ● | ● | ● | ● | ● |
| 上饶 | ● | ● | ● | ● | ● | ● |
| 韶关 | ● | ● | ● | ● | ● | ● |
| 朔州 | ● | ● | ● | ● | ● | ● |
| 宿迁 | ● | ● | ● | ● | ● | ● |
| 潍坊 | ● | ● | ● | ● | ● | ● |
| 信阳 | ● | ● | ● | ● | ● | ● |
| 阳泉 | ● | ● | ● | ● | ● | ● |
| 营口 | ● | ● | ● | ● | ● | ● |
| 云浮 | ● | ● | ● | ● | ● | ● |
| 枣庄 | ● | ● | ● | ● | ● | ● |
| 长治 | ● | ● | ● | ● | ● | ● |
| 中卫 | ● | ● | ● | ● | ● | ● |
| 遵义 | ● | ● | ● | ● | ● | ● |

图 2.72　二类地级市 2016—2021 年住房保障专题指示板

| 参评城市 | 2016 | 2017 | 2018 | 2019 | 2020 | 2021 |
|---|---|---|---|---|---|---|
| 固原 | ● | ● | ● | ● | ● | ● |
| 桂林 | ● | ● | ● | ● | ● | ● |
| 黄冈 | ● | ● | ● | ● | ● | ● |
| 临沧 | ● | ● | ● | ● | ● | ● |
| 梅州 | ● | ● | ● | ● | ● | ● |
| 牡丹江 | ● | ● | ● | ● | ● | ● |
| 邵阳 | ● | ● | ● | ● | ● | ● |
| 绥化 | ● | ● | ● | ● | ● | ● |
| 渭南 | ● | ● | ● | ● | ● | ● |

图 2.73　三类地级市 2016—2021 年住房保障专题指示板

| 参评城市 | 2016 | 2017 | 2018 | 2019 | 2020 | 2021 |
|---|---|---|---|---|---|---|
| 毕节 | ● | ● | ● | ● | ● | ● |
| 四平 | ● | ● | ● | ● | ● | ● |
| 天水 | ● | ● | ● | ● | ● | ● |
| 铁岭 | ● | ● | ● | ● | ● | ● |

**图2.74　四类地级市2016—2021年住房保障专题指示板**

（2）公共交通

一类地级市公共交通专题得分差距较大，无锡、常州、东莞和株洲4个城市连续六年稳定为绿色；吉昌回族自治州和林芝2个城市连续六年为红色。从整体上来看，一类地级市公共交通专题得分变化较小，多数城市的评分在稳步上升（见图2.75）。

二类地级市六年间公共交通专题表现主要为黄色和橙色，对比2016年和2021的评分，很多城市（以宝鸡、丽水和平顶山为例）公共交通专题得分显著提升。海南藏族自治州、黔南布依族苗族自治州整体水平保持良好，信阳和南阳还存在进步空间，在2021年有较小改善，巴音郭楞蒙古自治州连续六年表现为红色（见图2.76）。

三类地级市公共交通专题整体表现为橙色，大多数城市得分变化幅度较小。渭南市2016—2021年进步明显，从红色状态迁升至绿色，而邵阳市2021年该专题等级降为红色（见图2.77）。

四类地级市面临财政压力，公共交通网络发展相对落后，指示板主要呈现为橙色和红色，但可以看出毕节、四平和天水2021年在该专题得分出现显著改善（见图2.78）。

各类地级市2016—2021年公共交通专题得分及排名见附表22~25。

| 参评城市 | 2016 | 2017 | 2018 | 2019 | 2020 | 2021 |
|---|---|---|---|---|---|---|
| 包头 | ● | ● | ● | ● | ● | ● |
| 昌吉回族自治州 | ● | ● | ● | ● | ● | ● |

| 参评城市 | 2016 | 2017 | 2018 | 2019 | 2020 | 2021 |
|---|---|---|---|---|---|---|
| 常州 | ● | ● | ● | ● | ● | ● |
| 大庆 | ● | ● | ● | ● | ● | ● |
| 东莞 | ● | ● | ● | ● | ● | ● |
| 东营 | ● | ● | ● | ● | ● | ● |
| 鄂尔多斯 | ● | ● | ● | ● | ● | ● |
| 佛山 | ● | ● | ● | ● | ● | ● |
| 海西蒙古族藏族自治州 | ● | ● | ● | ● | ● | ● |
| 湖州 | ● | ● | ● | ● | ● | ● |
| 嘉兴 | ● | ● | ● | ● | ● | ● |
| 荆门 | ● | ● | ● | ● | ● | ● |
| 克拉玛依 | ● | ● | ● | ● | ● | ● |
| 连云港 | ● | ● | ● | ● | ● | ● |
| 林芝 | ● | ● | ● | ● | ● | ● |
| 龙岩 | ● | ● | ● | ● | ● | ● |
| 洛阳 | ● | ● | ● | ● | ● | ● |
| 南平 | ● | ● | ● | ● | ● | ● |
| 南通 | ● | ● | ● | ● | ● | ● |
| 泉州 | ● | ● | ● | ● | ● | ● |
| 三明 | ● | ● | ● | ● | ● | ● |
| 绍兴 | ● | ● | ● | ● | ● | ● |
| 苏州 | ● | ● | ● | ● | ● | ● |
| 台州 | ● | ● | ● | ● | ● | ● |
| 唐山 | ● | ● | ● | ● | ● | ● |
| 铜陵 | ● | ● | ● | ● | ● | ● |
| 无锡 | ● | ● | ● | ● | ● | ● |
| 湘潭 | ● | ● | ● | ● | ● | ● |
| 襄阳 | ● | ● | ● | ● | ● | ● |
| 徐州 | ● | ● | ● | ● | ● | ● |
| 许昌 | ● | ● | ● | ● | ● | ● |
| 烟台 | ● | ● | ● | ● | ● | ● |
| 盐城 | ● | ● | ● | ● | ● | ● |
| 宜昌 | ● | ● | ● | ● | ● | ● |
| 鹰潭 | ● | ● | ● | ● | ● | ● |
| 榆林 | ● | ● | ● | ● | ● | ● |
| 岳阳 | ● | ● | ● | ● | ● | ● |
| 漳州 | ● | ● | ● | ● | ● | ● |
| 株洲 | ● | ● | ● | ● | ● | ● |
| 淄博 | ● | ● | ● | ● | ● | ● |

**图2.75　一类地级市2016—2021年公共交通专题指示板**

| 参评城市 | 2016 | 2017 | 2018 | 2019 | 2020 | 2021 |
|---|---|---|---|---|---|---|
| 安阳 | ● | ● | ● | ● | ● | ● |
| 巴音郭楞蒙古自治州 | ● | ● | ● | ● | ● | ● |
| 白山 | ● | ● | ● | ● | ● | ● |
| 宝鸡 | ● | ● | ● | ● | ● | ● |
| 本溪 | ● | ● | ● | ● | ● | ● |
| 郴州 | ● | ● | ● | ● | ● | ● |
| 承德 | ● | ● | ● | ● | ● | ● |
| 赤峰 | ● | ● | ● | ● | ● | ● |
| 德阳 | ● | ● | ● | ● | ● | ● |
| 德州 | ● | ● | ● | ● | ● | ● |
| 抚州 | ● | ● | ● | ● | ● | ● |
| 赣州 | ● | ● | ● | ● | ● | ● |
| 广安 | ● | ● | ● | ● | ● | ● |
| 海南藏族自治州 | ● | ● | ● | ● | ● | ● |
| 邯郸 | ● | ● | ● | ● | ● | ● |
| 鹤壁 | ● | ● | ● | ● | ● | ● |
| 呼伦贝尔 | ● | ● | ● | ● | ● | ● |
| 淮北 | ● | ● | ● | ● | ● | ● |
| 淮南 | ● | ● | ● | ● | ● | ● |
| 黄山 | ● | ● | ● | ● | ● | ● |
| 吉安 | ● | ● | ● | ● | ● | ● |
| 江门 | ● | ● | ● | ● | ● | ● |
| 焦作 | ● | ● | ● | ● | ● | ● |
| 金华 | ● | ● | ● | ● | ● | ● |
| 晋城 | ● | ● | ● | ● | ● | ● |
| 晋中 | ● | ● | ● | ● | ● | ● |
| 酒泉 | ● | ● | ● | ● | ● | ● |
| 廊坊 | ● | ● | ● | ● | ● | ● |
| 乐山 | ● | ● | ● | ● | ● | ● |
| 丽江 | ● | ● | ● | ● | ● | ● |
| 丽水 | ● | ● | ● | ● | ● | ● |
| 辽源 | ● | ● | ● | ● | ● | ● |
| 临沂 | ● | ● | ● | ● | ● | ● |
| 泸州 | ● | ● | ● | ● | ● | ● |
| 眉山 | ● | ● | ● | ● | ● | ● |

| 参评城市 | 2016 | 2017 | 2018 | 2019 | 2020 | 2021 |
|---|---|---|---|---|---|---|
| 南阳 | ● | ● | ● | ● | ● | ● |
| 平顶山 | ● | ● | ● | ● | ● | ● |
| 濮阳 | ● | ● | ● | ● | ● | ● |
| 黔南布依族苗族自治州 | ● | ● | ● | ● | ● | ● |
| 曲靖 | ● | ● | ● | ● | ● | ● |
| 日照 | ● | ● | ● | ● | ● | ● |
| 上饶 | ● | ● | ● | ● | ● | ● |
| 韶关 | ● | ● | ● | ● | ● | ● |
| 朔州 | ● | ● | ● | ● | ● | ● |
| 宿迁 | ● | ● | ● | ● | ● | ● |
| 潍坊 | ● | ● | ● | ● | ● | ● |
| 信阳 | ● | ● | ● | ● | ● | ● |
| 阳泉 | ● | ● | ● | ● | ● | ● |
| 营口 | ● | ● | ● | ● | ● | ● |
| 云浮 | ● | ● | ● | ● | ● | ● |
| 枣庄 | ● | ● | ● | ● | ● | ● |
| 长治 | ● | ● | ● | ● | ● | ● |
| 中卫 | ● | ● | ● | ● | ● | ● |
| 遵义 | ● | ● | ● | ● | ● | ● |

图2.76　二类地级市2016—2021年公共交通专题指示板

| 参评城市 | 2016 | 2017 | 2018 | 2019 | 2020 | 2021 |
|---|---|---|---|---|---|---|
| 固原 | ● | ● | ● | ● | ● | ● |
| 桂林 | ● | ● | ● | ● | ● | ● |
| 黄冈 | ● | ● | ● | ● | ● | ● |
| 临沧 | ● | ● | ● | ● | ● | ● |
| 梅州 | ● | ● | ● | ● | ● | ● |
| 牡丹江 | ● | ● | ● | ● | ● | ● |
| 邵阳 | ● | ● | ● | ● | ● | ● |
| 绥化 | ● | ● | ● | ● | ● | ● |
| 渭南 | ● | ● | ● | ● | ● | ● |

图2.77　三类地级市2016—2021年公共交通专题指示板

| 城市 | 2016 | 2017 | 2018 | 2019 | 2020 | 2021 |
|---|---|---|---|---|---|---|
| 毕节 | ● | ● | ● | ● | ● | ● |
| 四平 | ● | ● | ● | ● | ● | ● |
| 天水 | ● | ● | ● | ● | ● | ● |
| 铁岭 | ● | ● | ● | ● | ● | ● |

图2.78　四类地级市2016—2021年公共交通专题指示板

（3）规划管理

一类地级市在规划管理专题指示板主要呈现为绿色，整体发展趋势向好，有12个城市连续六年保持为绿色。海西蒙古族藏族自治州在2019年和2020年得分改善，而2021年又有所回落（见图2.79），需引起一定的重视。

二类地级市在该专题表现良好，呈现明显的上升趋势。6年来仅1个城市（巴音郭楞蒙古自治州）出现红色评级，有9个城市连续六年保持绿色（见图2.80）。

三类地级市在规划管理专题指示板主要呈现为黄色，整体表现相对一类城市和二类城市较差。2016—2021年该类型城市的评分呈现缓慢上升，但2021年渭南、黄冈和邵阳的评分有所下降（见图2.81）。

四类地级市在规划管理专题指示板同样主要为黄色，说明经济和人口规模较小的城市规划管理水平普遍较弱。四类地级市在该专题六年间的评分也反映出其管理能力正在逐步提升（见图2.82）。

各类地级市2016—2021年规划管理专题得分及排名见附表26~29。

| 参评城市 | 2016 | 2017 | 2018 | 2019 | 2020 | 2021 |
|---|---|---|---|---|---|---|
| 包头 | ● | ● | ● | ● | ● | ● |
| 昌吉回族自治州 | ● | ● | ● | ● | ● | ● |
| 常州 | ● | ● | ● | ● | ● | ● |
| 大庆 | ● | ● | ● | ● | ● | ● |

| 参评城市 | 2016 | 2017 | 2018 | 2019 | 2020 | 2021 |
|---|---|---|---|---|---|---|
| 东莞 | ● | ● | ● | ● | ● | ● |
| 东营 | ● | ● | ● | ● | ● | ● |
| 鄂尔多斯 | ● | ● | ● | ● | ● | ● |
| 佛山 | ● | ● | ● | ● | ● | ● |
| 海西蒙古族藏族自治州 | ● | ● | ● | ● | ● | ● |
| 湖州 | ● | ● | ● | ● | ● | ● |
| 嘉兴 | ● | ● | ● | ● | ● | ● |
| 荆门 | ● | ● | ● | ● | ● | ● |
| 克拉玛依 | ● | ● | ● | ● | ● | ● |
| 连云港 | ● | ● | ● | ● | ● | ● |
| 林芝 | ● | ● | ● | ● | ● | ● |
| 龙岩 | ● | ● | ● | ● | ● | ● |
| 洛阳 | ● | ● | ● | ● | ● | ● |
| 南平 | ● | ● | ● | ● | ● | ● |
| 南通 | ● | ● | ● | ● | ● | ● |
| 泉州 | ● | ● | ● | ● | ● | ● |
| 三明 | ● | ● | ● | ● | ● | ● |
| 绍兴 | ● | ● | ● | ● | ● | ● |
| 苏州 | ● | ● | ● | ● | ● | ● |
| 台州 | ● | ● | ● | ● | ● | ● |
| 唐山 | ● | ● | ● | ● | ● | ● |
| 铜陵 | ● | ● | ● | ● | ● | ● |
| 无锡 | ● | ● | ● | ● | ● | ● |
| 湘潭 | ● | ● | ● | ● | ● | ● |
| 襄阳 | ● | ● | ● | ● | ● | ● |
| 徐州 | ● | ● | ● | ● | ● | ● |
| 许昌 | ● | ● | ● | ● | ● | ● |
| 烟台 | ● | ● | ● | ● | ● | ● |
| 盐城 | ● | ● | ● | ● | ● | ● |
| 宜昌 | ● | ● | ● | ● | ● | ● |
| 鹰潭 | ● | ● | ● | ● | ● | ● |
| 榆林 | ● | ● | ● | ● | ● | ● |
| 岳阳 | ● | ● | ● | ● | ● | ● |
| 漳州 | ● | ● | ● | ● | ● | ● |
| 株洲 | ● | ● | ● | ● | ● | ● |
| 淄博 | ● | ● | ● | ● | ● | ● |

图2.79　一类地级市2016—2021年规划管理专题指示板

| 参评城市 | 2016 | 2017 | 2018 | 2019 | 2020 | 2021 |
|---|---|---|---|---|---|---|
| 安阳 | ● | ● | ● | ● | ● | ● |
| 巴音郭楞蒙古自治州 | ● | ● | ● | ● | ● | ● |
| 白山 | ● | ● | ● | ● | ● | ● |
| 宝鸡 | ● | ● | ● | ● | ● | ● |
| 本溪 | ● | ● | ● | ● | ● | ● |
| 郴州 | ● | ● | ● | ● | ● | ● |
| 承德 | ● | ● | ● | ● | ● | ● |
| 赤峰 | ● | ● | ● | ● | ● | ● |
| 德阳 | ● | ● | ● | ● | ● | ● |
| 德州 | ● | ● | ● | ● | ● | ● |
| 抚州 | ● | ● | ● | ● | ● | ● |
| 赣州 | ● | ● | ● | ● | ● | ● |
| 广安 | ● | ● | ● | ● | ● | ● |
| 海南藏族自治州 | ● | ● | ● | ● | ● | ● |
| 邯郸 | ● | ● | ● | ● | ● | ● |
| 鹤壁 | ● | ● | ● | ● | ● | ● |
| 呼伦贝尔 | ● | ● | ● | ● | ● | ● |
| 淮北 | ● | ● | ● | ● | ● | ● |
| 淮南 | ● | ● | ● | ● | ● | ● |
| 黄山 | ● | ● | ● | ● | ● | ● |
| 吉安 | ● | ● | ● | ● | ● | ● |
| 江门 | ● | ● | ● | ● | ● | ● |
| 焦作 | ● | ● | ● | ● | ● | ● |
| 金华 | ● | ● | ● | ● | ● | ● |
| 晋城 | ● | ● | ● | ● | ● | ● |
| 晋中 | ● | ● | ● | ● | ● | ● |
| 酒泉 | ● | ● | ● | ● | ● | ● |
| 廊坊 | ● | ● | ● | ● | ● | ● |
| 乐山 | ● | ● | ● | ● | ● | ● |
| 丽江 | ● | ● | ● | ● | ● | ● |
| 丽水 | ● | ● | ● | ● | ● | ● |
| 辽源 | ● | ● | ● | ● | ● | ● |
| 临沂 | ● | ● | ● | ● | ● | ● |
| 泸州 | ● | ● | ● | ● | ● | ● |
| 眉山 | ● | ● | ● | ● | ● | ● |
| 南阳 | ● | ● | ● | ● | ● | ● |

| 参评城市 | 2016 | 2017 | 2018 | 2019 | 2020 | 2021 |
|---|---|---|---|---|---|---|
| 平顶山 | ● | ● | ● | ● | ● | ● |
| 濮阳 | ● | ● | ● | ● | ● | ● |
| 黔南布依族苗族自治州 | ● | ● | ● | ● | ● | ● |
| 曲靖 | ● | ● | ● | ● | ● | ● |
| 日照 | ● | ● | ● | ● | ● | ● |
| 上饶 | ● | ● | ● | ● | ● | ● |
| 韶关 | ● | ● | ● | ● | ● | ● |
| 朔州 | ● | ● | ● | ● | ● | ● |
| 宿迁 | ● | ● | ● | ● | ● | ● |
| 潍坊 | ● | ● | ● | ● | ● | ● |
| 信阳 | ● | ● | ● | ● | ● | ● |
| 阳泉 | ● | ● | ● | ● | ● | ● |
| 营口 | ● | ● | ● | ● | ● | ● |
| 云浮 | ● | ● | ● | ● | ● | ● |
| 枣庄 | ● | ● | ● | ● | ● | ● |
| 长治 | ● | ● | ● | ● | ● | ● |
| 中卫 | ● | ● | ● | ● | ● | ● |
| 遵义 | ● | ● | ● | ● | ● | ● |

**图2.80　二类地级市2016—2021年规划管理专题指示板**

| 参评城市 | 2016 | 2017 | 2018 | 2019 | 2020 | 2021 |
|---|---|---|---|---|---|---|
| 固原 | ● | ● | ● | ● | ● | ● |
| 桂林 | ● | ● | ● | ● | ● | ● |
| 黄冈 | ● | ● | ● | ● | ● | ● |
| 临沧 | ● | ● | ● | ● | ● | ● |
| 梅州 | ● | ● | ● | ● | ● | ● |
| 牡丹江 | ● | ● | ● | ● | ● | ● |
| 邵阳 | ● | ● | ● | ● | ● | ● |
| 绥化 | ● | ● | ● | ● | ● | ● |
| 渭南 | ● | ● | ● | ● | ● | ● |

**图2.81　三类地级市2016—2021年规划管理专题指示板**

| 参评城市 | 2016 | 2017 | 2018 | 2019 | 2020 | 2021 |
|---|---|---|---|---|---|---|
| 毕节 | ● | ● | ● | ● | ● | ● |
| 四平 | ● | ● | ● | ● | ● | ● |
| 天水 | ● | ● | ● | ● | ● | ● |
| 铁岭 | ● | ● | ● | ● | ● | ● |

**图2.82　四类地级市2016—2021年规划管理专题指示板**

（4）遗产保护

一类地级市在遗产保护专题整体表现欠佳，近年来几乎没有进步，共有15个城市连续6年表现为红色，多集中在经济发达地区。一类地级市中仅有林芝连续六年表现为绿色（见图2.83）。

二类地级市在遗产保护专题指示板主要表现为橙色和红色，有9个城市连续六年表现为红色，集中在经济较发达和老牌工业基地城市，且近两年来评分呈现缓慢下降。黄山、酒泉和海南藏族自治州的表现良好，6年内均呈现绿色（见图2.84）。

三类地级市在遗产保护专题指示板呈现黄色、橙色和红色均匀分布状态，绝大多数城市表现较为稳定，仅有渭南市2021年在遗产保护方面有所突破，等级从橙色升为绿色（见图2.85）。

四类地级市在遗产保护专题表现相对较差，四平和铁岭连续六年指示板等级为红色，毕节与天水连续六年稳定为橙色（见图2.86）。

各类地级市2016—2021年遗产保护专题得分及排名见附表30~33。

| 参评城市 | 2016 | 2017 | 2018 | 2019 | 2020 | 2021 |
|---|---|---|---|---|---|---|
| 包头 | ● | ● | ● | ● | ● | ● |
| 昌吉回族自治州 | ● | ● | ● | ● | ● | ● |
| 常州 | ● | ● | ● | ● | ● | ● |
| 大庆 | ● | ● | ● | ● | ● | ● |
| 东莞 | ● | ● | ● | ● | ● | ● |

| 参评城市 | 2016 | 2017 | 2018 | 2019 | 2020 | 2021 |
|---|---|---|---|---|---|---|
| 东营 | ● | ● | ● | ● | ● | ● |
| 鄂尔多斯 | ● | ● | ● | ● | ● | ● |
| 佛山 | ● | ● | ● | ● | ● | ● |
| 海西蒙古族藏族自治州 | ● | ● | ● | ● | ● | ● |
| 湖州 | ● | ● | ● | ● | ● | ● |
| 嘉兴 | ● | ● | ● | ● | ● | ● |
| 荆门 | ● | ● | ● | ● | ● | ● |
| 克拉玛依 | ● | ● | ● | ● | ● | ● |
| 连云港 | ● | ● | ● | ● | ● | ● |
| 林芝 | ● | ● | ● | ● | ● | ● |
| 龙岩 | ● | ● | ● | ● | ● | ● |
| 洛阳 | ● | ● | ● | ● | ● | ● |
| 南平 | ● | ● | ● | ● | ● | ● |
| 南通 | ● | ● | ● | ● | ● | ● |
| 泉州 | ● | ● | ● | ● | ● | ● |
| 三明 | ● | ● | ● | ● | ● | ● |
| 绍兴 | ● | ● | ● | ● | ● | ● |
| 苏州 | ● | ● | ● | ● | ● | ● |
| 台州 | ● | ● | ● | ● | ● | ● |
| 唐山 | ● | ● | ● | ● | ● | ● |
| 铜陵 | ● | ● | ● | ● | ● | ● |
| 无锡 | ● | ● | ● | ● | ● | ● |
| 湘潭 | ● | ● | ● | ● | ● | ● |
| 襄阳 | ● | ● | ● | ● | ● | ● |
| 徐州 | ● | ● | ● | ● | ● | ● |
| 许昌 | ● | ● | ● | ● | ● | ● |
| 烟台 | ● | ● | ● | ● | ● | ● |
| 盐城 | ● | ● | ● | ● | ● | ● |
| 宜昌 | ● | ● | ● | ● | ● | ● |
| 鹰潭 | ● | ● | ● | ● | ● | ● |
| 榆林 | ● | ● | ● | ● | ● | ● |
| 岳阳 | ● | ● | ● | ● | ● | ● |
| 漳州 | ● | ● | ● | ● | ● | ● |
| 株洲 | ● | ● | ● | ● | ● | ● |
| 淄博 | ● | ● | ● | ● | ● | ● |

**图2.83　一类地级市2016—2021年遗产保护专题指示板**

| 参评城市 | 2016 | 2017 | 2018 | 2019 | 2020 | 2021 |
|---|---|---|---|---|---|---|
| 安阳 | ● | ● | ● | ● | ● | ● |
| 巴音郭楞蒙古自治州 | ● | ● | ● | ● | ● | ● |
| 白山 | ● | ● | ● | ● | ● | ● |
| 宝鸡 | ● | ● | ● | ● | ● | ● |
| 本溪 | ● | ● | ● | ● | ● | ● |
| 郴州 | ● | ● | ● | ● | ● | ● |
| 承德 | ● | ● | ● | ● | ● | ● |
| 赤峰 | ● | ● | ● | ● | ● | ● |
| 德阳 | ● | ● | ● | ● | ● | ● |
| 德州 | ● | ● | ● | ● | ● | ● |
| 抚州 | ● | ● | ● | ● | ● | ● |
| 赣州 | ● | ● | ● | ● | ● | ● |
| 广安 | ● | ● | ● | ● | ● | ● |
| 海南藏族自治州 | ● | ● | ● | ● | ● | ● |
| 邯郸 | ● | ● | ● | ● | ● | ● |
| 鹤壁 | ● | ● | ● | ● | ● | ● |
| 呼伦贝尔 | ● | ● | ● | ● | ● | ● |
| 淮北 | ● | ● | ● | ● | ● | ● |
| 淮南 | ● | ● | ● | ● | ● | ● |
| 黄山 | ● | ● | ● | ● | ● | ● |
| 吉安 | ● | ● | ● | ● | ● | ● |
| 江门 | ● | ● | ● | ● | ● | ● |
| 焦作 | ● | ● | ● | ● | ● | ● |
| 金华 | ● | ● | ● | ● | ● | ● |
| 晋城 | ● | ● | ● | ● | ● | ● |
| 晋中 | ● | ● | ● | ● | ● | ● |
| 酒泉 | ● | ● | ● | ● | ● | ● |
| 廊坊 | ● | ● | ● | ● | ● | ● |
| 乐山 | ● | ● | ● | ● | ● | ● |
| 丽江 | ● | ● | ● | ● | ● | ● |
| 丽水 | ● | ● | ● | ● | ● | ● |
| 辽源 | ● | ● | ● | ● | ● | ● |
| 临沂 | ● | ● | ● | ● | ● | ● |
| 泸州 | ● | ● | ● | ● | ● | ● |
| 眉山 | ● | ● | ● | ● | ● | ● |
| 南阳 | ● | ● | ● | ● | ● | ● |

| 参评城市 | 2016 | 2017 | 2018 | 2019 | 2020 | 2021 |
|---|---|---|---|---|---|---|
| 平顶山 | ● | ● | ● | ● | ● | ● |
| 濮阳 | ● | ● | ● | ● | ● | ● |
| 黔南布依族苗族自治州 | ● | ● | ● | ● | ● | ● |
| 曲靖 | ● | ● | ● | ● | ● | ● |
| 日照 | ● | ● | ● | ● | ● | ● |
| 上饶 | ● | ● | ● | ● | ● | ● |
| 韶关 | ● | ● | ● | ● | ● | ● |
| 朔州 | ● | ● | ● | ● | ● | ● |
| 宿迁 | ● | ● | ● | ● | ● | ● |
| 潍坊 | ● | ● | ● | ● | ● | ● |
| 信阳 | ● | ● | ● | ● | ● | ● |
| 阳泉 | ● | ● | ● | ● | ● | ● |
| 营口 | ● | ● | ● | ● | ● | ● |
| 云浮 | ● | ● | ● | ● | ● | ● |
| 枣庄 | ● | ● | ● | ● | ● | ● |
| 长治 | ● | ● | ● | ● | ● | ● |
| 中卫 | ● | ● | ● | ● | ● | ● |
| 遵义 | ● | ● | ● | ● | ● | ● |

图2.84　二类地级市2016—2021年遗产保护专题指示板

| 参评城市 | 2016 | 2017 | 2018 | 2019 | 2020 | 2021 |
|---|---|---|---|---|---|---|
| 固原 | ● | ● | ● | ● | ● | ● |
| 桂林 | ● | ● | ● | ● | ● | ● |
| 黄冈 | ● | ● | ● | ● | ● | ● |
| 临沧 | ● | ● | ● | ● | ● | ● |
| 梅州 | ● | ● | ● | ● | ● | ● |
| 牡丹江 | ● | ● | ● | ● | ● | ● |
| 邵阳 | ● | ● | ● | ● | ● | ● |
| 绥化 | ● | ● | ● | ● | ● | ● |
| 渭南 | ● | ● | ● | ● | ● | ● |

图2.85　三类地级市2016—2021年遗产保护专题指示板

| 参评城市 | 2016 | 2017 | 2018 | 2019 | 2020 | 2021 |
|---|---|---|---|---|---|---|
| 毕节 | ● | ● | ● | ● | ● | ● |
| 四平 | ● | ● | ● | ● | ● | ● |
| 天水 | ● | ● | ● | ● | ● | ● |
| 铁岭 | ● | ● | ● | ● | ● | ● |

图2.86　四类地级市2016—2021年遗产保护专题指示板

## （5）防灾减灾

在防灾减灾专题，地级市整体表现良好，绝大多数城市指示板表现为绿色。在所有参评地级市中，共有49个城市连续六年指示板表现为绿色。三类城市的表现明显优于其他类型城市，连续六年保持绿色的城市占比超过60%（见图2.87~图2.90）。

本专题中大多数城市评分变化缓慢，整体呈逐步变好的趋势，但有小部分城市（如包头、唐山、榆林、本溪等）在2021年评分下降。部分城市近年来着重加强防灾减灾基础设施建设，反映在该专题的评分快速提升（如海南藏族自治州）。

各类地级市2016—2021年防灾减灾专题得分及排名见附表34~37。

| 参评城市 | 2016 | 2017 | 2018 | 2019 | 2020 | 2021 |
|---|---|---|---|---|---|---|
| 包头 | ● | ● | ● | ● | ● | ● |
| 昌吉回族自治州 | ● | ● | ● | ● | ● | ● |
| 常州 | ● | ● | ● | ● | ● | ● |
| 大庆 | ● | ● | ● | ● | ● | ● |
| 东莞 | ● | ● | ● | ● | ● | ● |
| 东营 | ● | ● | ● | ● | ● | ● |
| 鄂尔多斯 | ● | ● | ● | ● | ● | ● |
| 佛山 | ● | ● | ● | ● | ● | ● |
| 海西蒙古族藏族自治州 | ● | ● | ● | ● | ● | ● |
| 湖州 | ● | ● | ● | ● | ● | ● |

| 参评城市 | 2016 | 2017 | 2018 | 2019 | 2020 | 2021 |
|---|---|---|---|---|---|---|
| 嘉兴 | ● | ● | ● | ● | ● | ● |
| 荆门 | ● | ● | ● | ● | ● | ● |
| 克拉玛依 | ● | ● | ● | ● | ● | ● |
| 连云港 | ● | ● | ● | ● | ● | ● |
| 林芝 | ● | ● | ● | ● | ● | ● |
| 龙岩 | ● | ● | ● | ● | ● | ● |
| 洛阳 | ● | ● | ● | ● | ● | ● |
| 南平 | ● | ● | ● | ● | ● | ● |
| 南通 | ● | ● | ● | ● | ● | ● |
| 泉州 | ● | ● | ● | ● | ● | ● |
| 三明 | ● | ● | ● | ● | ● | ● |
| 绍兴 | ● | ● | ● | ● | ● | ● |
| 苏州 | ● | ● | ● | ● | ● | ● |
| 台州 | ● | ● | ● | ● | ● | ● |
| 唐山 | ● | ● | ● | ● | ● | ● |
| 铜陵 | ● | ● | ● | ● | ● | ● |
| 无锡 | ● | ● | ● | ● | ● | ● |
| 湘潭 | ● | ● | ● | ● | ● | ● |
| 襄阳 | ● | ● | ● | ● | ● | ● |
| 徐州 | ● | ● | ● | ● | ● | ● |
| 许昌 | ● | ● | ● | ● | ● | ● |
| 烟台 | ● | ● | ● | ● | ● | ● |
| 盐城 | ● | ● | ● | ● | ● | ● |
| 宜昌 | ● | ● | ● | ● | ● | ● |
| 鹰潭 | ● | ● | ● | ● | ● | ● |
| 榆林 | ● | ● | ● | ● | ● | ● |
| 岳阳 | ● | ● | ● | ● | ● | ● |
| 漳州 | ● | ● | ● | ● | ● | ● |
| 株洲 | ● | ● | ● | ● | ● | ● |
| 淄博 | ● | ● | ● | ● | ● | ● |

图2.87　一类地级市2016—2021年防灾减灾专题指示板

| 参评城市 | 2016 | 2017 | 2018 | 2019 | 2020 | 2021 |
|---|---|---|---|---|---|---|
| 安阳 | ● | ● | ● | ● | ● | ● |
| 巴音郭楞蒙古自治州 | ● | ● | ● | ● | ● | ● |
| 白山 | ● | ● | ● | ● | ● | ● |
| 宝鸡 | ● | ● | ● | ● | ● | ● |
| 本溪 | ● | ● | ● | ● | ● | ● |
| 郴州 | ● | ● | ● | ● | ● | ● |
| 承德 | ● | ● | ● | ● | ● | ● |
| 赤峰 | ● | ● | ● | ● | ● | ● |
| 德阳 | ● | ● | ● | ● | ● | ● |
| 德州 | ● | ● | ● | ● | ● | ● |
| 抚州 | ● | ● | ● | ● | ● | ● |
| 赣州 | ● | ● | ● | ● | ● | ● |
| 广安 | ● | ● | ● | ● | ● | ● |
| 海南藏族自治州 | ● | ● | ● | ● | ● | ● |
| 邯郸 | ● | ● | ● | ● | ● | ● |
| 鹤壁 | ● | ● | ● | ● | ● | ● |
| 呼伦贝尔 | ● | ● | ● | ● | ● | ● |
| 淮北 | ● | ● | ● | ● | ● | ● |
| 淮南 | ● | ● | ● | ● | ● | ● |
| 黄山 | ● | ● | ● | ● | ● | ● |
| 吉安 | ● | ● | ● | ● | ● | ● |
| 江门 | ● | ● | ● | ● | ● | ● |
| 焦作 | ● | ● | ● | ● | ● | ● |
| 金华 | ● | ● | ● | ● | ● | ● |
| 晋城 | ● | ● | ● | ● | ● | ● |
| 晋中 | ● | ● | ● | ● | ● | ● |
| 酒泉 | ● | ● | ● | ● | ● | ● |
| 廊坊 | ● | ● | ● | ● | ● | ● |
| 乐山 | ● | ● | ● | ● | ● | ● |
| 丽江 | ● | ● | ● | ● | ● | ● |
| 丽水 | ● | ● | ● | ● | ● | ● |
| 辽源 | ● | ● | ● | ● | ● | ● |
| 临沂 | ● | ● | ● | ● | ● | ● |
| 泸州 | ● | ● | ● | ● | ● | ● |
| 眉山 | ● | ● | ● | ● | ● | ● |
| 南阳 | ● | ● | ● | ● | ● | ● |

| 参评城市 | 2016 | 2017 | 2018 | 2019 | 2020 | 2021 |
|---|---|---|---|---|---|---|
| 平顶山 | ● | ● | ● | ● | ● | ● |
| 濮阳 | ● | ● | ● | ● | ● | ● |
| 黔南布依族苗族自治州 | ● | ● | ● | ● | ● | ● |
| 曲靖 | ● | ● | ● | ● | ● | ● |
| 日照 | ● | ● | ● | ● | ● | ● |
| 上饶 | ● | ● | ● | ● | ● | ● |
| 韶关 | ● | ● | ● | ● | ● | ● |
| 朔州 | ● | ● | ● | ● | ● | ● |
| 宿迁 | ● | ● | ● | ● | ● | ● |
| 潍坊 | ● | ● | ● | ● | ● | ● |
| 信阳 | ● | ● | ● | ● | ● | ● |
| 阳泉 | ● | ● | ● | ● | ● | ● |
| 营口 | ● | ● | ● | ● | ● | ● |
| 云浮 | ● | ● | ● | ● | ● | ● |
| 枣庄 | ● | ● | ● | ● | ● | ● |
| 长治 | ● | ● | ● | ● | ● | ● |
| 中卫 | ● | ● | ● | ● | ● | ● |
| 遵义 | ● | ● | ● | ● | ● | ● |

图2.88　二类地级市2016—2021年防灾减灾专题指示板

| 参评城市 | 2016 | 2017 | 2018 | 2019 | 2020 | 2021 |
|---|---|---|---|---|---|---|
| 固原 | ● | ● | ● | ● | ● | ● |
| 桂林 | ● | ● | ● | ● | ● | ● |
| 黄冈 | ● | ● | ● | ● | ● | ● |
| 临沧 | ● | ● | ● | ● | ● | ● |
| 梅州 | ● | ● | ● | ● | ● | ● |
| 牡丹江 | ● | ● | ● | ● | ● | ● |
| 邵阳 | ● | ● | ● | ● | ● | ● |
| 绥化 | ● | ● | ● | ● | ● | ● |
| 渭南 | ● | ● | ● | ● | ● | ● |

图2.89　三类地级市2016—2021年防灾减灾专题指示板

| 参评城市 | 2016 | 2017 | 2018 | 2019 | 2020 | 2021 |
|---|---|---|---|---|---|---|
| 毕节 | ● | ● | ● | ● | ● | ● |
| 四平 | ● | ● | ● | ● | ● | ● |
| 天水 | ● | ● | ● | ● | ● | ● |
| 铁岭 | ● | ● | ● | ● | ● | ● |

**图2.90　四类地级市2016—2021年防灾减灾专题指示板**

（6）环境改善

在环境改善专题，地级市整体表现良好，绝大多数城市指示板表现为绿色和黄色。三类地级市的表现明显优于其他类型城市，连续六年保持绿色的城市占比接近半数（见图2.91~图2.94）。

近年来我国地级市生态环境质量整体呈向好发展的趋势，2016—2021年大部分城市评分得到显著提升。部分城市近年来着重加强环境建设，反映在该专题的评分快速提升（如许昌、德阳、乐山、眉山、南阳、四平等）。

各类地级市2016—2021年环境改善专题得分及排名见附表38~41。

| 参评城市 | 2016 | 2017 | 2018 | 2019 | 2020 | 2021 |
|---|---|---|---|---|---|---|
| 包头 | ● | ● | ● | ● | ● | ● |
| 昌吉回族自治州 | ● | ● | ● | ● | ● | ● |
| 常州 | ● | ● | ● | ● | ● | ● |
| 大庆 | ● | ● | ● | ● | ● | ● |
| 东莞 | ● | ● | ● | ● | ● | ● |
| 东营 | ● | ● | ● | ● | ● | ● |
| 鄂尔多斯 | ● | ● | ● | ● | ● | ● |
| 佛山 | ● | ● | ● | ● | ● | ● |
| 海西蒙古族藏族自治州 | ● | ● | ● | ● | ● | ● |
| 湖州 | ● | ● | ● | ● | ● | ● |
| 嘉兴 | ● | ● | ● | ● | ● | ● |
| 荆门 | ● | ● | ● | ● | ● | ● |
| 克拉玛依 | ● | ● | ● | ● | ● | ● |

| 参评城市 | 2016 | 2017 | 2018 | 2019 | 2020 | 2021 |
|---|---|---|---|---|---|---|
| 连云港 | ● | ● | ● | ● | ● | ● |
| 林芝 | ● | ● | ● | ● | ● | ● |
| 龙岩 | ● | ● | ● | ● | ● | ● |
| 洛阳 | ● | ● | ● | ● | ● | ● |
| 南平 | ● | ● | ● | ● | ● | ● |
| 南通 | ● | ● | ● | ● | ● | ● |
| 泉州 | ● | ● | ● | ● | ● | ● |
| 三明 | ● | ● | ● | ● | ● | ● |
| 绍兴 | ● | ● | ● | ● | ● | ● |
| 苏州 | ● | ● | ● | ● | ● | ● |
| 台州 | ● | ● | ● | ● | ● | ● |
| 唐山 | ● | ● | ● | ● | ● | ● |
| 铜陵 | ● | ● | ● | ● | ● | ● |
| 无锡 | ● | ● | ● | ● | ● | ● |
| 湘潭 | ● | ● | ● | ● | ● | ● |
| 襄阳 | ● | ● | ● | ● | ● | ● |
| 徐州 | ● | ● | ● | ● | ● | ● |
| 许昌 | ● | ● | ● | ● | ● | ● |
| 烟台 | ● | ● | ● | ● | ● | ● |
| 盐城 | ● | ● | ● | ● | ● | ● |
| 宜昌 | ● | ● | ● | ● | ● | ● |
| 鹰潭 | ● | ● | ● | ● | ● | ● |
| 榆林 | ● | ● | ● | ● | ● | ● |
| 岳阳 | ● | ● | ● | ● | ● | ● |
| 漳州 | ● | ● | ● | ● | ● | ● |
| 株洲 | ● | ● | ● | ● | ● | ● |
| 淄博 | ● | ● | ● | ● | ● | ● |

**图2.91　一类地级市2016—2021年环境改善专题指示板**

| 参评城市 | 2016 | 2017 | 2018 | 2019 | 2020 | 2021 |
|---|---|---|---|---|---|---|
| 安阳 | ● | ● | ● | ● | ● | ● |
| 巴音郭楞蒙古自治州 | ● | ● | ● | ● | ● | ● |
| 白山 | ● | ● | ● | ● | ● | ● |
| 宝鸡 | ● | ● | ● | ● | ● | ● |
| 本溪 | ● | ● | ● | ● | ● | ● |
| 郴州 | ● | ● | ● | ● | ● | ● |
| 承德 | ● | ● | ● | ● | ● | ● |
| 赤峰 | ● | ● | ● | ● | ● | ● |
| 德阳 | ● | ● | ● | ● | ● | ● |
| 德州 | ● | ● | ● | ● | ● | ● |
| 抚州 | ● | ● | ● | ● | ● | ● |
| 赣州 | ● | ● | ● | ● | ● | ● |
| 广安 | ● | ● | ● | ● | ● | ● |
| 海南藏族自治州 | ● | ● | ● | ● | ● | ● |
| 邯郸 | ● | ● | ● | ● | ● | ● |
| 鹤壁 | ● | ● | ● | ● | ● | ● |
| 呼伦贝尔 | ● | ● | ● | ● | ● | ● |
| 淮北 | ● | ● | ● | ● | ● | ● |
| 淮南 | ● | ● | ● | ● | ● | ● |
| 黄山 | ● | ● | ● | ● | ● | ● |
| 吉安 | ● | ● | ● | ● | ● | ● |
| 江门 | ● | ● | ● | ● | ● | ● |
| 焦作 | ● | ● | ● | ● | ● | ● |
| 金华 | ● | ● | ● | ● | ● | ● |
| 晋城 | ● | ● | ● | ● | ● | ● |
| 晋中 | ● | ● | ● | ● | ● | ● |
| 酒泉 | ● | ● | ● | ● | ● | ● |
| 廊坊 | ● | ● | ● | ● | ● | ● |
| 乐山 | ● | ● | ● | ● | ● | ● |
| 丽江 | ● | ● | ● | ● | ● | ● |
| 丽水 | ● | ● | ● | ● | ● | ● |
| 辽源 | ● | ● | ● | ● | ● | ● |
| 临沂 | ● | ● | ● | ● | ● | ● |
| 泸州 | ● | ● | ● | ● | ● | ● |
| 眉山 | ● | ● | ● | ● | ● | ● |
| 南阳 | ● | ● | ● | ● | ● | ● |

| 参评城市 | 2016 | 2017 | 2018 | 2019 | 2020 | 2021 |
|---|---|---|---|---|---|---|
| 平顶山 | ● | ● | ● | ● | ● | ● |
| 濮阳 | ● | ● | ● | ● | ● | ● |
| 黔南布依族苗族自治州 | ● | ● | ● | ● | ● | ● |
| 曲靖 | ● | ● | ● | ● | ● | ● |
| 日照 | ● | ● | ● | ● | ● | ● |
| 上饶 | ● | ● | ● | ● | ● | ● |
| 韶关 | ● | ● | ● | ● | ● | ● |
| 朔州 | ● | ● | ● | ● | ● | ● |
| 宿迁 | ● | ● | ● | ● | ● | ● |
| 潍坊 | ● | ● | ● | ● | ● | ● |
| 信阳 | ● | ● | ● | ● | ● | ● |
| 阳泉 | ● | ● | ● | ● | ● | ● |
| 营口 | ● | ● | ● | ● | ● | ● |
| 云浮 | ● | ● | ● | ● | ● | ● |
| 枣庄 | ● | ● | ● | ● | ● | ● |
| 长治 | ● | ● | ● | ● | ● | ● |
| 中卫 | ● | ● | ● | ● | ● | ● |
| 遵义 | ● | ● | ● | ● | ● | ● |

图 2.92　二类地级市 2016—2021 年环境改善专题指示板

| 参评城市 | 2016 | 2017 | 2018 | 2019 | 2020 | 2021 |
|---|---|---|---|---|---|---|
| 固原 | ● | ● | ● | ● | ● | ● |
| 桂林 | ● | ● | ● | ● | ● | ● |
| 黄冈 | ● | ● | ● | ● | ● | ● |
| 临沧 | ● | ● | ● | ● | ● | ● |
| 梅州 | ● | ● | ● | ● | ● | ● |
| 牡丹江 | ● | ● | ● | ● | ● | ● |
| 邵阳 | ● | ● | ● | ● | ● | ● |
| 绥化 | ● | ● | ● | ● | ● | ● |
| 渭南 | ● | ● | ● | ● | ● | ● |

图 2.93　三类地级市 2016—2021 年环境改善专题指示板

| 参评城市 | 2016 | 2017 | 2018 | 2019 | 2020 | 2021 |
|---|---|---|---|---|---|---|
| 毕节 | ● | ● | ● | ● | ● | ● |
| 四平 | ● | ● | ● | ● | ● | ● |
| 天水 | ● | ● | ● | ● | ● | ● |
| 铁岭 | ● | ● | ● | ● | ● | ● |

图2.94　四类地级市2016—2021年环境改善专题指示板

（7）公共空间

在公共空间专题，地级市整体表现较为薄弱，一类地级市表现优于其他类型城市，指示板为绿色、黄色的城市比例较高。大多数参评地级市在该专题整体表现并不理想，连续多年指示板等级为橙色或红色。多年连续评估结果为红色的城市主要集中在二、三、四类城市。纵观2016—2021年，一、二类地级市在该专题的表现相对较好，但是近几年评分进步幅度非常缓慢，部分城市甚至出现评分倒退的现象。而三、四类地级市整体表现水平较差，但是近几年评分进步幅度较大，有望在未来得到明显改善（图2.95~图2.98）。

各类地级市2016—2021年公共空间专题得分及排名见附表42~45。

| 参评城市 | 2016 | 2017 | 2018 | 2019 | 2020 | 2021 |
|---|---|---|---|---|---|---|
| 包头 | ● | ● | ● | ● | ● | ● |
| 昌吉回族自治州 | ● | ● | ● | ● | ● | ● |
| 常州 | ● | ● | ● | ● | ● | ● |
| 大庆 | ● | ● | ● | ● | ● | ● |
| 东莞 | ● | ● | ● | ● | ● | ● |
| 东营 | ● | ● | ● | ● | ● | ● |
| 鄂尔多斯 | ● | ● | ● | ● | ● | ● |
| 佛山 | ● | ● | ● | ● | ● | ● |
| 海西蒙古族藏族自治州 | ● | ● | ● | ● | ● | ● |
| 湖州 | ● | ● | ● | ● | ● | ● |
| 嘉兴 | ● | ● | ● | ● | ● | ● |

| 参评城市 | 2016 | 2017 | 2018 | 2019 | 2020 | 2021 |
|---|---|---|---|---|---|---|
| 荆门 | ● | ● | ● | ● | ● | ● |
| 克拉玛依 | ● | ● | ● | ● | ● | ● |
| 连云港 | ● | ● | ● | ● | ● | ● |
| 林芝 | ● | ● | ● | ● | ● | ● |
| 龙岩 | ● | ● | ● | ● | ● | ● |
| 洛阳 | ● | ● | ● | ● | ● | ● |
| 南平 | ● | ● | ● | ● | ● | ● |
| 南通 | ● | ● | ● | ● | ● | ● |
| 泉州 | ● | ● | ● | ● | ● | ● |
| 三明 | ● | ● | ● | ● | ● | ● |
| 绍兴 | ● | ● | ● | ● | ● | ● |
| 苏州 | ● | ● | ● | ● | ● | ● |
| 台州 | ● | ● | ● | ● | ● | ● |
| 唐山 | ● | ● | ● | ● | ● | ● |
| 铜陵 | ● | ● | ● | ● | ● | ● |
| 无锡 | ● | ● | ● | ● | ● | ● |
| 湘潭 | ● | ● | ● | ● | ● | ● |
| 襄阳 | ● | ● | ● | ● | ● | ● |
| 徐州 | ● | ● | ● | ● | ● | ● |
| 许昌 | ● | ● | ● | ● | ● | ● |
| 烟台 | ● | ● | ● | ● | ● | ● |
| 盐城 | ● | ● | ● | ● | ● | ● |
| 宜昌 | ● | ● | ● | ● | ● | ● |
| 鹰潭 | ● | ● | ● | ● | ● | ● |
| 榆林 | ● | ● | ● | ● | ● | ● |
| 岳阳 | ● | ● | ● | ● | ● | ● |
| 漳州 | ● | ● | ● | ● | ● | ● |
| 株洲 | ● | ● | ● | ● | ● | ● |
| 淄博 | ● | ● | ● | ● | ● | ● |

图2.95　一类地级市2016—2021年公共空间专题指示板

| 参评城市 | 2016 | 2017 | 2018 | 2019 | 2020 | 2021 |
|---|---|---|---|---|---|---|
| 安阳 | ● | ● | ● | ● | ● | ● |
| 巴音郭楞蒙古自治州 | ● | ● | ● | ● | ● | ● |
| 白山 | ● | ● | ● | ● | ● | ● |
| 宝鸡 | ● | ● | ● | ● | ● | ● |
| 本溪 | ● | ● | ● | ● | ● | ● |
| 郴州 | ● | ● | ● | ● | ● | ● |
| 承德 | ● | ● | ● | ● | ● | ● |
| 赤峰 | ● | ● | ● | ● | ● | ● |
| 德阳 | ● | ● | ● | ● | ● | ● |
| 德州 | ● | ● | ● | ● | ● | ● |
| 抚州 | ● | ● | ● | ● | ● | ● |
| 赣州 | ● | ● | ● | ● | ● | ● |
| 广安 | ● | ● | ● | ● | ● | ● |
| 海南藏族自治州 | ● | ● | ● | ● | ● | ● |
| 邯郸 | ● | ● | ● | ● | ● | ● |
| 鹤壁 | ● | ● | ● | ● | ● | ● |
| 呼伦贝尔 | ● | ● | ● | ● | ● | ● |
| 淮北 | ● | ● | ● | ● | ● | ● |
| 淮南 | ● | ● | ● | ● | ● | ● |
| 黄山 | ● | ● | ● | ● | ● | ● |
| 吉安 | ● | ● | ● | ● | ● | ● |
| 江门 | ● | ● | ● | ● | ● | ● |
| 焦作 | ● | ● | ● | ● | ● | ● |
| 金华 | ● | ● | ● | ● | ● | ● |
| 晋城 | ● | ● | ● | ● | ● | ● |
| 晋中 | ● | ● | ● | ● | ● | ● |
| 酒泉 | ● | ● | ● | ● | ● | ● |
| 廊坊 | ● | ● | ● | ● | ● | ● |
| 乐山 | ● | ● | ● | ● | ● | ● |
| 丽江 | ● | ● | ● | ● | ● | ● |
| 丽水 | ● | ● | ● | ● | ● | ● |
| 辽源 | ● | ● | ● | ● | ● | ● |
| 临沂 | ● | ● | ● | ● | ● | ● |
| 泸州 | ● | ● | ● | ● | ● | ● |
| 眉山 | ● | ● | ● | ● | ● | ● |
| 南阳 | ● | ● | ● | ● | ● | ● |

| 参评城市 | 2016 | 2017 | 2018 | 2019 | 2020 | 2021 |
|---|---|---|---|---|---|---|
| 平顶山 | ● | ● | ● | ● | ● | ● |
| 濮阳 | ● | ● | ● | ● | ● | ● |
| 黔南布依族苗族自治州 | ● | ● | ● | ● | ● | ● |
| 曲靖 | ● | ● | ● | ● | ● | ● |
| 日照 | ● | ● | ● | ● | ● | ● |
| 上饶 | ● | ● | ● | ● | ● | ● |
| 韶关 | ● | ● | ● | ● | ● | ● |
| 朔州 | ● | ● | ● | ● | ● | ● |
| 宿迁 | ● | ● | ● | ● | ● | ● |
| 潍坊 | ● | ● | ● | ● | ● | ● |
| 信阳 | ● | ● | ● | ● | ● | ● |
| 阳泉 | ● | ● | ● | ● | ● | ● |
| 营口 | ● | ● | ● | ● | ● | ● |
| 云浮 | ● | ● | ● | ● | ● | ● |
| 枣庄 | ● | ● | ● | ● | ● | ● |
| 长治 | ● | ● | ● | ● | ● | ● |
| 中卫 | ● | ● | ● | ● | ● | ● |
| 遵义 | ● | ● | ● | ● | ● | ● |

图2.96 二类地级市2016—2021年公共空间专题指示板

| 参评城市 | 2016 | 2017 | 2018 | 2019 | 2020 | 2021 |
|---|---|---|---|---|---|---|
| 固原 | ● | ● | ● | ● | ● | ● |
| 桂林 | ● | ● | ● | ● | ● | ● |
| 黄冈 | ● | ● | ● | ● | ● | ● |
| 临沧 | ● | ● | ● | ● | ● | ● |
| 梅州 | ● | ● | ● | ● | ● | ● |
| 牡丹江 | ● | ● | ● | ● | ● | ● |
| 邵阳 | ● | ● | ● | ● | ● | ● |
| 绥化 | ● | ● | ● | ● | ● | ● |
| 渭南 | ● | ● | ● | ● | ● | ● |

图2.97 三类地级市2016—2021年公共空间专题指示板

| 参评城市 | 2016 | 2017 | 2018 | 2019 | 2020 | 2021 |
|---|---|---|---|---|---|---|
| 毕节 | ● | ● | ● | ● | ● | ● |
| 四平 | ● | ● | ● | ● | ● | ● |
| 天水 | ● | ● | ● | ● | ● | ● |
| 铁岭 | ● | ● | ● | ● | ● | ● |

图2.98 四类地级市2016—2021年公共空间专题指示板

# 第三篇 实践案例

## 3.1 国家可持续发展议程创新示范区通过发展竹木结构产业助力"双碳"目标实现

竹材和木材属于天然可再生、可降解的材料，也是公认的绿色可持续的建筑材料。联合国粮农组织林业司司长伊娃穆勒表示"木材合理利用将有助于实现《2030年可持续发展议程》中的多项目标"。

竹材和木材的生产利用是实现森林可持续经营的重要环节[1]，遵循了联合国《新城市议程》14.（c）"可持续地利用土地和资源，推广可持续消费和生产模式"指导思想。竹木结构建筑天然具备装配性、宜居性，符合SDG11.b提出的"资源使用效率高""减缓和适应气候变化"的人类住区要求。竹材和木材还是天然的固碳材料，在建筑中加大使用竹材和木材、减少高碳排放建筑材料的比例，能有效减少建筑物全生命周期的碳排放量。

为应对气候变化、落实《2030年可持续发展议程》目标11（可持续城市和社区），发达国家和地区已将木建筑作为减排的重要手段，围绕增加木材利用、推广木建筑建造等制定可执行政策。

日本2021年10月通过《公共建筑物等木材利用促进法》修订案，出台《促进建筑用木材利用的基本方针》等配套政策，旨在提高普通建筑物中的木材利用率，日本公共建筑物木结构率近10年来增长了6个百分点。在各类政策刺激下，2021年欧洲木建筑项目数量和规模出现

双增长，多层木建筑市场以每年约8%的速度增长。俄罗斯视木建筑发展为国家重大战略任务，拟制定"地方木结构建筑发展刺激计划"，提高木建筑比例。北欧国家提出通过立法加快木建筑发展步伐。芬兰通过实施木建筑促进项目，力争到2025年实现木质建筑材料使用比例达到45%的目标。法国推出投资计划，鼓励木材工业发展，以实现到2022年木质建筑材料使用比例达到50%的目标。德国通过木结构建筑促进项目，推进城市木建筑住宅区建设。瑞典从2022年起将强制实施建筑物"环境证书"制度。美国、加拿大修订建筑建造规范，允许高层木建筑建设（图3.1）。

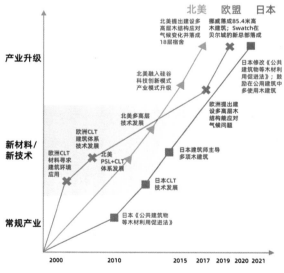

**图3.1 北美、欧盟、日本推动木建筑产业发展脉络示意**

---

[1] 张勇.森林可持续经营理念下的森林经营管理措施探析[J].林业科技情报，2021，53（2）：26-27+31.

为应对气候变化，世界共谋发展低碳经济、绿色经济，发展壮大现代木结构建筑产业将是低碳经济发展的重要支撑，中国也正积极推动自身的竹木结构建筑产业良性发展。

当前，我国的生态文明建设以绿色转型、减污降碳为重点战略方向，建筑领域正处于低碳转型期[1]。竹木结构建筑具有优良的低碳性。《木结构建筑全寿命排放计算研究报告》[2]表明，木结构建筑可以带动建材生产阶段的碳排放降低48.9%~94.7%，带动建筑物全寿命周期减排幅度达8.6%~13.7%。在国家"双碳"目标推动下，竹木结构建筑将有广大的发展前景。

和传统木构营造技艺不同，现代竹木结构技术利用最新科技手段，将劣材、小材，经过层压、胶合、金属连接件等工艺，整体结构性能远超古建技术。在此基础上，竹木结构技术融入了保温、隔热、防潮、防火、防霉等现代构造工艺，竹木结构建筑既兼顾了传统建筑美学和自然质感，又具备优良的性能，舒适度高，是一种与自然共生、生态宜居的建筑形式。竹木结构建筑产品应用范围广，包括但不限于仿古建筑、现代园林配套设施、休闲度假木屋、低多层住宅和办公、单层或低层大跨度公建等。

竹木结构产业的低碳、低能耗、低排放等特点，有助于建立生态系统自我修复能力范围内的可持续的消费和生产模式，创造体面的工作岗位，实现在城市、近郊和竹林资源丰富的乡村地区之间建立积极的经济、社会和环境联系。

为推动中国竹木结构产业发展，中国在"十三五"期间全面部署多项激励政策，引导竹木结构产业升级和技术创新。

从第21届联合国气候变化大会上习近平主席指出："中国将把生态文明建设作为'十三五'规划重要内容"开始，国家部署了一系列建筑领域的"生态文明建设"政策，将发展建筑工业化、建筑产业现代化、推广绿色建材、实施装配式和绿色建筑、打造低碳智能建造等逐一写入政府工作重点内容，形成人与自然和谐发展的新格局。经过国务院、国家发展改革委、工业和信息化部、住房和城乡建设部、国家林业和草原局等国家机关颁布国家相关政策，各省住房和城乡建设厅，省林业局根据中央和部委的精神，再颁布各地方的政策。国家和地方的多部门协同促进，使得现代竹木结构产业得到良好的发展。

2015年9月工业和信息化部和住房和城乡建设部印发《促进绿色建材生产和应用行动方案的通知》提出推广城镇木结构建筑应用，在特色地区、旅游度假区重点推广木结构，在经济发达地区的农村自建住宅、新农村居民地建设中重点推进木结构农房建设，鼓励在竹资源丰富地区发展竹制建材和竹结构建筑。2016年2月，国家林业局颁布《关于大力推进森林体验和森林养生发展的通知》，提出采用木结构建筑对森林的影响最小，与森林环境最为协调，在森林体验和养生中大有作为。2017年4月，住房和城乡建设部发布《建筑业发展"十三五"规划》，提出在具备条件的地方倡导发展现代木结构，鼓励景区、农村建筑推广现代木结构。2018年3月，住房和城乡建设部建筑节能与科技司颁布《住房城乡建设部建筑节能与科技司2018年工作要点》，提出推动新时代高质量绿色建筑发展，稳步推进装配式建筑发展，加快绿色建材评价认证和推广应用。

[1] 孟昊杰.装配式建筑施工碳排放计算及影响因素研究[D].西南交通大学，2018.

[2] 中国建筑科学研究院.木结构建筑全寿命排放计算研究报告[R].北京，2019.

2019年10月，国家市场监督管理总局、住房和城乡建设部、工业和信息化部公开发布了《绿色建材产品认证实施方案》[1]（图3.2、表3.1）。

在各项政策的大力推动下，中国竹木结构及相关产业实现了快速发展，并取得了阶段性成绩。

竹木结构建筑市场迅速扩大。2016年竹木

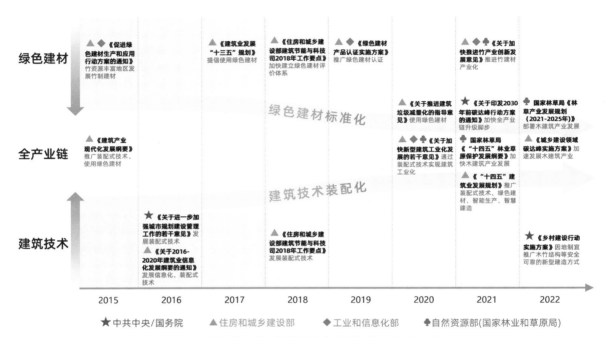

图3.2　国家推动竹木结构及产业发展相关政策脉络示意

国家推动竹木结构及产业发展的相关政策摘录　　　　　　　　　　表3.1

| 时间 | 政策 | 相关内容 |
|---|---|---|
| 2015年9月 | 工业和信息化部和住房和城乡建设部《促进绿色建材生产和应用行动方案的通知》 | 推广城镇木结构建筑应用，在特色地区、旅游度假区重点推广木结构，在经济发达地区的农村自建住宅、新农村居民的建设中重点推进木结构农房建设，鼓励在竹资源丰富地区发展竹制建材和竹结构建筑 |
| 2015年11月 | 住房和城乡建设部《建筑产业现代化发展纲要》 | 到2020年装配式建筑占新建建筑的比例20%以上，2025年占新建建筑的比例50%以上 |
| 2016年2月 | 国务院《中共中央国务院关于进一步加强城市规划建设管理工作的若干意见》 | 在具备条件的地方倡导发展现代木结构建筑 |
| 2016年2月 | 国家林业局《关于大力推进森林体验和森林养生发展的通知》 | 采用木结构建筑对森林的影响最小，与森林环境最为协调，在森林体验和养生中大有作为 |
| 2016年8月 | 住房和城乡建设部《关于印发2016—2020年建筑业信息化发展纲要的通知》 | 要加强信息技术在装配式建筑中的应用，推进基于BIM的建筑工程设计、生产、运输、装配及全生命期管理，促进工业化建造 |
| 2016年9月 | 国务院办公厅《关于大力发展装配式建筑的指导意见》 | 要多层面、多角度地发展装配式建筑行业 |

[1] 国家市场监督总局. 绿色建材产品认证实施方案[S]. 北京：国家市场监督总局，2019.

| 时间 | 政策 | 相关内容 |
|---|---|---|
| 2017年4月 | 住房和城乡建设部《建筑业发展"十三五"规划》 | 在具备条件的地方倡导发展现代木结构，鼓励景区、农村建筑推广现代木结构；<br>到2020年，城镇绿色建筑占新建建筑比重达到50%；绿色建材应用比例达40% |
| 2018年3月 | 住房和城乡建设部建筑节能与科技司《住房城乡建设部建筑节能与科技司2018年工作要点》 | 提出推动新时代高质量绿色建筑发展，稳步推进装配式建筑发展，加快绿色建材评价认证和推广应用 |
| 2018年12月 | 国务院办公厅《"无废城市"建设试点工作方案》 | 提出"持续推进固体废物源头减量和资源化利用，最大限度减少填埋量" |
| 2019年10月 | 市场监管总局、住房和城乡建设部、工业和信息化部《绿色建材产品认证实施方案》 | 明确绿色产品认证机构的技术能力和认证标准，建立绿色建材星级评价体系 |
| 2020年5月 | 住房和城乡建设部《关于推进建筑垃圾减量化的指导意见》和《施工现场建筑垃圾减量化指导手册》 | 各地区建筑垃圾减量化工作机制应于2020年底初步建立，2025年底实现新建建筑施工现场建筑垃圾（不包括工程渣土、工程泥浆）排放量每万立方米不高于300吨，装配式建筑施工现场建筑垃圾（不包括工程渣土、工程泥浆）排放量每万立方米不高于200吨明确了建筑垃圾减量化的总体要求、主要目标和具体措施 |
| 2020年8月 | 住房和城乡建设部牵头九部委联合《住房和城乡建设部等部门关于加快新型建筑工业化发展的若干意见》 | 新型建筑工业化将带动建筑业全面转型升级，打造具有国际竞争力的"中国建造"品牌 |

结构新开工面积为180.5万平方米，2017年同比增长28.1%，2018年竹木结构新开工面积约为2017年的1.6倍。受到新冠疫情的影响，2019年至2021年竹木结构新开工面积略有下降。据统计，截至2021年底全国木结构建筑市场保有量约4500~5000万平方米，市场总估值超过3000亿元。

现代竹木建筑技术总体水平快速提升。现代竹木结构建筑技术需要建筑设计与工业化设计同步，并结合智能化生产；现代竹木建筑装配率高，又可与绿色建筑技术完美融合，在公共建筑、乡村居住房屋宜居改造等方面表现突出，涌现出大量绿色节能的示范项目，包括获得绿建三星的海口市民游客中心[1]、利用木结构雾面体系创建节能微环境的国家雪车雪橇中心[2]、获得世界建筑大奖的竹结构昆山市西浜村昆曲学社改造项目等（图3.3）。

目前，我国现代竹木结构建筑技术已具备装配式、绿色、低碳、节能等多种特点。

竹木绿色建材产业不断壮大。截至2021年底，全国结构用胶合木加工中心30多条，胶合木木梁生产线105条，CLT生产线4条，圆柱胶合木和弯曲胶合木梁生产线20余条，平均年产能达70万立方米；重组竹生产线85条，重组木生产线17条，平均产能达到1700万立方米。胶合木建材行业针对层板指接、截面尺寸、胶合性能、甲醛释放等级、胶合木强度等级等着手开展绿色建材产品认证行动。

[1] 康凯，张一楠.海口市民游客中心[J].建筑技艺，2021，27（03）：64-69.
[2] 李兴钢，武显锋.山林场馆•生态冬奥——北京冬奥会延庆赛区规划、场馆及基础设施设计综述[J].建筑学报，2021（Z1）：69-76.

（a）海口市民游客中心（中国建筑设计研究院有限公司张广源、李季拍摄）

（b）国家雪车雪橇中心（中国建筑设计研究院有限公司）

**图3.3　木结构绿色节能示范项目**

竹木结构建筑产业符合国家倡导的"绿色发展"。竹木结构产业链和竹建材产品的全生命周期符合国家绿色发展要求，竹木结构及木竹建材生产企业积极参加国家和各地区关于绿色工厂、绿色产品、绿色园区、绿色供应链为绿色制造体系等绿色产业的评估。多家竹木结构及竹木建材生产企业获得国家级绿色工厂称号（表3.2）。

**获得国家级绿色工厂的竹木行业优秀企业　表3.2**

| 当选年份 | 企业名称 |
| --- | --- |
| 2017 | 黑龙江省哈尔滨市凯达木业有限公司 |
| 2018 | 浙江世友木业有限公司 |
| | 明珠家具股份有限公司 |
| 2019 | 大兴安岭神州北极木业有限公司宜家分公司 |
| | 天津市盛松木业有限公司 |
| 2020 | 福人木业（莆田）有限公司 |
| | 福建杜氏木业有限公司 |
| | 湖北宝源木业有限公司 |
| 2021 | 广西丰林木业集团股份有限公司 |
| | 福建龙竹科技集团股份有限公司 |

作为充分发挥科技创新对可持续发展的支撑引领作用的重要载体，多个国家可持续发展议程创新示范区所在省、市县（区），结合自身生态资源情况和发展定位，因地制宜地打造当地竹木结构产业，落实发展任务并做出示范带动作用。

浙江省湖州市安吉县打造绿色竹产业创新服务综合体。浙江省毛竹资源丰富，是中国竹建材最大的创新与贸易基地。据统计，目前湖州市安吉县竹产业集群企业有1100余家，上规模的企业有47家，拥有一批行业龙头企业，如大庄、佳禾、永裕等。近几年附加值更高的竹建材精深加工领域在浙江省逐步发展起来，包括重组竹交通护栏、竹结构装配式建筑、竹家具等终端产品。2020年，安吉县绿色竹产业创新服务综合体入选省级创建名单，21家创新资源以及创新服务机构已入驻安吉竹产业综合体。综合体创建以来，安吉县加强政策保障，出台了《安吉绿色竹产业创新服务综合体项目管理办法（试行）》，规范综合体专项资金使用，突出围绕竹产业竞争力提升，加大对共性技术研发、公共服务平台建设、企业创新发展等方面的支持；成立了绿色竹产业创新服务综合体建设领导小组，明确建设参与部门，加强县级部门协同推进。目前，安吉县已建成竹原材集采中心，促成更多竹半成品的线上交易；依托区块链等技术，与蚂蚁金服合作，推出科技金融服务，节约上下游企业融资成本（图3.4）。

（a）云在亭

（b）西浜村昆曲学社（中国建筑设计研究院有限公司 张广源
拍摄）

**图3.4 安吉竹境竹业科技有限公司所参与的圆竹结构项目**

湖南省竹建材产业实现整体转型。湖南省曾经是华中地区的竹产业大省，是中国竹建筑模板之乡，2010年左右，全省共有竹材胶合板生产线100多条，产能达到40多万立方米。随着劳动力成本的快速上涨，产品本身的缺陷，竹建筑模板市场急剧萎缩。近年来，湖南省竹材加工企业大力发展新型建筑材料，向附加值更高的重组竹产业转型。为了鼓励竹木产业健康发展，湖南省出台了《湖南省竹木千亿产业发展规划（2018—2025）》，采取强有力的政策扶持措施，推动竹产业转型升级和高质量发展。

广西壮族自治区全力推进绿色林业加工产业发展，加强林业、文化旅游等产业融合，扩宽竹木建筑应用市场。广西壮族自治区森林资源快速增长，生态建设成效显著，林业产业突飞猛进。"十三五"期间，森林经营采用"采一补二，资源双倍再生"的方法，全域森林蓄积量从2015年的8亿立方米增加至2021年的9亿立方米，木材采伐量从2015年的2600万立方米攀升至2021年的4700万立方米，通过打造林产加工产业集群，有力推动了经济社会实现高质量发展。此外，广西壮族自治区大力发展生态康养旅游，建设环绿城南宁、环西江、环北部湾森林

旅游康养圈，打造一批森林康养基地、星级森林人家、森林体验基地、花卉苗木观光基地和林业生态精品旅游线路，为木竹结构建筑开辟市场。目前，广西壮族自治区的南宁市江南区七坡立新森林康养基地、桂林市平乐县乐塘云麓森林康养基地、玉林市容县都峤山森林康养基地和贵港市港北区平天山森林康养基地等已获得"国家级森林康养试点基地"称号，见图3.5。

**图3.5 广西桂林三千漓木结构民宿（阳朔三千漓君澜度假酒店）**

河北省承德市凭借丰富的生态资源和巨大的竹木结构建筑市场潜力，已具备发展竹木结构建筑产业实力。河北省承德市作为首都北京的后花园，林草资源体量大。全市有林地面积

3556万亩（占全省的35.7%、占京津冀地区的32%），森林覆盖率达到60%（高出全国36个百分点、全省25个百分点），活立木蓄积1亿立方米，草地总面积700.7万亩，草原综合植被盖度73.5%。承德市着重发展林下经济，经济林产业规模大。培育干果经济林栽培面积190万亩，总产量16.43万吨。承德市自然公园总量大，建成国家、省级自然保护区11处（国家级2处），国家、省级森林公园22处（国家级6处），国家、省级湿地公园20处（国家级5处），国家级沙漠公园2处，国家级、省级地质公园3处（国家级2处），国家级、省级风景名胜区5个（国家级1处），具有巨大的竹木结构建筑市场潜力。此外，承德市也具备木材工业化基础。2022年5月，战略新兴产业项目——河北省承德森禧木业有限公司年产30万立方米超强刨花板生产线首板顺利下线，标志着承德市竹木建材产业的结构升级。

云南省临沧市森林资源丰富，发展竹木结构产业可提升木材竹材的附加值，促进农村经济发展。临沧市森林覆盖率达70.2%，森林蓄积量达1.17亿立方米，近43.64万户林农通过林地承包经营权获得更多财产权利。临沧市着重发展林下经济，聚力打造坚果之乡，有坚果类规模以上加工企业31家，有林农专业合作社717个。发展现代竹木结构建筑产业，能够减少优质木材的砍伐，有效地保护天然林木材资源，同时林农可以将木材和竹材增值变现，增加农民收入，促进农村经济的发展。通过产业发展反哺和促进绿化、水土保持，将显著地改善农村生态面貌和人居环境，具有良好的生态和社会效益。

山东省枣庄木材加工产业发展迅速，发展木结构产业将引导当地木材加工产业升级。目前，枣庄市木材加工企业391家，年木材加工量315.64万立方米，年产值达94260万元。在木材原料的供应上，枣庄市实施"走出去"战略，鼓励企业到森林资源丰富国家或地区采购木材、建立原料基地，加大对周边国家或地区林地和森林资源的开发利用力度，拓宽原料来源渠道，并通过市场机制吸引市外木材向枣庄市流动。在木质资源分类利用和产品开发上，当地木材加工产业以次小薪材、林业剩余物为原料，生产中、高密度纤维板、刨花板、集成材、指接材等建材产品；大径材做实木家具、实木地板、胶合板等家居产品。在森林资源管理上，推动森林资源向优势龙头企业聚集，促进资源开发利用方式由粗放型向集约型转变，实现森林资源的优化配置与高效利用。枣庄市立足木材加工产业优势，打造精深加工产业集群，提高木质建材产品附加值，提升枣庄市木材加工产业形象，发挥"产业链经济"巨大的聚集效应和拉动效应。

"十四五"阶段，为进一步落实"双碳"目标的承诺，中国更加重视竹木建筑和竹木建材产业发展，提出优化产业结构、完善绿色制造体系、加强木竹建材、竹木建筑技术的研发应用、创建新型供给侧产业等政策指示。

2021年3月11日，第十三届全国人大四次会议表决通过了《关于国民经济和社会发展第十四个五年规划和2035年远景目标纲要》（以下简称《"十四五"规划和纲要》）全方位布局国家发展，将"推动绿色发展，促进人与自然和谐共生"列入重要内容。《"十四五"规划和纲要》对推动现代竹木结构产业链的升级和产业现代化提出了指引，强化了竹木结构建筑项目在乡村旅游、文化旅游、城市更新等方面的市场导向，更明确了建立完善绿色建材、胶合木的产品的认证体系（表3.3）。

**《"十四五"规划和纲要》对木结构 表3.3**
**产业发展的指导方向**

| 方向 | 内容 |
|------|------|
| 龙头企业 | 支持行业龙头企业联合高校、科研院所和行业上下游企业共建国家产业创新中心 |
| 产业链 | 培育专精特新"小巨人"企业和制造业单项冠军企业 |
| 生产技术 | 推动制造业高端化、智能化、绿色化 |
| 金融支持 | 扩大制造业中长期贷款、信用贷款规模、增加技改贷款，推动股权投资债券融资等向制造业倾斜 |
| 市场定位 | 壮大休闲农业、乡村旅游、民宿经济等特色产业 |
| | 加快推进城市更新 |
| | 推动文化和旅游融合发展，提升度假休闲、乡村旅游等服务品质 |
| | 推进旅游厕所革命，强化智慧景区建设 |
| 低碳 | 深入推进工业、建筑等领域低碳转型 |
| | 建立统一的绿色产品标准、认证、标识体系 |

2021年8月18日，国家林草局和发展改革委发布了《"十四五"林业草原保护发展纲要》，提出将培育竹木结构建筑和竹木建材新兴产业，培育森林康养、自然教育等新业态新产品，打造林草生态旅游目的地，引导各地推出特色生态旅游精品路线（表3.4）。

**国家公园等自然保护地采用 表3.4**
**竹木结构的建设项目**

| 类型 | 重点建设项目 |
|------|------|
| 国家公园典型生态系统及旗舰物种保护 | 连通生态廊道、建设智慧管理系统、行政执法监督系统、生态宣教等公共服务设施 |
| 自然保护区重点物种和生物多样性 | 加强管护巡护、科研宣教等设施建设 |
| 自然公园保护与提升 | 加强自然体验、宣教及公共服务设施设备建设 |

2021年10月24日，国务院印发了《2030年前碳达峰行动方案的通知》，强调推动建材行业碳达峰，加强木竹建材等低碳建材产品研发应用。2021年11月，国家林业和草原局、国家发展改革委、科技部、工业和信息化部、财政部、自然资源部、住房和城乡建设部、农业农村部、中国银保监会、中国证监会印发了《关于加快推进竹产业创新发展的意见》（林改发〔2021〕104号），提出全面推进竹材建材化，推动新型竹质材料研发生产。2022年2月，《国家林业和草原局关于印发林草产业发展规划（2021—2025年）的通知》明确指出鼓励发展木结构和木质建材、高性能木质重组材等新兴产业，列出了木结构和木材建材产业发展专栏。2022年5月23日，中共中央办公厅、国务院办公厅印发了《乡村建设行动实施方案》，特别指出在乡村建设中，要因地制宜推广装配式钢结构、木竹结构等安全可靠的新型建造方式，进一步指明支持乡村建设将成为竹木建筑市场的重要方向（表3.5）。

**《林草产业发展规划（2021— 表3.5**
**2025年）》相关政策摘录**

| 方向 | 内容 |
|------|------|
| 筑牢资源基础 | 加强杉木、马尾松等传统建筑用材树种定向培育，积极开发杨木、桉木等潜在建筑用材 |
| 强化科技创新 | 重点推动高性能木质重组材料、高强度结构材料、生物基高分子材料等科研攻关和规模化生产。推进结构型用材技术、连续生产线研发和创新升级。加强建筑用木材产品开发创新 |
| 完善标准体系 | 加强标准制修订，完善相关产品分类标准、技术标准和生产规范。强化环保、能耗、质量和安全标准约束 |
| 扩大宣传推广 | 充分宣传木结构和木建筑材在固碳减排、安全环保等方面的特点优势。在国家公园、国有林区、国有林场等区域内符合规定的地方，在满足质量安全的条件下，因地制宜推广木结构建筑和木建材；鼓励举办竹文化节、竹博览会等活动。充分发挥国际竹藤组织东道国优势，推进中非竹子中心建设运营、亚洲和拉美竹子中心联合共建，鼓励竹产业走出去 |

目前，具备竹木结构产业发展基础的省、自治区、直辖市，也正在积极制定当地产业发展计划，通过推广此类资源节约型、环境友好型的可再生资源产业，帮助当地企业实现绿色转型。

为落实SDG11.b的目标，《中国落实2030年可持续发展议程国别方案》承诺推广绿色建材、大力发展装配式建筑。在国家政策部署下，多个国家可持续发展议程创新示范区所在省、市县（区），结合自身生态资源情况和发展定位，逐步建立和发展竹木建材和竹木建筑产业，改善人居环境，推动竹林地区经济发展。

扩大竹木建筑市场将是提升产业规模的有效手段。在"十四五"阶段，国家已指明：将在乡村建设、文化旅游、城市更新等领域推广木结构建造技术。为更好地做大市场，量化竹木建筑的生态优势、降低建筑项目的综合成本是亟需解决的行业痛点。专家学者需着手研究竹木建筑低碳性能的评价方法，建立竹木构件和部品的标准化体系、融入数字加工技术，提高原料利用率降低项目成本。未来，包括国家可持续发展议程创新示范区在内的广大地区，必将通过蓬勃的竹木结构产业完成节能减排的约束性目标，助力实现我国"双碳"战略目标。

## 3.2 绿色建筑技术创新推动科研办公建筑节能减排
### ——以西安交通大学科技创新港7号楼为例

建筑环境是影响居民健康的重要因素之一。研究表明，现代城市居民在室内的活动时间占比超过90%[1]。如何在有限的建筑空间里实现功能性、舒适性与健康性的统一，成为建筑设计最基本的诉求。面对疫情与气候变化带来的不确定性叠加效应，建筑的"绿色、可持续"成为许多城市居民和富有前瞻性的企业关注的热点。联合国2030议程明确提出全球可持续发展的17个目标（SDGs），其中SDG11旨在"建设包容、安全、有抵御灾害能力的可持续城市和人类住区"[2]。建筑作为现代城市居民停留时间最长的空间，更绿色、更有韧性、更舒适的建筑将成为庇护我们健康和安全的牢固防线，是提升城市人居环境的重要环节。同时，可持续的能源消耗以及面对未来气候环境变化的应对措施都需要关注建筑尺度的技术与理念，需要进行室内外多尺度融合的深入探讨，从而为支撑多个SDGs（如SDG3、SDG7、SDG9、SDG12、SDG13）的实现提供技术支持。

2020年9月22日，习近平主席在第七十五届联合国大会一般性辩论上发表讲话，提出"中国力争于2030年前二氧化碳排放达到峰值、2060年前实现碳中和"（以下简称"双碳"目标）。"双碳"目标是我国生态文明建设和高质量可持续发展的重要策略，将推动全社会加速向绿色低碳转型。由于产业结构差异，我国建筑行业是"碳排放大户"，2021年底中国建筑节能协会发布的《中国建筑能耗与碳排放研究报告（2021）》显示，2019年全国建筑全过程碳排放总量为49.97亿吨二氧化碳，占全国碳排放的比重为50.6%[3]。建筑领域节能减排将对我国整体"碳达峰"和"碳中和"目标的实现产生重大影响。面向国家的"碳达峰、碳中和"目标，绿色建筑是实现建筑与碳循环过程可持续的最佳解决方案，是实现"双碳"目标的重要发力点之一[4]。

自"双碳"目标提出之后，我国"双碳"政策建设逐渐呈现出多角度、全方位的发展趋势。

[1] VELUX Group. Healthy Homes Barometer 2022[R/OL]. [2022-07-19]. https：//www.velux.com/what-we-do/healthy-buildings-focus/healthy-homes-barometer.

[2] The global goals. Goal 11: Sustainable cities and communities[R/OL]. [2022-06-15]. https：//www.globalgoals.org/goals/11-sustainable-cities-and-communities/.VELUX Group. Healthy Homes Barometer 2022[R/OL]. [2022-07-19]. https：//www.velux.com/what-we-do/healthy-buildings-focus/healthy-homes-barometer.

[3] 2021年中国建筑节能协会成果发布会成功举办[J]. 建设科技，2021（24）：6.

[4] 新华社. 中国发展高质量绿色建筑向"双碳"目标发力[R/OL].（2021-07-05）[2022-06-15]. https：//baijiahao.baidu.com/s?id=1704453048428739883&wfr=spider&for=pc.

各部门多项政策直指国家能源安全与经济发展底线，同时详细划分重点行业、各省基于自身需求及发展现状，坚持完善细化"1+N"政策体系。建筑行业作为落实"碳达峰、碳中和"政策的重要领域，在"双碳"政策背景下，近年来我国建筑业深入推进落实建筑绿色发展。一系列政策的推出带动产业升级优化，同时能源结构与产业结构不断调整。住房和城乡建设部于2022年3月印发《"十四五"建筑节能与绿色建筑发展规划》[1]（以下简称《规划》），明确提出："到2025年，完成既有建筑节能改造面积3.5亿平方米以上，建设超低能耗、近零能耗建筑0.5亿平方米以上，装配式建筑占当年城镇新建建筑的比例达到30%"。《规划》为建筑节能与绿色建筑发展指明方向，同时明确了"十四五"时期建筑节能与绿色建筑发展的9项重点任务[2]，从顶层设计的角度加强了建筑业落实"双碳"目标的组织保障与政策支持。

**推动高水平绿色建筑发展，是实现城乡建设领域落实"双碳"目标的重要举措，是满足人民日益增长的美好生活需要的重要抓手。除了技术手段的更新与探索，绿色建筑发展更离不开建筑标准的建设与管理。**

绿色建筑的终极目标是在建筑的全寿命周期内，最大限度地节约资源，保护环境，减少污染，为居民提供健康、适用和高效的使用空间，最大限度地实现人与自然和谐共生的高质量建筑。建筑空间的设计与环境应以居住其中的人为中心，通过创新技术手段、更新设计理念、采用新型材料等方式最大限度地实现人的健康舒适及与自然的和谐可持续发展。从规划到设计再到用户使用过程中的运营，绿色建筑通过一系列节能技术、新型建造方式等手段达到资源节约、减少环境污染并为人们提供健康适用高效空间的目的。除了技术手段的更新，更重要的是建筑节能标准的建设与管理。在提升建筑节能标准方面，中国建筑科学研究院专业总工程师徐伟建议，应加快"零碳建筑技术标准"建设，推动建筑节能工作逐步迈向能耗、碳排放总量和强度"双控"[3]。

工程活动离不开工程建设标准的引导和约束，工程标准促进技术进步，保证工程的安全、质量、环境和公众效益。与其他工程建设活动相同，绿色建筑在全寿命周期内均需要标准的约束与引导。绿色建筑标准随着人类生产生活的进步也在不断更替。20世纪60年代，美国建筑师保罗·索勒提出了生态建筑的新理念，成为绿色建筑的先行者；20世纪70年代爆发的世界石油危机引发了"节能建筑"的建设热潮，太阳能、风能等各种清洁能源引入建筑设计中，从而促使诸多建筑节能技术的产生。1990年，英国发布环境评价法BREEAM，宣告世界首个绿色建筑标准发布。1992年在里约热内卢举行的"联合国环境与发展大会"，首次明确了"绿色建筑"的概念。此后绿色建筑的研究、实践和推广成为

[1] 中华人民共和国住房和城乡建设部."十四五"建筑节能与绿色建筑发展规划[EB/OL].（2022-03-16）[2022-06-15]. http://www.gov.cn/zhengce/zhengceku/2022-03/12/content_5678698.htm.

[2] 即，提升绿色建筑发展质量、提高新建建筑节能水平、加强既有建筑节能绿色改造、推动可再生能源应用、实施建筑电气化工程、推广新型绿色建造方式、促进绿色建材推广应用、推进区域建筑能源协同、推动绿色城市建设9项重点任务。

[3] 人民日报.提升建筑能效 助力低碳发展（经济聚焦·关注碳达峰碳中和）[EB/OL].（2022-01-11）[2022-06-15]. http://m.people.cn/n4/2022/0111/c4048-15389624.html.

各国和地区建筑行业关注的热点，配套的能更好指导绿色建筑建设的绿色建筑标准也不断细化完善。其中，1996年，美国绿色建筑委员会USGBC发布了LEED（能源与环境设计先锋）绿色建筑评估体系，LEED也是目前全球范围内被广泛应用的绿色建筑及城市认证体系[1]。

**世界各国发展节能建筑的同时，中国也在因地制宜着手建立自己的建筑节能体系。**

1986年，中国发布行业标准《民用建筑节能设计标准（采暖居住建筑部分）》JGJ 26—86，这是我国第一部建筑节能标准。进入21世纪，中国开始了关于全生命周期的绿色建筑的推进。2006年，住房和城乡建设部发布了《绿色建筑评价标准》GB/T 50378。此阶段的绿色建筑定义为：在建筑的全寿命期内，最大限度地节约资源（节能、节地、节水、节材）、保护环境和减少污染，为人们提供健康、适用和高效的使用空间，与自然和谐共生的建筑。此阶段的绿色建筑更侧重于建筑本身，"四节一环保"[2]的角度侧重于建筑与环境的和谐发展，更多考虑其性能和对经济、环境的影响。

随着"十一五""十二五"国家战略的实施，绿色建筑标准在这个阶段也有了长足进步，实现从无到有，从少到多，从局部到全国的全面发展，并将绿色建筑纳入建筑施工专项审核环节。然而，回顾绿色建筑理念，其核心并非绿色或建筑，而是为居住者提供"健康、适用和高效的空间"，这与我国"以人为本"的理念相契合。以用户体验为核心的建筑发展新模式已成为业内新的共识。2019年8月1日，我国实施《绿色建筑评价标准》GB/T 50378—2019，此项标准与人民美好生活需求相统一，在保留原有节约资源的基础上，更关注人与环境的关系。新增了安全耐久、节约能源、健康宜居、全龄友好等方面的评价内容，重构了"安全耐久、健康舒适、生活便利、资源节约、环境宜居"五大指标体系，定义了中国的第三代绿色建筑。近年来，"双碳"目标为我国绿色建筑的快速发展带来了巨大的机遇，在"因地制宜"的理念下，我国的绿色建筑理念、绿色建筑标准以及绿色建筑技术均已取得长足进步，意味着走出一条中国特色的绿色建筑之路更加坚定。

不断更新的政策与标准对于绿色建筑的定义均可概括为三个层次：提升品质、节约资源、保护环境。不论是2017年提出的"美好生活"奋斗目标，或是"碳达峰、碳中和"国策，从顶层设计维度奠定了绿色建筑发展的基础。而绿色建筑的蓬勃发展核心在于增进建筑使用者对绿色建筑的体验感与获得感。这为建筑设计者提出更高的要求，实现在有限的空间里以人为本和建筑可持续地有机结合。

**西安交通大学发挥科研与人才优势，该校人居环境与建筑工程学院师生联合自主设计了中国西部科技创新港7号楼。通过楼宇建设，实现了技术创新和学科实践的有效融合，推动了绿色能源建筑技术创新与技术转化。**

中国西部科技创新港——智慧学镇（以下简称"创新港"）是教育部和陕西省人民政府共同建设的国家级项目，是陕西省和西安交通大学（以下简称"交大"）落实"一带一路"、创新驱动及西部大开发三大国家战略的重要平台。承担着国家使命担当、全球科教高地、服务陕西引擎、

---

[1] 明源地产研究院. 5分钟搞懂绿色建筑的前世今生 [EB/OL]. （2020-08-11）[2022-06-15]. https：//baijiahao. baidu.com/s?id=1674694810616781363&wfr=spider&for=pc.

[2] 指"节能、节地、节水、节材和环境保护"，是住宅小区建设中的最高标准之一。

创新驱动平台、智慧学镇示范的角色。西安交通大学人居环境与建筑工程学院（以下简称"人居学院"）是国内第一个依据2011年度国家最高科学技术奖获得者、两院院士吴良镛先生提出的"人居环境科学"理念办学的实体学院。学院以西部人居环境的研究为重点，揭示城镇与自然、资源、环境之间相互作用具体机制和过程，加强城乡综合承载力的研究，为城镇化的生态设计与规划提供理论基础与方法，构建人居环境科学与技术支撑体系，促进人居环境的可持续发展。

西安交通大学人居学院以建筑学为基础，融入前沿的建筑节能与环境调控技术，在创新港设计建设了以人居环境科学为导向、多学科交叉研究与实践结合的"实验性建筑"。该建筑规划设计是交大人居学院一流学科建设的重要内容，也是为探索新型绿色科研办公类建筑，实现"双碳

目标"贡献的交大力量。7号楼建筑设计由人居学院、西安交通大学康桥建筑规划设计研究院与中联西北工程设计研究院共同完成，建筑施工由陕西建工集团与中易建科技有限公司配合完成。该建筑将成为科学实验、学科展示、学术交流等多功能为一体的人居环境学科群创新平台。而人居学院师生的规划设计也使7号楼成为创新港160多万平方米建设面积中唯一具有交大自主知识产权的项目。

7号楼通过细致的规划设计有效应用了多种被动式节能建筑技术，执行了绿色建筑的使用标准。在节约能源的同时，楼宇设计力求为使用人群提供舒适、高效的使用环境。此外，项目通过多种创新性设计，如局部可更换外墙系统、外墙导管系统等，开展了基于建筑本身的实验性研究，将建筑性能价值最大化。

图3.6　西安交大科技创新港—人居学院7号楼入口外观

（a）光伏立面

（b）立面遮阳

（c）太阳能烟囱

（d）可拆卸的装配式外立面

图3.7　绿色建筑技术集成示范与实验内容

　　太阳能技术方面，7号楼全面应用了建筑光伏一体化技术，采用了智慧绿色能源系统。太阳能在建筑中的利用主要包括光热利用和光伏利用。太阳能光热利用主要方式包括：太阳能热水器、太阳能采暖、太阳能热泵等。太阳能光伏利用是通过太阳能光伏电池的光伏效应，将照射在光伏电池表面的光能转化为电能。由于电池表面接收的太阳能有80%以上不能有效转换，其中很大一部分转换成热量，使光伏电池温度升高，从而降低了发电效率。因此，有必要对光伏电池进行降温处理，同时回收未被有效利用的热能。太阳能光伏/光热一体化技术应用广泛，太阳能作为清洁环保的可再生能源，具有良好的经济效益，发展太阳能应用技术为我国"碳达峰""碳中和"目标提供有力支撑。同时与建筑结合的光

伏/光热一体化由于具有更高的利用效率，是目前研究重点发展方向，但利用光热光电一体化与建筑通风结合起来，开展工作较少。

　　项目所采用的建筑外立面智慧绿色能源系统由西安中易建科技有限公司自主研发，具有世界领先水平。该系统将传统建筑外立面创新升级为兼具发电、通信、安防、物流、智能管控等功能为一体的"绿色智能皮肤"，使智能技术应用与建筑完全融为一体，实现了碳中和建筑与智慧建筑的同步发展，是建筑领域的革命性创新。

　　项目用电量约35万kW·h/年。智慧绿色能源系统发电功率约330kW，年发电量约为35万kW·h，满足建筑的照明、空调、办公等用电，通过太阳能发电量折算碳排放量，"中和"建筑碳排，实现零碳建筑。项目应用的智慧绿色

能源系统包括三个部分：绿色能源子系统、智慧子系统、秦砖管理子系统，将各个功能模块以建材的形式融于建筑外立面系统，完全符合建筑规范及要求。

绿色能源子系统由光伏模块、逆变器、储能装置、智能监测管控部件等构成，储能装置为建筑提供电力存储和应急保障，智能监测管控部件可实现对运行状态进行监控和调节。智慧子系统由立体安防模块、智能通信模块及无人机物流模块构成，立体安防模块通过在建筑外立面安装该模块，为建筑提供高空全景的立体式安防方案；智能通信模块在建筑外立面实现智能通信功能，服务于建筑室内外；无人物流模块在建筑外立面实现无人机的接驳及充电功能。秦砖管理子系统是智慧绿色能源系统的软件管理基础平台，在服务器硬件基础上建立数据中台，通过建立数字孪生平台，将平台数据可视化，降低系统与用户之间的交互门槛，使用户更好地进行系统的运维管理。建筑外立面智慧绿色能源系统与建筑完全融为一体，多项技术指标创造世界纪录。

立面遮阳设计方面，7号楼将建筑管网统一布设在建筑的外立面。建筑遮阳设计的原理是为了避免室外阳光射线直接进入建筑室内，并防止建筑物的立面外围护结构被阳光过分加热，从而防止具有高储热性能的建筑维护结构对太阳辐射的储存，以及在夜间室外温度降低以后来自建筑结构对室内外空气环境的加热现象。对应不同地域气候环境特征与不同季节需求的建筑立面遮阳设计是提升室内热湿环境和降低建筑能耗的重要因素。与此同时，建筑内部的管网布设是用于满足建筑供暖、给水排水等基本功能。建筑管网的布置需要考虑其与建筑使用空间功能的合理衔接及基本空间体量的满足。

建筑管网统一布设在建筑外立面的设计实现了多种效果：通过外立面遮阳，减少夏季阳光的直射，阻止了室内环境的温度升高以及建筑外立面在夏季白天的热储存；通过将建筑管网从室内移至室外，增多了室内的可使用面积，提升了室内空间的使用效率；建筑管网的外置也实现了对管网施工、维护、更新成本的降低。

建筑通风方面，7号楼搭建了太阳能烟囱系统。建筑通风是维持建筑室内舒适的热环境的重要手段，也是建筑使用过程中最大能源消耗点，我国建筑总能耗有55%是用于建筑的采暖和空调通风系统，因此，如果利用可再生的清洁能源或被动式方法，实现建筑通风，是降低建筑能耗和碳排放的重要途径。

为解决建筑通风系统设计中的被动式建筑设计与可再生能源的一体化协同技术问题，在中国西部科技创新港7号楼的设计中，搭建了太阳能光伏/光热一体化能量收储系统、烟囱内壁加热模块、太阳能光电驱动主动通风风机模块，最终集成了太阳能烟囱主被动耦合通风实验装置。结合当地气候条件与大楼内师生热舒适性要求，获得了不同运行模式下系统的实验效果。未来将根据太阳能光伏/光热一体化系统的全年热水与电力供应需求，开展全年运行经济性评估。

在建筑通风系统的运行过程中，将根据不同的室外气候环境要素条件，评估不同室内通风设备系统调控模式的节能与室内舒适性效果，制定基于室外气候环境预测的通风设备系统主被动耦合运行控制策略与太阳能烟囱主被动通风系统光伏/光热模块匹配策略，并通过跨越不同季节的实验测试，不断优化策略方案的节能效果与可实施性，打造不断优化调整的智能化通风系统调控系统平台。

此设计通过能源管理与调控技术的优化与产业化实践，提高了太阳能光伏技术在建筑领域的高效利用，并优化了建筑的节能减排效果，实现了太阳能光伏技术与被动式建筑设计的一体化运行。针对传统烟囱自然通风效率低、受气候条件影响大的缺点，此通风系统的设计深度融合了主动式的太阳能光伏发电技术与被动式建筑通风设计，形成了一体化的建筑通风系统及其调控技术示范。

此外，楼宇设计开发了可拆卸的装配式外立面，可灵活应对建筑全周期维护。住房和城乡建设部2015年发布了《建筑产业现代化发展纲要》，指出我国装配式建筑在新建建筑中的比例将在2025年达到50%以上。这为我国未来装配式建筑的发展奠定了战略基础。在此基础上，住房和城乡建设部于2020年发布了《关于推动智能建造于建筑工业化协同发展的指导意见》，要求大力发展装配式建筑。装配式建筑已经成为我国当前建筑工程领域的重要发展模式。与此同时，建筑外立面保温材料、保温结构的开发与推广也直接影响建筑室内环境的优化与建筑能耗的削减，其对建筑保温效果的优化是被动式建筑设计的核心内容。这不仅需要在研发阶段进行保温性能的测试，也需要结合具体的使用场景，开展面向应用的评价与设计优化。

基于以上需求，本项目中开发了可拆卸的装配式外立面设计，可用于面向建筑全生命周期维护与改造的装配式外墙更替技术，可实现灵活应对未来建筑外立面的技术发展与不断变化的使用需求。另一方面，可以为外立面保温材料与保温结构开发过程中的应用场景评测提供实验平台。

**创新港7号楼项目研发和创新了多种实验性建筑技术，实现了建筑低能耗运行，满足了用户舒适、高效的体验需求，为科研办公建筑建设和运行提供了创新性的建筑模式，践行了绿色建筑可持续发展的建设新理念。**

在绿色建筑逐渐普及的建筑新发展阶段，项目以《绿色建筑评价标准》为指导，充分践行"以人为本"的发展理念，将多种实验性建筑技术（被动式节能技术、装配式建造技术和节能绿化技术）与使用需求、功能相结合，实现了绿色建筑在建设、运维等全生命周期的分析与应用。创新港7号楼的建设与运维，为科研办公建筑的绿色可持续发展提供建设新理念。

多种建筑技术的应用使得创新港7号楼实现建筑低能耗运行的基本目的，同时内部空间及线条的设计亦满足了用户使用过程中对环境、心理等方面的需求。作为融合科研功能、教学功能、展示功能、实验功能等多功能一体的建筑空间典范，中国西部科技创新港7号楼的建设与运营将践行具有创新性的建筑模式，推动更多建筑节能技术的发展与成熟，促进绿色建筑的普及。通过多种技术的综合应用，以及现代化信息技术对建筑建设及运维全周期的分析与记录，将实现绿色建筑的可持续发展，为新型科研办公建筑的设计提供科学参考。

## 3.3 村镇聚落空间数字化模拟技术为乡村规划提供辅助决策技术支撑

当前全球已有半数以上人口居住在城镇地区。城镇化水平的不断提升促进了经济发展、提高了国民生活水平，同时也带来了城镇空间无序扩张、人口急剧增加、生态环境恶化等挑战。乡村地区则经历着农业种植面积大幅度减少、人口老龄化现象进一步加重、基础设施和公共服务设施短缺等问题。2021年5月，联合国经济和社会事务部发布的《2021年世界社会报告：重视农村发展》中明确提出"遥感技术以及计算机建模技术的创新，可以使乡村规划者更好地评估不同人类住区规划对环境的影响。通过应用这些技术，地方管理者可以更好地应对水资源和土地资源的枯竭、退化和污染的挑战"[1]。

数据显示，在未来几十年，95%的城市扩张会发生在发展中国家。作为世界上人口最多的发展中国家，中国城镇化发展迅速，城镇人口规模持续上升。据国家统计局统计，2021年中国城镇化率已达64.70%[2]，1990年至2020年，中国村庄数量减少了140余万个[3]。城镇化进程加速前进的同时，城乡空间也经历了剧烈的变迁。《中华人民共和国国民经济和社会发展第十四个五年规划和2035年远景目标纲要》中指出"强化乡村建设的规划引领，统筹县域城镇和村庄规划建设，科学编制县域村庄布局规划，因地制宜、分类推进村庄建设，优化布局乡村生活空间，严格保护农业生产空间和乡村生态空间"。

**城市化发展进程的加快对乡村聚落发展既是机遇也是挑战，乡村聚落作为乡村地区人口生产活动的重要载体，如何在保证乡村聚落经济发展紧跟城市发展步伐的基础上合理规划其空间格局，对实现乡村地区全面、协调、可持续发展至关重要。**

乡村聚落是人地关系相互作用的典型形态，是满足当地居民生活、生产、居住等各类社会活动的场所[4]，其形成和发展与自然、社会、经济发展密不可分。联合国可持续发展目标11.a明确提出要"通过加强国家和区域发展规划，支持在城市、近郊和农村地区之间建立积极的经济、社会和环境联系"。为落实2030年可持续发展议程，2016年9月《中国落实2030可持续发展议程国别方案》中对目标11.a做出具体要求，提出"推动新型城镇化和新型农村建设协调发展，促进公共资源在城乡间均衡配置。统筹规划城乡基础设施网络，推动城镇公共服务向农村延伸，逐步实现城乡基本公共服务制度并轨、标准统一"。2017年，党的十九大报告首次明确提出实施乡村振兴战略，并指出"按照产业兴

[1] 联合国经济和社会事务部（UN DESA）.2021年世界社会报告：重视农村发展[R]，2021.

[2] 数据来源：《2019年国民经济和社会发展统计公报》《2021年国民经济和社会发展统计公报》。

[3] 数据来源：《2020年城乡建设统计年鉴》。

[4] 何仁伟，陈国阶，刘邵权.中国乡村聚落地理研究进展及趋向[J].地理科学进展，2012，31（8）：1055-1062.

旺、生态宜居、乡风文明、治理有效、生活富裕的总要求，加快推进农业农村现代化"。2021年，《中共中央国务院关于全面推进乡村振兴加快农业农村现代化的意见》提出，"十四五"时期，要把乡村建设摆在社会主义现代化建设的重要位置，力争见到明显成效，让乡村面貌看到显著变化。

**乡村聚落演变发展具有独特性和复杂性，乡村聚落空间演变数字模拟是深入分析和理解不同区域、不同类型的乡村聚落演变发展内在机理、辅助制订相关发展规划的有效手段。**

我国地域广袤，乡村聚落类型众多且分布各异。在不同的自然环境和社会经济环境背景影响下，同一区域不同尺度乡村聚落的类型存在较大差异；不同类型的区域同一尺度乡村聚落发展演变路径也不尽相同。"十三五"国家重点研发计划"绿色宜居村镇技术创新"重点专项"村镇聚落空间重构数字化模拟与模型评价"项目"村镇聚落空间重构的数字模拟"课题（2018YFD1100305）基于GIS技术，构建了村镇聚落空间演变数字化模拟技术和软件，实现了不同区域不同类型村镇聚落演变的数字模拟。通过模拟预测不同情景下村镇聚落的演变结果，丰富了我国村镇聚落演变发展相关研究及我国村镇发展规划决策制定的工具。

**以"村镇聚落空间重构的数字模拟"课题在村镇聚落空间数字化模拟技术方面的研究成果为例，从村镇聚落空间演变影响因素指标体系构建、村镇聚落空间演变模拟模型构建、村镇聚落空间演变模拟模型案例应用三方面进行介绍。**

村镇聚落空间演变影响因素指标体系构建方面，分析与选取与村镇聚落空间演变高度相关的影响因素对于乡村聚落数字化模拟结果的合理性至关重要。乡村聚落的形成与发展受到自然环

境、社会经济和生产环境等多种因素影响。其中，自然环境因素是乡村聚落形成与发展的基础条件，地形地貌条件可制约聚落空间的分布与扩张态势，河流水文、道路交通条件影响着聚落布局形态与演变方向。在城镇化、工业化和农业现代化发展过程中，随着乡村聚落的进一步发展，社会经济因素和生产环境要素对乡村聚落显现出更多的影响。在生产环境因素方面，城镇化扩张、工业化、农业现代化发展过程中，由于不同村庄发展现状、区位条件和资源禀赋各不相同，乡村聚落空间要素结构及其空间分布不断变化，逐渐形成了不同类型的乡村聚落。根据《乡村振兴战略规划（2018—2022年）》对于村庄的分类，本文将乡村聚落分为产业聚集型、农业升级型、休旅介入型和生态保育型四类。基于此，初步建立了典型村镇聚落空间演变影响因素指标体系，包含自然环境、社会经济、生产环境3个一级指标，9个二级指标，31个三级指标。

**典型村镇聚落空间演变影响因素指标体系　表3.6**

| 一级指标 | 二级指标 | 三级指标 |
|---|---|---|
| 自然环境 | 地形地貌 | 坡度 |
| | | 高程 |
| | 河流水文 | 河流 |
| | | 水库 |
| | 道路交通 | 距公路距离 |
| | | 距村主干道距离 |
| | | 总道路里程 |
| | 生态环境 | 基本农田 |
| | | 古树名木 |
| | | 各类保护地 |
| 社会经济 | 经济人口 | 总人口 |
| | | 人口结构 |
| | | 总户数 |
| | | 常住人口 |
| | | 人口流出率 |

续表

| 一级指标 | 二级指标 | 三级指标 |
|---|---|---|
| 社会经济 | 经济人口 | 人均年收入 |
| | 建筑物/群 | 居民点数量 |
| | | 宗族信仰空间 |
| | | 村史展示空间 |
| | | 公共服务设施数量 |
| | | 传统建筑（民居） |
| | | 产权属性 |
| 生产环境 | 制造资源 | 距工贸制造加工区域距离 |
| | | 工业化水平 |
| | | 距农产品加工（厂）区距离 |
| | 农业资源 | 距耕地距离 |
| | 休旅资源 | 产业发展 |
| | | 旅游相关从业人口 |
| | | 旅游项目投入 |
| | | 旅游开发政府投入 |
| | | 旅游接待人次 |

村镇聚落空间演变模拟模型构建方面，课题采用"模拟预测—比较分析—影响因素指标调整"循环路径，在初步构建典型村镇聚落空间演变影响因素指标体系后，选取增加实证案例样本，不断进行"模型驯化"，筛选典型村镇聚落空间演变影响因素，不断提高验证模型可靠性，最终精度检验结果良好，模拟结果与实际数据趋于一致。课题对全国55个村庄开展了实地调研与实证案例研究，样本覆盖天津、重庆、广西、浙江、云南等7个省市及自治区。

以浙江省宁波市5个典型产业聚集型乡村聚落为例，介绍该类型乡村聚落空间要素与其空间演变影响因素相关性数字矩阵构建方法，为此类乡村聚落空间演变模拟和预测提供参考，为产业聚集型乡村聚落空间演变模拟模型构建提供数据支持。

宁波市地处浙江省东部，是我国东南沿海重要的港口城市，全市陆域总面积9816平方公里，2021年末全市常住人口为954.4万人。宁波拥有发达的民营经济和扎实的制造业基础，是全国重要的先进制造业基地、全国四大家电生产基地和三大服装产业基地之一，其高比重的民营经济在2019年贡献了全市63%的地区生产总值，62%的财政收入，提供了85%的就业岗位，共吸纳就业人口450万人。宁波民营制造企业多达12万家，规模以上工业企业中的80%都是民营企业。宁波市民营经济经营者大量分部在乡镇和村庄，多样化的经济发展形式深刻影响着村镇聚落空间结构与用地布局。

本研究使用IDRISI Selva 17.0平台中的CA-Markov模块和MCE模块，基于5个案例三期空间要素分布和空间演变影响因素数据进行模拟。随后，将模拟结果与第三期实际空间要素分布数据进行精度检验，通过多轮模拟，直到模拟结果显示良好，表明选取的空间要素影响因素与各案例空间要素演变高度相关，并分别形成各案例空间要素与其空间演变过程影响因素相关性结果。以宁波市宁海县强蛟镇上蒲村模拟结果为例，其相关性结果如表3.7所示。

基于5个案例空间要素与其空间演变影响因素相关性结果数据，分别计算各项空间演变影响因素对不同空间要素影响程度的算数平均值，建立产业聚集型乡村聚落空间要素（因变量）与其空间演变影响因素（自变量）相关性数字矩阵。其中，每个数值表示该自变量对因变量的影响程度，即权重大小。该数字矩阵自变量包含10个指标，因变量包含耕地、林地、园地、居住用地等11类空间要素。

从下图中可以看出，与乡村空间格局变化更为相关的居住用地、工矿用地、绿地与开场空间用地更易受自变量影响，这几类空间要素受到

上蒲村空间要素与影响因素相关性

表3.7

| 空间要素 ＼ 影响因素 | 高程 | 坡度 | 距公路距离 | 距村庄主干道距离 | 河流水域 | 基本农田 | 宗教信仰空间 | 距工贸制造加工区域距离 |
|---|---|---|---|---|---|---|---|---|
| 耕地 | 0.2022 | 0.2022 | 0.2980 | 0.1169 | 0.0000 | 0.0000 | / | 0.1807 |
| 林地 | 0.2857 | 0.2857 | 0.1429 | 0.1429 | 0.0000 | 0.0000 | / | 0.1429 |
| 居住用地 | 0.2294 | 0.2294 | 0.1242 | 0.2808 | 0.0000 | 0.0000 | 0.0000 | 0.1361 |
| 工矿用地 | 0.1896 | 0.1896 | 0.1272 | 0.2468 | 0.0000 | 0.0000 | 0.0000 | 0.2468 |
| 绿地与开敞空间用地 | 0.2033 | 0.2033 | 0.1264 | 0.2855 | 0.0000 | 0.0000 | 0.0000 | 0.1815 |
| 陆地水域 | 0.2319 | 0.2319 | 0.1336 | 0.1336 | 0.0000 | 0.0000 | / | 0.2689 |

| | $x_1$ | $x_2$ | $x_3$ | $x_4$ | $x_5$ | $x_6$ | $y_1$ | $y_2$ | $y_3$ | $z_1$ | |
|---|---|---|---|---|---|---|---|---|---|---|---|
| $l_1$ | 0.1905 | 0.1785 | 0.2092 | 0.2077 | 0.0000 | 0.0000 | / | / | / | 0.2142 | 0.3000 |
| $l_2$ | 0.2548 | 0.2548 | 0.1468 | 0.1468 | 0.0000 | 0.0000 | / | / | / | 0.1969 | 0.2500 |
| $l_3$ | 0.2689 | 0.2420 | 0.1802 | 0.1545 | 0.0000 | 0.0000 | / | / | / | 0.1545 | |
| $l_7$ | 0.1957 | 0.2058 | 0.1714 | 0.2666 | 0.0000 | 0.0000 | 0.0000 | 0.0000 | 0.0000 | 0.1604 | 0.2000 |
| $l_8$ | 0.1792 | 0.2088 | 0.1792 | 0.2836 | 0.0000 | 0.0000 | 0.0000 | 0.0000 | 0.0000 | 0.1492 | 0.1500 |
| $l_{10}$ | 0.1814 | 0.1812 | 0.2306 | 0.2030 | 0.0000 | 0.0000 | 0.0000 | 0.0000 | 0.0000 | 0.2038 | |
| $l_{13}$ | 0.1655 | 0.1655 | 0.2639 | 0.1567 | 0.0000 | 0.0000 | 0.0000 | 0.0000 | 0.0000 | 0.2483 | 0.1000 |
| $l_{14}$ | 0.2033 | 0.2033 | 0.1264 | 0.2855 | 0.0000 | 0.0000 | 0.0000 | 0.0000 | 0.0000 | 0.1815 | 0.0500 |
| $l_{15}$ | 0.1968 | 0.2535 | 0.1643 | 0.2597 | 0.0000 | 0.0000 | 0.0000 | 0.0000 | 0.0000 | 0.1258 | |
| $l_{17}$ | 0.2356 | 0.1973 | 0.1432 | 0.1718 | 0.0000 | 0.0000 | / | / | / | 0.2521 | 0.0000 |
| $l_{18}$ | 0.2289 | 0.2523 | 0.1927 | 0.1405 | 0.0000 | 0.0000 | / | / | / | 0.1857 | / |

图3.8　产业聚集型乡村聚落空间要素与其空间演变影响因素相关性数字矩阵[1]

所有影响因子作用。对于各类空间演变影响因素来说，道路通达性因素对居住用地等建设用地影响程度显著。其中，距村庄主干道距离（$x_4$）对于居住用地（$l_7$）、公共管理与公共服务用地（$l_8$）、绿地与开敞空间用地（$l_{14}$）影响最为显著，权重明显高于其他自变量对其的影响程度；对于工矿用地（$l_{10}$）来说，其变化与距公路距离（$x_3$）高度相关。地形地貌因素与非建设用地变化更为相关。而与其自然环境和社会经济因素相比，生产环境因素并非是产业聚集型乡村聚落空间演变的主导因素。

采用产业聚集型乡村聚落空间要素与其空间演变影响因素相关性数字矩阵，可预测各样本空间要素变化情况。以5个案例2015年空间要素分布情况为起始年，预测各研究样本2030年空间要素格局变化。为了更直观分析各研究样本2030年空间要素面积变化，利用ArcGIS10.2平台计算空间格局预测数据。以宁波市宁海县强蛟镇上蒲村模拟结果为例，其2015年与2030年各类空间要素面积变化对比如表3.8所示。

[1] $x_1$=高程，$x_2$=坡度，$x_3$=距公路距离，$x_4$=距村庄主干道距离，$x_5$=河流水域，$x_6$=基本农田，$y_1$=传统建筑，$y_2$=名人故居，$y_3$=家族与宗教信仰空间，$z_1$=距工贸制造加工区域距离；$l_1$=耕地，$l_2$=园地，$l_3$=林地，$l_7$=居住用地，$l_8$=公共管理与公共服务用地，$l_{10}$=工矿用地，$l_{13}$=公用设施用地，$l_{14}$=绿地与开敞空间用地，$l_{15}$=特殊用地，$l_{17}$=陆地水域，$l_{18}$=渔业用海。

**上蒲村2015年与2030年各类空间要素面积变化对比**　　　　　表3.8

| 空间要素 | 2015年空间要素数据 | | 2030年空间要素预测数据 | |
| --- | --- | --- | --- | --- |
| | 面积/平方公里 | 占比/% | 面积/平方公里 | 占比/% |
| 耕地 | 0.3283 | 10.95 | 0.2641 | 8.80 |
| 林地 | 2.1659 | 72.21 | 1.7974 | 59.92 |
| 居住用地 | 0.1361 | 4.54 | 0.1929 | 6.43 |
| 工矿用地 | 0.2750 | 9.17 | 0.6279 | 20.93 |
| 绿地与开敞空间用地 | 0.0047 | 0.16 | 0.0137 | 0.46 |
| 陆地水域 | 0.0284 | 0.95 | 0.0335 | 1.12 |

从5个典型产业聚集型乡村聚落空间格局预测数据可以看出，到2030年，上蒲村等3个村庄呈现出林地大量减少、工矿用地迅速增加，居住用地适当增加，其他空间要素变化不明显的特点；其他2个村庄则呈现林地大量减少、居住用地迅速增加、工矿用地适当增加，其他空间要素变化不显著的特点。上述案例表明，工业发展方式普遍为家庭工业模式的乡村聚落，其聚落内大部分林地将会转换为居住用地；而已形成一定产业集群的乡村聚落，其聚落内林地转换为工矿用地的概率更高。由于后者依托更具规模产业基础的乡镇，未来聚落内现有的少量家庭工业可能逐渐孵化演变成产业集群，而随着产业集群的壮大，也催生着聚落内已有中小企业的不断衍生和成长。此外，根据研究样本空间要素与其空间演变影响因素相关性数据结果显示，工矿用地的变化与距公路距离和距村庄主干道距离两项指标高度相关，因此，拥有交通和区位条件等自然环境

优势的产业聚集型乡村聚落，将更有利于聚落内企业集聚发展和产业协同高效运作。

通过上述方法，基于初步构建的典型村镇聚落空间演变影响因素指标体系，筛选并形成针对不同区域、不同类型村镇聚落空间演变影响因素与其空间要素相关性量化结果，并分别建立了产业聚集型、农业升级型、休旅介入型和生态保育型乡村聚落空间演变模拟模型。以各类空间演变影响因素对居住用地影响程度为例，如下表所示，地形地貌方面，坡度对农业升级型和生态保育型村落的居住用地空间演变影响更大；高程对产业聚集型村落居住用地演变影响最大。道路交通方面，距公路距离、距村庄主干道距离对休旅介入型和生态保育型村庄居住用地空间演变影响更为剧烈。建筑物/群方面，距公共服务设施距离对休旅介入型村镇聚落居住用地影响最大。其他资源方面，与农业升级型村庄相比，距耕地距离对生态保育型村镇聚落居住用地影响最大。

**不同区域不同类型乡村聚落空间演变影响因素对居住用地影响程度**　　　　　表3.9

| 村镇聚落空间演变影响因素 | | 休旅介入型 | 农业升级型 | 产业聚集型 | 生态保育型 |
| --- | --- | --- | --- | --- | --- |
| 地形地貌 | 坡度 | 0.2388~0.5288 | 0.3207~0.6069 | 0.1832~0.4263 | 0.1439~0.5945 |
| | 高程 | 0.0148~0.4678 | 0.0226~0.3810 | 0.1808~0.3217 | 0.0313~0.6711 |
| 道路交通 | 距道路距离（所有道路） | 0.0900~0.4149 | / | / | / |
| | 距公路距离 | 0.2432~0.6666 | 0.0704~0.3474 | 0.1091~0.3108 | 0.2031~0.4736 |
| | 距村主干道距离 | 0.2002~0.6766 | 0.1002~0.4144 | 0.2752~0.3397 | 0.1751~0.5833 |

| 村镇聚落空间演变影响因素 | | 休旅介入型 | 农业升级型 | 产业聚集型 | 生态保育型 |
|---|---|---|---|---|---|
| 生态环境 | 河流水域 | 0.0000 | 0.0000 | 0.0000 | 0.0000 |
| | 基本农田 | 0.0000 | 0.0000 | 0.0000 | 0.0000 |
| | 古树名木 | 0.0000 | 0.0000 | 0.0000 | 0.0000 |
| | 自然保留地 | 0.0000 | 0.0000 | 0.0000 | 0.0000 |
| | 自然与文化遗产保护区 | 0.0000 | 0.0000 | 0.0000 | 0.0000 |
| 建筑物/群 | 传统建筑 | 0.0000 | 0.0000 | 0.0000 | 0.0000 |
| | 宗族信仰空间 | 0.0000 | 0.0000 | 0.0000 | 0.0000 |
| | 距新居民点距离 | 0.0891~0.1826 | / | / | / |
| | 距公共服务设施距离 | 0.0901~0.3479 | 0.1564~0.2566 | / | / |
| 其他资源 | 人口分布 | 0.0867~0.1893 | / | / | / |
| | 旅游投资分布 | 0.0500~0.2354 | 0.1625~0.1693 | / | / |
| | 距耕地距离 | 0.0286~0.1882 | 0.0558~0.2160 | / | / |
| | 距工贸制造加工区域距离 | / | / | 0.1458~0.3000 | / |
| | 距旅游资源距离 | 0.0200~0.3997 | / | / | 0.1421~0.1978 |

村镇聚落空间演变模拟模型案例应用方面，课题自主研发了村镇聚落有机更新与发展的监测与数字化模拟平台，平台基于三维GIS-BIM技术，通过集成村镇聚落空间重构模拟模型中的影响因素及对应权属参数值，以及实证案例输出的空间演变影响因子、适宜性图像、转移矩阵图像、空间要素分布图像等矢量数据作为数据和模型支撑，构建了村镇聚落空间演变预测、规划设计、分析决策全过程展示的信息交互技术，可实现多情景下基于村镇聚落可持续发展路径模型的聚落转型发展能力的迭代运算和模拟交互。

演变预测模块包括参数的交互式配置，以及预测模拟两大部分。其中，交互式配置包括要素类型配置、适宜性图集创建、约束条件设置；预测模拟部分实现了基于矢量的村镇聚落空间演变预测，如矢量CA模拟单元动态构建、模拟单元转换概率计算、空间分配模拟、结果输出等。

**图3.9　演变预测模块交互式操作界面**

规划设计模块可以依据规划参与者的主观意见对模拟输出成果进行修订，对于乡村聚落空间要素进行增减和布局调整，例如道路、建筑物、建成环境、村域边界范围等内容。

**图3.10　规划设计模块交互式操作界面**

分析决策模块可针对形成的规划成果，实现规划方案的即时分析评估，尽量使规划方案保持在合理合法的框架内。该模块包括景观格局分析、空间句法分析、服务半径分析等功能。

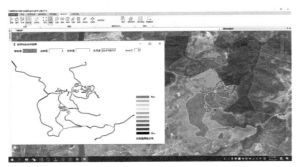

**图3.11　分析决策模块交互式操作界面**

通过构建村镇聚落空间数字化模拟技术，实现了针对不同区域不同类型乡村聚落空间演变数字化模拟，为建立一套面向村镇聚落空间、经济、社会互动演化分析与发展监测全过程数据模型和数字化模拟平台提供模型与技术支撑，为乡村振兴战略实施提供技术平台支持。

实现乡村地区可持续发展是乡村振兴战略必然要求，也是对联合国可持续发展目标的有效呼应。在当前快速城镇化、工业化、信息化背景下，我国乡村地域面临资源环境约束、区域发展不平衡、人口流失严重、地域文化衰微等突出问题。乡村地区社会、经济、物质空间的转型发展与重构势在必然，并且需要科学引导。数字化模拟技术是深入分析和理解乡村聚落演变发展内在机理、辅助制订相关发展规划的有效手段。

村镇聚落空间数字化模拟技术研究在构建涵盖不同区域不同类型的村镇聚落空间演变影响因素指标体系基础上，使用相同的模拟方法对大量实证案例开展乡村聚落空间演变模拟，通过"模拟预测—比较分析—影响因素指标调整"多轮循环，进行模型"驯化"，最终筛选形成针对不同区域不同类型的村镇聚落空间演变模拟模型。研究成果所包含的参数数据以及输出的矢量数据为村镇聚落有机更新与发展的监测与数字化模拟平台提供了数据支撑。

通过探索研究针对我国村镇聚落空间形态演进数字模拟技术，形成了涵盖不同区域不同类型乡村聚落空间演变模拟模型，对实现我国村镇聚落空间形态演进的微观数字模拟、为村镇聚落空间形态研究提供了平台和方法支持，也对判别乡村聚落空间发展方向、指导乡村规划、实现乡村地区可持续发展具有重要意义。

## 3.4 建筑外围护结构技术解决方案助力建筑可持续发展
### ——基于北京市保障性住房外围护结构整体解决方案论证项目

可持续发展已成为21世纪人类发展的共同主题，建筑业作为能源消耗和碳排放大户，走可持续发展之路是对资源浪费、资源紧缺和环境污染反省后的必然选择。建筑业节能对提高能源使用效率、推动工业创新升级、建设可持续的城市和社区、应对气候变化等方面具有积极的促进作用，对于帮助实现联合国可持续发展目标具有巨大的潜力。据《中国建筑能耗研究报告（2020）》数据显示，2018年全国建筑全过程能耗总量为21.47亿吨标准煤，占全国能源消费总量比重为46.5%；全国建筑全过程碳排放总量为49.3亿吨二氧化碳，占全国碳排放的比重为51.3%。2021年出台的《国务院关于印发2030年前碳达峰行动方案的通知》中明确要求加快提升建筑能效水平。

**建筑外围护结构作为建筑节能减碳的实践终端与重要抓手，其建造技术及质量对实现建筑业绿色低碳与可持续发展具有重要支撑作用。而现阶段在节能标准要求日益提升与高质量发展的背景下，我国建筑外围护结构建造技术亟待在防火、节能、装配等方面进一步优化与升级。**

近年来，国内建筑外围护结构开裂、渗漏、保温层脱落、火灾等质量问题与事故时有发生，亟待提升建筑外围护结构建造技术和工程质量。据统计，2017~2021年期间公开报道的1800多起外保温工程质量问题，其中80%以上为外保温系统脱落问题，其余为外保温系统空鼓、开裂、渗水、保温材料着火等质量问题。造成外围护结构质量问题的根源主要集中在材料与施工质量两大方面，且由于现阶段国内节能设计标准与防火要求的进一步提升，建筑外围护保温层厚度进一步加大，对保温材料防火要求也渐趋严格，亟需对建筑外围护结构建造质量保障技术进行针对性研究优化。

在建筑节能方面，随着建筑领域节能降碳要求的提升，我国各省市居住建筑节能设计标准也稳步提高。安徽省《居住建筑节能设计标准》DB34/ 1466—2019将居住建筑节能率由50%提升至65%；福建省《居住建筑节能设计标准》DBJ13-62—2019将居住建筑节能率由60%提高到65%~70%；新疆《严寒和寒冷地区居住建筑节能设计标准》XJJ001—2021将居住建筑节能率由65%提高到75%；山东省《居住建筑节能设计标准》DB37/ 5026—2014与河北省《居住建筑节能设计标准（节能75%）》DB13（J）185—2020均将居住建筑节能率提升至75%；北京市《居住建筑节能设计标准》DB11/ 891—2020率先将北京市居住建筑节能率由75%提升至80%。全国范围居住建筑节能设计标准均逐步提升，对外围护结构产品性能指标、构造做法等均提出了新的技术要求，按原有节能设计标准应用的技术与产品需要进行适应性改型与优化。

此外，装配式建筑的大力推广应用对建筑

外围护结构装配式建造技术提出更高要求，需结合装配式建筑实施落地的具体要求进行适宜性建造技术与产品的优化提升。住房和城乡建设部印发的《"十四五"建筑业发展规划》提出到2025年，装配式建筑占新建建筑的比例达30%以上。现行《装配式建筑评价标准》GB/T 51129—2017明确装配式建筑装配率不应低于50%，并明确了外围护结构"非砌筑"的装配式建造方式。未来在我国装配式建筑项目落地实施过程中，建筑的装配率将作为一个重要指标用于评价建筑的装配化程度。外围护结构作为装配式建筑建造的重要组成部分，需进一步结合装配率的最新要求与导向进行外围护结构技术方案的选型与优化。

北京市在推广应用建筑外围护结构低碳节能

技术方面走在了全国前列，代表着国内建筑外围护结构先进建造技术方向。基于北京市防火、节能以及装配三个方面的建设现状和技术需求，北京市住房和城乡建设委员会针对北京市保障性住房的外围护结构应用场景与适用技术类型的整体解决方案和解决路径进行了更为深入的研究和论证。

保障性住房外围护结构防火技术解决路径。国家标准《建筑设计防火规范（2018年版）》GB 50016—2014以及北京市地方标准《住宅设计规范》DB11/ 1740—2020对建筑外围护结构的保温材料与构造做法均提出了明确要求，其中《建筑设计防火规范（2018年版）》GB 50016—2014对建筑外围护结构保温构造与材料进行了明确的规定，具体如下表所示。

**保温构造与材料要求** 表3.10

| 外墙保温做法 | 建筑高度（米） | 保温材料燃烧性能要求 | 可选保温材料燃烧性能等级 | 不燃材料防护厚度最小值 | 门窗防火要求 | 防火隔离带要求 |
|---|---|---|---|---|---|---|
| 无空腔薄抹灰 | H ≤ 27 | 不应低于B2 | B2 | 首层15毫米，其余层5毫米 | 耐火完整性不应低于0.5小时 | 每层设置水平防火隔离带 |
| | | | B1 | 首层15毫米，其余层5毫米 | 无 | 每层设置水平防火隔离带 |
| | 27 < H ≤ 100 | 不应低于B1 | B1 | 首层15毫米，其余层5毫米 | 耐火完整性不应低于0.5小时 | 每层设置水平防火隔离带 |
| | | | A | / | 无 | 无 |
| | H > 100 | A | A | / | 无 | 无 |
| 无空腔夹心保温 | / | 不宜低于B2 | B1 | 50毫米 | 无 | 无 |
| | | | A | / | 无 | 无 |

新颁布实施的北京市地方标准《住宅设计规范》DB 11/1740—2020规定：住宅建筑墙体保温材料宜采用燃烧性能为A级的保温材料，不应采用B2级保温材料，不应采用B3级保温材料。现行标准设计要求层面，北京市保障性住房的保温材料燃烧性能不能低于B1级，即可为B1级或A级。针对无空腔薄抹灰和无空腔夹心保温外围护系统，防火构造做法需要进行适应性

调整及优化。

针对无空腔薄抹灰保温外围护系统防火做法，现状满足现行国家以及北京市地方标准设计要求的主要有两种形式，即A级保温材料＋节能窗和B1级保温材料＋耐火窗做法。采用B1级保温材料时，现行标准要求对应外窗的耐火完整性不应低于0.5小时，在节能要求日益提高的背景下，同时兼顾外窗的传热系数与耐火极限难度

较大，且市场上满足耐火完整性的外窗产品还相对较少，造价偏高，后期由于拆卸更替带来的防火隐患相对较大。因此，在北京市保障性住房在外围护系统选择中可优先采用A级保温材料＋节能窗的做法。

针对无空腔夹心保温外围护系统防火做法，现行标准给出了两种可行的防火构造形式，即B级保温材料＋不小于50毫米外叶板和A级保温材料＋薄层外叶板做法。其中B级保温材料＋不小于50毫米外叶板的防火构造做法形式在北京市保障性住房中应用较为广泛，并取得了良好的应用效果；A级保温材料＋薄层外叶板做法可有效减轻墙体自重，在现状的预制混凝土复合墙体中也得到了充分的技术验证与应用实践。因此，北京市保障性住房在外围护系统选择中可根据具体项目需求择优选用。

保障性住房外围护结构节能技术解决路径。近20年来，北京市居住建筑节能设计标准逐步提升，对外围护结构产品性能指标、构造做法等均提出了新的技术要求。在新建保障房节能设计标准与应用技术提升方面，从2004年07月01日起，北京市就开始实行建筑节能65%标准，自2013年在全国率先实施75%的居住建筑节能设计标准，再到现阶段北京市《居住建筑节能设计标准》DB11/ 891—2020在全国率先将居住建筑节能率由75%提升至80%以上。详细对比《居住建筑节能设计标准》DB11/ 891—2012以及《居住建筑节能设计标准》DB11/ 891—2020两本标准指标不难发现，新标准对屋面、外墙、外窗等围护结构构件的传热系数要求更加严格，按原有节能设计标准应用的技术与产品均需要进行适应性改型与优化。具体变化有：①外墙保温层厚度：由于节能标准的提升，高层建筑外墙保温层厚度变化不大，增加幅度约10%，但对多层建筑影响较大；②屋顶保温层厚度：新节能设计标准要求的屋面保温层厚度增加幅度较大，增加幅度约为100%；③对外窗的传热系数要求提升明显。

北京市新旧居住建筑节能设计标准对比 表3.11

| 围护结构 | 标准类型 | ≤3层 | | 4~8层 | | ≥9层 | |
| --- | --- | --- | --- | --- | --- | --- | --- |
| | | 主断面传热系数 | 保温层厚度（毫米） | 主断面传热系数 | 保温层厚度（毫米） | 主断面传热系数 | 保温层厚度（毫米） |
| 外墙 | 北京市居住建筑节能设计标准DB11/891—2012 | 0.27 | 120 | 0.33 | 100 | 0.38 | 80 |
| | 北京市居住建筑节能设计标准DB11/891—2020 | 0.23 | 150 | 0.23 | 150 | 0.35 | 90 |
| 屋顶 | 北京市居住建筑节能设计标准DB11/891—2012 | 0.27 | 100 | 0.32 | 80 | 0.36 | 70 |
| | 北京市居住建筑节能设计标准DB11/891—2020 | 0.15 | 190 | 0.15 | 190 | 0.21 | 130 |
| 外窗（南） | 北京市居住建筑节能设计标准DB11/891—2012 | 1.8 | / | 2 | / | 2 | / |
| | 北京市居住建筑节能设计标准DB11/891—2020 | 1.1 | / | 1.1 | / | 1.1 | / |

注：在保温层厚度核算中，外墙以预制钢筋混凝土剪力墙挤塑聚苯夹心保温外墙板为基准计算；屋面以挤塑聚苯保温板倒置式屋面为基准核算。

不同保温方式，需结合防火的需求，并优先选用高效节能、质优耐久、占用空间小且施工工艺较为完善成熟、维护维修有保障的保温材料与部品。

结合防火需求，外墙采用薄抹灰与装饰保温一体化板外围护系统时，建议采用A级保温材料，采用带外叶板的无空腔预制钢筋混凝土夹心保温外围护系统时，建议采用B1级保温材料。目前北京市保障房工程中应用较多的A级保温材料类型包括岩棉、玻璃棉等，建议采用热工性能相对较好的岩棉板、玻璃丝棉板等降低节能标准提高带来的保温层厚度增加的影响。且为提高材料耐久性，防止系统脱落，建议岩棉板、玻璃丝棉板采用腹丝增强且四面包覆的构造。为降低保温层厚度增加对保障性住房面积的影响，采用B1级保温材料时，保温层厚度不应大于100毫米；采用A级保温材料时，保温层厚度不应大于120毫米。

外窗是保障居住品质的重要内容，需要精细化外窗部品选型。在满足工程、产品标准的要求前提下，对外窗的尺寸大小、立面形式、构造节点、开启方式、通风面积等精心策划，对型材、玻璃、五金件、密封材料等精心选择，严格把关，系统控制，确保使用性能。建议推广使用节能窗系统，节能窗构造与热工指标可参考《居住建筑节能设计标准》DB11/891—2020选用。

保障性住房外围护结构装配技术解决路径。北京市将保障性住房建设全部纳入装配式建筑的实施范围，外围护结构作为北京市保障性住房装配式建造的核心构件，需结合北京市装配式建筑实施落地的具体要求进行适宜性建造技术与产品的优化提升。2021年7月1日颁布实施的北京市地方标准《装配式建筑评价标准》DB11/T1831—2021装配式评分细则如下表所示，其要求装配率不低于50%，且规定项目进行装配式建筑等级评价时，主体结构竖向构件预制应用比例尚不应低于35%，保障房建设需要进一步结合装配率的最新要求与导向进行外围护体系方案的选型与优化。

装配式评分细则 表3.12

| 评价项 | | 评价要求 | 评价分值 | 最低分值 |
|---|---|---|---|---|
| **主体结构Q1**（45分） | 柱、支撑、承重墙、延性墙板等竖向构件 | 35%≤比例≤80% | 20~30* | 15 |
| | 梁、楼板、屋面板、楼梯、阳台、空调板等构件 | 70%≤比例≤80% | 10~15* | |
| **围护墙和内隔墙Q2**（20分） | 围护墙非砌筑非现浇 | 比例≥60% | 5 | 10 |
| | 围护墙与保温、装饰一体化 | 50%≤比例≤80% | 2~5* | |
| | 内隔墙非砌筑 | 3比例≥60% | 5 | |
| | 内隔墙与管线、装修一体化 | 50%≤比例≤80% | 2~5* | |
| **装修和设备管线Q3**（35分） | 全装修 | — | 5 | 5 |
| | 公共区域装修采用干式工法　公共建筑 | 比例≥70% | 3 | |
| | 公共区域装修采用干式工法　居住建筑 | 比例≥60% | | |
| | 干式工法楼面、地面 | 70%≤比例≤90% | 3~6* | 6 |
| | 集成厨房 | 70%≤比例≤90% | 3~6* | |
| | 集成卫生间 | 70%≤比例≤90% | 3~6* | |
| | 管线分离　电气管线 | 60%≤比例≤80% | 2~5* | |
| | 管线分离　给（排）水管线 | 60%≤比例≤80% | 1~2* | |

| | 评价项 | | 评价要求 | 评价分值 | 最低分值 |
|---|---|---|---|---|---|
| 装修和设备管线Q3（35分） | 管线分离 | 供暖管线 | 70%≤比例≤100% | 1~2* | 6 |
| 加分项Q5（6分） | 信息化技术应用 | | 设计、生产、施工全过程应用 | 3 | — |
| | 绿色建筑评价星级等级 | | 二星级 | 2 | — |
| | | | 三星级 | 3 | — |

注：表中带"*"项的分值采用"内插法"计算，计算结果取小数点后1位。

满足围护墙非砌筑非现浇以及围护墙与保温、装饰一体化要求的外围护结构类型主要有预制钢筋混凝土剪力墙复合保温外墙系统、加气混凝土条板外墙系统等，实际项目应结合装配率要求、结构体系类型、经济性等要求综合权衡优选。

预制钢筋混凝土剪力墙复合保温外墙建造方式为工厂集成化生产，现场装配化施工，围护墙与保温、装饰一体化，契合北京市装配式建筑技术导向。按保温复合方式的不同，预制钢筋混凝土剪力墙复合保温外墙系统可采用预制钢筋混凝土剪力墙夹心保温外墙系统与装配式复合真空绝热（STP）混凝土外墙系统。

加气混凝土条板外墙系统在钢结构建筑中应用较多，条板建造方式为非砌筑。随着北京市节能设计标准的提高，加气混凝土条板自保温系统已不能满足项目节能指标需求，应另设保温层复合组成加气混凝土条板外墙系统。按保温层复合方式的不同，加气混凝土条板外墙系统可采用加气混凝土条板+保温装饰一体板组合外墙或加气混凝土岩棉夹心复合自保温板外墙系统。

**基于对保障性住房外围护结构防火、节能、装配技术解决路径的分析，可为北京市保障性住房外围护结构的选择提供整体解决方案。** 现状满足北京市保障性住房的外围护结构系统主要包括薄抹灰系统、装饰保温一体板系统、预制钢筋混凝土剪力墙夹心保温外墙系统、装配式复合真空绝热（STP）混凝土外墙系统以及加气混凝土条板外围护系统。各方案技术性能总体评价情况可参见下表。

**技术性能评价表**　　　　　　　　　　　表3.13

| 外围护系统方案 | | 技术性能评价 | | |
|---|---|---|---|---|
| | | 节能性能 | 防火性能 | 装配性能 |
| 薄抹灰系统 | 纤维腹丝增强复合岩棉板 | ★★★ | ★★★★★ | ★ |
| | 纤维腹丝增强复合玻璃丝棉板 | ★★★★ | ★★★★★ | ★ |
| 装饰保温一体板系统 | 纤维腹丝增强复合岩棉板 | ★★★ | ★★★★★ | ★ |
| | 纤维腹丝增强复合玻璃丝棉板 | ★★★★ | ★★★★★ | ★ |
| 预制钢筋混凝土剪力墙复合外墙板系统 | 预制钢筋混凝土剪力墙夹心保温外墙板 | ★★★★★ | ★★★★ | ★★★★★ |
| | 装配式复合真空绝热（STP）混凝土墙板 | ★★★★★ | ★★★★ | ★★★★★ |
| 加气混凝土条板外围护系统 | 加气混凝土条板+保温装饰一体板组合墙板 | ★★★★ | ★★★★★ | ★★★ |
| | 加气混凝土岩棉夹心复合自保温板墙板 | ★★★★ | ★★★★★ | ★★★★★ |

注：★越多代表性能越好。

薄抹灰系统和装饰保温一体板系统推荐使用腹丝增强岩棉板或玻璃丝绵板，保温材料属于A级，外围护系统的防火性能满足要求，A级保温材料内腹丝增大保温材料的力学性能且不改变保温材料的热工性能，整个外围护系统的耐久性能增强。

预制钢筋混凝土剪力墙夹心保温外墙系统选用B级保温材料，保温性能好，工厂一体化生产，现场装配式施工，工程技术成熟；装配式复合真空绝热（STP）混凝土外墙系统选用STP真空保温板或其组成材料作为保温材料，保温性能优异，大大降低保温材料厚度，且在工厂一体化预制成型，现场装配化施工，现场施工质量稳定可靠；加气混凝土条板外围护系统选用普通加气条板与保温装饰一体板组合外墙或加气岩棉夹心复合自保温外墙，外围护结构的防火性能、装配率均表现出优势。

**在外围护结构技术性能合理可靠的基础上，北京市配套建立了建造质量保障机制。**2019年11月，北京市住房和城乡建设委员会发布《北京市住房和城乡建设委员会关于进一步加强住宅工程质量提升工作的通知》（以下简称《通知》），对住宅工程的外保温设计质量、技术标准、进场材料质量、施工技术管理与关键环节质量控制以及使用阶段的修缮与检查等均提出了明确要求，很大程度上保障了北京市住宅外墙外保温的施工质量。

《通知》在外保温设计质量方面，提出专家论证机制，并强调重点分析"以锚为主"的岩棉外墙外保温系统与主体结构连接的安全性；在技术标准完善方面，提出对岩棉外墙外保温工程施工地方标准的修订以及保温装饰板施工地方标准的编制工作；在进场材料质量控制方面，明确材料的技术指标和质量验收标准，提出进一步强化进保温材料和粘结材料的见证取样送检工作；在施工技术管理与关键环节质量控制方面，提出高层建

筑外墙保温系统施工方案专家论证机制，提出施工单位自检自查、施工总承包单位跟踪检查，监理单位采取旁站、巡视和平行检验等形式监督检查的多方面控制机制，并强化施工现场保温施工实体检测机制；在使用阶段的修缮与检查方面，提出周期性检查制度，对竣工5年之内的住宅工程，由建设单位牵头组织排查，对竣工5年之外的工程，由业主单位、物业企业进行排查。

针对北京市政府保障性住房，结合现状技术类型与实施水平，建议其外围护系统质量保障机制除应按《通知》有关要求执行外，可进一步补充要求如下：

（1）对于首次用于北京市保障性住房项目的建筑外墙围护系统，建设单位应针对其可行性组织进行专项专家论证，确保安全性和可靠性。

（2）北京市保障性住房外墙外保温采用薄抹灰或装饰保温一体板体系时，承载力设计应采用粘结和锚固承载力双控原则，粘结方式应为满粘式。

（3）北京市保障性住房外围护系统施工应制定专项施工方案，当采用薄抹灰或装饰保温一体板外墙外保温系统且建筑高度超过28米时，应组织进行施工方案评审论证。

（4）对竣工5年之内的住宅工程，由建设单位牵头组织排查，排查频次不应超过三年一次，排查总次数不应少于两次。对竣工5年之外的工程，由业主单位、物业企业进行排查，排查频次不超过两年一次。

建筑外围护结构技术解决方案在提升建筑节能水平，推动建筑行业可持续发展上起到了积极促进作用。通过对北京市保障性住房外围护结构技术解决路径的分析论证，提出了合理适用的外围护系统技术类型，并给出了参考技术评价与施工质量的保障措施，以期系统提升建筑外围护结构建造性能与质量，助力建筑可持续发展。

## 3.5 藏族牧民定居背景下草蓄平衡与可持续生计转型
### ——以西藏自治区拉萨市林周县卡孜乡白朗村为例

西藏高原及其邻近山区高原是现今世界上存在的五个主要游牧地带之一[1]。受牧民逐水而居的生产生活方式影响，游牧民居所较为简陋，水、电、路等基础设施落后，医疗、文教公共服务条件差，抵御灾害能力较弱，对牧民生计稳定和经济增长形成了一定限制。基于对牧民生活、牧业生产及草原生态保护的需要，世界范围内游牧民定居化既是草原牧区社会经济发展的一大趋势，也符合联合国可持续发展目标11.1（到2030年，确保人人获得适当、安全和负担得起的住房和基本服务，并改造贫民窟）的相关要求。从游牧到定居，草原牧民完成了从四季游牧到冷季定居舍饲、暖季轮牧的转变，生计方式和身份角色也随之变化。游牧民定居在促进牧区聚落演化、改善牧民居住条件、提升基础设施公共服务供给水平等方面发挥了积极的作用。与此同时，避免因生产生活方式改变引发后续生计困

难、传统文化衰落、生态与环境改善效果不明显等问题是牧区可持续发展的重点关注[2]，也是可持续发展目标1[3]（消除贫困）、目标8.2[4]（多样化经营、技术升级和创新）、目标15.3[5]（防治荒漠化）的明确要求。

我国天然草原大多分布在边区、山区、老区和少数民族地区，又是贫困人口比较集中的地区。西藏自治区作为我国五大牧区之一，定居发展较慢，是我国游牧民定居工程的重点地区[6]。同时，西藏自治区集高海拔地区、生境脆弱地区、边疆少数民族地区、集中连片特困地区于一体，也是我国及东亚的重要生态安全屏障区，高原生物多样性的维持基地，脱贫攻坚任务最繁重的地区之一，西藏地区的可持续发展对我国意义重大。

西藏素有"世界屋脊"之称，90%以上土地处于高寒区域，全区海拔4000米以上的地区

[1] Thomas J. Barfield, The Nomadic Alternative, 1993 by Prentice-Hall, Inc. A Simon & Schuster Company.

[2] 徐增让，成升魁，高利伟.游牧民定居条件下草地利用空间分异及生态效应[J].干旱区资源与环境，2017，31（06）：8-13. DOI：10.13448/j.cnki.jalre.2017.171.

[3] 可持续发展目标1：在全世界消除一切形式的贫穷。

[4] 可持续发展目标8.2：通过多样化经营、技术升级和创新，包括重点发展高附加值和劳动密集型行业，实现更高水平的经济生产力。

[5] 可持续发展目标15.3：到2030年，防治荒漠化，恢复退化的土地和土壤，包括受荒漠化、干旱和洪涝影响的土地，努力建立一个不再出现土地退化的世界。

[6] 国家发展和改革委等. 2013.全国游牧民定居工程建设"十二五"规划. https://www.ndrc.gov.cn/xxgk/zcfb/ghwb/201402/P020190905497695502021.pdf.

占全区总面积的85.1%，藏族人口占比86%[1]。受资源匮乏、地方病多发、生存环境恶劣等多重因素影响，西藏自治区区内共有贫困村5369个，占比高达98.21%。受历史和社会原因影响，西藏农牧区贫困人口高于全国贫困人口比例，脱贫攻坚工作启动前，自治区农牧区建档立卡贫困户占农牧区总人口的25.2%[2]。

近几十年来，受气候变暖、超载过牧和樵采等人类活动的多重干扰，西藏天然草地退化严重。据遥感调查数据，西藏草地退化、沙化面积已占草地总面积的40%，并以每年3%～5%的速度在扩大[3]。草地退化对西藏畜牧业发展和农牧民生活水平提高带来极大的不利影响。据不完全统计，西藏草地退化涉及县级行政区22个，造成直接经济损失达8亿元/年[4]。其中，位于雅鲁藏布江、拉萨河、年楚河的中部流域"一江两河"地区作为西藏腹心地带、粮食重要产区和农区畜牧业发展重点区，农牧业开发最早、经济相对发达[5]，也是西藏土地退化较为严重的地区之一。区域内土壤侵蚀面积达6.04万平方公里，严重的水土流失已经导致土地生产力退化、生态环境负担加重、农牧民生计受损等问题[6]。

长期以来，草原畜牧业是牧民收入的首要来源，草原是他们生存的根本，畜牧业既是他们的传统产业，又是他们的主业，是广大牧民生活和生产资料的主要来源。对于牧区省份来说，保护建设草原、推动草原畜牧业的可持续发展是发展西部少数民族地区经济的必然选择[7]。西藏自治区草场面积8207万公顷，占全区土地面积的68%，其中可利用草场面积5613万公顷，畜牧业一直都是生活在西藏高原上牧民的主要生计方式。受宗教信仰、民族文化、价值体系、历史传统等共同影响，藏族牧民在漫长的生产实践中积累了独特的生产经验。牧民形成了"游而牧之""逐水草而居"的产业生计与自然环境的互动模式[8]。近几十年来气候变化、人口增长、草场承包经营责任制改革等内外部因素影响，藏区草场原有的"牲畜私有，草场公有，靠天养畜"的草场畜牧业经营方式已无法维持"人、草、牧"的平衡。草场生态经营面临着草场严重超载、公共基础服务缺乏、滥牧、抢牧、缺乏建设、缺少管护等现实挑战[9]。

为解决我国游牧民住房条件简陋、畜牧业生产水平不高、游牧民收入水平低、基础设施

[1] 西藏自治区人民政府. 2021.民族. http：//www.xizang.gov.cn/rsxz/qqjj/rk/202105/t20210520_202840.html.

[2] 西藏自治区人民政府. 2018.西藏自治区"十三五"时期脱贫攻坚规划. https：//www.xizang.gov.cn/zwgk/xxfb/ghjh_431/201902/t20190223_61971.html.

[3] 李忠魁，拉西. 西藏草地资源价值及退化损失评估[J]. 中国草地学报，2009，31（2）：14-21.

[4] 罗黎鸣，武俊喜，余成群，孙维，李少伟，苗彦军.浅谈西藏河谷区草地畜牧业可持续发展——以林周县卡孜乡白朗村为例[J].西藏科技，2015（04）：5-7+55.

[5] 张鹏，格桑卓玛，范建容，陈阳，尼玛占堆.西藏"一江两河"地区土壤侵蚀现状及分布特征[J].水土保持研究，2017，24（01）：49-53+2. DOI：10.13869/j.cnki.rswc.2017.01.004.

[6] 蔡晓布，钱成，黄界. 雅鲁藏布江中游地区水土流失及其防治对策[J]. 水土保持通报，2014，34（6）：48-53.

[7] 谢双红.北方牧区草畜平衡与草原管理研究[D].中国农业科学院，2005.

[8] 李继刚.西藏高原传统游牧业对新时代西藏新型牧业经营体系构建的启示[J].西藏民族大学学报（哲学社会科学版），2018，39（01）：126-130.

[9] 李继刚，雷宏振.西藏牧区草场产权与贫困问题的探讨[J].西北民族大学学报（哲学社会科学版），2014（01）：96-99.

薄弱、社会事业发展滞后、冬春牧草供应不足6大生产生活问题，2001—2015年我国以"游牧民居有定所、生产发展、收入增加、生活改善"为目标，在主要牧区实施了大规模的游牧民定居工程。

按照2011年《国务院关于促进牧区又好又快发展的若干意见》和2012年国家发展改革委、住房和城乡建设部、农业部联合发布的《全国游牧民定居工程建设"十二五"规划》，各级财政投资400多亿元，自上而下推动西藏、青海、四川、甘肃、云南、内蒙古、新疆等41.4万户、194万游牧民实现了定居。依据《全国游牧民定居工程建设"十二五"规划》标准，定居每户住房不低于60平方米，牲畜棚圈120平方米、储草棚10平方米、配套饲草料地和围栏草场。

"十三五"期间，西藏自治区以易地搬迁为具体措施推进游牧民定居及生产生活条件改善，落实脱贫攻坚政策。国家发展改革委针对居住在生存条件恶劣、生态环境脆弱、自然灾害频发等地区的农村贫困人口，实施易地扶贫搬迁工程，以此从根本上解决"一方水土养不起一方人"的地区脱贫发展问题。2018年，西藏自治区发展改革委发布《西藏自治区"十三五"时期脱贫攻坚规划》，针对部分高寒纯牧贫困区以及深山峡谷贫困区的贫困人口，决定用5年时间对26.31万人建档立卡贫困人口实施易地扶贫搬迁，确保搬迁对象生产生活条件明显改善，收入水平明显提升，迁出区生态环境有效改善。

**以拉萨市林周县卡孜乡白朗村为例，介绍其近年来依托科技创新资源和当地各级政府支持，将"以迁脱贫"和"以业脱贫"相结合，落实种**草养畜、生态搬迁、脱贫攻坚等战略，实现了人居环境改善、退化草地改良、草地畜牧业可持续发展和农牧民脱贫增收等多赢目标的实践经验。

林周县藏族意为"天然形成的沃土"，地处西藏中部，位于"一江两河"地区中的拉萨河流域，是"一江两河"中部流域农业综合开发县和主要粮食生产县之一，也是西藏自治区36个重点贫困县之一。县驻地距拉萨市65公里，全县辖9乡1镇，耕地23万亩，天然草场505万亩，人工草场8万亩，水域5.4万亩。林周县是拉萨市6县2区中的第一产粮大县、第二牧业大县，主产小麦、青稞、油菜、土豆等，是拉萨市的主要粮食生产基地[1]。

白朗村隶属林周县卡孜乡，位于林周县西南部的拉萨河谷地带，行政村范围由五个自然村组成。该村地形主要由南部山体与北部山前洪积扇平原组成，海拔3800米至5500米，平均海拔4200米，总面积约123平方公里，草地覆盖面积约占总面积的93%。

**"十三五"期间，林周县大力推进生态搬迁和脱贫攻坚工作，累计投入资金5340万元，共解决了1143户农牧民家庭住房保障问题。白朗村游牧民定居化逐渐完成，牧民居住条件及生活水平大幅提高。**

白朗村作为林周县45个贫困村之一，因具有相对良好的自然地理条件和发展潜力被划定为易地扶贫搬迁安置点，在2016年—2019年间，通过在白朗行政村内建设移民新村的方式，完成了一期县内搬迁和二期昌都"三岩"片区搬迁共157户（约760人）农牧户的集中安置工作。其中，县内100户主要来自卡孜乡内的田嘎村和

[1] 林周县人民政府. 2022.林周简介. http：//www.linzhouxian.gov.cn/lzxrmzf/lzjj/202203/4819c2f85bb749a7a50d6d444edae13b.shtml？userInfo=notlogin.

克布村等安置区周边村落；另外57户主要来自芒康县"三岩"片区。截至2019年末，该村共有农牧户295户（原住户138户和迁入住户157户）。为了安置搬迁户和满足农牧户生产生活需求，白朗村将3000亩山麓冲积扇的天然草地开垦为居民点用地和耕地。同时，从收入、教育、医疗、粮食等多个方面对搬迁户进行扶持补贴，不断推出新的政策以防脱贫后的"返贫"现象。

易地搬迁后，白朗村游牧民居住条件得到显著改善，卫生水平、防灾减灾能力明显增强。为适用于游牧生活，搬迁前居民的居住房屋类型为土房和帐篷，保暖、抗风、防雨性较差，人畜混居现象普遍存在，居住条件简陋，卫生条件较差，抵御灾害能力差。针对白朗村搬迁户居住环境的调研结果显示，居住帐篷类型的搬迁户占总搬迁户的8.6%，居住土房的则占比91.4%。在搬迁至白朗村的贫困家庭中此前无人居住过白砖房，居住过的土房多为简陋的2或3间房的一层房屋，人均住房面积不足10平方米。搬迁后，搬迁户全部居住于政府投资建设的集中安置点，房屋结构为白砖房。每一栋房屋有上下两层，共包含7～9间房间，配有卧室、客厅、厨房等功能区，总面积达150平方米。根据家庭人口数量，政府为其分配不同的房屋类型以及房屋数量，人均住房面积达22平方米。除了平均150平方米的生活区之外，每一户还有50平方米的生产区。生产区可用来圈养牲畜等，人畜分离的设计使得卫生水平进一步提升。由于位于地震多发带，安置点的房子还可抗8级烈度的地震[1]。

易地搬迁后，牧民能源消费结构也发生了变化，清洁能源比例逐渐提升。依据调研数据，2021年，每户家庭在天然气的花费约为863元，相比2013年平均每户324元，增长了166%，天然气已成为炊事的主要能源来源。在交通和家用电器用能方面，根据2021年的调研问卷，有87%的受访家庭消费了汽油，89%的家庭消费了柴油。一方面是随着收入的提高，摩托车和汽车等代步工具逐渐增长，使得汽油和柴油消费量增加；另一方面，外出务工以及交通基础设施、道路的完善也增加了汽油和柴油的消费量，每户家庭每年消费的交通花费约9000元，占家庭年收入的18%。

同时，由于西藏牧区使用牛粪、秸秆等燃料的文化传统加之替代性能源获取困难，牛粪仍是生活能源的主要构成。在农牧民人居环境改善中推行清洁能源仍具有一定挑战。2013年国家政策赠送白朗村多种太阳能设备，但由于太阳能灶光照不均容易被损坏、太阳能照明设备蓄电池容量小等原因很少有人继续使用，生活能源依然以牛粪、干草为主。在取暖方面，西藏牧区家庭在冬天大部分采用燃烧牛粪炉子的方式取暖，还有部分家庭使用电热毯取暖。在生活用能消费方面，牛粪占比最高，平均每户家庭每年消费牛粪11393公斤（5366公斤标煤）。其次，因为薪柴、煤炭等能源获取较为困难以及价格较高的缘故，并未成为当地主流的能源类型，其消费量远低于牛粪，近乎没有。

为了配套解决草地退化、畜牧业出栏率低、生产效益不高等牧民生计问题，实现牧民生计转换与草畜平衡发展，白朗村依托专家智力资源进行了草畜一体化技术集成示范。示范项目通过构建退化草地恢复、人工饲草种植、绵羊短期育肥

---

[1] 国际在线.2016.【冬行西藏】林周县藏族群众易地搬迁搬出幸福新生活.http://news.cri.cn/xiaozhi/cc649749-505c-f0ab-4be7-898ae119324e.html.

图3.12　易地搬迁前游牧民居住情况示意

图3.13　易地搬迁前游牧民居住情况示意

图3.14　卡孜乡易地搬迁安置点示意

图3.15　安置区150平方米的房子和50平方米的
生产区示意[1]

等综合配套技术体系，建立了草地畜牧业可持续
发展模式，在草地生态恢复、牲畜健康养殖等方
面取得了显著成效，带动牧民持续增收。

　　草畜一体化项目实施前，白朗村共有157
户，848人，全村共有牲畜6652头（只、匹），
总耕地面积为222.0公顷。生产方式以半农半
牧为主，主要依靠农作物收成，出售畜牧产品和
青壮年外出打工增加现金收入。村民人均收入在
2300元以下的有64户，275人。耕地少、人口
多、草地过度放牧、土壤质量差、农业和畜牧业

生产力降低、收入结构单一是导致贫困的主要原
因。此外白朗村草地一直处于过度利用状态，草
地退化严重，羊的出栏率[2]非常低，2012年仅
为11%，商品化率仅为3%[3]。同时，依据农业
部草原生态保护补助奖励机制，围栏草地、免耕
补播草地、翻耕围栏草地的经济产出主要来源
于每亩7.5元的禁牧补贴和农牧户外出的打工收
入。从平均值上看，补贴只占到草地恢复管理下
农牧户收入的14.6%，限制和牺牲了畜牧业产
值的同时草地恢复较慢，通常需要5年左右，无

[1] 国际在线. 2016.【冬行西藏】林周县藏族群众易地搬迁搬出幸福新生活. http://news.cri.cn/xiaozhi/cc649749-
　　505c-f0ab-4be7-898ae119324e.html.

[2] 出栏率是指肉用家畜每年上市量在存栏量中所占的百分率，是衡量一个国家或一个地区养猪、羊生产水平的一个重
　　要指标之一，计算公式出栏率＝年出栏（上市）数/存栏数×100%。

[3] 罗黎鸣，武俊喜，余成群，孙维，李少伟，苗彦军. 浅谈西藏河谷区草地畜牧业可持续发展——以林周县卡孜乡白
　　朗村为例[J]. 西藏科技，2015（04）：5-7+55.

法有效解决农牧民脱贫增收的生计需要。

基于以上问题，白朗村依托科技创新资源主动治理退化草地，建设人工草地，加快牲畜育肥出栏，通过增草增效和减压增效2种方法，实现治理退化草地和农牧民可持续增收目标。2013年，依托中国农业科学院草原研究所、中国科学院地理科学与资源研究所等研究机构的智力支持和科技创新，白朗村实施了"西藏半农半牧村（白朗村）草地畜牧业可持续发展技术集成示范""基于草畜平衡的河谷型藏羊高效养殖模式研究与示范"等科技创新项目。同时，白朗村村委会与专家组共同成立并管理"林周县白朗村种草养畜农牧民专业合作社"，鼓励农牧民以土地、现金入股等方式参与经营。通过中度退化草地治理、重度退化草地建植优质人工草地、放牧加补饲的绵羊健康高效养殖等多项技术集成，构建了退化草地治理和畜牧业高效协同可持续发展模式。

针对草场生态退化、季节性饲草供应不平衡等问题，中科院地理科学与资源研究所项目组依据土地退化程度，于2013年、2014年连续两年针对性采用围栏封育、牧草免耕播种、豆科和禾本科混播、灌溉和雨季施肥等技术，改良和治理中度退化放牧草地2905亩，提高草地生产力，改善草场质量[1]。从而形成了高海拔退化草地快速治理的新模式，建立了退化草地治理集中示范区3490亩。合作社治理和优化管理，建立季节性轮牧优质草场，退化草地平均载畜量由23亩/羊单位提高到15亩/羊单位；同时治理重度退化草地600~800亩，建植优质人工放牧地和刈割草地。

依据土地退化程度，对于轻度退化草地，采取围栏封育的方式避免牛、羊等牲畜随意进出采食破坏，围栏封育后群落的生物量和高度显著增加；针对中度退化草地，通过采用草原可越障式免耕播种机，以披碱草和老芒麦为主进行免耕补播；对1150亩退化草地，选择雨前人工撒施尿素，在7月中旬雨季时期，对秋冬季轮牧草地进行施肥。优化管理退化草地后，饲草产量比退化草地产量高出1~2倍，退化草地干草产量在15~20公斤/亩；优化管理的改良退化草地干草产量在30~75公斤/亩。为进一步稳定牧草产量，项目组出资在1590亩和165亩春夏牧场配套修建灌溉渠系和蓄水池配套设施。

重度退化草地由于长期的超载过牧，存在着优质饲草产量显著降低、有毒有害杂草增多等问题。据测定，治理前退化草地饲草产量在5.8～15.4公斤/亩（烘干重），其中有毒有害杂草产量占53%～68%。根据现存状况与专家团队研判，白朗村农牧民利用村集体土地对400亩重度退化草地采取翻耕措施，混播黑麦草和箭筈豌豆品种；在牧草生长高度超过20厘米后进行追肥，选择雨前人工撒施尿素。草地建植后，鲜草产量平均为148.4公斤/亩，干草产量平均为23公斤/亩（烘干重），无有毒有害杂草，按照可食用饲草产量来计算，人工优质饲草产量是退化草地的3~4倍。

人工牧草种植为畜牧业转型提供了基础保障，人工草地由于可以进行连续割草等优势，增加了干草冬季储备，有效调节了草原饲草供应的季度不平衡[2]。可食性优质饲草的增加，也极大地减少了绵羊放牧时间，为缓减放牧压力发挥了

[1] 罗黎鸣，武俊喜，余成群，孙维，李少伟，苗彦军.浅谈西藏河谷区草地畜牧业可持续发展——以林周县卡孜乡白朗村为例[J].西藏科技，2015（04）：5-7+55.

[2] 谢双红.北方牧区草畜平衡与草原管理研究[D].中国农业科学院，2005.

图3.16　草地翻耕后捡出石块

图3.17　草地翻耕后捡出石块

图3.18　未播种与播种效果对比图

图3.19　重度退化草地建植后

重要作用。依托草场生态改善，白朗村在专家项目组支持下推进草地种植与家畜饲养的有机结合，进一步恢复了土壤肥力，增加了农牧民收入，促使农牧业可持续发展和生态环境得到有效改善。

由于西藏绵羊都是以放牧为主，存在生长周期长、出栏时间长、养殖成本高、利润空间小等问题，加之季节性牧草缺失使冬春季饲草短缺，羊无法达到市场要求的胴体重标准（10~20公斤），使冬春季出栏获取更大利润变得困难。针对该问题，在中科院组织、西藏大学理学院的积极协助下，牧民将绵羊放牧时间从在天然草地的8~10小时/天，缩短到在优质人工草地的3小时/天，节省了绵羊的体能消耗，秋季育肥效果显著。通过控制放牧时间、利用补饲增

加和平衡短期育肥羊的营养需求，项目使绵羊出栏时间缩短了40%~60%，羊肉产量提高了10%~20%，实现了短期内增加羊体重，改善羊肉品质的目的。

除了绵羊育肥技术使牧民畜牧业收入提升，林周县白朗村种草养畜农牧民专业合作社通过提供就业岗位、推进土地流转等方式拓宽收入渠道。合作社提供包括护林员、草监员、保洁员等在内的8种工作岗位，村民可以身兼多职，实现稳定增收。通过草畜一体化技术集成示范，示范当年全村新增经济收入24万元，117户均增收2050元。配合科研机构与合作社的规范化管理和科技特派员培训，共带动和管理30户示范户，影响81户辐射户。

通过"种草养畜"战略的实施，林周县构建

了退化放牧草地治理、放牧加补饲的绵羊健康高效饲养管理等河谷区草地畜牧业可持续发展的技术体系，形成了退化草地治理和畜牧业高效协同的可持续发展模式[1]。"十三五"期间，林周县累计种植饲草33.88万亩，产草3.1亿斤，累计出栏牲畜21.27万头（只、匹），实现畜牧业总产值13.31亿元，形成了良性循环[2]。

**通过牧民定居、种草养畜、脱贫攻坚战略的配套落实，白朗村村民收入得到了大幅增加，生**计方式实现多样化，收入结构趋于稳定合理。

依据2013年54份和2021年的79份调查问卷数据及2013年至2021年跟踪问卷23份分析得出，近8年来白朗村居民户均可支配收入保持较快增长趋势，户均收入总体上有了较大提升，由2013年户均收入2.27万元到2021年5.21万元，居民户均可支配收入在近8年内增加了29000元左右，增长了129%。根据国家统计局对农村居民收入的划分方式（工资性

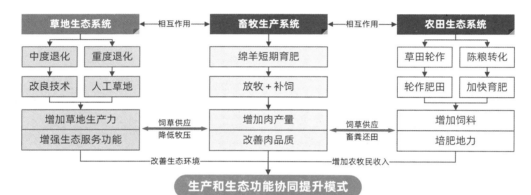

图3.20　白朗村生产和生态功能协同提升模式示意

图3.21　白朗村示范户技术培训

图3.22　村民代表大会

[1] 罗黎鸣，武俊喜，余成群，孙维，李少伟，苗彦军.浅谈西藏河谷区草地畜牧业可持续发展——以林周县卡孜乡白朗村为例[J].西藏科技，2015（04）：5-7+55.

[2] 拉萨市人民政府．2021．林周县人民政府2021年政府工作报告．http：//www.lasa.gov.cn/lasa/jhzj/202103/ba31fa494c29453b85ddddc2da9c02a0.shtml.

收入、经营净收入、财产净收入以及转移支付净收入），从2013年到2021年，白朗村农民收入共增加29364元，其中工资性收入增加25881元，收入增长贡献率为88%，经营性收入增加9860元，贡献率为32%，财产净收入减少2633元。

**2013年和2021年白朗村户均可支配收入来源和所占比重**　　　　表3.14

| 年份 | 全年纯收入/元 | 增速/% | 工资性收入 | | 经营性收入 | | 财产性收入 | |
|---|---|---|---|---|---|---|---|---|
| | | | 绝对值/元 | 比重/% | 绝对值/元 | 比重/% | 绝对值/元 | 比重/% |
| 2013 | 22740 | / | 3654 | / | 1155 | / | 6822 | / |
| 2021 | 52104 | 129% | 29535 | 56 | 10835 | 20 | 4189 | 8 |

从收入结构上，工资净收入增幅最大，增速最快。农牧民定居化为外出务工提供了交通等基础设施保障，务工人数增多，同时白朗村诸如教师、公务员等职业人数的增加，使得收入结构更为稳定，收入来源更加多样，助推了农民工资净收入的快速增长。从2013年到2021年，工资性收入与经营性收入在可支配收入结构占比中的差距也越来越大，工资性收入超过经营净收入，成为农村收入的重要支柱，收入可持续性变好。同时经营净收入增幅也较为明显。一个较为重要的原因是随着家庭货车的购入，使得白朗村从事运输的农户增多。财产净收入对农民增收的作用效果还未充分显现，在收入结构中的比重不大，但伴随着农牧区市场的发展、农畜产品销售渠道的拓宽、交通等基础设施的不断完善，有望成为下一个促进农民增收的着力点。转移支付净收入结构随政策有较大变化，2013年转移支付净收入以建房补贴为主，2021年则以草原补贴奖励收入和牲畜死亡补贴收入为主要收入。

白朗村生计方式转换方面，依据农户生计类型分为：纯农型、半农半牧型、纯牧型、兼业型[1]四种。调研数据如下：

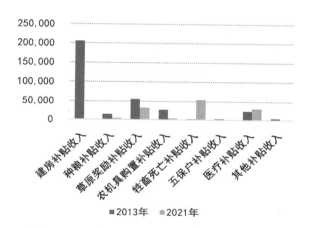

**图3.23　2013年和2021年白朗村转移性收入变化**

**2013年和2021年白朗村不同生计类型的变化**　　　　表3.15

| 类型 | 2013年 | | 2021年 | |
|---|---|---|---|---|
| | 户数（户） | 占比 | 户数（户） | 占比 |
| 纯农户 | 10 | 18.5% | 14 | 17.7% |
| 半农半牧 | 28 | 51.9% | 29 | 36.7% |
| 纯牧户 | 8 | 14.8% | 5 | 6.3% |
| 兼业户 | 8 | 14.8% | 31 | 39.3% |

[1] 第一种是纯农型家庭，只从事农业活动，包括种植粮食作物、经济作物，养殖少量牲畜，销售粮食和牲畜是家庭经济的主要来源，部分劳动力打一些短期零工，务工时间不固定；第二种是半农半牧型家庭，它们仍以农业活动为主，但与纯农型家庭的区别在于这类农牧户拥有草场和较多的牲畜；第三种是纯牧型家庭，纯牧型家庭没有或者拥有微量耕地，家庭生计以放牧为主，拥有大量草场；第四种是兼业型家庭，指从事各种农业活动又拥有非农活动的收入作为支撑的家庭。

由于调研问卷的数量不同，因此使用各种生计类型在当年总调研户数的占比，来进一步说明白朗村生计策略在这8年中的变化。纯农户的占比从2013年到2021年没有发生明显变化。半农半牧户以及纯牧户的占比在2013年到2021年都有比较明显的下降，尤其是半农半牧家庭，由2013年的51.9%下降到了2021年的36.7%。最后是兼业户，上升趋势较为明显，从2013年的14.8%到2021年的39.3%，大约上升了25%。

依据调研数据，纯农户家庭在收入相对较少的情况下，会让部分的劳动力外出务工来获得收入，其次是半农半牧及纯牧户，他们主要的收入来源大部分来自务农及短期务工。兼业户兼顾了务农、短期务工以及稳定的工资性收入和经营性收入，更多的家庭成员从事稳定性工作，形成了较为稳定的收入结构，也成了白朗村多数家庭的生计选择。配合不同生计类型的收入统计，纯农户户均收入小于半农半牧户小于纯牧户小于等于兼业户。白朗村草畜一体化技术集成有效提高了纯牧户的经济收益，配合牧民定居化后农牧民在务工机会获取上的便利条件，对于兼业型家庭中有草场的牧户，他们既从事收入较高的牧业活动，也有非农收入的补充，达到了相对较高的生活水平。半农半牧区的白朗村实现了从农牧业自给自足的生活方式到生计类型多元化，生计结构合理化、经济收入稳定化的生计变化。

白朗村以生态搬迁为游牧民定居化的举措，以种草养畜技术创新为草原草畜平衡发展的抓手，在政府、科研机构等多方协同下实现了牧

**2021年白朗村不同生计类型职业构成**　　　　表3.16

| 类型 | 职业构成 | | | | | |
| --- | --- | --- | --- | --- | --- | --- |
| | 务农 | 务工 | 学生 | 工资性工作 | 经营性工作 | 其他 |
| 纯农户 | 48% | 29% | 15% | 0 | 0 | 8% |
| 半农半牧 | 46% | 21% | 28% | 0 | 0 | 5% |
| 纯牧户 | 49% | 26% | 21% | 0 | 0 | 4% |
| 兼业户 | 39% | 15% | 24% | 15% | 4% | 3% |

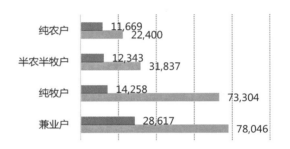

图3.24　2013年和2021年不同生计类型的户均收入

民人居环境的极大改善。草原生态的高效稳定修复，促进了畜牧业提质增效，农牧民生计结构得到合理改善，全村实现了稳定脱贫增收。到2021年，林周县贫困发生率从2015年的14.4%下降至0，"零就业"家庭全面消除，失业率控制在2.2%以内，农村居民人均可支配收入从"十二五"末的9154元增长至16264元，年均增长12.2%[1]。白朗村的易地搬迁和牧民可持续生计转换实践从根本上解决了"一方水土养不活一方人"的现实问题，切实提高了游牧民的居住环境，符合可持续发展目标1（消除贫困）目标11（可持续城市和住区）的关注方向。牧民定居化后带来的能源消耗结构改善和能源利用效

---

[1] 拉萨市人民政府. 2021. 林周县人民政府2021年政府工作报告. http://www.lasa.gov.cn/lasa/jhzj/202103/ba31fa494c29453b85ddddc2da9c02a0.shtml.

率提高也对目标7（清洁能源）起到了促进作用；搬迁后道路交通等基础设施的提升为生计改善带来了更多机会，有助于促进目标8（体面就业）、目标15（陆地生态）的科学实现。白朗村游牧民定居化背景下的生计转换和草场生态修复实践为世界范围内游牧民定居及后续生计转化提供了地方经验，为落实2030年可持续发展议程提供了积极借鉴。

## 3.6 落实《2030年可持续发展议程》中国行动之"2021发现承德之美"探访活动

世界范围内，城市已成为落实可持续发展议题的重要尺度，随着城市在人口聚集、经济发展、资源利用、创新政策和行动落实的中心地位逐渐凸显，城市面临着巨大的可持续发展挑战，也提供着创新机会和解决方案。

地方参与在推动可持续发展的重要作用得到了国际社会的广泛认同。地方一级在制定可持续决策、落实可持续行动、动员社会群体等方面的重要作用促使可持续发展政策由自上而下的参与方式向多方协作转换。推进可持续发展目标在地方一级的本地化，制定适应当地政治、历史和社会经济背景的解决方案成为实现可持续发展的重要环节[1]。由于可持续发展问题高度的复杂性和不确定性，《2030年可持续发展议程》明确需要在全球、区域、国家和地方层面构建连贯的政策，为可持续发展营造有利环境[2]。联合国可持续发展目标（SDGs），巴黎气候协定，仙台减

少灾害风险框架等国际议程均明确了地方参与对可持续发展的意义[3]。

过去五十年间，城镇化的快速发展使城市成长为经济、文化和社会发展的枢纽，也成为支撑全球可持续发展议程核心理念的重要平台[4]。城市作为地方参与的重要环节，已经成为扩散可持续发展最佳实践的重要依托。2016年，人居三大会发布的《新城市议程》明确：城市转型发展是实现可持续发展的关键，对社会包容、环境永续、经济繁荣具有重要意义[5]。城市发展已被设定为可持续发展议程的专门章节（SDG11：建设包容，安全，有抵御灾害能力和可持续的城市和人类住区）。联合国人居署指出，城市和城市活动触及了大多数可持续发展目标，可持续发展目标11（可持续城市和住区）与至少11个其他可持续发展目标直接相关；三分之一的全球监测指标可以在城市一级进行评估[6]。越来越多的城

[1] Reddy P S. Localising the sustainable development goals（SDGs）：the role of local government in context[J]. 2016.

[2] 可持续发展目标17：加强执行手段，重振可持续发展全球伙伴关系，联合国网站，https://www.un.org/sustainabledevelopment/zh/globalpartnerships/.

[3] 李翔，魏嘉彬. 从关注经济增长到公平正义：联合国三次人居大会历程梳理浅析[C]//2017城市发展与规划论文集.[中国城市出版社]，2017：333-339.

[4] 董亮.次国家行为体与全球治理：城市参与联合国可持续发展议程研究[J].太平洋学报，2019，27（9）：35-46. DOI：10.14015/j.cnki.1004-8049.2019.09.004.

[5] 石楠."人居三"、《新城市议程》及其对我国的启示[J].城市规划，2017，41（1）：9-21.

[6] United Nations Human Settlements Programme（UN-Habitat）. Tracking progress towards Inclusive, Safe，Resilient and Sustainable Cities and Human Settlements；Synthesis report：Nairobi, Kenya，2018.

市将可持续发展目标作为自身发展的评估和监测框架，通过空间布局、基础设施、政策引导等方式在推进可持续发展目标本地化的积极落实，并通过可持续发展经验分享和可持续发展挑战识别为其他同类型城市传播有效的解决方案，加速城市可持续发展进程[1]。

**中国政府全面推进国家、地方等各层面落实可持续发展议程，以城市为主要载体，以国家可持续发展议程创新示范区建设为落实举措，先后批复了6个城市探索系统解决方案，为落实2030年可持续发展议程提供地方实践经验。承德市自2019年起以"城市群水源涵养功能区可持续发展"为主题，建设国家可持续发展议程创新示范区。**

京津冀城市群是我国在国际经济体系中具有最强竞争力的支撑平台之一，也是全国乃至世界范围内水安全保障难度最大的地区之一[2]。承德市作为京津冀协同发展的重要节点城市年均向京津等下游地区供水25.2亿立方米，占当地水资源总量的67%[3]，承担着京津冀城市群生态保障的重要功能。同时承德市地处燕山—太行山集中连片特困地区，面临着经济发展水平相对落后、产业发展水平结构有待提高、资源环境保护利用任务艰巨等地方发展挑战[4]。

为破除经济增长对水资源的过度依赖，协调城市群自然资源利用与经济社会增长的关系，创建安全、均衡、高效的城市群空间格局，

2019年，国务院批复承德市以"城市群水源涵养功能区可持续发展"为主题建设国家可持续发展议程创新示范区，为探索解决水源涵养功能不稳固、精准稳定脱贫难度大等问题提供地方一级的适用技术路线和系统解决方案。2019年7月，承德市人民政府编制并发布《承德市可持续发展规划（2018—2030年）》，配套编制《承德国家可持续发展议程创新示范区建设方案（2018—2020年）》，确定了"水源涵养功能提升""绿色产业培育""精准扶贫脱贫""创新能力提升"4大行动，指导承德市可持续发展近期行动开展。

示范区建设以来，承德市多项建设成果已成为我国向全球分享可持续发展实践经验、讲述"中国故事"的重要素材，为国际社会贡献了破解可持续问题的中国智慧。示范区建设经验和模式已在首届全球绿色目标伙伴2030峰会（P4G）、联合国卡托维兹气候变化大会、联合国第十届世界城市论坛等多个国际平台进行了经验分享。同时，示范区也面临着可持续发展数据供给和研判能力不足、经验阐述与国际语境衔接不紧密、可持续发展经验凝练不充分等现实问题，增强可持续发展能力，是提升示范区可持续发展建设水平的重要抓手[5]。

**以承德市为样本，开展可持续发展能力建设，系统凝练地方可持续发展探索经验，促进地方政府与社会各界的积极参与和密切配合，对京津冀城市群协同发展、中国城市群战略支撑、世**

[1] Zinkernagel，R.，Evans，J.，& Neij，L.（2018）. Applying the SDGs to cities：business as usual or a new dawn?. Sustainability，10（9），3201.

[2] 鲍超，贺东梅.京津冀城市群水资源开发利用的时空特征与政策启示[J].地理科学进展，2017，36（1）：58-67.

[3] 承德市人民政府. 2019.自然资源. http://www.chengde.gov.cn/col/col558/index.html.

[4] 魏战刚.京津冀协同发展背景下承德市新型城镇化建设的困境与对策[J].中国农业资源与区划，2015，36（6）：42-45+59.

[5] 张晓彤，孙新章.示范区如何讲好可持续发展中国故事[J].可持续发展经济导刊，2021（12）：46-47.

**界同类型城市创新转型具有示范意义。**

可持续发展能力建设项目有助于提高地方对政策和发展模式评价和选择的能力、及时发现阻碍可持续发展的问题、敏感地作出反应和迅速采取行动[1]。承德市作为京津水源地，生态涵养功能区，多民族聚集区，脱贫攻坚重点地区，面临着环境保护和经济增长的可持续发展双重挑战，也集中反映出河北省境内张家口、唐山、邯郸等城市作为京津两地水资源、矿产资源、电力和农产品的供应地，在破解资源开发、产业发展限制与经济增长时面临的普遍困难[2]。以承德市为样板强化可持续发展能力建设和创新可持续发展路径对破解京津冀城市群一体化程度偏低、经济增长空间分布不均衡、经济增长建立在大量消耗自然能源的基础之上[3]等问题具有引领作用。

在我国城市群战略背景下，珠三角、长三角和京津冀城市群已成长为世界经济增长的重要支撑[4]。"十四五"规划中布局发展的国家级城市群已达到19个[5]。承德市可持续发展探索既是京津冀协同发展的重要举措，也对我国城市群区域经济系统构成方式升级、区域经济增长模式转型、基础设施建设提升和区域协同治理体系深度耦合提供了地方实践支撑[6]。及时凝练承德市示范区建设经验，深化与可持续发展领域利益攸关方的协同配合，可以为我国城市群发展战略提供实践支撑，为"十四五"甚至未来更长时期我国发展探索提供经验借鉴，提升讲述可持续发展中国故事的针对性、科学性和延展性。

**为及时总结凝练承德市国家可持续发展议程创新示范区建设经验，促进京津冀世界级城市群协同创新发展，受承德市人民政府委托，中国可持续发展研究会人居环境专业委员会和创新与绿色发展专业委员会合作举办了落实2030年《可持续发展议程》中国行动之"2021发现承德之美"探访活动。**

基于可持续发展战略和京津冀城市群协同发展两大国家战略，同时为更好地辨识承德市各县（市）区可持续发展能力水平、传播地方践行可持续发展的先进经验、凝聚承德市可持续发展的社会共识，由承德市建设国家可持续发展议程创新示范区工作领导小组办公室、新华社《经济参考报》社、国家住宅与居住环境工程技术研究中心主办，承德市科学技术局、中国可持续发展研究会创新与绿色发展专业委员会、中国可持续发展研究会人居环境专业委员会、中国可持续发展研究会水问题专业委员会共同承办了落实2030年《可持续发展议程》中国行动之"2021发现承德之美"探访活动。"发现承德之美"系列探访活动围绕"全球视野、中国故事、地方实践"核心，以车队行进的方式对承德市各县（市、区）进行了深度调研。探访活动团队由非政府组织、国内各领域专家学者、媒体机构等人员组成，实地探访了承德市具有代表性的生态资源、自然和文化遗产、村镇聚落、产业园区、典型人

[1] 周海林，黄晶.可持续发展能力建设的理论分析与重构[J].中国人口·资源与环境，1999（3）：22-26.

[2] 陆大道.京津冀城市群功能定位及协同发展[J].地理科学进展，2015，34（3）：265-270.

[3] 张贵，梁莹，郭婷婷.京津冀协同发展研究现状与展望[J].城市与环境研究，2015（1）：76-88.

[4] 陆军.中国城市群战略演进的内在逻辑与转型挑战[J].人民论坛，2021（25）：54-58.

[5] 中华人民共和国国家发展和改革委员会. 2021.中华人民共和国国民经济和社会发展第十四个五年规划和2035年远景目标纲要. https://www.ndrc.gov.cn/xxgk/zcfb/ghwb/202103/t20210323_1270124.html?code=&state=123.

[6] 陆军.中国城市群战略演进的内在逻辑与转型挑战[J].人民论坛，2021（25）：54-58.

物等共计37处（人）。

图3.25　2021发现承德之美探访活动启动仪式

探访活动得到了中国可持续发展研究会、中国科学院生态环境研究中心、清华大学战略新兴产业研究中心、中国水利水电科学研究院、南开大学、北京建筑大学、中国建筑设计研究院有限公司等科研机构的大力支持。主办方邀请人居环境、景感生态、水文水资源、太阳能等可持续发展领域12位专家，通过实地调研、座谈、访谈等形式，以多领域的专家视角，多维度考察了承德市在生态环境、资源利用、产业结构、扶贫攻坚、陆地生态等方面经济社会发展的新气象和新举措，充分解读了承德落实可持续发展的精神和建设成果。考察结束后，国家住宅与居住环境工程技术研究中心和新华社《经济参考报》社联合发布了《落实2030年可持续发展议程中国行动"2021发现承德之美"探访活动考察报告暨承德市可持续发展典型案例集》。报告内容涵盖承德市水源涵养能力提升、绿色产业培育、精准扶贫脱贫、创新能力提升等领域的典型经验成果，拓展讲述了可持续发展"承德故事"的广度和深度，系统梳理了地方经验、凝练中国故事，为联合国最佳实践案例提供素材。

图3.26　项目编印形成了《落实2030年可持续发展议程中国行动"2021发现承德之美"探访活动考察报告暨承德市可持续发展典型案例集》（示意）

图3.27　专家学者与新闻媒体共同合作

对标联合国可持续发展目标，考察队总结凝练、编制形成了10个可持续发展典型案例，依据承德市不同县（市）区资源禀赋和地方特色，展示了地方践行可持续发展的经验做法。

承德市历史文化悠久，生态良好，水资源和矿产资源富集，是京津冀重要的水源涵养地、生态区、农产品主产区，也是多民族聚居地区，内部县（市）区发展差异较大，特色分明。在考察活动中，探访团队对标可持续发展目标，在承德市各县（市）区选取了一个在可持续发展领域较为突出的案例进行分析、总结和展示。此处以承德市水资源综合管理和光伏扶贫为例进行说明。

图3.28 "2021发现承德之美"典型案例示意

编制形成的承德市可持续发展典型案例清单

表3.17

| 编号 | 案例 | 可持续发展目标对标 | 链接 |
|---|---|---|---|
| 1 | 非遗活态传承与精准扶贫效益互惠共进<br>——以丰宁满族自治县非遗扶贫为例 | | |
| 2 | 生态立体经营促进森林资源高质量利用<br>——以塞罕坝生态脱贫为例 | | |
| 3 | 智慧医疗建设助推健康扶贫资源共享可及<br>——以围场县"春雨工程＋智慧分级诊疗"模式为例 | | |
| 4 | 创新金融服务机制提升产业扶贫动力<br>——以隆化县肉牛产业"险资直投＋联办共保"模式为例 | | |
| 5 | 循环经济促进产业清洁高效化增长<br>——以平泉市山杏产业为例 | | |

| 编号 | 案例 | 可持续发展目标对标 | 链接 |
|---|---|---|---|
| 6 | 矿山生态立体修复促进生态系统恢复<br>——以宽城县承德绿色矿业发展示范区为例 | | |
| 7 | 资源枯竭转型地区工业促进三产融合发展<br>——以承德鹰手营子矿区怡达集团为例 | | |
| 8 | 水资源综合管理促进水生态环境持续改善<br>——以承德市"两河共治，三水共建"为例 | | |
| 9 | 区域品牌建设促进农业产业化发展与精准扶贫<br>——以"承德山水"农产品区域公用品牌为例 | | |
| 10 | 光伏加农业实现精准扶贫与清洁能源建设共赢<br>——以承德县光伏扶贫为例 | | |

**水资源综合管理促进水生态环境持续改善——以承德市"两河共治，三水共建"为例**

联合国《2030年可持续发展议程》，将"在各级进行水资源综合管理，包括酌情开展跨境合作等"（SDG6.5）明确为推进可持续发展目标6[1]的子目标，并且提出推动保护和恢复与水有关的生态系统，包括山地、森林、湿地、河流、地下含水层和湖泊（SDG6.6）。

我国人多水少，水资源时空分布不均，京津冀地区水源严重短缺。2015年，中央出台《京津冀协同发展规划纲要》，明确提出对海河流域的"六河五湖"[2]进行全面综合治理与生态修复。承德市作为京津冀重要的水源地和水源涵养功能区，在水资源综合管理、饮水供需、水土保持等方面具有重要的生态保障功能。然而，承德市潮河、滦河流域在一段时间以来存在着环境承载力弱、水污染严重、河道断流、生态系统退化、部

分河段防洪能力不足等问题，提升潮河、滦河水质，成为政府亟待开展的重点工作[3]。近年来，承德市集中开展了滦河、潮河"两河共治"，全面推进水资源、水环境、水生态"三水共建"，巩固了水质改善成果，切实维护了两河流域水环境安全。

**图3.29 潮河两岸风光**

[1] 可持续发展目标6：为所有人提供水和环境卫生并对其进行可持续管理。

[2] 六河五湖是指海河流域京津冀地区的滦河、潮白河、北运河、永定河、大清河、南运河六条重点河流和白洋淀、衡水湖、七里海、南大港、北大港五大重点湖泊湿地。

[3] 李启明.承德市水资源开发利用现状及对策[J].河北水利，2021（1）：40-41.

大力开展水污染防治，源头治理，强力推进全水系治理。2016年，承德市制定并实施了《承德市水污染防治工作方案》，联合16个部门，采取40条具体措施，全面改善水环境。为解决水污染问题，承德市从源头开展治理，通过建设污水处理设施优化城乡污染治理，推进工业企业排污达标提升，落实河湖综合整治打击违法排污等具体措施，从源头削减入河污染物。2021年，承德市19个地表水国省考断面水质优良率由2018年的94.7%提高到的100%[1]。

坚持创新体制机制，高质量推进水生态环境保护。为推进滦河、潮河生态建设提升，承德市建立跨区域生态补偿和京津冀联建联防联治机制，先后争取"引滦流域横向生态补偿资金"和"京冀潮白河上游横向生态补偿资金"23.68亿元，实施生态重点项目181个。为有效开展两

图3.30　潮河付家店满族乡段治理成效

河流域上下游水生态环境联防联控，承德相继与北京市密云区、怀柔区、延庆区及张家口市共同签署《密云水库上游流域"两市三区"生态环境联建联防联治合作协议》，缓解流域上游水土流失、水污染等问题对滦河水质影响的压力，实现河流长治久清。

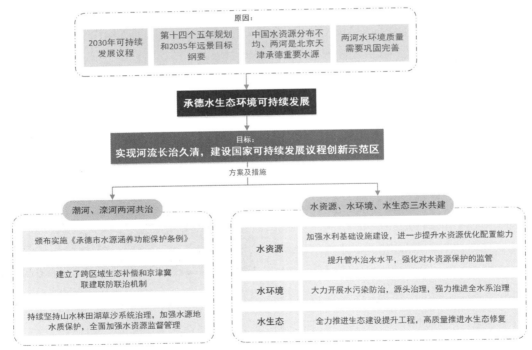

图3.31　承德水生态环境可持续发展模式示意图

---

[1] 经济参考报. 2021. 护"水塔"养"绿肺"，承德按下可持续发展"加速键". http://www.jjckb.cn/2021-08/26/c_1310188756.htm.

加强水利工程建设，进一步提升水资源优化配置能力。承德市重点推进"800里滦河水质保护工程"和"200里潮河净水廊道工程"，通过河道生态护岸和河流缓冲带建设、侵蚀沟整治、岸线和河道生态修复等工程，解决因泥沙含量大导致的断面水质超标问题。承德市与天津市启用东西部扶贫资金，恢复了自然湿地1300亩，打造人工湿地330亩，共流转租赁和保护湿地草场2430亩，区域蓄水保水功能显著增强。承德市采取工程技术手段开展围堰蓄水，打通滦河、潮河各条支流，滦河流域水生态环境得到全面改善。

**图3.32　湿地鸟类**[1]

提升管水治水水平，强化对水资源保护的监管。为加强水资源管理利用水平，承德市颁布实施《承德市水源涵养功能区保护条例》，先后编制了潮河流域、滦河流域生态保护规划等27项制度规范。通过制度约束和监管，保障滦河、潮河"两河共治"工作开展，承德市对河湖治理保护实行常态化管理，强化水环境精准监管，全面加强水资源监督管理，推进水质提升和水系面貌改善。

承德市通过大力推进工程建设、协同区域

制度、强化监管体系等方式，分段推进治理工作，流域农业面源、生态环境、基础设施等得到了显著改善。承德市"两河共建、三水共治"的水资源综合管理措施符合可持续发展目标6（清洁饮水和卫生设施）的多项子目标要求，对推动保护和恢复与水有关的生态系统、提升水资源综合管理的程度、改善人居环境具有借鉴意义。

### 光伏加农业实现精准扶贫与清洁能源建设共赢——以承德县光伏扶贫为例

消除一切形式的贫困是联合国2030年可持续发展议程制定的17个可持续发展目标的首要目标。2020年，通过大幅增加脱贫力度，针对不同地区、不同形式的贫困精准施策，中国已经实现了全面消除贫困人口，成为全球减贫脱贫的范例。

"光伏＋农业"融合发展的扶贫模式作为精准扶贫的重要举措，可以实现扶贫开发和新能源利用的同步推进。2016年，国家发展改革委、国务院扶贫办等五部门发布《关于实施光伏发电扶贫工作的意见》，推进并支持在贫困地区因地制宜开展光伏扶贫和光伏农业。

承德市是历史上重点的环京津冀贫困地区，也是京津冀水源涵养功能区，在生态环境建设的同时解决贫困问题是承德市的重点关注。基于光伏扶贫在精准扶贫战略和清洁能源发展战略上的双重优势，2016年起，承德市加大光伏扶贫响应力度，截至2018年底，约3万建档立卡贫困户覆盖了屋顶光伏，为贫困村、贫困户建立了长久增收渠道。

承德县通过实施光伏产业扶贫项目，积极保障光伏产业运营安全，改革光伏收益分配机制，创建形成了"多要素配置建设、多主体参与

---

[1] 图片源自：滦平县委宣传部主办坤潮杯"生态潮河 魅力故乡"摄影大赛获奖作品。

运维、多途径收益分配"的光伏产业扶贫模式。

多要素配置建设是光伏产业发展的关键要素，也是承德县光伏产业得以发展的前提和基础。政策上，国家高度重视光伏产业扶贫策略；资金上，光伏产业的建设和运维来源于扶贫专项资金、涉农整合资金、对口帮扶资金、中央定点帮扶资金、企业投资等多种渠道；土地上，承德县为发展光伏产业提供了必要的土地资源；技术上，承德县县光伏电站设备安装、运维都有光伏企业提供具体帮扶指导。

多元主体参与运维是承德县光伏产业快速发展的重要保障和动力。扶农公司、村集体、光伏运维企业是光伏产业发展的关键主体。县扶农公司是村级和户用分布式光伏扶贫电站建设项目实施主体；运维企业是光伏扶贫电站的统一运维管理主体；光伏产业的资产和收益属于村集体资产，由村委会制定收益分配使用方案。

多途径收益分配是对光伏产业的收益分配进行改革，充分激发贫困群众的内生动力。依据河北省扶贫办2018年发布的《河北省光伏扶贫收益分配实施办法》，企业进行光伏扶贫项目建设应保证项目每户每年增加收入不少于3000元，持续获益20年。光伏电站资产和收益归村集体，其中大部分收益用于农村扶贫公益岗位工资支出，小部分收益作为村集体收入，解决村集体无收入、办事没资金的难题。

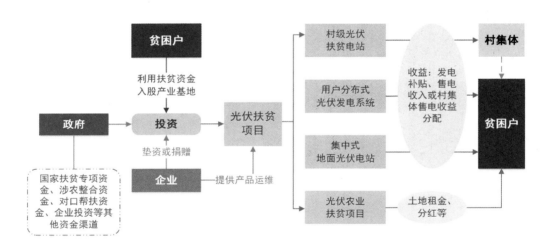

图3.33　承德县实施光伏扶贫项目形成的模式示意图

光伏产业是新兴的绿色能源发展产业，具有清洁、无污染、收入稳定等特点。光伏产业通过实质性地"造血"功能，为解决村集体和贫困户的脱贫问题提供了行之有效的途径。光伏产业实质性的"造血"功能一方面体现在土地流转得租金、入股得股金、务工就业得薪金、发展产业得现金等。另一方面，光伏产业配合中药材、特色养殖、林果采摘园、休闲旅游等"光伏发电＋农业种植"产业发展，能够推进脱贫攻坚成果巩固

与乡村振兴有效衔接。承德县通过光伏桩基础设计的优化，使农作物不仅可以在两排光伏板中间区域种植，还能在光伏板下种植，大幅提高了土地利用率和产出比，使农业种植收益远高于传统农业收益。

承德县探索光伏产业与农业融合发展的有效途径，解决了制约贫困群众稳定脱贫的根源性问题，帮助贫困群众找到了适宜的脱贫路径，在提升清洁能源供能比例、提升土地利用效率、消除

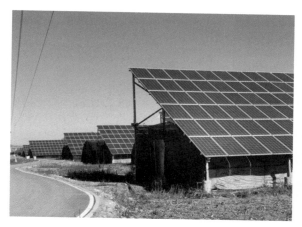

图 3.34 光伏 + 板下种植

图 3.35 光伏 + 板间种植

环境污染、精准扶贫对接等多方面体现了带动作用。承德县光伏与农业融合发展的相关经验对消除贫困、清洁能源、可持续住区等可持续发展目标（SDG1、SDG6、SDG11）具有借鉴意义。

"发现承德之美"活动在系统总结承德市在水源涵养能力提升、乡村振兴、绿色产业、文化遗产保护、人居环境改善、文旅融合发展等可持续发展方面经验亮点的同时，以融合性媒体平台为桥梁，以树立承德可持续发展品牌为切入点，开展了形式多样的系列宣传展示活动。活动通过报纸、网站、"两微一端[1]"等多种形式进行宣传展示。新华社《经济参考报》开设专版专栏[2]，通过文字、图片、无人机短视频等立体联动，发《发现承德之美》系列报道13篇，并通过新华社客户端、经济参考报客户端、微博、微信、地方媒体等在全国进行宣传推广，其中仅新华社客户端一个平台累计浏览量就达到1396.9万人次（截至2020年5月）。活动剪辑形成"发现承德之美"专题片3部，分别为"循环经济打造

亿元产业链""振兴路上花果满乡""绿水青山守护人"。此外，还通过新华社客户端、微信视频号、抖音、快手等融媒体平台发布双桥站、滦平站、兴隆站、宽城站、隆化站等主题短视频13个，社会反响强烈，好评不断。

**除了典型案例凝练，"发现承德之美"活动还针对承德市进行了可持续发展进展评估，为承德市辨识可持续发展能力及瓶颈问题、更好地推进京津冀协同战略提供有效的决策依据。**

基于《承德市可持续发展规划（2018—2030年）》中承德市可持续发展指标体系中的统计指标，探访团队以承德市建设国家可持续发展议程创新示范区以来2019年和2020年数据为基础进行了信息采集[3]；对标承德市可持续发展规划设定的2020年预期值、2025年预期值、2030年预期值差值，对承德市在SDG1消除贫困、SDG6清洁饮水和环卫设施、SDG8体面工作和经济增长、SDG9产业创新和基础设施、SDG11可持续城镇、SDG12可持续消费和生

---

[1] 即微博、微信、移动客户端。

[2] 经济参考报. 2021.落实2030年可持续发展议程中国行动2021发现承德之美. http：//www.jjckb.cn/fxcdzm.htm.

[3] 本篇以2020年承德市各区县数据为研究对象，部分区县2020年度数据缺失，以2019年数据为补充。本篇所使用的各区县数据均来源于承德市可持续发展促进服务中心，各项指标目标值来源于《承德市可持续发展规划（2018—2030年）》。

### 河北承德：特色产业激发内生动力

2021-10-22 14:17:33　　　　　浏览量：134.5万
来源：经济参考报

**经济参考报**　　　　　　　查看详情 >

　　《经济参考报》记者近期在河北省承德市采访发现，该市把产业扶贫作为重要抓手，充分利用山杏、食用菌、林果、畜禽养殖等资源，通过"公司+农户"等多种合作模式，激发当地农户发展内生动力，增强贫困地区造血功能，成功走出了一条在家门口脱贫致富的路子。

　　"以河沟子村为例，河沟子村的留守妇女、老人在家多数没有像样的产业经营，这些人自身收入有限，另一些伤残病等低保困难家庭因不具备劳动能力生活较清苦致贫。自从平泉市贤来闲去水果专业合作社带动另 **打开APP**

### 河北平泉：循环产业唱主角 经济生态"双丰收"

2021-10-18 11:14:40　　　　　浏览量：121.1万
来源：经济参考报

**经济参考报**　　　　　　　查看详情 >

　　杏仁制成杏仁粉、杏仁露、杏仁油，杏肉可制作果脯和菜，杏核用于制作活性炭……一颗颗山杏被"吃干榨净"。如今的河北省平泉市，依托食用菌、林果、设施菜、山杏、畜禽养殖等特色产业，构建以食用菌、山杏、活性炭为主的跨行业循环产业链，成功走出了一条"生态与经济互促双赢"的可持续发展新路。

　　"我当年骑着自行车走街串巷收购杏核直接卖给供销社，40多年不断探索，现在子承父业，我儿子也成为分公司研发团队的领头人。"承德亚欧果仁有限公司董事长薛尽 **打开APP**

### 绿色矿山可持续发展的"东梁样本"

2021-10-17 11:02:38　　　　　浏览量：119.3万
来源：经济参考网

**经济参考报**　　　　　　　查看详情 >

　　实施绿色矿山建设和科技创新驱动，对于推动承德京津冀水源涵养功能区和国务院首批国家可持续发展议程创新示范区建设具有重要意义。

　　河北东梁黄金矿业有限责任公司（以下简称"东梁公司"）从"要我建"转变为"我要建"，从重开发向重保护转变，让矿山披新装焕新颜。10月15日，《经济参考报》记者来到位于河北省承德市宽城满族自治县龙须门镇东 **打开APP** 梁公司，看到一个花园式的绿色矿山正在强势崛起。

**图3.36　新华社客户端平台承德市可持续发展文字报道传播（精选）**

### 专题片《发现承德之美》——绿水青山守护人

2021-11-29 20:44:53　来源：经济参考网

**经济参考报**　　　　+ 关注

### 专题片《发现承德之美》——循环经济 打造亿元产业链

2021-12-01 17:43:07　来源：经济参考网

**经济参考报**　　　　+ 关注

### 专题片《发现承德之美》——振兴路上花果满乡

2021-11-30 20:35:06　来源：经济参考网

**经济参考报**　　　　+ 关注

**图3.37　新华社客户端平台承德市可持续发展视频传播（精选）**

产模式、SDG15保护陆地生态7个方面的发展进行数据对比，评估了承德市12个区县[1]（含承德高新技术开发区）在这7个方面的进展和发展水平。

　　可持续发展目标1：消除贫困专题选取了"人均GDP""城镇居民人均可支配收入""农村居民人均可支配收入"3项指标进行评估。从整体情况来看，承德市各区县对标SDG1综合情况与2020年、2025年和2030年预期目标值均有较大差距。2020年承德市各区县SDG1综合

水平得分与2020年预期值相比，仅有3个区县实现了预期目标，9个区县尚未达到2020年预期值，占比75%，其中承德县和平泉市指示板呈红色，表明其对标SDG1压力最大。与2025年和2030年预期值相比，承德市各区县指示板大部分呈红色，说明各区县在实现SDG1预期目标方面面临严峻挑战，在一定程度上也说明了承德市脱贫摘帽县发展基础薄弱、人才资源匮乏、发展环境不优等制约因素在短期内难以根本改观的客观事实。总体来说，承德市稳健脱贫进

---

[1] 双桥区、双滦区、鹰手营子矿区、承德县、兴隆县、平泉市、滦平县、隆化县、丰宁满族自治县、宽城满族自治县、围场满族蒙古族自治县、高新技术开发区。

程为京津冀地区决战脱贫攻坚打下了坚实基础，绿色产业培育缓慢、基础设施建设滞后、基本公共服务欠账多等问题是承德市各区县今后巩固脱贫攻坚成果面临的挑战。

**可持续发展目标1消除贫困评估结果**　　　　　表3.18

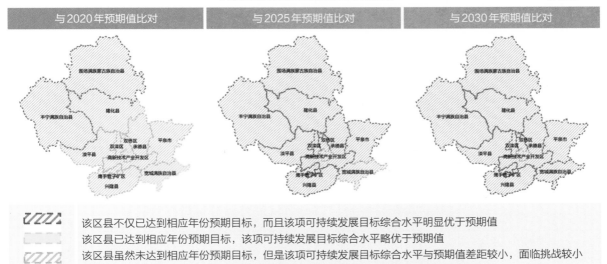

| 与2020年预期值比对 | 与2025年预期值比对 | 与2030年预期值比对 |
| --- | --- | --- |

该区县不仅已达到相应年份预期目标，而且该项可持续发展目标综合水平明显优于预期值
该区县已达到相应年份预期目标，该项可持续发展目标综合水平略优于预期值
该区县虽然未达到相应年份预期目标，但是该项可持续发展目标综合水平与预期值差距较小，面临挑战较小
该区县尚未达到相应年份预期目标，且该项可持续发展目标综合水平与预期值差距较大

可持续发展目标6：清洁饮水和环卫设施专题选取了"地均地下水开采量""地均地表水控制量""污水处理率""再生水回用率"4项指标以评估各区县水环境质量和水生态系统功能保护情况。总体来说，承德市各区县水资源可持续利用状况较好。2020年各区县SDG6综合水平得分与2020年预期值相比，8个区县指示板呈黄色，表明其已达到预期目标值，占比66.7%；营子区、平泉市、丰宁县和围场县4个区县指示板呈橙色，表明其虽未实现2020年预期目标值，但在该方面挑战较小。与2025年和2030年预期

目标值相比，双桥区在这两年的指示板均呈黄色，表明其在水环境质量和水生态系统保护方面已达到2025年和2030年预期值，其他区县大部分呈橙色，说明承德市各区县对标SDG6的压力较小。承德针对滦河、潮河水环境质量改善的基础不稳固，上游水土流失、农业农村面源污染等突出问题，开展河湖综合整治、排污口整治、工业企业达标提升、城乡污染治理、打击违法排污五大攻坚战，打造"两河共治，三水共建"的承德模式，使河流及周边生态功能得到明显改善。

可持续发展目标6清洁饮水和环卫设施评估结果　　　　　　　　　　　　　　表3.19

| 与2020年预期值比对 | 与2025年预期值比对 | 与2030年预期值比对 |
|---|---|---|

该区县不仅已达到相应年份预期目标，而且该项可持续发展目标综合水平明显优于预期值
该区县已达到相应年份预期目标，该项可持续发展目标综合水平略优于预期值
该区县虽然未达到相应年份预期目标，但是该项可持续发展目标综合水平与预期值差距较小，面临挑战较小
该区县尚未达到相应年份预期目标，且该项可持续发展目标综合水平与预期值差距较大

可持续发展目标8：体面工作和经济增长专题选取了"人均旅游收入""服务业增加值占GDP比重""万元GDP用水量"3项指标以评估承德市各区县资源利用率和旅游业发展水平。从整体情况来看，除个别区县外，承德市各区县对标SDG8综合情况与2020年、2025年和2030年预期目标值均有一定差距。承德市12个区县中，仅有双桥区达到三个预期目标值，对标SDG8综合水平较为突出。与2020年预期值相比，虽然营子区指示板呈黄色，但由于营子区在

本专题中数据缺失较为严重，仅有"万元GDP用水量"一项数据，对评估结果存在一定影响。与2025年和2030年预期目标相比，30%~40%区县指示板呈红色，表明其综合发展水平与目标值差距较大，在实现SDG8目标方面面临严峻挑战。承德市经济总量小，一产薄弱、二产单一偏重、三产起步晚且水平低，产业转型升级任务繁重，推进文化旅游医疗康养、钒钛新材料及制品、绿色食品及生物医药三大优势产业，是仍承德市加速新旧动能转换的重要抓手。

可持续发展目标8体面工作和经济增长评估结果　　　　　　　　　　　　　表3.20

| 与2020年预期值比对 | 与2025年预期值比对 | 与2030年预期值比对 |
|---|---|---|

| 与2020年预期值比对 | 与2025年预期值比对 | 与2030年预期值比对 |
|---|---|---|
| 该区县不仅已达到相应年份预期目标，而且该项可持续发展目标综合水平明显优于预期值 | | |
| 该区县已达到相应年份预期目标，该项可持续发展目标综合水平略优于预期值 | | |
| 该区县虽然未达到相应年份预期目标，但是该项可持续发展目标综合水平与预期值差距较小，面临挑战较小 | | |
| 该区县尚未达到相应年份预期目标，且该项可持续发展目标综合水平与预期值差距较大 | | |

可持续发展目标9：产业创新和基础设施专题选取了"全社会R&D经费支出占GDP比重""规上高新技术产业增加值占规上工业增加值比重""科技进步贡献率""公民具备基本科学素质的比例"4项指标进行评估。从总体情况来看，除个别区县外，承德市各区县对标SDG9综合情况与2020年、2025年和2030年预期目标值均有一定差距。与2020年预期目标相比，承德市12个区县中，仅有4个区县达到预期值，

占比33.3%，其中高新区指示板呈绿色，表明其对标SDG9的压力最小。与2025年、2030年预期目标相比，均有达到一半的区县指示板呈红色，表明这几个区县综合发展水平与目标值差距较大，在实现SDG9目标方面面临严峻挑战。未来承德市积极提升企业创新能力，大力推动产业科技创新，承德实施绿色产业培育行动，围绕"3+3"主导产业创新发展，抢抓京津冀协同发展契机，深入推进产业转型升级。

**可持续发展目标9产业创新和基础设施评估结果** 表3.21

| 与2020年预期值比对 | 与2025年预期值比对 | 与2030年预期值比对 |
|---|---|---|

该区县不仅已达到相应年份预期目标，而且该项可持续发展目标综合水平明显优于预期值

该区县已达到相应年份预期目标，该项可持续发展目标综合水平略优于预期值

该区县虽然未达到相应年份预期目标，但是该项可持续发展目标综合水平与预期值差距较小，面临挑战较小

该区县尚未达到相应年份预期目标，且该项可持续发展目标综合水平与预期值差距较大

可持续发展目标11：可持续城镇专题选取了"市区细颗粒物（PM2.5）年均浓度""氨氮年排放量比2015年下降比例""COD年排放量比2015年下降比例""农村生活垃圾处理率"4项指标进行评估。总体来说，承德市各区县在可持续城镇方面面临挑战较小。与2020年、2025年预期值相比，承德市12个区县中均有超过一半区县达到预期目标，其中，双桥区在与2020年预期目标相比时，指示板呈绿色，表明其对标SDG11综合得分明显高于预期目标。与2030年预期目标相比，虽然仅有2个区县达到预期目标，但有70%区县指示板呈橙色，面临挑战较小。承德推进大气质量改善，全域推进清洁取暖和集中供热，狠抓工业企业污染治理，打通了一条绿色、可持续、高质量的产城融合发展通道。

**可持续发展目标11可持续城镇评估结果**　　　　表3.22

| 与2020年预期值比对 | 与2025年预期值比对 | 与2030年预期值比对 |

该区县不仅已达到相应年份预期目标，而且该项可持续发展目标综合水平明显优于预期值
该区县已达到相应年份预期目标，该项可持续发展目标综合水平略优于预期值
该区县虽然未达到相应年份预期目标，但是该项可持续发展目标综合水平与预期值差距较小，面临挑战较小
该区县尚未达到相应年份预期目标，且该项可持续发展目标综合水平与预期值差距较大

可持续发展目标12：可持续消费和生产模式专题共选取了"畜禽养殖场粪污资源化利用率""化肥施用量""农业化学农药使用量"3项指标进行评估。从整体情况来看，承德市各区县对标SDG12综合情况与2020年、2025年、2030年预期目标相比均有一定差距。2020年，承德市各区县通过全力推进土壤污染治理与修复、推进农业标准化生产等方式，土地面源污染得到有效控制，畜禽粪污资源化利用的步伐明显加快。与2020年预期值相比，仅高新区达到预期目标，其他11个区县指示板均呈橙色，这些区县虽未达到预期值，但与目标值差距尚处于较小阶段。与2025年、2030年预期目标相比，各区县在SDG12综合情况均未达到预期值，且个别区县指示板呈红色，在实现预期目标方面面临严峻挑战。承德市是河北省种植业与畜禽养殖业的重要产区之一，粮食产量压力、耕地基础地力低、耕地利用强度高等原因使各其在废弃物利用、化肥施用、农业化学农药使用等方面面临一定压力。

**可持续发展目标12可持续消费和生产模式评估结果**　　　　　　　　　　　　表3.23

| | | |
|---|---|---|
| 与2020年预期值比对 | 与2025年预期值比对 | 与2030年预期值比对 |

该区县不仅已达到相应年份预期目标，而且该项可持续发展目标综合水平明显优于预期值

该区县已达到相应年份预期目标，该项可持续发展目标综合水平略优于预期值

该区县虽然未达到相应年份预期目标，但是该项可持续发展目标综合水平与预期值差距较小，面临挑战较小

该区县尚未达到相应年份预期目标，且该项可持续发展目标综合水平与预期值差距较大

可持续发展目标15：保护陆地生态专题选取了"森林覆盖率""水土流失治理率"2项指标进行评估。从整体情况来看，承德市各区县陆地生态保护成效整体较好。与2020年、2025年预期值相比，承德市超过80%的区县已达到预期目标值；其中，承德市南部部分区县综合水平明显优于预期值，生态保护成效显著。与2030年预期值相比，7个区县指示板呈橙色，占58.3%，虽然尚未实现预期目标，但其在实现2030年预期目标方面挑战较小。双桥区对标SDG15综合情况与这两项目标值相比，两项目标下指示板均呈橙色，而与2030年预期值相比，双桥区指示板变成红色，表明双桥区在保护陆地生态方面面临较大挑战。承德市持续深化山水林田湖草沙系统治理，强力实施退耕还林还草、京津风沙源治理等生态修复工程，配合水源涵养能力提升等行动实施，承德全面提升生态环境质量，京津冀水源涵养功能区建设成效显著。

**可持续发展目标15保护陆地生态评估结果**　　　　　　　　　　　　表3.24

| | | |
|---|---|---|
| 与2020年预期值比对 | 与2025年预期值比对 | 与2030年预期值比对 |

续表

| 与2020年预期值比对 | 与2025年预期值比对 | 与2030年预期值比对 |
|---|---|---|
| 该区县不仅已达到相应年份预期目标，而且该项可持续发展目标综合水平明显优于预期值 | | |
| 该区县已达到相应年份预期目标，该项可持续发展目标综合水平略优于预期值 | | |
| 该区县虽然未达到相应年份预期目标，但是该项可持续发展目标综合水平与预期值差距较小，面临挑战较小 | | |
| 该区县尚未达到相应年份预期目标，且该项可持续发展目标综合水平与预期值差距较大 | | |

2021"发现承德之美"探访活动是由行业专家与媒体记者联合推动并开展的落实2030可持续发展议程重要活动之一。探访过程中，对标承德示范区建设主题，围绕联合国可持续发展目标，活动团队沿途考察了承德市大型企业、产业园区、城乡建设、世界级遗产，组织开展了主题论坛、专项调研、专家对话等活动，并进行智库成果发布。此次活动集各方资源，对承德市各县（市）区的扶贫攻坚、资源利用、产业结构、生态环境等方面进行了综合评估，全面研判了承德市可持续发展能力水平，及时、系统地总结了承德市建设成世界级城市群水源涵养功能区可持续发展的先进经验，为全球可持续发展提供了"承德样本"。在宣传推广方面，活动通过文字、图片、访谈、视频、无人机拍摄等综合报道手段在互联网平台进行综合立体传播，为凝聚可持续发展共识、向世界讲好中国故事的提供了展示窗口。

# 总结与展望

　　城市和人类住区作为经济社会可持续的主要载体，在促进经济发展、社会进步、环境改善、文化繁荣等方面发挥着重要的作用。推进城市可持续和高质量发展，是增进民生福祉、提高人民生活品质的必然要求。面对国际国内形势和诸多风险挑战，加快建设包容、安全、有抵御灾害能力的城市和人类住区是满足人民美好生活向往的重要任务。

　　本报告通过对政府制订的城乡建设领域相关政策的导向分析；对参评城市2021年度在住房保障、公共交通、规划管理、遗产保护、防灾减灾、环境改善、公共空间等方面的建设成效进行综合评估；对地方在落实SDG11过程中政策制定、技术应用、工程实践和能力建设等方面的案例梳理综合分析发现，中国城市整体人居环境建设取得了积极的进展，在居住条件改善、交通环境优化、治理效能提升、生态环境改善等方面产生了显著的成效，但也显示出大城市住房问题突出、公共服务能力仍存在短板、城市防灾减灾能力有待提升、区域协调发展水平不足等诸多问题。

　　我们认为，中国城市应从自身实际情况出发，立足资源环境承载能力，发挥地区比较优势，依托国家战略及地方政策，选择适宜的可持续发展路径及技术手段，逐步推动可持续发展目标的本地化落实工作。鉴于此，我们提出为实现城市的包容、安全与可持续发展，各城市应重点推进以下工作：

　　一、更好满足居民住房需求，持续完善住房市场体系和住房保障体系。继续稳妥实施房地产长效机制，加强金融、土地、市场监管等调控政策的协同；加快构建以公租房、保障性租赁住房、共有产权住房为主体的住房保障体系，通过自建改建、规划配建、盘活存量、租赁补贴等方式建立多渠道房源筹集机制，增加保障性住房供给；完善保障性住房分配、运营管理和定期体检机制。

　　二、提升城乡居民生活品质，深入推进以人为核心的新型城镇化。健全城乡一体化体制机制，促进基础设施、公共服务均等化，加快县域内城乡融合发展；围绕城市发展中的突出和短板问题，因地制宜探索城市更新模式，科学、统筹推进城市更新；培育和完善多元参与机制，加强城镇老旧小区改造和完整居住社区建设。

　　三、提高应对气候变化能力，推动城乡建设领域绿色低碳转型。优化城市结构和布局，推进绿色低碳城镇、乡村、社区建设；加快建筑业绿色转型，推进建筑低碳节能技术，大力发展装配式建筑、超低能耗建筑，支持绿色建材产品应用；构建绿色低碳交通体系，提升绿色出行服务水平；继续完善城市应急管理、防灾减灾体系，加强城市重要基础设施建设，提升城市安全韧性。

# 主编简介

　　**张晓彤**，男，博士，研究员，国家注册城乡规划师。国家住宅与居住环境工程技术研究中心可持续发展研究所所长。国家可持续发展议程创新示范区工作专家组专家，中国可持续发展研究会理事、人居环境专业委员会秘书长、实验示范工作委员会副主任委员，国家乡村环境治理科技创新战略联盟理事，联合国工业发展组织（UNIDO）城市可持续发展规划项目国家顾问。主要从事城市可持续发展评估及人居环境优化提升研究与技术推广工作。先后主持国家重点研发计划项目"城镇可持续发展评估与决策支持关键技术"，国家重点研发计划课题"城镇可持续发展监测－评估－决策一体化平台研发与示范"，国家科技支撑计划课题"城市可持续发展能力评估体系及信息系统研发"，科技部改革发展专项"国家可持续发展实验区创新监测与评估指标体系"，云南省科技计划项目"联合国可持续发展目标临沧市自愿陈述报告编制研究"，以及地方委托课题"湖州市可持续发展路径与典型模式研究""枣庄市可持续发展路径与典型模式研究"等相关研究、咨询项目十余项；主编出版《基于景观媒介的交互式乡村规划方法及其实证研究》《中国农村生活能源发展报告（2000-2009）》《乡村生态景观建设理论和方法》专著4部；发表"构建国家可持续发展实验区评估工具的研究"等学术论文40余篇。

　　**邵超峰**，男，博士，南开大学环境科学与工程学院教授、南开大学环境规划与评价所常务副所长。国家可持续发展议程创新示范区工作专家组专家、农业农村部农产业品产地划分专家、生态环境部环境影响评价专家，中国可持续发展研究会理事，天津市可持续发展研究会秘书长，联合国开发计划署（UNDP）可持续发展伞形项目专家，联合国工业发展组织（UNIDO）城市可持续发展规划项目国家顾问。主要从事可持续发展目标（SDGs）中国本土化、环境政策设计、可持续发展理论及实践相关研究工作。先后主持国家重点研发计划专项课题"漓江流域喀斯特景观资源可持续利用模式研发与可持续发展进展效果评估"、国家自然科学基金"SDGs本土化评估技术方法与应用"、天津市科技发展战略研究计划"科技支撑天津市环境综合治理战略规划研究"、天津市哲学社会科学规划基金重大委托项目"创新型城市绿色发展模式研究"、天津市科技支撑重点项目"天津市可持续发展实验区支撑体系建设"等国家级和省部级科研课题20余项，完成广西、天津、新疆、河南、河北、山西等省份地方咨询项目或委托课题40余项；主编出版《全球可持续发展目标本地化实践及进展评估》《中国可持续发展目标指标体系研究》《大柳树生态经济区农牧业路径及生态效益》等专著10余部；以第一作者或通讯作者发表科研论文100余篇、其中SCI论文30余篇，形成的决策咨询报告获得省部级领导批示、采纳性应用20余次，主持完成可持续发展领域的团体标准6项，开发软件著作权20余项，成果获得天津市科技进步奖二等奖3次、三等奖1次，国家级行业协会科技奖3次。

**周亮**，男，经济参考报党委书记、总编辑、法人代表。新华社编务委员会成员、高级编辑。1985年自武汉大学毕业后进入新华社工作，历任新华社国内部经济编辑室主任、总编室主任、部副主任，新华社云南分社副社长、社长，新华社新媒体中心总编辑等职，兼任世界中文报业协会董事和中国行业报协会副会长。领衔采写采制了《习语"智读"｜精准，总书记教给我们的方法论》《奔腾的雅鲁藏布江》《草枯根不死——金融危机冲击下的温州困难中小企业调查》《大山深处"老县长"——记共产党员、独龙族的"带头人"高德荣》《鲁甸重生录》等大量反映时代变迁的新闻作品、典型人物报道和融媒体产品，并通过内参向中央提供了大量基层情况。多次获中国新闻奖、全国人大好新闻、全国政法优秀新闻等奖项。2010年荣获新华社第七届"十佳编辑"称号。其组织指挥的"劳动者之歌"专栏，获中国新闻奖"新闻名专栏"奖。

# 附 录

2021年地方政府发布
可持续发展目标11相关政策摘要

**附录1　2021年地方政府发布住房保障方向政策摘要**

| 发布时间 | 发布政策 | 发布机构 |
|---|---|---|
| 2021年1月 | 《关于进一步加强全市集体土地租赁住房规划建设管理的意见》 | 北京市发展和改革委员会、北京市规划和自然资源委员会 |
| 2021年4月 | 《广州市发展住房租赁市场奖补实施办法》 | 广州市住房和城乡建设局、财政局 |
| 2021年5月 | 《关于做好农村低收入群体等重点对象住房安全保障工作的实施方案》 | 河北省住房和城乡建设厅、河北省财政厅、河北省民政厅、河北省扶贫开发办公室 |
| 2021年5月 | 《2021年深化川渝住房保障合作工作要点》 | 四川省住房和城乡建设厅、重庆市住房和城乡建设委员会 |
| 2021年7月 | 《存量非住宅类房屋临时改建为保障性租赁住房实施方案》 | 厦门市住房保障和房屋管理局、厦门市自然资源和规划局、厦门市建设局 |
| 2021年8月 | 《北京市住房租赁条例（征求意见稿）》 | 北京市住房和城乡建设委员会 |
| 2021年8月 | 《关于鼓励国有企业加快发展保障性租赁住房的实施方案》 | 成都市住房和城乡建设局、市发展改革委、市财政局、市规划和自然资源局、市国资委 |
| 2021年8月 | 《关于做好棚户区改造项目融资服务工作的函》 | 贵州省住房和城乡建设厅、贵州省发展改革委、贵州省财政厅等7部门 |
| 2021年9月 | 《城镇棚户区改造基本公共服务导则（试行）》 | 浙江省住房和城乡建设厅 |
| 2021年10月 | 《关于进一步规范住房租赁信息发布工作的通知》 | 厦门市住房保障和房屋管理局、中共厦门市委网络安全和信息化委员会办公室、厦门市市场监督管理局 |
| 2021年11月 | 《关于进一步规范北京市新供住宅项目配建公租房、保障性租赁住房工作的通知》 | 北京市住房和城乡建设委员会、发展和改革委员会、财政局、规划和自然资源委员会 |
| 2021年12月 | 《关于进一步加强公租房和保障性租赁住房工作完善住房保障体系的实施意见》 | 广西壮族自治区人民政府办公厅 |
| 2021年12月 | 《深圳市公共住房收购操作规程》 | 深圳市住房和建设局 |
| 2021年12月 | 《杭州市共有产权保障住房管理办法》 | 杭州市人民政府办公厅 |
| 2021年12月 | 《关于核心区历史文化街区平房直管公房开展申请式换租有关工作的通知》 | 北京市住房和城乡建设委员会、东城区人民政府、西城区人民政府 |
| 2021年12月 | 《上海市人民政府关于调整本市廉租住房相关政策标准的通知》 | 上海市人民政府 |

**附录2　2021年地方政府发布公共交通发展政策摘要**

| 发布时间 | 发布政策 | 发布机构 |
|---|---|---|
| 2021年1月 | 《深化农村公路管理养护体制改革实施方案》 | 太原市人民政府办公室 |
| 2021年1月 | 《太原市城市轨道交通运营管理办法》 | 太原市人民政府 |
| 2021年2月 | 《安徽省智慧交通建设方案（2021—2023年）》 | 安徽省交通运输厅 |
| 2021年2月 | 《关于进一步落实公共交通优先发展战略的实施意见》 | 义乌市交通运输局 |
| 2021年4月 | 《上海市交通行业数字化转型实施意见（2021—2023年）》 | 上海市交通委、上海市道路运输局 |
| 2021年4月 | 《江苏省绿色出行三年行动计划（2021—2023年）》 | 江苏省交通运输厅 |
| 2021年6月 | 《关于进一步加强农村道路交通安全管理工作的意见》 | 洛阳市人民政府办公室 |
| 2021年7月 | 《关于加快建设交通强区构建现代综合交通运输体系的若干政策措施》 | 广西壮族自治区人民政府办公厅 |
| 2021年8月 | 《关于印发山西省城市公共交通运输突发事件应急预案的通知》 | 山西省人民政府办公厅 |
| 2021年8月 | 《关于深入践行人民城市重要理念建设更高水平公交都市示范城市的三年行动方案（2021—2023年）》 | 上海市人民政府办公厅 |
| 2021年8月 | 《洛阳市公交专用道管理办法》 | 洛阳市人民政府办公室 |
| 2021年9月 | 《关于青海省开展交旅融合发展等交通强国建设试点工作的意见》 | 青海省交通运输部 |
| 2021年9月 | 《湖州市交通运输领域"在湖州看见美丽中国"城市品牌打造指南》 | 湖州市交通运输局 |
| 2021年10月 | 《桂林市农村公路"路长制"实施方案》 | 桂林市人民政府办公室 |
| 2021年11月 | 《关于加强农村道路交通安全管理工作的意见》 | 山西省人民政府办公厅 |
| 2021年11月 | 《关于加快推进"四好农村路"高质量发展服务乡村振兴的实施意见》 | 贵州省人民政府办公厅 |

**附录3　2021年地方政府发布规划管理方向政策摘要**

| 发布时间 | 发布政策 | 发布机构 |
|---|---|---|
| 2021年1月 | 《浙江省数字乡村建设实施方案》 | 中共浙江省委办公厅、浙江省人民政府办公厅 |
| 2021年1月 | 《关于加快智慧城市和数字政府建设的若干意见》 | 深圳市人民政府 |
| 2021年1月 | 《关于推进养老服务发展的实施意见》 | 太原市人民政府办公室 |
| 2021年3月 | 《北京市"十四五"时期智慧城市发展行动纲要》 | 北京市大数据工作推进小组 |
| 2021年4月 | 《关于进一步加强市级国土空间规划"一张图"实施监督信息系统建设的通知》 | 江西省自然资源厅办公室 |
| 2021年4月 | 《关于开展全国示范性老年友好型社区创建工作的通知》 | 枣庄市卫生健康委员会 |
| 2021年5月 | 《关于老旧小区综合整治实施适老化改造和无障碍环境建设的指导意见》 | 北京市老旧小区综合整治联席会议办公室 |
| 2021年7月 | 《河北省新农村建设指导意见》 | 河北省委办公厅、河北省政府办公厅 |
| 2021年7月 | 《关于加强社区养老服务设施规划建设的通知》 | 内蒙古自治区民政厅、内蒙古自然资源厅、内蒙古住房和城乡建设厅 |
| 2021年7月 | 《农村幸福院质量提升三年行动方案（2021—2023年）》 | 福建省民政厅 |
| 2021年8月 | 《北京市城市更新行动计划（2021—2025年）》 | 中共北京市委办公厅、北京市人民政府办公厅 |
| 2021年8月 | 《关于支持首都功能核心区利用简易楼腾退建设绿地或公益性设施的实施办法》 | 北京市发展和改革委员会 |
| 2021年9月 | 《浙江省城乡风貌整治提升行动实施方案》 | 浙江省委办公厅、浙江省政府办公厅 |
| 2021年9月 | 《关于加强节约集约用地促进高质量发展的意见》 | 陕西省政府办公厅 |
| 2021年10月 | 《关于加强村庄规划工作服务全面推进乡村振兴的实施方案》 | 郴州市人民政府办公室 |
| 2021年10月 | 《上海市全面推进城市数字化转型"十四五"规划》 | 上海市人民政府办公厅 |
| 2021年11月 | 《北京市培育发展社区社会组织专项行动实施方案》 | 北京市民政局 |
| 2021年11月 | 《陕西省农村村民住宅建设合理用地保障实施细则》 | 陕西省自然资源厅、陕西省农业农村厅 |
| 2021年12月 | 《桂林市郊区村庄规划与农房管控实施办法》 | 桂林市人民政府 |
| 2021年12月 | 《关于推动城市停车设施发展实施意见》 | 四川省发展改革委、四川省住房和城乡建设厅、四川省公安厅等4部门 |
| 2021年12月 | 《关于进一步提升全省城市精细化管理三年专项行动实施方案》 | 福建省住房和城乡建设厅 |
| 2021年12月 | 《关于加强城市住宅小区协同治理的指导意见》 | 湖南省住房和城乡建设厅、中共湖南省委组织部、湖南省民政厅等3部门 |

**附录4  2021年地方政府发布遗产保护方向政策摘要**

| 发布时间 | 发布政策 | 发布机构 |
|---|---|---|
| 2021年1月 | 《江西省省级考古遗址公园管理暂行办法》 | 江西省文化和旅游厅 |
| 2021年1月 | 《江西省传统村落整体保护规划》 | 江西省住房和城乡建设厅 |
| 2021年1月 | 《关于加强石窟寺（含摩崖造像）保护利用工作的实施方案》 | 广西壮族自治区人民政府办公厅 |
| 2021年3月 | 《临沧市历史文化名城（镇村街）、文物建筑、传统村落消防安全勘查评估和整治改造专项行动方案》 | 临沧市人民政府办公室 |
| 2021年4月 | 《关于公布第一批省级历史文化街区的通知》 | 青海省人民政府 |
| 2021年4月 | 《内蒙古自治区2021年黄河流域非物质文化遗产调查工作方案》 | 内蒙古自治区文化和旅游厅 |
| 2021年4月 | 《关于推进黄河流域 大运河沿线非物质文化遗产保护传承弘扬的意见》 | 山东省文化和旅游厅办公室 |
| 2021年5月 | 《关于加强文物保护利用改革的实施意见》 | 西藏自治区党委办公厅、西藏自治区人民政府办公厅 |
| 2021年5月 | 《青海以国家公园为主体的自然保护地体系示范省建设总体规划（送审稿）》 | 青海省林业和草原局 |
| 2021年6月 | 《关于首都功能核心区平房（院落）保护性修缮和恢复性修建工作的意见》 | 北京市规划和自然资源委员会、北京市住房和城乡建设委员会、北京市发展和改革委员会等4部门 |
| 2021年7月 | 《河南省加强石窟寺保护利用工作方案》 | 河南省人民政府办公厅 |
| 2021年11月 | 《关于开展民族特色村寨与乡村旅游融合发展试点工作的通知》 | 广西壮族自治区民族宗教事务委员会、自治区文化和旅游厅 |
| 2021年12月 | 《河南省"十四五"文化旅游融合发展规划的通知》 | 河南省人民政府 |
| 2021年12月 | 《浙江省自然保护地建设项目准入负面清单（试行）》 | 浙江省林业局 |
| 2021年12月 | 《山东省国家公园管理办法》 | 山东省政府办公厅 |
| 2021年12月 | 《宁夏回族自治区级文化生态保护区管理暂行办法》 | 宁夏回族自治区文化和旅游厅 |
| 2021年12月 | 《山西省黄河流域非物质文化遗产保护传承弘扬专项规划（2021—2035年）》 | 山西省文化和旅游厅办公室 |
| 2021年12月 | 《洛阳市文旅文创融合发展行动计划》 | 洛阳市人民政府办公室 |
| 2021年12月 | 《太原市推动工业遗产保护利用打造"生活秀带"工作方案》 | 太原市人民政府办公室 |
| 2021年12月 | 《陕西省"十四五"文物事业规划科技保护重大专项计划》 | 陕西省文物局 |
| 2021年12月 | 《浙江省古道保护办法》 | 浙江省人民政府 |

附录5　2021年地方政府发布防灾减灾方向政策摘要

| 发布时间 | 发布政策 | 发布机构 |
|---|---|---|
| 2021年1月 | 《关于进一步健全完善防震减灾救灾体制机制的实施意见》 | 贵州省抗震救灾指挥部 |
| 2021年2月 | 《深圳市气象灾害预警信号发布规定》 | 深圳市人民政府 |
| 2021年6月 | 《关于建立健全全市应急物资储备管理体系的实施意见》 | 杭州市应急管理局 |
| 2021年7月 | 《关于印发山西省自然灾害救助应急预案的通知》 | 山西省人民政府办公厅 |
| 2021年7月 | 《山西省自然灾害救助应急预案》 | 山西省人民政府办公厅 |
| 2021年9月 | 《塞罕坝森林草原防火条例》 | 河北省人大常委会 |
| 2021年9月 | 《天津市城市内涝治理系统化实施方案》 | 天津市水务局 |
| 2021年9月 | 《林业和草原有害生物灾害应急预案》 | 山西省人民政府办公厅 |
| 2021年9月 | 《关于做好洪涝灾害灾后恢复重建工作的指导意见》 | 河北省人民政府办公厅 |
| 2021年9月 | 《河北省社区安全管理工作手册（试行）》 | 河北省应急管理厅、河北省民政厅、河北省住房和城乡建设厅等5部门 |
| 2021年9月 | 《青海省森林草原火灾应急预案》 | 青海省人民政府办公厅 |
| 2021年10月 | 《关于加强风暴潮灾害重点防御区管理的指导意见》 | 浙江省自然资源厅 |
| 2021年12月 | 《洛阳市城市安全风险综合监测预警平台建设试点工作方案》 | 洛阳市人民政府办公室 |
| 2021年12月 | 《关于加强极端天气风险防范应对工作的若干措施》 | 北京市人民政府办公厅 |
| 2021年12月 | 《北京市自然灾害生活救助指导标准（试行）》 | 北京市应急管理局、财政局 |
| 2021年12月 | 《四川省地震应急预案（试行）》 | 四川省人民政府办公厅 |

**附录6  2021年地方政府发布环境改善方向政策摘要**

| 发布时间 | 发布政策 | 发布机构 |
|---|---|---|
| 2021年3月 | 《河北省农村生活污水无害化处理三年行动方案（2021—2023年）》 | 河北省土壤污染防治工作领导小组办公室 |
| 2021年4月 | 《山西省2021年秸秆综合利用项目实施方案》 | 山西省农业农村厅办公室 |
| 2021年5月 | 《山西省空气质量巩固提升2021年行动计划》 | 山西省人民政府办公厅 |
| 2021年5月 | 《山东省2021年清洁取暖建设工作方案》 | 山东省住房和城乡建设厅等5部门 |
| 2021年5月 | 《浙江省空气质量改善"十四五"规划》 | 浙江省发展和改革委员会、浙江省生态环境厅 |
| 2021年6月 | 《贵州省中心城市2021年环境空气质量管控指导和帮扶方案》 | 贵州省生态环境厅 |
| 2021年6月 | 《福建省农村生活污水提升治理五年行动计划》 | 福建省政府 |
| 2021年6月 | 《全区大气污染热点网格监管办法（试行）》 | 宁夏回族自治区生态环境厅办公室 |
| 2021年6月 | 《江西省开展美丽乡镇建设五年行动方案》 | 江西省政府办公厅 |
| 2021年7月 | 《山西省水环境质量巩固提升2021年行动计划》 | 山西省人民政府办公厅 |
| 2021年7月 | 《浙江省农村生活污水治理"强基增效双提标"行动方案（2021—2025年）》 | 浙江省人民政府办公厅 |
| 2021年7月 | 《黄河流域陕西段入河排污口排查整治专项行动实施方案》 | 陕西省生态环境厅 |
| 2021年7月 | 《枣庄市环境综合整治工作方案》 | 枣庄市城市管理局 |
| 2021年8月 | 《关于加强高耗能、高排放建设项目生态环境监管的通知》 | 海南省生态环境厅 |
| 2021年8月 | 《山西省农村人居环境"六乱"整治标准（试行）》 | 中共山西省委农村工作领导小组 |
| 2021年9月 | 《临沧市关于构建现代环境治理体系的若干措施》 | 中共临沧市委办公室、临沧市人民政府办公室 |
| 2021年11月 | 《青海省"十四五"生态环境保护规划》 | 青海省政府办公厅 |
| 2021年12月 | 《重庆市"十四五"农村厕所革命实施方案》 | 农村人居环境整治工作领导小组办公室 |
| 2021年12月 | 《美丽洛阳建设行动计划》 | 洛阳市人民政府办公室 |
| 2021年12月 | 《关于开展农村人居环境集中整治行动的通知》 | 河南省委办公厅、河南省政府办公厅 |
| 2021年12月 | 《关于加强燃油锅炉电能替代补助资金管理的通知》 | 北京市生态环境局、财政局 |
| 2021年12月 | 《北京市生活垃圾处理设施运营监督管理办法》 | 北京市城市管理委员会 |

**附录7　2021年地方政府发布公共空间方向政策摘要**

| 发布时间 | 发布政策 | 发布机构 |
|---|---|---|
| 2021年4月 | 《内蒙古自治区旅游休闲城市建设指要（试行）》 | 内蒙古自治区文化和旅游厅 |
| 2021年4月 | 《北京市生态涵养区生态保护和绿色发展条例》 | 北京市第十五届人大常委会 |
| 2021年6月 | 《湖南省无障碍环境建设五年行动计划（2021—2025年）》 | 湖南省人民政府办公厅 |
| 2021年6月 | 《2021年太原市创建国家生态园林城市实施方案》 | 太原市人民政府办公室 |
| 2021年7月 | 《成都市美丽宜居公园城市建设条例》 | 成都市人大常委会 |
| 2021年8月 | 《枣庄市环城绿道管理条例》 | 枣庄市人大常委会 |
| 2021年8月 | 《杭州市无障碍环境建设和管理办法》 | 杭州市人民政府 |
| 2021年9月 | 《重庆市风景名胜区和自然公园保护与利用工作导则（试行）》 | 重庆市林业局 |
| 2021年9月 | 《丽水市绿道管理办法》 | 丽水市人民政府 |
| 2021年9月 | 《上海市全民健身实施计划（2021—2025年）》 | 上海市人民政府 |
| 2021年11月 | 《青海省第一批乡土树种名录》 | 青海省林业和草原局 |
| 2021年11月 | 《关于加强全民健身场地设施建设补齐健身设施短板的实施意见》 | 山西省人民政府办公厅 |
| 2021年11月 | 《2022年度森林洛阳建设暨科学开展国土绿化行动实施方案》 | 洛阳市人民政府办公室 |
| 2021年12月 | 《广东省人民政府办公厅关于科学绿化的实施意见》 | 广东省人民政府办公厅 |
| 2021年12月 | 《河南省"十四五"国土空间生态修复和森林河南建设规划》 | 河南省人民政府 |
| 2021年12月 | 《关于公布云南省第二批省级森林乡村名单的通知》 | 云南省林业和草原局 |
| 2021年12月 | 《深圳市立体绿化实施办法》 | 深圳市城市管理和综合执法局 |

**附录8　2021年地方政府发布城乡融合方向政策摘要**

| 发布时间 | 发布政策 | 发布机构 |
| --- | --- | --- |
| 2021年1月 | 《成渝地区双城经济圈便捷生活行动方案》 | 四川省人民政府办公厅、重庆市人民政府办公厅 |
| 2021年4月 | 《郑州都市圈交通一体化发展规划（2020—2035年）》 | 河南省中原城市群建设工作领导小组 |
| 2021年4月 | 《临沧市促进区域协调发展实施方案》 | 中共临沧市委、临沧市人民政府 |
| 2021年4月 | 《重庆市筑牢长江上游重要生态屏障"十四五"建设规划（2021—2025年）》 | 重庆市人民政府 |
| 2021年6月 | 《关于同意绍兴市等新时代乡村集成改革试点实施方案的批复》 | 浙江省人民政府 |
| 2021年6月 | 《长株潭一体化发展五年行动计划（2021—2025年）》 | 湖南省委办公厅、湖南省政府办公厅 |
| 2021年6月 | 《湖北省县城城镇化补短板强弱项工作实施方案》 | 湖北省发展和改革委 |
| 2021年7月 | 《京津冀城乡社区治理协同发展战略合作协议》 | 北京市民政局、天津市民政局、河北省民政厅 |
| 2021年7月 | 《自治区支持建设黄河流域生态保护和高质量发展先行区的财政政策（试行）》 | 宁夏回族自治区人民政府办公厅 |
| 2021年8月 | 《济南市国家城乡融合发展试验区实施方案》 | 济南市人民政府 |
| 2021年8月 | 《加快推进新时代广西左右江革命老区振兴发展三年行动计划（2021—2023年）》 | 广西壮族自治区人民政府办公厅 |
| 2021年10月 | 《广西支持推进新型城镇化若干政策措施》 | 广西壮族自治区人民政府办公厅 |
| 2021年10月 | 《甘肃省黄河流域生态保护和高质量发展规划》 | 甘肃省委、甘肃省人民政府 |
| 2021年10月 | 《关于深化长三角生态绿色一体化发展示范区环评制度改革的指导意见（试行）》 | 浙江省生态环境厅、上海市生态环境局、江苏省生态环境厅、长三角生态绿色一体化发展示范区执行委员会 |
| 2021年11月 | 《关于新时代支持山西太行革命老区振兴发展的实施意见》 | 山西省人民政府 |
| 2021年11月 | 《河北省建设京津冀生态环境支撑区"十四五"规划》 | 河北省人民政府办公厅 |
| 2021年11月 | 《关于新时代支持革命老区振兴发展的实施意见》 | 湖北省人民政府 |
| 2021年11月 | 《关于新时代支持山西太行革命老区振兴发展的实施意见》 | 山西省人民政府 |

附录9　2021年地方政府发布低碳韧性方向政策摘要

| 发布时间 | 发布政策 | 发布机构 |
|---|---|---|
| 2021年2月 | 《广东省推进"无废城市"建设试点工作方案》 | 广东省人民政府办公厅 |
| 2021年5月 | 《浙江省节能降耗和能源资源优化配置"十四五"规划》 | 浙江省发展改革委、浙江省能源局 |
| 2021年5月 | 《关于建立健全绿色低碳循环发展经济体系的实施意见》 | 河北省人民政府 |
| 2021年5月 | 《北京市城市积水内涝防治及溢流污染控制实施方案（2021年—2025年）》 | 北京市人民政府办公厅 |
| 2021年6月 | 《郴州市城市节约用水管理办法》 | 郴州市人民政府办公室 |
| 2021年7月 | 《四川林草碳汇行动方案》 | 四川省林业和草原局 |
| 2021年7月 | 《青海打造国家清洁能源产业高地行动方案（2021—2030年）》 | 青海省人民政府、国家能源局 |
| 2021年8月 | 《山西省节能与资源综合利用2021年行动计划》 | 山西省工业和信息化厅 |
| 2021年9月 | 《洛阳市创建国家节水型城市实施方案》 | 洛阳市人民政府办公室 |
| 2021年9月 | 《上海市绿色建筑管理办法》 | 上海市人民政府 |
| 2021年9月 | 《关于强化水资源刚性约束 落实最严格水资源管理制度的实施意见》 | 洛阳市人民政府办公室 |
| 2021年10月 | 《关于加快推进韧性城市建设的指导意见》 | 中共北京市委办公厅、北京市人民政府办公厅 |
| 2021年10月 | 《关于开展2021年度全省建筑节能、绿色建筑和装配式建筑工作监督检查的通知》 | 河北省住房和城乡建设厅 |
| 2021年10月 | 《北京市绿色社区创建行动实施方案》 | 北京市住房和城乡建设委员会、北京市发展和改革委员会、北京市教育委员会等15部门 |
| 2021年11月 | 《枣庄市装配式建筑高质量发展支持政策实施细则》 | 枣庄市住房和城乡建设局、枣庄市发展和改革委员会、枣庄市科学技术局等14部门 |
| 2021年11月 | 《深圳碳普惠体系建设工作方案》 | 深圳市人民政府办公厅 |
| 2021年11月 | 《河北省新型建筑工业化"十四五"规划》 | 河北省住房和城乡建设厅 |
| 2021年12月 | 《浙江省整县（市、区）推进屋顶分布式光伏开发工作导则》 | 浙江省能源局 |
| 2021年12月 | 《关于规范高品质商品住宅项目建设管理的通知》 | 北京市住房和城乡建设委员会、北京市规划和自然资源委员会 |
| 2021年12月 | 《北京市抗震节能农宅建设工作方案（2021—2025年）》 | 北京市住房和城乡建设委员会、北京市规划和自然资源委员会、北京市农业农村局、北京市财政局 |

# 附表

参评城市落实 SDG11 评估
具体得分及排名

附表1　副省级及省会城市各专题得分及排名

| 城市 | 住房保障 | | 公共交通 | | 规划管理 | | 遗产保护 | | 防灾减灾 | | 环境改善 | | 公共空间 | |
|------|------|------|------|------|------|------|------|------|------|------|------|------|------|------|
| | 得分 | 排名 | 得分 | 排名 | 得分 | 排名 | 得分 | 排名 | 得分 | 排名 | 得分 | 排名 | 得分 | 排名 |
| 成都 | 43.68 | 13 | 83.18 | 2 | 67.51 | 25 | 18.80 | 28 | 85.23 | 2 | 77.92 | 19 | 65.81 | 5 |
| 长春 | 48.71 | 9 | 55.78 | 31 | 81.19 | 1 | 36.83 | 17 | 75.13 | 20 | 69.75 | 25 | 46.32 | 26 |
| 长沙 | 60.89 | 1 | 77.00 | 6 | 75.43 | 9 | 30.72 | 22 | 81.50 | 8 | 85.18 | 9 | 40.78 | 29 |
| 大连 | 34.42 | 22 | 73.72 | 12 | 75.38 | 10 | 60.86 | 5 | 69.61 | 22 | 84.37 | 10 | 67.61 | 4 |
| 福州 | 30.10 | 26 | 65.65 | 24 | 72.81 | 13 | 45.40 | 11 | 77.81 | 14 | 91.25 | 3 | 71.51 | 2 |
| 广州 | 13.08 | 30 | 74.90 | 9 | 68.19 | 24 | 18.80 | 28 | 80.23 | 12 | 81.66 | 14 | 86.75 | 1 |
| 贵阳 | 55.44 | 3 | 68.15 | 20 | 66.40 | 27 | 13.16 | 31 | 81.90 | 7 | 81.34 | 15 | 68.67 | 3 |
| 哈尔滨 | 40.71 | 16 | 59.92 | 26 | 64.18 | 29 | 40.93 | 15 | 71.97 | 21 | 72.10 | 24 | 39.32 | 30 |
| 海口 | 33.11 | 23 | 78.20 | 4 | 65.71 | 28 | 44.37 | 13 | 84.36 | 4 | 93.06 | 1 | 56.88 | 13 |
| 杭州 | 25.15 | 27 | 68.41 | 19 | 75.00 | 11 | 47.23 | 10 | 79.05 | 13 | 89.40 | 4 | 61.55 | 11 |
| 合肥 | 31.48 | 24 | 77.67 | 5 | 68.91 | 22 | 13.16 | 31 | 81.03 | 9 | 78.52 | 17 | 59.56 | 12 |
| 呼和浩特 | 41.11 | 15 | 69.32 | 15 | 71.38 | 16 | 65.60 | 4 | 59.86 | 27 | 69.58 | 26 | 64.86 | 6 |
| 济南 | 47.04 | 11 | 74.21 | 11 | 77.69 | 5 | 29.06 | 24 | 61.89 | 26 | 64.75 | 27 | 56.43 | 14 |
| 昆明 | 49.56 | 7 | 69.81 | 14 | 75.62 | 8 | 29.73 | 23 | 81.98 | 6 | 83.99 | 11 | 52.31 | 20 |
| 拉萨 | 47.78 | 10 | 48.67 | 32 | 43.36 | 32 | 91.44 | 1 | 89.78 | 1 | 85.89 | 7 | 46.96 | 24 |
| 兰州 | 49.23 | 8 | 55.97 | 29 | 68.49 | 23 | 48.74 | 9 | 56.67 | 29 | 78.39 | 18 | 36.26 | 31 |
| 南昌 | 45.39 | 12 | 68.54 | 18 | 68.98 | 21 | 40.37 | 16 | 83.64 | 5 | 79.56 | 16 | 53.42 | 19 |
| 南京 | 21.11 | 28 | 74.94 | 8 | 71.91 | 15 | 18.91 | 27 | 80.43 | 11 | 83.51 | 13 | 63.07 | 7 |
| 南宁 | 54.17 | 4 | 55.82 | 30 | 62.67 | 30 | 43.51 | 14 | 76.49 | 18 | 88.28 | 6 | 44.91 | 28 |
| 宁波 | 36.80 | 20 | 64.08 | 25 | 69.53 | 19 | 50.78 | 7 | 77.29 | 16 | 88.98 | 5 | 55.79 | 15 |
| 青岛 | 19.09 | 29 | 68.60 | 17 | 77.61 | 6 | 33.45 | 19 | 77.04 | 17 | 73.09 | 23 | 62.94 | 8 |
| 厦门 | 5.49 | 31 | 80.81 | 3 | 76.35 | 7 | 52.62 | 6 | 64.61 | 23 | 92.55 | 2 | 61.77 | 9 |
| 深圳 | 0.00 | 32 | 93.75 | 1 | 79.41 | 2 | 21.36 | 25 | 77.60 | 15 | 83.92 | 12 | 54.67 | 18 |
| 沈阳 | 42.99 | 14 | 59.31 | 27 | 70.26 | 18 | 32.28 | 20 | 56.33 | 30 | 62.78 | 28 | 55.62 | 16 |
| 石家庄 | 30.50 | 25 | 68.98 | 16 | 74.92 | 12 | 33.56 | 18 | 54.08 | 31 | 58.34 | 31 | 45.80 | 27 |
| 太原 | 39.69 | 17 | 65.74 | 23 | 72.50 | 14 | 31.13 | 21 | 58.37 | 28 | 40.23 | 32 | 61.60 | 10 |
| 乌鲁木齐 | 56.22 | 2 | 74.56 | 10 | 71.07 | 17 | 17.84 | 30 | 61.90 | 25 | 61.52 | 30 | 50.71 | 21 |
| 武汉 | 37.49 | 19 | 67.87 | 21 | 77.89 | 4 | 44.63 | 12 | 84.52 | 3 | 77.28 | 20 | 55.02 | 17 |
| 西安 | 36.51 | 21 | 73.27 | 13 | 69.10 | 20 | 50.15 | 8 | 80.77 | 10 | 76.12 | 21 | 46.85 | 25 |
| 西宁 | 53.13 | 5 | 66.80 | 22 | 66.77 | 26 | 66.11 | 3 | 64.47 | 24 | 85.69 | 8 | 10.46 | 32 |
| 银川 | 50.72 | 6 | 57.31 | 28 | 57.91 | 31 | 68.74 | 2 | 7.30 | 32 | 74.04 | 22 | 49.69 | 23 |
| 郑州 | 37.94 | 18 | 75.64 | 7 | 78.62 | 3 | 19.07 | 26 | 75.86 | 19 | 62.50 | 29 | 50.46 | 22 |

附表2　副省级及省会城市2016—2021年落实SDG11总体得分及排名

| 城市 | 2016 | | 2017 | | 2018 | | 2019 | | 2020 | | 2021 | |
|------|------|------|------|------|------|------|------|------|------|------|------|------|
| | 得分 | 排名 | 得分 | 排名 | 得分 | 排名 | 得分 | 排名 | 得分 | 排名 | 得分 | 排名 |
| 成都 | 57.07 | 16 | 57.80 | 13 | 56.64 | 18 | 56.73 | 25 | 59.14 | 18 | 63.16 | 8 |
| 长春 | 56.84 | 17 | 51.94 | 30 | 53.10 | 29 | 57.25 | 25 | 59.00 | 19 | 59.10 | 18 |
| 长沙 | 60.53 | 7 | 59.86 | 9 | 59.72 | 12 | 59.75 | 11 | 62.17 | 4 | 64.50 | 4 |
| 大连 | 66.56 | 1 | 63.07 | 1 | 62.68 | 3 | 62.63 | 11 | 61.02 | 8 | 66.57 | 1 |
| 福州 | 59.28 | 11 | 61.65 | 5 | 60.51 | 8 | 60.91 | 22 | 63.86 | 3 | 64.93 | 3 |
| 广州 | 54.67 | 19 | 55.93 | 20 | 55.19 | 21 | 55.20 | 3 | 56.03 | 28 | 60.52 | 15 |
| 贵阳 | 57.76 | 14 | 59.14 | 10 | 59.93 | 10 | 59.03 | 9 | 59.20 | 17 | 62.15 | 10 |
| 哈尔滨 | 49.15 | 32 | 52.34 | 29 | 54.32 | 25 | 56.11 | 27 | 55.48 | 30 | 55.59 | 27 |
| 海口 | 59.25 | 12 | 58.67 | 11 | 58.18 | 13 | 61.63 | 8 | 58.95 | 20 | 65.10 | 2 |
| 杭州 | 61.64 | 2 | 62.02 | 3 | 59.86 | 11 | 59.34 | 32 | 61.72 | 5 | 63.68 | 6 |
| 合肥 | 54.08 | 21 | 54.10 | 24 | 54.13 | 26 | 54.42 | 13 | 57.56 | 26 | 58.62 | 21 |
| 呼和浩特 | 58.64 | 13 | 60.04 | 8 | 61.18 | 6 | 59.40 | 26 | 58.28 | 23 | 63.10 | 9 |
| 济南 | 50.21 | 29 | 53.44 | 26 | 52.07 | 30 | 47.34 | 19 | 52.16 | 32 | 58.72 | 20 |
| 昆明 | 60.45 | 8 | 61.27 | 7 | 61.36 | 5 | 58.82 | 12 | 59.82 | 12 | 63.29 | 11 |
| 拉萨 | 50.95 | 28 | 52.87 | 28 | 55.13 | 22 | 54.44 | 21 | 58.20 | 24 | 64.84 | 5 |
| 兰州 | 51.33 | 27 | 55.96 | 19 | 57.49 | 15 | 56.88 | 15 | 58.44 | 22 | 56.25 | 28 |
| 南昌 | 60.62 | 4 | 61.79 | 4 | 63.19 | 2 | 59.03 | 7 | 61.51 | 6 | 62.84 | 13 |
| 南京 | 54.54 | 20 | 55.49 | 21 | 56.53 | 19 | 56.13 | 24 | 59.84 | 11 | 59.13 | 23 |
| 南宁 | 59.68 | 9 | 57.61 | 14 | 59.96 | 9 | 57.58 | 1 | 59.63 | 13 | 60.84 | 17 |
| 宁波 | 61.09 | 3 | 62.75 | 2 | 62.35 | 4 | 59.57 | 17 | 60.27 | 10 | 63.32 | 14 |
| 青岛 | 53.55 | 23 | 57.07 | 17 | 55.88 | 20 | 55.25 | 28 | 55.66 | 29 | 58.83 | 22 |
| 厦门 | 60.54 | 6 | 61.62 | 6 | 63.86 | 1 | 65.31 | 31 | 65.34 | 1 | 62.03 | 16 |
| 深圳 | 60.57 | 5 | 58.39 | 12 | 57.40 | 16 | 57.49 | 29 | 56.29 | 27 | 58.67 | 25 |
| 沈阳 | 54.94 | 18 | 51.84 | 31 | 53.80 | 27 | 52.64 | 16 | 53.33 | 31 | 54.22 | 30 |
| 石家庄 | 50.19 | 30 | 49.82 | 32 | 51.34 | 32 | 51.60 | 23 | 58.56 | 21 | 52.31 | 32 |
| 太原 | 52.90 | 26 | 53.85 | 25 | 54.86 | 24 | 52.37 | 14 | 59.46 | 15 | 52.75 | 29 |
| 乌鲁木齐 | 53.37 | 24 | 54.47 | 23 | 54.88 | 23 | 57.50 | 5 | 59.50 | 14 | 56.26 | 26 |
| 武汉 | 52.94 | 25 | 54.47 | 22 | 53.23 | 28 | 55.94 | 10 | 58.14 | 25 | 63.53 | 7 |
| 西安 | 59.51 | 10 | 57.48 | 15 | 60.71 | 7 | 58.24 | 18 | 61.08 | 7 | 61.82 | 12 |
| 西宁 | 57.19 | 15 | 57.38 | 16 | 57.72 | 14 | 60.31 | 6 | 65.00 | 2 | 59.06 | 19 |
| 银川 | 53.84 | 22 | 56.94 | 18 | 56.81 | 17 | 59.25 | 30 | 61.02 | 9 | 52.25 | 31 |
| 郑州 | 49.87 | 31 | 53.22 | 27 | 51.98 | 31 | 51.93 | 22 | 59.35 | 16 | 57.16 | 24 |

附表3　副省级及省会城市2016—2021年住房保障专题得分及排名

| 城市 | 2016 | | 2017 | | 2018 | | 2019 | | 2020 | | 2021 | |
| --- | --- | --- | --- | --- | --- | --- | --- | --- | --- | --- | --- | --- |
| | 得分 | 排名 | 得分 | 排名 | 得分 | 排名 | 得分 | 排名 | 得分 | 排名 | 得分 | 排名 |
| 成都 | 54.41 | 14 | 58.55 | 10 | 46.24 | 18 | 41.49 | 16 | 45.61 | 12 | 43.68 | 13 |
| 长春 | 53.38 | 15 | 54.65 | 15 | 54.07 | 11 | 49.43 | 10 | 48.99 | 7 | 48.71 | 9 |
| 长沙 | 69.09 | 1 | 70.30 | 1 | 64.99 | 1 | 59.76 | 3 | 61.59 | 2 | 60.89 | 1 |
| 大连 | 48.85 | 20 | 50.02 | 21 | 49.62 | 16 | 39.28 | 19 | 40.69 | 17 | 34.42 | 22 |
| 福州 | 32.66 | 27 | 33.70 | 26 | 14.90 | 29 | 15.65 | 28 | 29.00 | 27 | 30.10 | 26 |
| 广州 | 27.21 | 28 | 32.55 | 27 | 16.72 | 28 | 15.70 | 27 | 16.19 | 30 | 13.08 | 30 |
| 贵阳 | 62.69 | 2 | 64.44 | 3 | 59.85 | 4 | 54.91 | 7 | 54.13 | 6 | 55.44 | 3 |
| 哈尔滨 | 61.35 | 4 | 67.39 | 2 | 64.95 | 2 | 63.20 | 1 | 58.10 | 3 | 40.71 | 16 |
| 海口 | 41.37 | 21 | 42.18 | 22 | 38.55 | 22 | 39.98 | 18 | 29.98 | 26 | 33.11 | 23 |
| 杭州 | 40.62 | 23 | 38.15 | 25 | 26.33 | 24 | 25.38 | 25 | 34.08 | 25 | 25.15 | 27 |
| 合肥 | 37.75 | 25 | 31.16 | 28 | 25.92 | 25 | 35.43 | 20 | 34.55 | 24 | 31.48 | 24 |
| 呼和浩特 | 59.43 | 5 | 59.03 | 9 | 57.78 | 6 | 52.87 | 9 | 45.62 | 11 | 41.11 | 15 |
| 济南 | 53.21 | 16 | 58.53 | 11 | 40.97 | 20 | 40.16 | 17 | 38.03 | 21 | 47.04 | 11 |
| 昆明 | 61.78 | 3 | 64.38 | 4 | 59.64 | 5 | 57.89 | 5 | 62.92 | 1 | 49.56 | 7 |
| 拉萨 | 55.48 | 12 | 52.28 | 18 | 52.84 | 12 | 45.85 | 11 | 48.49 | 8 | 47.78 | 10 |
| 兰州 | 57.33 | 7 | 59.04 | 8 | 56.46 | 8 | 53.34 | 8 | 36.18 | 23 | 49.23 | 8 |
| 南昌 | 49.59 | 19 | 52.19 | 19 | 46.01 | 19 | 31.65 | 24 | 42.80 | 16 | 45.39 | 12 |
| 南京 | 26.42 | 29 | 23.38 | 30 | 21.48 | 27 | 20.56 | 26 | 22.35 | 28 | 21.11 | 28 |
| 南宁 | 56.41 | 8 | 59.33 | 7 | 52.12 | 15 | 43.20 | 15 | 44.54 | 13 | 54.17 | 4 |
| 宁波 | 52.62 | 18 | 53.96 | 16 | 46.89 | 17 | 44.53 | 13 | 36.79 | 22 | 36.8 | 20 |
| 青岛 | 35.43 | 26 | 40.03 | 24 | 25.17 | 26 | 14.66 | 29 | 17.78 | 29 | 19.09 | 29 |
| 厦门 | 5.45 | 31 | 5.45 | 31 | 5.45 | 31 | 5.45 | 31 | 3.95 | 31 | 5.49 | 31 |
| 深圳 | 1.86 | 32 | 4.46 | 32 | 0.00 | 32 | 3.72 | 32 | 1.83 | 32 | 0.00 | 32 |
| 沈阳 | 55.76 | 10 | 57.38 | 13 | 55.59 | 10 | 45.58 | 12 | 45.98 | 10 | 42.99 | 14 |
| 石家庄 | 16.12 | 30 | 30.08 | 29 | 13.33 | 30 | 13.47 | 30 | 39.97 | 20 | 30.50 | 25 |
| 太原 | 52.83 | 17 | 52.98 | 17 | 52.41 | 14 | 43.26 | 14 | 44.37 | 14 | 39.69 | 17 |
| 乌鲁木齐 | 55.44 | 13 | 58.12 | 12 | 56.96 | 7 | 56.74 | 6 | 57.94 | 4 | 56.22 | 2 |
| 武汉 | 38.55 | 24 | 40.18 | 23 | 31.48 | 23 | 34.39 | 22 | 40.57 | 19 | 37.49 | 19 |
| 西安 | 55.95 | 9 | 56.99 | 14 | 52.8 | 13 | 33.38 | 23 | 40.59 | 18 | 36.51 | 21 |
| 西宁 | 55.66 | 11 | 60.00 | 6 | 56.28 | 9 | 58.35 | 4 | 48.47 | 9 | 53.13 | 5 |
| 银川 | 57.62 | 6 | 61.26 | 5 | 60.11 | 3 | 61.38 | 2 | 57.65 | 5 | 50.72 | 6 |
| 郑州 | 41.29 | 22 | 50.32 | 20 | 39.37 | 21 | 34.49 | 21 | 43.24 | 15 | 37.94 | 18 |

附表4 副省级及省会城市2016—2021年公共交通专题得分及排名

| 城市 | 2016 | | 2017 | | 2018 | | 2019 | | 2020 | | 2021 | |
|---|---|---|---|---|---|---|---|---|---|---|---|---|
| | 得分 | 排名 | 得分 | 排名 | 得分 | 排名 | 得分 | 排名 | 得分 | 排名 | 得分 | 排名 |
| 成都 | 67.12 | 9 | 66.76 | 11 | 68.57 | 8 | 69.77 | 5 | 70.18 | 9 | 83.18 | 2 |
| 长春 | 57.23 | 24 | 47.54 | 31 | 40.85 | 32 | 68.89 | 9 | 54.40 | 29 | 55.78 | 31 |
| 长沙 | 63.88 | 14 | 65.12 | 16 | 64.83 | 16 | 65.01 | 13 | 75.74 | 6 | 77.00 | 6 |
| 大连 | 66.07 | 11 | 66.35 | 12 | 66.40 | 10 | 66.62 | 12 | 66.82 | 15 | 73.72 | 12 |
| 福州 | 57.15 | 25 | 57.39 | 23 | 58.23 | 25 | 57.70 | 25 | 58.16 | 28 | 65.65 | 24 |
| 广州 | 72.93 | 4 | 73.47 | 4 | 74.60 | 4 | 81.59 | 3 | 80.69 | 3 | 74.90 | 9 |
| 贵阳 | 68.90 | 6 | 68.94 | 6 | 70.12 | 5 | 68.52 | 10 | 68.82 | 13 | 68.15 | 20 |
| 哈尔滨 | 52.96 | 30 | 54.50 | 29 | 54.67 | 27 | 54.14 | 31 | 43.97 | 32 | 59.92 | 26 |
| 海口 | 63.32 | 16 | 63.29 | 17 | 64.94 | 15 | 64.36 | 15 | 62.49 | 24 | 78.20 | 4 |
| 杭州 | 58.37 | 23 | 58.50 | 22 | 59.59 | 22 | 60.03 | 23 | 60.65 | 26 | 68.41 | 19 |
| 合肥 | 60.75 | 19 | 61.08 | 20 | 61.86 | 19 | 61.98 | 21 | 62.72 | 23 | 77.67 | 5 |
| 呼和浩特 | 54.79 | 29 | 55.78 | 27 | 58.63 | 24 | 57.14 | 26 | 59.06 | 27 | 69.32 | 15 |
| 济南 | 59.44 | 20 | 59.85 | 21 | 61.60 | 20 | 61.69 | 22 | 64.05 | 21 | 74.21 | 11 |
| 昆明 | 68.15 | 8 | 68.47 | 7 | 68.29 | 9 | 55.41 | 28 | 51.32 | 30 | 69.81 | 14 |
| 拉萨 | 56.85 | 26 | 57.07 | 24 | 45.99 | 30 | 55.32 | 29 | 45.13 | 31 | 48.67 | 32 |
| 兰州 | 64.84 | 13 | 65.20 | 14 | 65.68 | 14 | 63.33 | 18 | 61.77 | 25 | 55.97 | 29 |
| 南昌 | 66.03 | 12 | 66.07 | 13 | 68.86 | 7 | 69.22 | 7 | 69.27 | 11 | 68.54 | 18 |
| 南京 | 74.82 | 3 | 75.81 | 3 | 75.72 | 3 | 79.96 | 4 | 81.35 | 2 | 74.94 | 8 |
| 南宁 | 63.54 | 15 | 65.16 | 15 | 65.76 | 13 | 64.90 | 14 | 66.41 | 16 | 55.82 | 30 |
| 宁波 | 66.53 | 10 | 67.23 | 10 | 63.91 | 17 | 62.15 | 20 | 63.31 | 22 | 64.08 | 25 |
| 青岛 | 69.66 | 5 | 70.04 | 5 | 66.20 | 11 | 67.74 | 11 | 68.41 | 14 | 68.60 | 17 |
| 厦门 | 79.02 | 2 | 79.12 | 2 | 82.13 | 2 | 87.69 | 2 | 79.63 | 4 | 80.81 | 3 |
| 深圳 | 97.23 | 1 | 97.23 | 1 | 94.90 | 1 | 94.90 | 1 | 95.24 | 1 | 93.75 | 1 |
| 沈阳 | 68.44 | 7 | 67.83 | 9 | 68.94 | 6 | 69.47 | 6 | 69.49 | 10 | 59.31 | 27 |
| 石家庄 | 51.97 | 31 | 52.50 | 30 | 53.32 | 28 | 53.49 | 32 | 65.71 | 17 | 68.98 | 16 |
| 太原 | 59.36 | 21 | 62.11 | 19 | 63.72 | 18 | 63.48 | 17 | 73.16 | 8 | 65.74 | 23 |
| 乌鲁木齐 | 62.04 | 17 | 62.19 | 18 | 61.47 | 21 | 63.96 | 16 | 64.40 | 20 | 74.56 | 10 |
| 武汉 | 61.36 | 18 | 68.03 | 8 | 66.12 | 12 | 69.03 | 8 | 65.31 | 19 | 67.87 | 21 |
| 西安 | 58.44 | 22 | 55.83 | 26 | 58.87 | 23 | 63.03 | 19 | 68.90 | 12 | 73.27 | 13 |
| 西宁 | 55.07 | 28 | 54.72 | 28 | 53.05 | 29 | 55.08 | 30 | 73.36 | 7 | 66.8 | 22 |
| 银川 | 40.46 | 32 | 42.47 | 32 | 45.74 | 31 | 58.73 | 24 | 65.34 | 18 | 57.31 | 28 |
| 郑州 | 56.07 | 27 | 56.19 | 25 | 56.34 | 26 | 56.55 | 27 | 78.74 | 5 | 75.64 | 7 |

附表5　副省级及省会城市2016—2021年规划管理专题得分及排名

| 城市 | 2016 | | 2017 | | 2018 | | 2019 | | 2020 | | 2021 | |
|---|---|---|---|---|---|---|---|---|---|---|---|---|
| | 得分 | 排名 | 得分 | 排名 | 得分 | 排名 | 得分 | 排名 | 得分 | 排名 | 得分 | 排名 |
| 成都 | 63.04 | 21 | 63.80 | 17 | 65.10 | 18 | 68.68 | 12 | 63.80 | 26 | 67.51 | 15 |
| 长春 | 66.72 | 17 | 54.23 | 27 | 58.98 | 24 | 70.97 | 9 | 72.77 | 6 | 81.19 | 1 |
| 长沙 | 60.97 | 25 | 49.28 | 30 | 58.45 | 25 | 65.25 | 18 | 65.59 | 23 | 75.43 | 5 |
| 大连 | 72.23 | 4 | 71.79 | 3 | 70.99 | 5 | 75.14 | 1 | 74.20 | 3 | 75.38 | 6 |
| 福州 | 67.84 | 12 | 63.61 | 18 | 67.24 | 9 | 68.04 | 14 | 71.35 | 11 | 72.81 | 8 |
| 广州 | 62.90 | 22 | 63.36 | 19 | 67.22 | 10 | 62.41 | 23 | 66.43 | 19 | 68.19 | 14 |
| 贵阳 | 66.08 | 18 | 60.34 | 22 | 64.89 | 19 | 58.02 | 27 | 65.92 | 22 | 66.40 | 20 |
| 哈尔滨 | 62.18 | 23 | 65.55 | 13 | 65.39 | 16 | 67.17 | 15 | 69.18 | 14 | 64.18 | 24 |
| 海口 | 58.67 | 26 | 55.28 | 26 | 54.10 | 29 | 68.04 | 13 | 64.24 | 24 | 65.71 | 21 |
| 杭州 | 75.63 | 2 | 76.77 | 2 | 75.29 | 2 | 69.06 | 11 | 76.52 | 1 | 75.00 | 7 |
| 合肥 | 65.10 | 20 | 65.79 | 12 | 65.71 | 14 | 55.85 | 29 | 70.85 | 12 | 68.91 | 13 |
| 呼和浩特 | 66.95 | 14 | 65.52 | 14 | 62.86 | 21 | 72.93 | 5 | 67.10 | 16 | 71.38 | 10 |
| 济南 | 78.17 | 1 | 77.91 | 1 | 77.48 | 1 | 71.25 | 7 | 71.54 | 9 | 77.69 | 4 |
| 昆明 | 68.69 | 11 | 65.22 | 15 | 67.00 | 11 | 62.04 | 24 | 70.76 | 13 | 65.59 | 22 |
| 拉萨 | 23.83 | 32 | 29.27 | 32 | 39.45 | 32 | 49.99 | 32 | 46.67 | 32 | 39.11 | 32 |
| 兰州 | 51.51 | 30 | 58.51 | 24 | 58.08 | 26 | 52.06 | 31 | 66.57 | 18 | 61.90 | 25 |
| 南昌 | 67.65 | 13 | 66.82 | 11 | 66.57 | 13 | 56.83 | 28 | 66.00 | 21 | 61.38 | 26 |
| 南京 | 55.80 | 29 | 59.92 | 23 | 59.85 | 23 | 65.05 | 20 | 67.66 | 15 | 59.11 | 28 |
| 南宁 | 51.32 | 31 | 48.85 | 31 | 54.69 | 28 | 59.62 | 26 | 59.75 | 30 | 56.87 | 30 |
| 宁波 | 58.42 | 27 | 63.98 | 16 | 65.22 | 17 | 60.62 | 25 | 58.26 | 31 | 55.72 | 31 |
| 青岛 | 70.63 | 6 | 70.40 | 5 | 74.91 | 3 | 74.71 | 3 | 72.75 | 7 | 66.88 | 17 |
| 厦门 | 73.93 | 3 | 71.63 | 4 | 71.80 | 4 | 72.45 | 6 | 76.24 | 2 | 65.46 | 23 |
| 深圳 | 70.28 | 7 | 67.27 | 9 | 68.40 | 8 | 71.02 | 8 | 73.61 | 4 | 66.76 | 19 |
| 沈阳 | 66.82 | 16 | 67.41 | 8 | 69.45 | 7 | 67.08 | 16 | 73.12 | 5 | 59.55 | 27 |
| 石家庄 | 69.40 | 9 | 68.63 | 7 | 70.65 | 6 | 75.06 | 2 | 71.45 | 10 | 67.47 | 16 |
| 太原 | 66.90 | 15 | 67.02 | 10 | 65.42 | 15 | 64.35 | 22 | 66.89 | 17 | 72.50 | 9 |
| 乌鲁木齐 | 71.60 | 5 | 57.73 | 25 | 57.78 | 27 | 66.47 | 17 | 63.98 | 25 | 71.07 | 11 |
| 武汉 | 69.23 | 10 | 62.92 | 20 | 63.01 | 20 | 73.00 | 4 | 63.45 | 27 | 77.89 | 3 |
| 西安 | 65.84 | 19 | 62.26 | 21 | 62.63 | 22 | 65.10 | 19 | 66.03 | 20 | 69.10 | 12 |
| 西宁 | 61.71 | 24 | 52.15 | 28 | 47.71 | 31 | 64.70 | 21 | 61.99 | 29 | 66.77 | 18 |
| 银川 | 57.79 | 28 | 51.82 | 29 | 51.11 | 30 | 55.58 | 30 | 62.59 | 28 | 57.91 | 29 |
| 郑州 | 70.08 | 8 | 70.25 | 6 | 66.83 | 12 | 69.14 | 10 | 72.68 | 8 | 78.62 | 2 |

附表6　副省级及省会城市2016—2021年遗产保护专题得分及排名

| 城市 | 2016 | | 2017 | | 2018 | | 2019 | | 2020 | | 2021 | |
|---|---|---|---|---|---|---|---|---|---|---|---|---|
| | 得分 | 排名 | 得分 | 排名 | 得分 | 排名 | 得分 | 排名 | 得分 | 排名 | 得分 | 排名 |
| 成都 | 25.14 | 24 | 20.12 | 29 | 19.95 | 29 | 19.56 | 28 | 19.23 | 29 | 18.80 | 28 |
| 长春 | 46.66 | 12 | 24.81 | 26 | 41.91 | 15 | 29.79 | 20 | 36.63 | 17 | 36.83 | 17 |
| 长沙 | 35.49 | 20 | 38.98 | 14 | 39.07 | 18 | 26.30 | 22 | 26.76 | 22 | 30.72 | 22 |
| 大连 | 63.21 | 5 | 60.79 | 4 | 60.78 | 4 | 60.73 | 4 | 60.72 | 4 | 60.86 | 5 |
| 福州 | 40.21 | 16 | 50.14 | 11 | 49.93 | 11 | 49.72 | 8 | 49.57 | 9 | 45.40 | 11 |
| 广州 | 18.68 | 28 | 15.20 | 31 | 15.11 | 31 | 15.81 | 31 | 17.05 | 30 | 18.80 | 28 |
| 贵阳 | 21.44 | 27 | 13.76 | 32 | 13.87 | 32 | 14.95 | 32 | 16.40 | 32 | 13.16 | 31 |
| 哈尔滨 | 17.56 | 29 | 25.52 | 25 | 41.21 | 16 | 41.35 | 13 | 41.47 | 15 | 40.93 | 15 |
| 海口 | 50.54 | 11 | 44.27 | 12 | 44.11 | 13 | 43.93 | 12 | 43.78 | 13 | 44.37 | 13 |
| 杭州 | 51.27 | 9 | 51.01 | 10 | 50.39 | 10 | 49.69 | 9 | 48.65 | 10 | 47.23 | 10 |
| 合肥 | 15.28 | 30 | 17.62 | 30 | 17.38 | 30 | 17.09 | 29 | 16.85 | 31 | 13.16 | 31 |
| 呼和浩特 | 64.51 | 2 | 58.28 | 5 | 58.14 | 5 | 58.09 | 5 | 58.03 | 5 | 65.60 | 4 |
| 济南 | 14.60 | 31 | 26.37 | 24 | 26.20 | 26 | 25.94 | 23 | 23.70 | 23 | 29.06 | 24 |
| 昆明 | 33.96 | 21 | 34.07 | 17 | 33.91 | 21 | 33.71 | 18 | 33.45 | 19 | 29.73 | 23 |
| 拉萨 | 78.06 | 1 | 91.30 | 1 | 90.73 | 1 | 72.42 | 1 | 94.76 | 1 | 91.44 | 1 |
| 兰州 | 50.72 | 10 | 54.26 | 8 | 49.12 | 12 | 49.10 | 10 | 48.61 | 11 | 48.74 | 9 |
| 南昌 | 38.71 | 17 | 43.85 | 13 | 43.65 | 14 | 35.91 | 16 | 43.45 | 14 | 40.37 | 16 |
| 南京 | 22.55 | 26 | 22.45 | 28 | 22.26 | 28 | 21.71 | 26 | 22.04 | 27 | 18.91 | 27 |
| 南宁 | 45.99 | 13 | 28.95 | 21 | 40.72 | 17 | 39.45 | 14 | 45.48 | 12 | 43.51 | 14 |
| 宁波 | 56.39 | 7 | 54.71 | 7 | 54.58 | 7 | 49.09 | 11 | 54.05 | 8 | 50.78 | 7 |
| 青岛 | 23.10 | 25 | 35.24 | 16 | 35.17 | 20 | 35.19 | 17 | 35.11 | 18 | 33.45 | 19 |
| 厦门 | 45.87 | 14 | 52.62 | 9 | 52.89 | 8 | 55.25 | 6 | 54.65 | 6 | 52.62 | 6 |
| 深圳 | 42.00 | 15 | 23.83 | 27 | 23.48 | 27 | 24.96 | 24 | 23.34 | 25 | 21.36 | 25 |
| 沈阳 | 31.61 | 22 | 32.54 | 19 | 32.53 | 22 | 33.15 | 19 | 32.46 | 21 | 32.28 | 20 |
| 石家庄 | 51.83 | 8 | 33.91 | 18 | 51.13 | 9 | 39.39 | 15 | 37.47 | 16 | 33.56 | 18 |
| 太原 | 36.99 | 18 | 36.70 | 15 | 36.72 | 19 | 26.64 | 21 | 33.18 | 20 | 31.13 | 21 |
| 乌鲁木齐 | 14.50 | 32 | 26.92 | 22 | 26.92 | 24 | 17.09 | 30 | 22.04 | 28 | 17.84 | 30 |
| 武汉 | 36.52 | 19 | 26.81 | 23 | 26.84 | 25 | 23.82 | 25 | 23.68 | 24 | 44.63 | 12 |
| 西安 | 58.78 | 6 | 56.27 | 6 | 56.34 | 6 | 52.21 | 7 | 54.12 | 7 | 50.15 | 8 |
| 西宁 | 64.40 | 3 | 64.90 | 3 | 64.93 | 3 | 61.47 | 3 | 62.05 | 3 | 66.11 | 3 |
| 银川 | 63.86 | 4 | 69.28 | 2 | 65.75 | 2 | 65.62 | 2 | 66.83 | 2 | 68.74 | 2 |
| 郑州 | 31.53 | 23 | 31.76 | 20 | 31.98 | 23 | 21.28 | 27 | 22.72 | 26 | 19.07 | 26 |

附表7 副省级及省会城市2016—2021年防灾减灾专题得分及排名

| 城市 | 2016 | | 2017 | | 2018 | | 2019 | | 2020 | | 2021 | |
|------|------|------|------|------|------|------|------|------|------|------|------|------|
| | 得分 | 排名 | 得分 | 排名 | 得分 | 排名 | 得分 | 排名 | 得分 | 排名 | 得分 | 排名 |
| 成都 | 76.08 | 11 | 79.02 | 7 | 79.52 | 5 | 80.23 | 9 | 81.53 | 7 | 85.23 | 2 |
| 长春 | 70.57 | 19 | 72.18 | 19 | 72.59 | 20 | 72.57 | 23 | 74.11 | 21 | 75.13 | 20 |
| 长沙 | 78.09 | 6 | 79.61 | 3 | 78.88 | 7 | 80.43 | 8 | 75.36 | 18 | 81.50 | 8 |
| 大连 | 82.18 | 2 | 61.91 | 26 | 61.02 | 28 | 61.11 | 28 | 57.17 | 28 | 69.61 | 22 |
| 福州 | 78.31 | 4 | 79.18 | 5 | 85.76 | 3 | 85.81 | 4 | 89.35 | 2 | 77.81 | 14 |
| 广州 | 71.16 | 18 | 71.27 | 20 | 72.95 | 19 | 73.73 | 21 | 62.00 | 27 | 80.23 | 12 |
| 贵阳 | 58.00 | 28 | 68.74 | 23 | 69.11 | 23 | 77.86 | 13 | 74.63 | 19 | 81.90 | 7 |
| 哈尔滨 | 64.12 | 26 | 66.60 | 24 | 68.56 | 24 | 70.35 | 24 | 72.24 | 24 | 71.97 | 21 |
| 海口 | 70.17 | 20 | 80.19 | 2 | 78.40 | 11 | 76.96 | 15 | 77.02 | 15 | 84.36 | 4 |
| 杭州 | 77.18 | 7 | 79.32 | 4 | 78.27 | 13 | 78.22 | 12 | 77.74 | 14 | 79.05 | 13 |
| 合肥 | 76.32 | 9 | 77.17 | 10 | 78.59 | 9 | 80.68 | 6 | 82.07 | 5 | 81.03 | 9 |
| 呼和浩特 | 51.35 | 30 | 59.41 | 27 | 65.66 | 26 | 52.82 | 29 | 50.29 | 30 | 59.86 | 27 |
| 济南 | 60.90 | 27 | 58.74 | 28 | 61.56 | 27 | 61.72 | 27 | 63.61 | 26 | 61.89 | 26 |
| 昆明 | 74.28 | 15 | 74.41 | 16 | 73.86 | 17 | 74.56 | 19 | 74.10 | 22 | 81.98 | 6 |
| 拉萨 | — | — | — | — | — | — | — | — | — | — | 89.78 | 1 |
| 兰州 | 73.44 | 16 | 73.82 | 17 | 74.46 | 16 | 75.14 | 17 | 75.48 | 17 | 56.67 | 29 |
| 南昌 | 76.83 | 8 | 76.93 | 11 | 78.34 | 12 | 79.26 | 11 | 80.19 | 11 | 83.64 | 5 |
| 南京 | 79.05 | 3 | 79.09 | 6 | 84.54 | 4 | 86.42 | 3 | 86.46 | 4 | 80.43 | 11 |
| 南宁 | 75.54 | 13 | 75.76 | 14 | 75.27 | 15 | 74.57 | 18 | 74.61 | 20 | 76.49 | 18 |
| 宁波 | 78.23 | 5 | 78.34 | 9 | 79.30 | 6 | 80.51 | 7 | 80.40 | 10 | 77.29 | 16 |
| 青岛 | 65.48 | 25 | 65.14 | 25 | 71.75 | 22 | 73.94 | 20 | 75.69 | 16 | 77.04 | 17 |
| 厦门 | 91.48 | 1 | 91.63 | 1 | 91.70 | 2 | 91.83 | 2 | 92.57 | 1 | 64.61 | 23 |
| 深圳 | 69.74 | 21 | 72.30 | 18 | 72.56 | 21 | 76.34 | 16 | 81.75 | 6 | 77.60 | 15 |
| 沈阳 | 65.78 | 24 | 51.73 | 30 | 52.02 | 30 | 52.14 | 30 | 51.71 | 29 | 56.33 | 30 |
| 石家庄 | 55.13 | 29 | 55.66 | 29 | 56.16 | 29 | 68.65 | 26 | 66.16 | 25 | 54.08 | 31 |
| 太原 | 67.65 | 22 | 70.52 | 21 | 67.51 | 25 | 69.37 | 25 | 80.71 | 9 | 58.37 | 28 |
| 乌鲁木齐 | 73.38 | 17 | 76.04 | 12 | 78.53 | 10 | 83.73 | 5 | 78.92 | 12 | 61.90 | 25 |
| 武汉 | 75.99 | 12 | 75.81 | 13 | 78.68 | 8 | 79.44 | 10 | 88.48 | 3 | 84.52 | 3 |
| 西安 | 76.22 | 10 | 78.35 | 8 | 91.72 | 1 | 92.76 | 1 | 81.18 | 8 | 80.77 | 10 |
| 西宁 | 66.22 | 23 | 70.24 | 22 | 73.83 | 18 | 73.21 | 22 | 73.04 | 23 | 64.47 | 24 |
| 银川 | 39.35 | 31 | 42.53 | 31 | 39.86 | 31 | 38.30 | 31 | 32.55 | 31 | 7.30 | 32 |
| 郑州 | 75.37 | 14 | 74.90 | 15 | 76.91 | 14 | 77.06 | 14 | 77.88 | 13 | 75.86 | 19 |

| 城市 | 2016 | | 2017 | | 2018 | | 2019 | | 2020 | | 2021 | |
|---|---|---|---|---|---|---|---|---|---|---|---|---|
| | 得分 | 排名 | 得分 | 排名 | 得分 | 排名 | 得分 | 排名 | 得分 | 排名 | 得分 | 排名 |
| 成都 | 63.35 | 15 | 64.89 | 18 | 66.04 | 20 | 68.55 | 18 | 78.39 | 12 | 77.92 | 19 |
| 长春 | 55.77 | 21 | 57.12 | 21 | 58.54 | 23 | 64.06 | 21 | 76.15 | 18 | 69.75 | 25 |
| 长沙 | 77.07 | 5 | 74.55 | 10 | 75.64 | 11 | 78.04 | 8 | 76.92 | 17 | 85.18 | 9 |
| 大连 | 73.01 | 10 | 74.43 | 11 | 69.01 | 16 | 73.15 | 11 | 78.77 | 10 | 84.37 | 10 |
| 福州 | 83.03 | 1 | 88.11 | 1 | 85.47 | 1 | 85.91 | 2 | 85.61 | 2 | 91.25 | 3 |
| 广州 | 64.89 | 14 | 68.93 | 14 | 70.46 | 14 | 74.43 | 9 | 75.14 | 21 | 81.66 | 14 |
| 贵阳 | 74.39 | 7 | 77.00 | 7 | 79.30 | 8 | 78.36 | 7 | 81.15 | 7 | 81.34 | 15 |
| 哈尔滨 | 50.61 | 23 | 55.76 | 22 | 54.50 | 24 | 62.74 | 23 | 71.77 | 22 | 72.10 | 24 |
| 海口 | 78.57 | 4 | 79.35 | 4 | 79.54 | 7 | 90.10 | 1 | 93.78 | 1 | 93.06 | 1 |
| 杭州 | 74.38 | 8 | 77.21 | 6 | 78.67 | 9 | 81.31 | 4 | 83.45 | 5 | 89.40 | 4 |
| 合肥 | 69.90 | 13 | 71.90 | 13 | 72.07 | 12 | 71.94 | 14 | 78.49 | 11 | 78.52 | 17 |
| 呼和浩特 | 61.17 | 17 | 62.88 | 19 | 63.26 | 21 | 63.95 | 22 | 66.28 | 26 | 69.58 | 26 |
| 济南 | 43.67 | 29 | 48.49 | 27 | 51.66 | 27 | 23.18 | 32 | 54.12 | 31 | 64.75 | 27 |
| 昆明 | 70.58 | 12 | 73.00 | 12 | 77.16 | 10 | 78.48 | 6 | 77.27 | 14 | 83.99 | 11 |
| 拉萨 | 59.54 | 18 | 55.72 | 23 | 72.00 | 13 | 72.56 | 12 | 79.31 | 9 | 85.89 | 7 |
| 兰州 | 44.30 | 28 | 49.33 | 26 | 67.22 | 19 | 70.64 | 17 | 82.32 | 6 | 78.39 | 18 |
| 南昌 | 73.79 | 9 | 75.31 | 8 | 79.79 | 6 | 81.20 | 5 | 77.39 | 13 | 79.56 | 16 |
| 南京 | 62.29 | 16 | 66.26 | 16 | 69.54 | 15 | 57.04 | 27 | 76.07 | 19 | 83.51 | 13 |
| 南宁 | 75.24 | 6 | 78.17 | 5 | 83.94 | 2 | 74.13 | 10 | 84.39 | 3 | 88.28 | 6 |
| 宁波 | 72.54 | 11 | 74.85 | 9 | 80.06 | 5 | 70.81 | 16 | 75.71 | 20 | 88.98 | 5 |
| 青岛 | 57.51 | 20 | 60.01 | 20 | 60.43 | 22 | 65.55 | 20 | 63.82 | 27 | 73.09 | 23 |
| 厦门 | 80.42 | 3 | 79.52 | 3 | 82.97 | 3 | 83.24 | 3 | 83.89 | 4 | 92.55 | 2 |
| 深圳 | 80.88 | 2 | 82.52 | 2 | 82.34 | 4 | 72.37 | 13 | 66.69 | 25 | 83.92 | 12 |
| 沈阳 | 43.24 | 30 | 49.56 | 25 | 50.08 | 30 | 52.72 | 29 | 54.70 | 30 | 62.78 | 28 |
| 石家庄 | 45.46 | 27 | 45.87 | 30 | 50.15 | 29 | 52.22 | 30 | 58.12 | 28 | 58.34 | 31 |
| 太原 | 42.17 | 31 | 42.52 | 32 | 47.73 | 31 | 45.47 | 31 | 49.96 | 32 | 40.23 | 32 |
| 乌鲁木齐 | 50.34 | 24 | 52.01 | 24 | 50.83 | 28 | 62.63 | 24 | 69.39 | 23 | 61.52 | 30 |
| 武汉 | 47.90 | 26 | 67.94 | 15 | 67.76 | 18 | 71.35 | 15 | 77.10 | 15 | 77.28 | 20 |
| 西安 | 58.99 | 19 | 48.13 | 28 | 53.98 | 26 | 59.63 | 25 | 66.83 | 24 | 76.12 | 21 |
| 西宁 | 47.93 | 25 | 46.62 | 29 | 54.24 | 25 | 54.90 | 28 | 79.48 | 8 | 85.69 | 8 |
| 银川 | 51.67 | 22 | 65.13 | 17 | 68.93 | 17 | 68.43 | 19 | 76.95 | 16 | 74.04 | 22 |
| 郑州 | 38.99 | 32 | 44.81 | 31 | 45.52 | 32 | 57.38 | 26 | 56.74 | 29 | 62.50 | 29 |

附表9  副省级及省会城市2016—2021年公共空间专题得分及排名

| 城市 | 2016 | | 2017 | | 2018 | | 2019 | | 2020 | | 2021 | |
|---|---|---|---|---|---|---|---|---|---|---|---|---|
| | 得分 | 排名 | 得分 | 排名 | 得分 | 排名 | 得分 | 排名 | 得分 | 排名 | 得分 | 排名 |
| 成都 | 50.31 | 16 | 51.48 | 15 | 51.08 | 16 | 48.82 | 20 | 55.23 | 14 | 65.81 | 5 |
| 长春 | 47.54 | 20 | 53.02 | 14 | 44.76 | 27 | 45.04 | 26 | 49.93 | 22 | 46.32 | 26 |
| 长沙 | 39.11 | 28 | 41.20 | 27 | 36.18 | 29 | 43.46 | 27 | 53.27 | 17 | 40.78 | 29 |
| 大连 | 60.36 | 6 | 56.17 | 10 | 60.96 | 8 | 62.35 | 4 | 48.78 | 25 | 67.61 | 4 |
| 福州 | 55.81 | 7 | 59.41 | 7 | 62.07 | 6 | 63.52 | 2 | 63.97 | 6 | 71.51 | 2 |
| 广州 | 64.92 | 2 | 66.71 | 1 | 69.22 | 1 | 62.73 | 3 | 74.73 | 1 | 86.75 | 1 |
| 贵阳 | 52.82 | 12 | 60.74 | 6 | 62.38 | 4 | 60.58 | 7 | 53.34 | 16 | 68.67 | 3 |
| 哈尔滨 | 35.25 | 30 | 31.06 | 32 | 30.95 | 31 | 33.81 | 31 | 31.66 | 32 | 39.32 | 30 |
| 海口 | 52.12 | 14 | 46.14 | 22 | 47.65 | 22 | 48.05 | 22 | 41.35 | 29 | 56.88 | 13 |
| 杭州 | 54.06 | 8 | 53.18 | 12 | 50.45 | 18 | 51.68 | 17 | 50.96 | 20 | 61.55 | 11 |
| 合肥 | 53.42 | 9 | 54.01 | 11 | 57.36 | 13 | 57.96 | 12 | 57.38 | 11 | 59.56 | 12 |
| 呼和浩特 | 52.31 | 13 | 59.40 | 8 | 61.96 | 7 | 58.03 | 11 | 61.56 | 9 | 64.86 | 6 |
| 济南 | 41.47 | 26 | 44.21 | 26 | 45.03 | 26 | 47.45 | 24 | 50.09 | 21 | 56.43 | 14 |
| 昆明 | 45.75 | 22 | 49.33 | 18 | 49.64 | 19 | 49.66 | 18 | 48.94 | 24 | 52.31 | 20 |
| 拉萨 | 31.93 | 31 | 31.58 | 31 | 29.81 | 32 | 30.53 | 32 | 34.85 | 31 | 46.96 | 24 |
| 兰州 | 17.20 | 32 | 31.59 | 30 | 31.38 | 30 | 34.57 | 30 | 38.11 | 30 | 36.26 | 31 |
| 南昌 | 51.73 | 15 | 51.35 | 17 | 59.11 | 11 | 59.12 | 9 | 51.45 | 19 | 53.42 | 19 |
| 南京 | 60.85 | 5 | 61.54 | 4 | 62.30 | 5 | 62.19 | 5 | 62.92 | 8 | 63.07 | 7 |
| 南宁 | 49.71 | 17 | 47.09 | 20 | 47.21 | 23 | 47.20 | 25 | 42.22 | 28 | 44.91 | 28 |
| 宁波 | 42.92 | 24 | 46.17 | 21 | 46.47 | 25 | 49.28 | 19 | 53.36 | 15 | 55.79 | 15 |
| 青岛 | 53.04 | 10 | 58.61 | 9 | 57.51 | 12 | 54.97 | 13 | 56.07 | 13 | 62.94 | 8 |
| 厦门 | 47.60 | 19 | 51.37 | 16 | 60.09 | 10 | 61.26 | 6 | 66.44 | 4 | 61.77 | 9 |
| 深圳 | 61.98 | 3 | 61.09 | 5 | 60.15 | 9 | 59.15 | 8 | 51.60 | 18 | 54.67 | 18 |
| 沈阳 | 52.96 | 11 | 36.44 | 29 | 48.01 | 21 | 48.37 | 21 | 45.85 | 27 | 55.62 | 16 |
| 石家庄 | 61.41 | 4 | 62.13 | 3 | 64.66 | 3 | 58.89 | 10 | 71.03 | 2 | 45.80 | 27 |
| 太原 | 44.40 | 23 | 45.07 | 23 | 50.50 | 17 | 54.03 | 15 | 67.94 | 3 | 61.60 | 10 |
| 乌鲁木齐 | 46.28 | 21 | 48.28 | 19 | 51.68 | 15 | 51.88 | 16 | 59.83 | 10 | 50.71 | 21 |
| 武汉 | 41.01 | 27 | 39.62 | 28 | 38.75 | 28 | 40.53 | 29 | 48.43 | 26 | 55.02 | 17 |
| 西安 | 42.36 | 25 | 44.53 | 24 | 48.61 | 20 | 41.57 | 28 | 49.91 | 23 | 46.85 | 25 |
| 西宁 | 49.33 | 18 | 53.02 | 13 | 53.99 | 14 | 54.45 | 14 | 56.64 | 12 | 10.46 | 32 |
| 银川 | 66.11 | 1 | 66.07 | 2 | 66.19 | 2 | 66.70 | 1 | 65.22 | 5 | 49.69 | 23 |
| 郑州 | 35.78 | 29 | 44.34 | 25 | 46.93 | 24 | 47.61 | 23 | 63.45 | 7 | 50.46 | 22 |

| 参评城市 | 住房保障 | | 公共交通 | | 规划管理 | | 遗产保护 | | 防灾减灾 | | 环境改善 | | 公共空间 | |
|---|---|---|---|---|---|---|---|---|---|---|---|---|---|---|
| | 得分 | 排名 | 得分 | 排名 | 得分 | 排名 | 得分 | 排名 | 得分 | 排名 | 得分 | 排名 | 得分 | 排名 |
| 包头 | 60.89 | 51 | 52.01 | 69 | 63.21 | 62 | 26.15 | 85 | 28.25 | 98 | 65.27 | 87 | 60.76 | 46 |
| 昌吉回族自治州 | 78.13 | 8 | — | — | 45.08 | 102 | 0.00 | 107 | — | — | 0.82 | 106 | — | — |
| 常州 | 46.66 | 88 | 69.37 | 20 | 76.11 | 5 | 18.03 | 98 | 83.13 | 20 | 77.11 | 55 | 57.35 | 55 |
| 大庆 | 76.10 | 10 | 59.64 | 50 | 62.73 | 63 | 27.53 | 83 | 73.03 | 51 | 73.20 | 68 | 67.80 | 28 |
| 东莞 | 49.43 | 82 | 73.84 | 10 | 77.38 | 2 | 14.44 | 102 | 59.00 | 73 | 81.79 | 38 | 77.31 | 7 |
| 东营 | 54.45 | 70 | 62.22 | 42 | 60.51 | 75 | 74.08 | 4 | 66.07 | 65 | 59.12 | 97 | 59.02 | 52 |
| 鄂尔多斯 | 62.70 | 43 | 48.27 | 80 | 57.05 | 86 | 61.03 | 15 | 15.12 | 103 | 72.09 | 75 | 84.22 | 1 |
| 佛山 | 53.08 | 75 | 74.61 | 9 | 63.82 | 56 | 24.98 | 88 | 71.81 | 56 | 85.06 | 28 | — | — |
| 海西蒙古族藏族自治州 | 66.61 | 29 | 84.12 | 1 | 33.39 | 106 | 59.13 | 22 | 46.04 | 89 | 70.73 | 78 | — | — |
| 湖州 | 61.09 | 47 | 70.72 | 18 | 58.75 | 80 | 61.13 | 14 | 75.85 | 37 | 86.61 | 26 | 54.34 | 60 |
| 嘉兴 | 48.73 | 83 | 45.63 | 88 | 66.62 | 42 | 33.14 | 77 | 69.51 | 60 | 82.28 | 37 | 38.12 | 92 |
| 荆门 | 62.49 | 45 | 43.09 | 95 | 66.95 | 40 | 12.99 | 104 | 75.42 | 40 | 79.28 | 51 | 53.03 | 63 |
| 克拉玛依 | 95.34 | 1 | 67.99 | 24 | 67.13 | 39 | 47.22 | 40 | 39.49 | 94 | 73.04 | 69 | 63.06 | 39 |
| 连云港 | 52.52 | 78 | 65.62 | 35 | 70.04 | 24 | 27.33 | 84 | 75.05 | 42 | 72.87 | 70 | 56.57 | 57 |
| 林芝 | 66.96 | 26 | 24.62 | 103 | 41.01 | 103 | 87.08 | 1 | 100.00 | 1 | 80.82 | 42 | — | — |
| 龙岩 | 68.13 | 22 | 50.75 | 72 | 68.00 | 33 | 58.25 | 25 | 87.09 | 12 | 92.05 | 6 | 76.83 | 10 |
| 洛阳 | 36.50 | 102 | 75.47 | 7 | 75.11 | 7 | 35.90 | 71 | 79.27 | 28 | 72.46 | 72 | 70.76 | 21 |
| 南平 | 63.21 | 38 | 49.93 | 76 | 61.86 | 69 | 59.89 | 19 | 88.12 | 11 | 93.34 | 4 | 65.43 | 35 |
| 南通 | 39.96 | 95 | 64.63 | 39 | 75.00 | 8 | 22.01 | 90 | 62.73 | 68 | 79.88 | 48 | 68.07 | 26 |
| 泉州 | 66.33 | 30 | 71.98 | 15 | 71.93 | 20 | 46.58 | 43 | 66.21 | 64 | 81.56 | 39 | 66.55 | 30 |
| 三明 | 67.26 | 25 | 46.67 | 83 | 56.94 | 87 | 60.16 | 18 | 74.11 | 46 | 84.65 | 29 | 68.47 | 23 |
| 绍兴 | 58.01 | 59 | 67.47 | 26 | 67.74 | 35 | 40.96 | 57 | 74.16 | 45 | 84.56 | 30 | 48.90 | 71 |
| 苏州 | 36.87 | 100 | 67.72 | 25 | 75.00 | 9 | 24.29 | 89 | 53.93 | 82 | 79.85 | 49 | 52.27 | 66 |
| 台州 | 60.16 | 53 | 60.05 | 49 | 67.96 | 34 | 60.36 | 17 | 73.22 | 50 | 88.30 | 16 | 44.32 | 76 |
| 唐山 | 23.10 | 105 | 77.26 | 5 | 65.61 | 46 | 25.35 | 87 | 19.34 | 101 | 64.45 | 91 | 66.10 | 32 |
| 铜陵 | 53.26 | 74 | 81.59 | 2 | 63.31 | 60 | 42.03 | 54 | 53.47 | 83 | 80.14 | 46 | 77.03 | 8 |
| 无锡 | 47.59 | 86 | 68.09 | 23 | 78.58 | 1 | 21.87 | 92 | 62.70 | 69 | 79.70 | 50 | 60.59 | 47 |
| 湘潭 | 69.83 | 17 | 65.76 | 33 | 66.24 | 44 | 13.87 | 103 | 78.67 | 31 | 82.98 | 34 | 52.50 | 65 |
| 襄阳 | 62.78 | 40 | 65.81 | 32 | 69.94 | 25 | 43.94 | 48 | 82.39 | 23 | 74.28 | 60 | 59.78 | 49 |
| 徐州 | 48.57 | 84 | 64.98 | 38 | 73.73 | 13 | 20.34 | 96 | 81.88 | 24 | 69.00 | 79 | 64.89 | 36 |
| 许昌 | 63.00 | 39 | 69.72 | 19 | 77.37 | 3 | 10.98 | 105 | 70.92 | 58 | 72.34 | 73 | 65.82 | 33 |
| 烟台 | 53.59 | 71 | 65.66 | 34 | 75.88 | 6 | 56.57 | 29 | 76.25 | 36 | 75.23 | 57 | 41.95 | 83 |
| 盐城 | 57.38 | 61 | 59.02 | 53 | 73.27 | 16 | 43.32 | 49 | 91.57 | 9 | 78.15 | 54 | 61.74 | 43 |

续表

| 参评城市 | 住房保障 | | 公共交通 | | 规划管理 | | 遗产保护 | | 防灾减灾 | | 环境改善 | | 公共空间 | |
|---|---|---|---|---|---|---|---|---|---|---|---|---|---|---|
| | 得分 | 排名 | 得分 | 排名 | 得分 | 排名 | 得分 | 排名 | 得分 | 排名 | 得分 | 排名 | 得分 | 排名 |
| 宜昌 | 66.81 | 28 | 50.24 | 74 | 61.50 | 71 | 56.75 | 27 | 72.73 | 54 | 83.39 | 32 | 48.17 | 73 |
| 鹰潭 | 81.11 | 7 | 46.14 | 85 | 70.77 | 21 | 28.61 | 82 | 73.67 | 47 | 81.22 | 41 | 57.78 | 54 |
| 榆林 | 61.00 | 49 | 56.30 | 60 | 50.43 | 96 | 37.95 | 67 | 29.56 | 96 | 64.65 | 90 | 32.71 | 96 |
| 岳阳 | 70.72 | 14 | 58.95 | 54 | 65.47 | 47 | 46.82 | 42 | 87.04 | 13 | 73.87 | 62 | 55.56 | 59 |
| 漳州 | 54.72 | 67 | 58.61 | 55 | 72.62 | 18 | 40.79 | 59 | 79.03 | 29 | 89.09 | 13 | 68.04 | 27 |
| 株洲 | 69.14 | 20 | 66.62 | 30 | 62.21 | 66 | 40.57 | 60 | 92.85 | 8 | 87.36 | 22 | 58.46 | 53 |
| 淄博 | 53.52 | 73 | 63.40 | 40 | 62.37 | 65 | 40.23 | 61 | 58.30 | 75 | 52.42 | 104 | 55.90 | 58 |

**附表11  二类地级市分专题得分及排名**

| 参评城市 | 住房保障 | | 公共交通 | | 规划管理 | | 遗产保护 | | 防灾减灾 | | 环境改善 | | 公共空间 | |
|---|---|---|---|---|---|---|---|---|---|---|---|---|---|---|
| | 得分 | 排名 | 得分 | 排名 | 得分 | 排名 | 得分 | 排名 | 得分 | 排名 | 得分 | 排名 | 得分 | 排名 |
| 安阳 | 56.22 | 63 | 62.20 | 43 | 68.03 | 31 | 20.98 | 93 | 53.96 | 81 | 55.06 | 102 | 59.23 | 50 |
| 巴音郭楞蒙古自治州 | 91.52 | 2 | — | — | 0.00 | 107 | 67.72 | 8 | — | — | 0.82 | 106 | — | — |
| 白山 | 54.54 | 69 | 49.94 | 75 | 62.62 | 64 | 45.79 | 47 | 77.89 | 34 | 88.17 | 18 | 30.17 | 97 |
| 宝鸡 | 84.43 | 5 | 72.69 | 11 | 48.53 | 97 | 59.89 | 20 | 93.55 | 7 | 82.89 | 35 | 40.52 | 89 |
| 本溪 | 60.62 | 52 | 65.49 | 36 | 63.93 | 54 | 68.65 | 7 | 2.83 | 105 | 86.98 | 24 | 68.36 | 24 |
| 郴州 | 77.49 | 9 | 50.78 | 71 | 67.36 | 38 | 39.62 | 63 | 84.06 | 18 | 88.37 | 15 | 61.21 | 44 |
| 承德 | 22.47 | 106 | 50.33 | 73 | 61.47 | 72 | 56.57 | 30 | 60.98 | 71 | 79.96 | 47 | 75.35 | 12 |
| 赤峰 | 45.34 | 89 | 40.81 | 99 | 58.69 | 81 | 54.17 | 33 | 51.08 | 86 | 73.70 | 63 | 62.06 | 42 |
| 德阳 | 66.90 | 27 | 56.30 | 59 | 65.23 | 51 | 38.86 | 66 | 78.71 | 30 | 73.99 | 61 | 42.17 | 82 |
| 德州 | 40.73 | 94 | 52.36 | 67 | 73.97 | 11 | 21.92 | 91 | 58.78 | 74 | 56.14 | 100 | 65.57 | 34 |
| 抚州 | 70.03 | 16 | 48.75 | 78 | 64.37 | 52 | 58.52 | 23 | 77.39 | 35 | 89.74 | 10 | 77.68 | 5 |
| 赣州 | 67.76 | 23 | 47.99 | 81 | 68.03 | 32 | 34.84 | 75 | 80.59 | 25 | 87.45 | 21 | 71.70 | 19 |
| 广安 | 69.19 | 19 | 59.23 | 52 | 65.25 | 50 | 34.01 | 76 | 78.41 | 32 | 83.10 | 33 | 41.12 | 86 |
| 海南藏族自治州 | 47.74 | 85 | 72.64 | 12 | 38.91 | 104 | 80.50 | 3 | 83.75 | 19 | 65.32 | 86 | — | — |
| 邯郸 | 27.88 | 104 | 68.98 | 22 | 69.88 | 27 | 42.09 | 53 | 52.78 | 85 | 56.96 | 99 | 73.15 | 16 |
| 鹤壁 | 65.50 | 32 | 76.73 | 6 | 74.36 | 10 | 35.74 | 72 | 80.12 | 26 | 53.02 | 103 | 74.32 | 15 |
| 呼伦贝尔 | 64.04 | 36 | 43.28 | 94 | 56.21 | 90 | 64.74 | 10 | 12.43 | 104 | 88.19 | 17 | 50.66 | 68 |
| 淮北 | 52.82 | 76 | 72.34 | 13 | 65.27 | 49 | 15.34 | 100 | 47.89 | 88 | 65.02 | 88 | 77.03 | 9 |
| 淮南 | 54.63 | 68 | 71.72 | 16 | 67.74 | 36 | 31.15 | 79 | 42.15 | 92 | 67.58 | 81 | 57.30 | 56 |
| 黄山 | 61.04 | 48 | 43.63 | 93 | 63.94 | 53 | 81.24 | 2 | 96.18 | 4 | 92.92 | 5 | 63.31 | 38 |
| 吉安 | 65.15 | 33 | 40.92 | 98 | 69.23 | 28 | 51.77 | 35 | 75.62 | 38 | 86.04 | 27 | 67.79 | 29 |
| 江门 | 52.79 | 77 | 60.09 | 48 | 69.01 | 29 | 20.98 | 93 | 72.77 | 53 | 83.65 | 31 | 81.36 | 2 |

| 参评城市 | 住房保障 | | 公共交通 | | 规划管理 | | 遗产保护 | | 防灾减灾 | | 环境改善 | | 公共空间 | |
|---|---|---|---|---|---|---|---|---|---|---|---|---|---|---|
| | 得分 | 排名 | 得分 | 排名 | 得分 | 排名 | 得分 | 排名 | 得分 | 排名 | 得分 | 排名 | 得分 | 排名 |
| 焦作 | 64.37 | 35 | 69.16 | 21 | 73.85 | 12 | 48.96 | 38 | 63.12 | 66 | 51.65 | 105 | 62.84 | 40 |
| 金华 | 39.59 | 96 | 67.25 | 28 | 61.29 | 73 | 62.39 | 13 | 74.93 | 43 | 88.80 | 14 | 38.34 | 90 |
| 晋城 | 42.75 | 91 | 44.47 | 91 | 57.15 | 85 | 42.90 | 51 | 49.65 | 87 | 68.44 | 80 | 48.56 | 72 |
| 晋中 | 51.52 | 79 | 34.70 | 102 | 56.21 | 89 | 38.87 | 65 | 44.16 | 91 | 67.05 | 83 | 41.90 | 84 |
| 酒泉 | 65.69 | 31 | 44.72 | 90 | 54.13 | 92 | 73.50 | 5 | 82.81 | 21 | 74.65 | 58 | 70.37 | 22 |
| 廊坊 | 19.70 | 107 | 57.62 | 56 | 73.61 | 14 | 35.64 | 73 | 85.01 | 16 | 61.31 | 94 | 77.45 | 6 |
| 乐山 | 74.92 | 11 | 52.06 | 68 | 59.43 | 79 | 55.58 | 32 | 75.40 | 41 | 89.61 | 11 | 43.56 | 79 |
| 丽江 | 67.71 | 24 | 74.82 | 8 | 59.73 | 76 | 70.38 | 6 | 95.89 | 5 | 91.94 | 7 | 37.74 | 93 |
| 丽水 | 34.94 | 103 | 67.43 | 27 | 45.81 | 100 | 63.11 | 12 | 85.75 | 15 | 94.26 | 3 | 40.91 | 87 |
| 辽源 | 56.18 | 64 | 52.44 | 66 | 63.67 | 58 | 20.01 | 97 | 72.18 | 55 | 73.38 | 67 | 42.67 | 81 |
| 临沂 | 36.81 | 101 | 60.15 | 47 | 65.43 | 48 | 56.59 | 28 | 54.63 | 79 | 61.12 | 95 | 43.86 | 78 |
| 泸州 | 70.10 | 15 | 72.13 | 14 | 66.53 | 43 | 49.14 | 37 | 94.76 | 6 | 80.32 | 45 | 46.48 | 75 |
| 眉山 | 65.11 | 34 | 56.85 | 58 | 61.99 | 68 | 41.96 | 55 | 71.55 | 57 | 81.31 | 40 | 40.67 | 88 |
| 南阳 | 38.98 | 97 | 51.56 | 70 | 76.35 | 4 | 37.50 | 68 | 75.56 | 39 | 73.46 | 65 | 66.39 | 31 |
| 平顶山 | 62.74 | 42 | 65.97 | 31 | 73.37 | 15 | 20.98 | 93 | 61.43 | 70 | 72.30 | 74 | 59.14 | 51 |
| 濮阳 | 37.96 | 99 | 61.94 | 44 | 69.93 | 26 | 26.10 | 86 | 73.39 | 48 | 57.83 | 98 | 61.14 | 45 |
| 黔南布依族苗族自治州 | 85.50 | 4 | 71.68 | 17 | 61.70 | 70 | 59.31 | 21 | 86.54 | 14 | 89.24 | 12 | 50.60 | 69 |
| 曲靖 | 61.32 | 46 | 60.37 | 46 | 63.44 | 59 | 43.27 | 50 | 78.30 | 33 | 87.97 | 19 | 33.11 | 95 |
| 日照 | 38.58 | 98 | 62.86 | 41 | 63.83 | 55 | 60.39 | 16 | 44.76 | 90 | 63.95 | 92 | 47.64 | 74 |
| 上饶 | 81.48 | 6 | 44.34 | 92 | 66.88 | 41 | 46.44 | 44 | 73.33 | 49 | 91.37 | 8 | 74.79 | 13 |
| 韶关 | 59.04 | 56 | 60.63 | 45 | 52.15 | 95 | 50.34 | 36 | 53.33 | 84 | 95.20 | 1 | 72.80 | 17 |
| 朔州 | 74.70 | 12 | 46.43 | 84 | 45.75 | 101 | 15.57 | 99 | 37.78 | 95 | 64.91 | 89 | 9.50 | 101 |
| 宿迁 | 50.79 | 81 | 59.39 | 51 | 73.01 | 17 | 36.88 | 70 | 74.75 | 44 | 76.29 | 56 | 68.16 | 25 |
| 潍坊 | 58.03 | 58 | 56.27 | 61 | 72.11 | 19 | 40.94 | 58 | 57.13 | 77 | 66.28 | 84 | 43.08 | 80 |
| 信阳 | 47.46 | 87 | 45.33 | 89 | 70.31 | 22 | 37.42 | 69 | 72.90 | 52 | 79.02 | 52 | 71.50 | 20 |
| 阳泉 | 56.77 | 62 | 79.51 | 4 | 60.66 | 74 | 57.95 | 26 | 56.41 | 78 | 55.70 | 101 | 49.58 | 70 |
| 营口 | 60.03 | 54 | 38.69 | 100 | 57.22 | 84 | 58.26 | 24 | 15.76 | 102 | 70.92 | 77 | 41.17 | 85 |
| 云浮 | 53.57 | 72 | 55.46 | 62 | 62.07 | 67 | 8.80 | 106 | 62.89 | 67 | 86.87 | 25 | 72.28 | 18 |
| 枣庄 | 41.96 | 93 | 66.87 | 29 | 70.17 | 23 | 32.61 | 78 | 54.15 | 80 | 63.48 | 93 | 44.28 | 77 |
| 长治 | 43.06 | 90 | 53.50 | 64 | 56.65 | 88 | 46.01 | 45 | 39.98 | 93 | 71.15 | 76 | 53.10 | 62 |
| 中卫 | 59.31 | 55 | 24.37 | 104 | 47.62 | 98 | 35.11 | 74 | 27.99 | 99 | 78.37 | 53 | 77.79 | 4 |
| 遵义 | 68.55 | 21 | 57.08 | 57 | 68.86 | 30 | 45.88 | 46 | 59.67 | 72 | 73.39 | 66 | 76.18 | 11 |

附表12　三类地级市分专题得分及排名

| 参评城市 | 住房保障 | | 公共交通 | | 规划管理 | | 遗产保护 | | 防灾减灾 | | 环境改善 | | 公共空间 | |
|---|---|---|---|---|---|---|---|---|---|---|---|---|---|---|
| | 得分 | 排名 | 得分 | 排名 | 得分 | 排名 | 得分 | 排名 | 得分 | 排名 | 得分 | 排名 | 得分 | 排名 |
| 固原 | 54.84 | 66 | 46.07 | 86 | 58.43 | 82 | 55.72 | 31 | 67.25 | 61 | 74.56 | 59 | 81.30 | 3 |
| 桂林 | 62.76 | 41 | 45.64 | 87 | 46.71 | 99 | 38.98 | 64 | 98.00 | 2 | 90.24 | 9 | 60.19 | 48 |
| 黄冈 | 60.96 | 50 | 79.85 | 3 | 53.08 | 94 | 48.33 | 39 | 79.40 | 27 | 73.69 | 64 | 62.63 | 41 |
| 临沧 | 58.79 | 57 | 48.73 | 79 | 53.79 | 93 | 63.71 | 11 | 96.75 | 3 | 87.25 | 23 | 30.09 | 98 |
| 梅州 | 51.09 | 80 | 48.87 | 77 | 54.44 | 91 | 30.10 | 80 | 57.31 | 76 | 94.56 | 2 | 74.58 | 14 |
| 牡丹江 | 57.80 | 60 | 53.42 | 65 | 59.57 | 78 | 51.85 | 34 | 82.49 | 22 | 82.39 | 36 | 27.30 | 100 |
| 邵阳 | 86.33 | 3 | 5.70 | 105 | 59.72 | 77 | 40.05 | 62 | 69.83 | 59 | 87.83 | 20 | 51.77 | 67 |
| 绥化 | 69.53 | 18 | 35.70 | 101 | 63.76 | 57 | 47.05 | 41 | 84.75 | 17 | 66.13 | 85 | 28.96 | 99 |
| 渭南 | 63.65 | 37 | 65.09 | 37 | 37.15 | 105 | 66.61 | 9 | 66.98 | 63 | 60.53 | 96 | 37.40 | 94 |

附表13　四类地级市分专题得分及排名

| 参评城市 | 住房保障 | | 公共交通 | | 规划管理 | | 遗产保护 | | 防灾减灾 | | 环境改善 | | 公共空间 | |
|---|---|---|---|---|---|---|---|---|---|---|---|---|---|---|
| | 得分 | 排名 | 得分 | 排名 | 得分 | 排名 | 得分 | 排名 | 得分 | 排名 | 得分 | 排名 | 得分 | 排名 |
| 毕节 | 71.78 | 13 | 42.29 | 96 | 66.03 | 45 | 41.77 | 56 | 67.07 | 62 | 80.44 | 44 | 63.46 | 37 |
| 四平 | 55.82 | 65 | 47.65 | 82 | 67.57 | 37 | 15.13 | 101 | 29.14 | 97 | 72.60 | 71 | 38.30 | 91 |
| 天水 | 42.17 | 92 | 55.36 | 63 | 57.42 | 83 | 42.78 | 52 | 90.53 | 10 | 80.44 | 43 | 53.62 | 61 |
| 铁岭 | 62.69 | 44 | 40.94 | 97 | 63.26 | 61 | 29.55 | 81 | 26.09 | 100 | 67.29 | 82 | 52.54 | 64 |

附表14　一类地级市2016—2021年落实SDG11得分及排名

| 参评城市 | 2016 | | 2017 | | 2018 | | 2019 | | 2020 | | 2021 | |
|---|---|---|---|---|---|---|---|---|---|---|---|---|
| | 得分 | 排名 | 得分 | 排名 | 得分 | 排名 | 得分 | 排名 | 得分 | 排名 | 得分 | 排名 |
| 包头 | 51.27 | 80 | 53.21 | 76 | 54.19 | 73 | 54.65 | 69 | 55.90 | 74 | 50.93 | 96 |
| 昌吉回族自治州 | 61.01 | 14 | 62.93 | 14 | 63.80 | 11 | 62.08 | 22 | 61.51 | 32 | 31.01 | 107 |
| 常州 | 60.42 | 18 | 61.55 | 21 | 60.65 | 33 | 61.34 | 30 | 61.13 | 40 | 61.11 | 54 |
| 大庆 | 60.15 | 20 | 60.93 | 30 | 59.72 | 42 | 59.71 | 41 | 59.77 | 48 | 62.86 | 37 |
| 东莞 | 57.88 | 45 | 61.23 | 28 | 60.92 | 31 | 60.63 | 34 | 63.27 | 18 | 61.89 | 46 |
| 东营 | 61.91 | 10 | 63.12 | 12 | 64.78 | 5 | 64.49 | 11 | 66.49 | 7 | 62.21 | 44 |
| 鄂尔多斯 | 61.44 | 12 | 61.53 | 23 | 62.30 | 22 | 61.68 | 27 | 62.54 | 26 | 57.21 | 75 |
| 佛山 | 56.03 | 52 | 59.41 | 41 | 62.27 | 23 | 62.95 | 18 | 63.79 | 16 | 62.22 | 43 |
| 海西蒙古族藏族自治州 | 59.92 | 23 | 62.22 | 18 | 63.47 | 15 | 64.51 | 9 | 61.63 | 31 | 60.00 | 59 |
| 湖州 | 61.95 | 9 | 63.59 | 8 | 63.58 | 14 | 68.08 | 1 | 68.84 | 2 | 66.93 | 13 |
| 嘉兴 | 54.97 | 58 | 57.56 | 52 | 54.96 | 70 | 56.00 | 62 | 57.22 | 62 | 54.86 | 87 |
| 荆门 | 58.27 | 41 | 57.87 | 48 | 57.20 | 57 | 57.42 | 54 | 57.46 | 60 | 56.18 | 80 |

| 参评城市 | 2016 | | 2017 | | 2018 | | 2019 | | 2020 | | 2021 | |
|---|---|---|---|---|---|---|---|---|---|---|---|---|
| | 得分 | 排名 | 得分 | 排名 | 得分 | 排名 | 得分 | 排名 | 得分 | 排名 | 得分 | 排名 |
| 克拉玛依 | 53.66 | 69 | 54.02 | 71 | 59.84 | 41 | 57.31 | 55 | 60.84 | 44 | 64.75 | 27 |
| 连云港 | 53.66 | 69 | 54.02 | 71 | 59.84 | 41 | 57.31 | 55 | 60.84 | 44 | 60.00 | 60 |
| 林芝 | 59.38 | 32 | 61.34 | 26 | 59.67 | 44 | 62.08 | 23 | 63.63 | 17 | 66.75 | 14 |
| 龙岩 | 59.79 | 26 | 60.69 | 31 | 60.87 | 32 | 60.10 | 40 | 62.11 | 29 | 71.59 | 3 |
| 洛阳 | 57.59 | 47 | 58.57 | 46 | 58.37 | 51 | 58.62 | 45 | 61.03 | 42 | 63.64 | 31 |
| 南平 | 59.52 | 28 | 61.44 | 24 | 61.37 | 27 | 58.71 | 44 | 59.29 | 51 | 68.83 | 7 |
| 南通 | 58.63 | 36 | 60.96 | 29 | 59.87 | 39 | 60.28 | 37 | 59.89 | 45 | 58.90 | 68 |
| 泉州 | 68.13 | 1 | 68.64 | 1 | 68.26 | 1 | 67.61 | 2 | 68.04 | 4 | 67.31 | 11 |
| 三明 | 58.58 | 37 | 60.08 | 35 | 61.91 | 24 | 62.01 | 24 | 61.21 | 36 | 65.47 | 22 |
| 绍兴 | 59.47 | 29 | 62.67 | 15 | 63.84 | 10 | 62.58 | 20 | 68.45 | 3 | 63.12 | 35 |
| 苏州 | 56.61 | 51 | 57.85 | 49 | 57.54 | 55 | 57.87 | 50 | 59.04 | 53 | 55.70 | 83 |
| 台州 | 66.32 | 2 | 67.51 | 2 | 67.58 | 2 | 65.20 | 6 | 65.42 | 12 | 64.91 | 25 |
| 唐山 | 52.47 | 74 | 52.81 | 79 | 53.45 | 77 | 52.88 | 79 | 52.73 | 86 | 48.74 | 101 |
| 铜陵 | 48.77 | 87 | 50.18 | 89 | 54.99 | 69 | 53.92 | 74 | 56.99 | 67 | 64.41 | 28 |
| 无锡 | 59.37 | 33 | 60.22 | 34 | 58.91 | 46 | 58.53 | 46 | 61.14 | 39 | 59.87 | 63 |
| 湘潭 | 61.01 | 15 | 61.30 | 27 | 64.08 | 9 | 64.81 | 8 | 64.66 | 14 | 61.41 | 52 |
| 襄阳 | 61.52 | 11 | 63.13 | 11 | 62.42 | 21 | 61.82 | 26 | 60.87 | 43 | 65.56 | 19 |
| 徐州 | 57.17 | 49 | 59.12 | 43 | 60.11 | 35 | 61.38 | 29 | 65.45 | 11 | 60.48 | 56 |
| 许昌 | 58.00 | 43 | 60.43 | 32 | 61.22 | 29 | 58.97 | 43 | 59.86 | 46 | 61.45 | 51 |
| 烟台 | 64.34 | 4 | 63.59 | 7 | 63.09 | 17 | 65.56 | 5 | 66.47 | 8 | 63.59 | 32 |
| 盐城 | 60.08 | 21 | 61.81 | 19 | 60.37 | 34 | 61.52 | 28 | 62.65 | 24 | 66.35 | 16 |
| 宜昌 | 62.85 | 5 | 63.07 | 13 | 63.38 | 16 | 62.98 | 17 | 66.04 | 9 | 62.80 | 38 |
| 鹰潭 | 59.45 | 30 | 59.24 | 42 | 58.62 | 48 | 60.83 | 31 | 61.28 | 35 | 62.76 | 39 |
| 榆林 | 48.42 | 92 | 46.18 | 101 | 46.89 | 101 | 51.56 | 87 | 56.20 | 73 | 47.51 | 103 |
| 岳阳 | 49.05 | 85 | 51.68 | 83 | 53.01 | 80 | 54.30 | 72 | 55.07 | 77 | 65.49 | 20 |
| 漳州 | 58.33 | 40 | 59.62 | 37 | 56.38 | 64 | 56.76 | 56 | 58.68 | 55 | 66.13 | 17 |
| 株洲 | 58.37 | 39 | 58.83 | 45 | 61.89 | 25 | 61.89 | 25 | 61.32 | 34 | 68.17 | 10 |
| 淄博 | 60.74 | 17 | 61.38 | 25 | 61.35 | 28 | 63.53 | 13 | 62.85 | 22 | 55.16 | 85 |

**附表15　二类地级市2016—2021年落实SDG11得分及排名**

| 城市 | 2016 | | 2017 | | 2018 | | 2019 | | 2020 | | 2021 | |
|---|---|---|---|---|---|---|---|---|---|---|---|---|
| | 得分 | 排名 | 得分 | 排名 | 得分 | 排名 | 得分 | 排名 | 得分 | 排名 | 得分 | 排名 |
| 安阳 | 48.47 | 91 | 50.87 | 87 | 52.41 | 83 | 50.68 | 91 | 50.36 | 95 | 53.67 | 92 |
| 巴音郭楞蒙古自治州 | 38.48 | 106 | 37.48 | 106 | 36.07 | 106 | 37.54 | 106 | 42.72 | 107 | 40.02 | 106 |
| 白山 | 52.93 | 73 | 52.71 | 80 | 50.85 | 91 | 50.82 | 90 | 52.54 | 88 | 58.45 | 71 |
| 宝鸡 | 62.35 | 8 | 64.03 | 5 | 66.00 | 3 | 67.32 | 3 | 67.18 | 6 | 68.93 | 6 |
| 本溪 | 59.92 | 22 | 59.44 | 40 | 62.48 | 20 | 62.70 | 19 | 62.68 | 23 | 59.55 | 64 |
| 郴州 | 62.83 | 7 | 63.41 | 10 | 64.19 | 8 | 65.12 | 7 | 65.57 | 10 | 66.98 | 12 |
| 承德 | 53.73 | 67 | 57.64 | 51 | 55.62 | 67 | 55.03 | 66 | 53.58 | 84 | 58.16 | 72 |
| 赤峰 | 52.37 | 75 | 54.24 | 70 | 52.10 | 84 | 52.93 | 78 | 57.20 | 63 | 55.12 | 86 |
| 德阳 | 47.85 | 93 | 51.33 | 86 | 53.22 | 79 | 52.41 | 83 | 56.35 | 71 | 60.31 | 58 |
| 德州 | 56.78 | 50 | 57.41 | 53 | 57.70 | 53 | 56.35 | 60 | 52.30 | 89 | 52.78 | 94 |
| 抚州 | 61.10 | 13 | 61.81 | 20 | 64.52 | 6 | 63.37 | 14 | 65.04 | 13 | 69.50 | 5 |
| 赣州 | 55.14 | 56 | 58.19 | 47 | 60.06 | 36 | 59.42 | 42 | 63.05 | 21 | 65.48 | 21 |
| 广安 | 55.10 | 57 | 53.69 | 73 | 57.17 | 58 | 57.73 | 51 | 58.53 | 57 | 61.47 | 50 |
| 海南藏族自治州 | 62.84 | 6 | 64.59 | 4 | 63.70 | 13 | 64.50 | 10 | 61.17 | 37 | 64.81 | 26 |
| 邯郸 | 58.07 | 42 | 55.37 | 60 | 54.46 | 71 | 52.86 | 80 | 54.05 | 80 | 55.96 | 82 |
| 鹤壁 | 51.98 | 76 | 53.86 | 72 | 56.36 | 65 | 54.98 | 67 | 56.56 | 70 | 65.68 | 18 |
| 呼伦贝尔 | 51.51 | 78 | 53.10 | 77 | 53.28 | 78 | 52.37 | 84 | 51.82 | 90 | 54.22 | 90 |
| 淮北 | 53.46 | 71 | 53.68 | 74 | 54.19 | 72 | 52.48 | 82 | 53.74 | 82 | 56.53 | 78 |
| 淮南 | 53.71 | 68 | 55.22 | 63 | 57.04 | 59 | 57.45 | 53 | 57.30 | 61 | 56.04 | 81 |
| 黄山 | 64.56 | 3 | 65.52 | 3 | 65.83 | 4 | 66.56 | 4 | 67.24 | 5 | 71.75 | 2 |
| 吉安 | 59.79 | 25 | 62.50 | 16 | 64.28 | 7 | 62.09 | 21 | 64.12 | 15 | 65.22 | 24 |
| 江门 | 54.56 | 60 | 55.15 | 64 | 56.80 | 63 | 56.60 | 57 | 58.92 | 54 | 62.95 | 36 |
| 焦作 | 53.41 | 72 | 55.32 | 61 | 58.56 | 49 | 57.50 | 52 | 58.63 | 56 | 61.99 | 45 |
| 金华 | 60.18 | 19 | 63.64 | 6 | 63.78 | 12 | 63.31 | 15 | 61.84 | 30 | 61.80 | 48 |
| 晋城 | 46.73 | 94 | 52.48 | 81 | 46.99 | 100 | 47.52 | 100 | 54.48 | 79 | 50.56 | 97 |
| 晋中 | 43.49 | 102 | 43.76 | 103 | 42.49 | 105 | 42.76 | 104 | 48.81 | 98 | 47.77 | 102 |
| 酒泉 | 54.20 | 64 | 54.92 | 68 | 54.12 | 74 | 54.34 | 71 | 59.04 | 52 | 66.55 | 15 |
| 廊坊 | 43.66 | 100 | 49.94 | 90 | 48.57 | 95 | 47.65 | 99 | 49.66 | 96 | 58.62 | 70 |
| 乐山 | 49.81 | 82 | 55.07 | 66 | 56.98 | 60 | 55.32 | 64 | 62.58 | 25 | 64.37 | 29 |
| 丽江 | 61.00 | 16 | 61.54 | 22 | 62.92 | 18 | 60.46 | 36 | 59.80 | 47 | 71.17 | 4 |
| 丽水 | 57.43 | 48 | 58.94 | 44 | 59.32 | 45 | 60.76 | 32 | 61.15 | 38 | 61.75 | 49 |
| 辽源 | 55.51 | 55 | 55.14 | 65 | 55.19 | 68 | 54.51 | 70 | 55.80 | 75 | 54.36 | 89 |
| 临沂 | 54.08 | 65 | 55.24 | 62 | 53.70 | 76 | 56.05 | 61 | 56.74 | 69 | 54.08 | 91 |

| 城市 | 2016 | | 2017 | | 2018 | | 2019 | | 2020 | | 2021 | |
|---|---|---|---|---|---|---|---|---|---|---|---|---|
| | 得分 | 排名 | 得分 | 排名 | 得分 | 排名 | 得分 | 排名 | 得分 | 排名 | 得分 | 排名 |
| 泸州 | 59.74 | 27 | 63.49 | 9 | 61.67 | 26 | 63.10 | 16 | 71.12 | 1 | 68.49 | 8 |
| 眉山 | 48.66 | 90 | 51.41 | 85 | 51.40 | 88 | 49.78 | 96 | 57.17 | 65 | 59.92 | 62 |
| 南阳 | 48.77 | 86 | 49.57 | 92 | 51.64 | 87 | 50.51 | 92 | 54.58 | 78 | 59.97 | 61 |
| 平顶山 | 44.90 | 97 | 48.23 | 96 | 51.85 | 86 | 51.56 | 86 | 55.59 | 76 | 59.42 | 66 |
| 濮阳 | 44.12 | 99 | 46.08 | 102 | 48.76 | 94 | 48.21 | 98 | 48.01 | 99 | 55.47 | 84 |
| 黔南布依族苗族自治州 | 59.39 | 31 | 59.66 | 36 | 62.91 | 19 | 64.38 | 12 | 61.04 | 41 | 72.08 | 1 |
| 曲靖 | 57.84 | 46 | 57.65 | 50 | 58.00 | 52 | 53.73 | 75 | 59.55 | 50 | 61.11 | 53 |
| 日照 | 57.92 | 44 | 57.01 | 55 | 59.91 | 38 | 60.13 | 39 | 57.16 | 66 | 54.57 | 88 |
| 上饶 | 59.05 | 34 | 60.23 | 33 | 61.17 | 30 | 60.47 | 35 | 62.21 | 28 | 68.37 | 9 |
| 韶关 | 58.88 | 35 | 59.49 | 39 | 58.70 | 47 | 58.14 | 49 | 63.11 | 20 | 63.36 | 33 |
| 朔州 | 50.67 | 81 | 51.51 | 84 | 48.41 | 96 | 50.07 | 95 | 49.19 | 97 | 42.09 | 105 |
| 宿迁 | 59.80 | 24 | 62.46 | 17 | 59.84 | 40 | 58.21 | 48 | 62.33 | 27 | 62.75 | 40 |
| 潍坊 | 54.85 | 59 | 56.01 | 59 | 58.45 | 50 | 58.43 | 47 | 61.50 | 33 | 56.26 | 79 |
| 信阳 | 49.73 | 83 | 50.71 | 88 | 53.76 | 75 | 52.48 | 81 | 50.55 | 94 | 60.56 | 55 |
| 阳泉 | 51.50 | 79 | 52.29 | 82 | 52.52 | 81 | 53.19 | 77 | 46.29 | 101 | 59.51 | 65 |
| 营口 | 53.59 | 70 | 48.58 | 95 | 51.97 | 85 | 50.40 | 93 | 53.60 | 83 | 48.87 | 100 |
| 云浮 | 43.55 | 101 | 49.12 | 94 | 50.06 | 92 | 50.19 | 94 | 52.62 | 87 | 57.42 | 73 |
| 枣庄 | 55.75 | 54 | 57.04 | 54 | 57.57 | 54 | 55.97 | 63 | 51.33 | 93 | 53.36 | 93 |
| 长治 | 54.22 | 63 | 52.85 | 78 | 51.19 | 89 | 51.05 | 89 | 57.66 | 58 | 51.92 | 95 |
| 中卫 | 44.49 | 98 | 48.14 | 97 | 47.59 | 99 | 47.27 | 101 | 44.60 | 102 | 50.08 | 98 |
| 遵义 | 58.43 | 38 | 59.54 | 38 | 59.70 | 43 | 60.70 | 33 | 63.23 | 19 | 64.23 | 30 |

**附表16　三类地级市2016—2021年落实SDG11得分及排名**

| 城市 | 2016 | | 2017 | | 2018 | | 2019 | | 2020 | | 2021 | |
|---|---|---|---|---|---|---|---|---|---|---|---|---|
| | 得分 | 排名 | 得分 | 排名 | 得分 | 排名 | 得分 | 排名 | 得分 | 排名 | 得分 | 排名 |
| 固原 | 42.26 | 104 | 49.30 | 93 | 51.09 | 90 | 51.24 | 88 | 53.83 | 81 | 62.60 | 42 |
| 桂林 | 54.34 | 61 | 54.98 | 67 | 56.88 | 61 | 54.80 | 68 | 57.19 | 64 | 63.22 | 34 |
| 黄冈 | 54.27 | 62 | 56.02 | 58 | 56.86 | 62 | 56.58 | 58 | 51.43 | 92 | 65.42 | 23 |
| 临沧 | 55.76 | 53 | 56.39 | 56 | 59.99 | 37 | 60.14 | 38 | 57.59 | 59 | 62.73 | 41 |
| 梅州 | 51.81 | 77 | 54.56 | 69 | 55.89 | 66 | 55.27 | 65 | 56.85 | 68 | 58.71 | 69 |
| 牡丹江 | 49.18 | 84 | 53.26 | 75 | 52.50 | 82 | 54.06 | 73 | 53.04 | 85 | 59.26 | 67 |
| 邵阳 | 53.86 | 66 | 56.03 | 57 | 57.26 | 56 | 56.55 | 59 | 59.59 | 49 | 57.32 | 74 |
| 绥化 | 40.44 | 105 | 42.94 | 105 | 44.00 | 103 | 45.44 | 103 | 44.32 | 104 | 56.55 | 77 |
| 渭南 | 48.74 | 88 | 49.91 | 91 | 48.29 | 97 | 51.70 | 85 | 56.31 | 72 | 56.77 | 76 |

附表17　四类地级市2016—2021年落实SDG11得分及排名

| 参评城市 | 2016 | | 2017 | | 2018 | | 2019 | | 2020 | | 2021 | |
|---|---|---|---|---|---|---|---|---|---|---|---|---|
| | 得分 | 排名 | 得分 | 排名 | 得分 | 排名 | 得分 | 排名 | 得分 | 排名 | 得分 | 排名 |
| 毕节 | 45.89 | 95 | 47.55 | 98 | 47.68 | 98 | 48.21 | 97 | 47.37 | 100 | 61.83 | 47 |
| 四平 | 42.32 | 103 | 43.38 | 104 | 42.98 | 104 | 42.21 | 105 | 43.50 | 105 | 46.60 | 104 |
| 天水 | 45.48 | 96 | 46.99 | 99 | 49.89 | 93 | 53.54 | 76 | 51.56 | 91 | 60.33 | 57 |
| 铁岭 | 48.69 | 89 | 46.40 | 100 | 45.92 | 102 | 46.59 | 102 | 44.35 | 103 | 48.91 | 99 |

附表18　一类地级市2016—2021年住房保障专题得分及排名

| 参评城市 | 2016 | | 2017 | | 2018 | | 2019 | | 2020 | | 2021 | |
|---|---|---|---|---|---|---|---|---|---|---|---|---|
| | 得分 | 排名 | 得分 | 排名 | 得分 | 排名 | 得分 | 排名 | 得分 | 排名 | 得分 | 排名 |
| 包头 | 58.68 | 65 | 59.90 | 66 | 58.02 | 62 | 57.53 | 53 | 54.37 | 70 | 60.89 | 51 |
| 昌吉回族自治州 | 55.52 | 83 | 71.46 | 20 | 73.98 | 12 | 75.48 | 7 | 74.27 | 8 | 78.13 | 8 |
| 常州 | 63.57 | 46 | 66.88 | 42 | 53.61 | 83 | 54.71 | 71 | 50.34 | 83 | 46.66 | 88 |
| 大庆 | 57.60 | 69 | 57.29 | 83 | 56.55 | 74 | 67.97 | 19 | 69.32 | 18 | 76.10 | 10 |
| 东莞 | 68.97 | 23 | 68.14 | 37 | 59.54 | 57 | 59.36 | 44 | 59.93 | 43 | 49.43 | 82 |
| 东营 | 56.34 | 76 | 57.86 | 78 | 57.11 | 69 | 49.11 | 89 | 52.40 | 80 | 54.45 | 70 |
| 鄂尔多斯 | 67.77 | 27 | 68.91 | 30 | 66.23 | 31 | 71.08 | 11 | 67.27 | 22 | 62.70 | 43 |
| 佛山 | 60.38 | 56 | 68.02 | 39 | 56.65 | 72 | 58.64 | 49 | 55.52 | 62 | 53.08 | 75 |
| 海西蒙古族藏族自治州 | 60.63 | 54 | 60.85 | 63 | 60.25 | 54 | 59.51 | 43 | 58.77 | 51 | 66.61 | 29 |
| 湖州 | 59.03 | 61 | 61.96 | 59 | 56.61 | 73 | 58.20 | 51 | 61.55 | 38 | 61.09 | 47 |
| 嘉兴 | 55.93 | 80 | 61.90 | 60 | 45.98 | 99 | 52.79 | 77 | 55.52 | 63 | 48.73 | 83 |
| 荆门 | 57.12 | 71 | 59.35 | 69 | 61.41 | 51 | 60.59 | 37 | 62.10 | 33 | 62.49 | 45 |
| 克拉玛依 | 83.61 | 5 | 90.38 | 1 | 93.34 | 1 | 93.98 | 1 | 94.83 | 1 | 95.34 | 1 |
| 连云港 | 60.31 | 57 | 61.06 | 62 | 57.13 | 68 | 54.87 | 67 | 57.58 | 58 | 52.52 | 78 |
| 林芝 | 77.32 | 9 | 78.22 | 12 | 76.21 | 10 | 69.51 | 16 | 55.00 | 66 | 66.96 | 26 |
| 龙岩 | 66.93 | 31 | 70.05 | 27 | 63.10 | 46 | 57.03 | 56 | 65.73 | 23 | 68.13 | 22 |
| 洛阳 | 76.16 | 11 | 81.32 | 7 | 68.80 | 22 | 52.42 | 81 | 52.64 | 79 | 36.50 | 102 |
| 南平 | 57.83 | 67 | 58.48 | 76 | 52.04 | 88 | 52.52 | 79 | 53.44 | 76 | 63.21 | 38 |
| 南通 | 56.78 | 74 | 63.30 | 55 | 50.78 | 92 | 51.39 | 83 | 46.88 | 94 | 39.96 | 95 |
| 泉州 | 78.99 | 7 | 82.59 | 6 | 73.30 | 13 | 69.03 | 17 | 73.26 | 11 | 66.33 | 30 |
| 三明 | 67.68 | 28 | 71.19 | 21 | 69.46 | 20 | 66.69 | 21 | 68.49 | 20 | 67.26 | 25 |
| 绍兴 | 60.71 | 53 | 62.80 | 56 | 60.85 | 52 | 62.01 | 29 | 58.33 | 54 | 58.01 | 59 |
| 苏州 | 47.76 | 98 | 45.73 | 102 | 44.04 | 101 | 45.78 | 95 | 40.24 | 101 | 36.87 | 100 |
| 台州 | 59.69 | 59 | 57.16 | 84 | 57.38 | 66 | 60.97 | 34 | 58.12 | 55 | 60.16 | 53 |
| 唐山 | 52.03 | 93 | 56.83 | 85 | 48.85 | 96 | 39.29 | 103 | 35.16 | 104 | 23.10 | 105 |

| 参评城市 | 2016 | | 2017 | | 2018 | | 2019 | | 2020 | | 2021 | |
|---|---|---|---|---|---|---|---|---|---|---|---|---|
| | 得分 | 排名 | 得分 | 排名 | 得分 | 排名 | 得分 | 排名 | 得分 | 排名 | 得分 | 排名 |
| 铜陵 | 52.32 | 92 | 52.23 | 96 | 48.86 | 95 | 54.07 | 73 | 53.42 | 77 | 53.26 | 74 |
| 无锡 | 65.17 | 38 | 68.10 | 38 | 59.48 | 58 | 57.08 | 54 | 54.68 | 68 | 47.59 | 86 |
| 湘潭 | 85.15 | 4 | 84.54 | 5 | 82.82 | 6 | 70.20 | 14 | 67.60 | 21 | 69.83 | 17 |
| 襄阳 | 72.90 | 14 | 75.24 | 13 | 65.21 | 35 | 63.56 | 26 | 62.55 | 32 | 62.78 | 40 |
| 徐州 | 55.88 | 81 | 57.83 | 79 | 54.63 | 81 | 54.96 | 66 | 50.18 | 84 | 48.57 | 84 |
| 许昌 | 69.15 | 21 | 72.77 | 17 | 64.58 | 40 | 60.49 | 38 | 65.55 | 24 | 63.00 | 39 |
| 烟台 | 50.53 | 96 | 52.97 | 93 | 51.93 | 89 | 51.29 | 84 | 51.76 | 81 | 53.59 | 71 |
| 盐城 | 58.85 | 63 | 63.84 | 53 | 55.03 | 79 | 56.16 | 61 | 55.53 | 61 | 57.38 | 61 |
| 宜昌 | 71.83 | 16 | 74.44 | 15 | 72.49 | 14 | 67.31 | 20 | 73.53 | 10 | 66.81 | 28 |
| 鹰潭 | 63.64 | 45 | 64.96 | 51 | 71.85 | 16 | 71.48 | 10 | 71.68 | 13 | 81.11 | 7 |
| 榆林 | 66.86 | 32 | 71.73 | 19 | 66.30 | 30 | 70.79 | 13 | 78.05 | 5 | 61.00 | 49 |
| 岳阳 | 57.74 | 68 | 68.18 | 36 | 61.59 | 49 | 76.50 | 5 | 65.45 | 25 | 70.72 | 14 |
| 漳州 | 44.31 | 101 | 52.04 | 97 | 29.36 | 105 | 31.19 | 104 | 41.30 | 100 | 54.72 | 67 |
| 株洲 | 87.31 | 2 | 88.48 | 3 | 86.32 | 4 | 69.76 | 15 | 70.09 | 16 | 69.14 | 20 |
| 淄博 | 69.08 | 22 | 72.47 | 18 | 62.94 | 47 | 50.50 | 86 | 54.81 | 67 | 53.52 | 73 |

**附表 19　二类地级市 2016—2021 年住房保障专题得分及排名**

| 参评城市 | 2016 | | 2017 | | 2018 | | 2019 | | 2020 | | 2021 | |
|---|---|---|---|---|---|---|---|---|---|---|---|---|
| | 得分 | 排名 | 得分 | 排名 | 得分 | 排名 | 得分 | 排名 | 得分 | 排名 | 得分 | 排名 |
| 安阳 | 69.35 | 19 | 70.76 | 23 | 67.36 | 26 | 54.78 | 70 | 58.40 | 53 | 56.22 | 63 |
| 巴音郭楞蒙古自治州 | 89.41 | 1 | 89.95 | 2 | 88.77 | 2 | 92.12 | 2 | 90.91 | 2 | 91.52 | 2 |
| 白山 | 56.40 | 75 | 56.61 | 86 | 56.81 | 71 | 55.52 | 63 | 54.24 | 72 | 54.54 | 69 |
| 宝鸡 | 86.62 | 3 | 88.13 | 4 | 86.80 | 3 | 81.29 | 3 | 81.31 | 4 | 84.43 | 5 |
| 本溪 | 53.92 | 89 | 54.68 | 89 | 52.42 | 86 | 54.51 | 72 | 57.87 | 56 | 60.62 | 52 |
| 郴州 | 77.06 | 10 | 79.13 | 10 | 77.45 | 9 | 75.51 | 6 | 75.35 | 7 | 77.49 | 9 |
| 承德 | 38.09 | 104 | 43.73 | 104 | 26.56 | 106 | 22.67 | 106 | 33.53 | 105 | 22.47 | 106 |
| 赤峰 | 50.19 | 97 | 52.77 | 94 | 46.54 | 98 | 47.03 | 93 | 48.10 | 91 | 45.34 | 89 |
| 德阳 | 69.27 | 20 | 70.50 | 24 | 68.65 | 23 | 55.53 | 62 | 56.65 | 60 | 66.90 | 27 |
| 德州 | 54.35 | 87 | 57.36 | 82 | 50.34 | 93 | 41.23 | 102 | 37.85 | 102 | 40.73 | 94 |
| 抚州 | 55.77 | 82 | 58.34 | 77 | 51.78 | 90 | 51.29 | 85 | 50.03 | 86 | 70.03 | 16 |
| 赣州 | 60.61 | 55 | 63.75 | 54 | 54.86 | 80 | 56.97 | 58 | 59.52 | 45 | 67.76 | 23 |
| 广安 | 63.04 | 48 | 65.27 | 50 | 69.64 | 19 | 58.80 | 47 | 55.24 | 65 | 69.19 | 19 |
| 海南藏族自治州 | 57.36 | 70 | 59.22 | 70 | 55.50 | 77 | 56.99 | 57 | 49.24 | 90 | 47.74 | 85 |

续表

| 参评城市 | 2016 | | 2017 | | 2018 | | 2019 | | 2020 | | 2021 | |
|---|---|---|---|---|---|---|---|---|---|---|---|---|
| | 得分 | 排名 | 得分 | 排名 | 得分 | 排名 | 得分 | 排名 | 得分 | 排名 | 得分 | 排名 |
| 邯郸 | 44.35 | 100 | 47.20 | 100 | 39.47 | 102 | 26.77 | 105 | 32.57 | 106 | 27.88 | 104 |
| 鹤壁 | 66.38 | 36 | 68.97 | 29 | 65.16 | 36 | 53.62 | 75 | 59.05 | 50 | 65.50 | 32 |
| 呼伦贝尔 | 64.46 | 42 | 65.58 | 47 | 63.35 | 45 | 65.58 | 23 | 65.29 | 26 | 64.04 | 36 |
| 淮北 | 61.19 | 51 | 59.45 | 68 | 64.59 | 39 | 45.03 | 96 | 42.98 | 99 | 52.82 | 76 |
| 淮南 | 55.97 | 79 | 59.00 | 73 | 62.13 | 48 | 56.78 | 60 | 57.74 | 57 | 54.63 | 68 |
| 黄山 | 64.37 | 43 | 64.72 | 52 | 61.49 | 50 | 55.38 | 65 | 59.10 | 49 | 61.04 | 48 |
| 吉安 | 64.87 | 41 | 69.61 | 28 | 63.49 | 44 | 61.51 | 30 | 61.88 | 34 | 65.15 | 33 |
| 江门 | 58.92 | 62 | 60.80 | 64 | 55.66 | 76 | 51.69 | 82 | 53.82 | 74 | 52.79 | 77 |
| 焦作 | 65.89 | 37 | 66.79 | 43 | 66.48 | 29 | 60.97 | 35 | 64.76 | 29 | 64.37 | 35 |
| 金华 | 56.86 | 73 | 59.18 | 72 | 52.56 | 84 | 47.72 | 92 | 49.66 | 87 | 39.59 | 96 |
| 晋城 | 47.40 | 99 | 48.31 | 99 | 49.04 | 94 | 46.97 | 94 | 43.97 | 96 | 42.75 | 91 |
| 晋中 | 51.11 | 95 | 51.09 | 98 | 52.50 | 85 | 50.39 | 87 | 47.74 | 92 | 51.52 | 79 |
| 酒泉 | 57.96 | 66 | 59.21 | 71 | 57.49 | 65 | 58.92 | 46 | 61.06 | 40 | 65.69 | 31 |
| 廊坊 | 30.12 | 105 | 19.65 | 107 | 16.56 | 107 | 12.24 | 107 | 8.23 | 107 | 19.70 | 107 |
| 乐山 | 69.64 | 18 | 70.11 | 26 | 70.09 | 18 | 60.86 | 36 | 64.77 | 28 | 74.92 | 11 |
| 丽江 | 72.88 | 15 | 79.37 | 9 | 84.69 | 5 | 70.85 | 12 | 69.51 | 17 | 67.71 | 24 |
| 丽水 | 29.42 | 106 | 32.38 | 105 | 32.14 | 104 | 42.91 | 99 | 49.26 | 89 | 34.94 | 103 |
| 辽源 | 55.34 | 85 | 54.59 | 90 | 56.08 | 75 | 53.85 | 74 | 53.85 | 73 | 56.18 | 64 |
| 临沂 | 58.84 | 64 | 60.78 | 65 | 58.10 | 61 | 52.48 | 80 | 43.66 | 98 | 36.81 | 101 |
| 泸州 | 66.84 | 33 | 68.24 | 35 | 66.13 | 32 | 61.11 | 33 | 61.52 | 39 | 70.10 | 15 |
| 眉山 | 68.06 | 24 | 70.34 | 25 | 66.82 | 28 | 48.40 | 90 | 53.49 | 75 | 65.11 | 34 |
| 南阳 | 67.85 | 26 | 68.69 | 31 | 67.24 | 27 | 52.73 | 78 | 51.08 | 82 | 38.98 | 97 |
| 平顶山 | 55.22 | 86 | 67.96 | 40 | 71.39 | 17 | 64.50 | 24 | 72.36 | 12 | 62.74 | 42 |
| 濮阳 | 52.73 | 91 | 55.29 | 88 | 51.66 | 91 | 41.50 | 101 | 47.67 | 93 | 37.96 | 99 |
| 黔南布依族苗族自治州 | 77.91 | 8 | 78.34 | 11 | 79.96 | 8 | 80.98 | 4 | 83.52 | 3 | 85.50 | 4 |
| 曲靖 | 70.55 | 17 | 70.97 | 22 | 72.10 | 15 | 68.30 | 18 | 63.47 | 31 | 61.32 | 46 |
| 日照 | 51.47 | 94 | 52.30 | 95 | 52.16 | 87 | 43.90 | 98 | 36.54 | 103 | 38.58 | 98 |
| 上饶 | 63.98 | 44 | 65.57 | 48 | 63.83 | 43 | 63.75 | 25 | 77.85 | 6 | 81.48 | 6 |
| 韶关 | 64.90 | 40 | 66.04 | 46 | 65.32 | 34 | 62.69 | 28 | 65.05 | 27 | 59.04 | 56 |
| 朔州 | 74.72 | 12 | 75.18 | 14 | 75.85 | 11 | 75.42 | 8 | 74.19 | 9 | 74.70 | 12 |
| 宿迁 | 66.78 | 34 | 68.26 | 34 | 64.08 | 42 | 55.48 | 64 | 52.83 | 78 | 50.79 | 81 |
| 潍坊 | 63.02 | 49 | 65.34 | 49 | 60.30 | 53 | 54.84 | 69 | 54.50 | 69 | 58.03 | 58 |
| 信阳 | 65.06 | 39 | 68.47 | 32 | 64.90 | 37 | 54.84 | 68 | 68.54 | 19 | 47.46 | 87 |
| 阳泉 | 63.50 | 47 | 62.76 | 57 | 56.87 | 70 | 57.61 | 52 | 57.31 | 59 | 56.77 | 62 |

| 参评城市 | 2016 | | 2017 | | 2018 | | 2019 | | 2020 | | 2021 | |
|---|---|---|---|---|---|---|---|---|---|---|---|---|
| | 得分 | 排名 | 得分 | 排名 | 得分 | 排名 | 得分 | 排名 | 得分 | 排名 | 得分 | 排名 |
| 营口 | 67.95 | 25 | 67.49 | 41 | 64.53 | 41 | 59.70 | 42 | 59.48 | 47 | 60.03 | 54 |
| 云浮 | 43.78 | 102 | 46.38 | 101 | 47.86 | 97 | 47.86 | 91 | 50.09 | 85 | 53.57 | 72 |
| 枣庄 | 59.90 | 58 | 61.47 | 61 | 59.57 | 56 | 50.19 | 88 | 43.87 | 97 | 41.96 | 93 |
| 长治 | 60.97 | 52 | 57.76 | 80 | 54.19 | 82 | 53.36 | 76 | 46.77 | 95 | 43.06 | 90 |
| 中卫 | 56.25 | 77 | 58.72 | 75 | 58.96 | 59 | 59.94 | 40 | 61.67 | 36 | 59.31 | 55 |
| 遵义 | 66.99 | 30 | 66.18 | 45 | 65.43 | 33 | 61.42 | 31 | 59.59 | 44 | 68.55 | 21 |

**附表20　三类地级市2016—2021年住房保障专题得分及排名**

| 参评城市 | 2016 | | 2017 | | 2018 | | 2019 | | 2020 | | 2021 | |
|---|---|---|---|---|---|---|---|---|---|---|---|---|
| | 得分 | 排名 | 得分 | 排名 | 得分 | 排名 | 得分 | 排名 | 得分 | 排名 | 得分 | 排名 |
| 固原 | 53.71 | 90 | 54.49 | 91 | 58.63 | 60 | 58.29 | 50 | 60.19 | 42 | 54.84 | 66 |
| 桂林 | 62.58 | 50 | 62.11 | 58 | 64.81 | 38 | 58.65 | 48 | 71.07 | 14 | 62.76 | 41 |
| 黄冈 | 67.46 | 29 | 68.33 | 33 | 69.41 | 21 | 62.78 | 27 | 61.61 | 37 | 60.96 | 50 |
| 临沧 | 55.39 | 84 | 57.67 | 81 | 57.72 | 64 | 60.00 | 39 | 58.55 | 52 | 58.79 | 57 |
| 梅州 | 40.97 | 103 | 43.99 | 103 | 45.18 | 100 | 44.28 | 97 | 54.32 | 71 | 51.09 | 80 |
| 牡丹江 | 56.88 | 72 | 59.89 | 67 | 57.93 | 63 | 59.92 | 41 | 59.33 | 48 | 57.80 | 60 |
| 邵阳 | 80.54 | 6 | 80.24 | 8 | 81.85 | 7 | 71.85 | 9 | 70.45 | 15 | 86.33 | 3 |
| 绥化 | 59.37 | 60 | 58.99 | 74 | 59.74 | 55 | 58.99 | 45 | 61.79 | 35 | 69.53 | 18 |
| 渭南 | 74.71 | 13 | 73.60 | 16 | 67.60 | 24 | 61.26 | 32 | 60.76 | 41 | 63.65 | 37 |

**附表21　四类地级市2016—2021年住房保障专题得分及排名**

| 参评城市 | 2016 | | 2017 | | 2018 | | 2019 | | 2020 | | 2021 | |
|---|---|---|---|---|---|---|---|---|---|---|---|---|
| | 得分 | 排名 | 得分 | 排名 | 得分 | 排名 | 得分 | 排名 | 得分 | 排名 | 得分 | 排名 |
| 毕节 | 66.63 | 35 | 66.63 | 44 | 67.53 | 25 | 66.04 | 22 | 63.51 | 30 | 71.78 | 13 |
| 四平 | 55.98 | 78 | 56.09 | 87 | 57.31 | 67 | 57.05 | 55 | 55.3 | 64 | 55.82 | 65 |
| 天水 | 25.30 | 107 | 25.30 | 106 | 33.07 | 103 | 41.98 | 100 | 49.40 | 88 | 42.17 | 92 |
| 铁岭 | 54.06 | 88 | 54.23 | 92 | 55.42 | 78 | 56.79 | 59 | 59.48 | 46 | 62.69 | 44 |

**附表22　一类地级市2016—2021年公共交通专题得分及排名**

| 参评城市 | 2016 | | 2017 | | 2018 | | 2019 | | 2020 | | 2021 | |
|---|---|---|---|---|---|---|---|---|---|---|---|---|
| | 得分 | 排名 | 得分 | 排名 | 得分 | 排名 | 得分 | 排名 | 得分 | 排名 | 得分 | 排名 |
| 包头 | 49.02 | 45 | 50.45 | 40 | 50.15 | 44 | 51.69 | 47 | 51.29 | 59 | 52.01 | 69 |
| 昌吉回族自治州 | 0.00 | 105 | 0.20 | 105 | 0.29 | 106 | 0.29 | 106 | 0.45 | 106 | — | — |
| 常州 | 69.64 | 5 | 69.91 | 4 | 70.00 | 5 | 69.45 | 6 | 69.36 | 9 | 69.37 | 20 |
| 大庆 | 52.86 | 31 | 55.80 | 25 | 55.07 | 28 | 54.75 | 35 | 54.46 | 49 | 59.64 | 50 |

续表

| 参评城市 | 2016 | | 2017 | | 2018 | | 2019 | | 2020 | | 2021 | |
|---|---|---|---|---|---|---|---|---|---|---|---|---|
| | 得分 | 排名 | 得分 | 排名 | 得分 | 排名 | 得分 | 排名 | 得分 | 排名 | 得分 | 排名 |
| 东莞 | 69.48 | 6 | 69.69 | 5 | 77.02 | 4 | 77.35 | 4 | 72.78 | 6 | 73.84 | 10 |
| 东营 | 48.84 | 46 | 53.86 | 34 | 53.72 | 31 | 59.89 | 25 | 68.86 | 11 | 62.22 | 42 |
| 鄂尔多斯 | 45.63 | 49 | 40.41 | 63 | 44.35 | 61 | 46.11 | 63 | 47.43 | 66 | 48.27 | 80 |
| 佛山 | 52.14 | 35 | 55.02 | 29 | 69.82 | 6 | 71.79 | 5 | 72.93 | 5 | 74.61 | 9 |
| 海西蒙古族藏族自治州 | 77.68 | 3 | 77.68 | 3 | 77.68 | 3 | 77.68 | 3 | 61.23 | 31 | 56.08 | 1 |
| 湖州 | 36.36 | 71 | 36.76 | 76 | 37.52 | 77 | 58.56 | 28 | 67.94 | 14 | 70.72 | 18 |
| 嘉兴 | 35.21 | 76 | 35.43 | 80 | 35.75 | 82 | 35.89 | 83 | 43.54 | 74 | 45.63 | 88 |
| 荆门 | 42.85 | 52 | 42.14 | 61 | 47.98 | 50 | 40.63 | 74 | 46.61 | 69 | 43.09 | 95 |
| 克拉玛依 | 54.73 | 26 | 54.08 | 33 | 55.43 | 27 | 53.40 | 39 | 54.86 | 47 | 67.99 | 24 |
| 连云港 | 61.50 | 17 | 62.81 | 17 | 64.72 | 14 | 64.80 | 14 | 64.11 | 27 | 65.62 | 35 |
| 林芝 | 0.00 | 105 | 0.00 | 106 | 2.83 | 103 | 3.58 | 104 | 1.89 | 103 | 24.62 | 103 |
| 龙岩 | 13.35 | 98 | 17.75 | 97 | 19.88 | 93 | 21.45 | 96 | 19.06 | 98 | 50.75 | 72 |
| 洛阳 | 54.73 | 25 | 55.24 | 26 | 56.73 | 24 | 53.20 | 42 | 57.51 | 43 | 75.47 | 7 |
| 南平 | 14.95 | 96 | 14.52 | 99 | 17.44 | 96 | 18.27 | 99 | 16.60 | 100 | 49.93 | 76 |
| 南通 | 62.39 | 15 | 63.64 | 15 | 63.86 | 17 | 65.88 | 10 | 60.00 | 37 | 64.63 | 39 |
| 泉州 | 56.51 | 22 | 57.05 | 21 | 63.82 | 18 | 63.09 | 20 | 60.46 | 35 | 71.98 | 15 |
| 三明 | 12.96 | 99 | 14.13 | 100 | 14.42 | 99 | 15.21 | 100 | 14.16 | 101 | 46.67 | 83 |
| 绍兴 | 52.74 | 33 | 53.14 | 38 | 53.58 | 33 | 53.63 | 37 | 57.65 | 42 | 67.47 | 26 |
| 苏州 | 60.88 | 18 | 64.61 | 14 | 64.73 | 13 | 65.14 | 13 | 65.33 | 21 | 67.72 | 25 |
| 台州 | 36.75 | 69 | 39.62 | 67 | 44.16 | 62 | 47.01 | 58 | 66.34 | 19 | 60.05 | 49 |
| 唐山 | 66.00 | 9 | 65.90 | 9 | 64.49 | 15 | 64.43 | 16 | 62.91 | 29 | 77.26 | 5 |
| 铜陵 | 58.27 | 19 | 57.47 | 20 | 57.33 | 22 | 62.43 | 21 | 65.13 | 23 | 81.59 | 2 |
| 无锡 | 67.84 | 7 | 67.87 | 7 | 68.10 | 7 | 68.35 | 7 | 68.23 | 13 | 68.09 | 23 |
| 湘潭 | 64.59 | 11 | 64.93 | 13 | 65.42 | 11 | 65.21 | 11 | 65.19 | 22 | 65.76 | 33 |
| 襄阳 | 57.27 | 20 | 60.64 | 18 | 60.73 | 20 | 59.79 | 26 | 61.21 | 32 | 65.81 | 32 |
| 徐州 | 63.33 | 13 | 63.30 | 16 | 63.32 | 19 | 64.35 | 17 | 64.42 | 26 | 64.98 | 38 |
| 许昌 | 34.96 | 77 | 36.76 | 77 | 37.02 | 78 | 50.61 | 49 | 46.54 | 70 | 69.72 | 19 |
| 烟台 | 54.23 | 27 | 55.13 | 28 | 49.12 | 47 | 65.18 | 12 | 73.45 | 4 | 65.66 | 34 |
| 盐城 | 50.83 | 40 | 53.31 | 36 | 54.01 | 30 | 55.53 | 33 | 53.73 | 52 | 59.02 | 53 |
| 宜昌 | 52.82 | 32 | 49.25 | 44 | 47.96 | 52 | 48.73 | 54 | 51.38 | 58 | 50.24 | 74 |
| 鹰潭 | 33.79 | 80 | 43.27 | 59 | 43.81 | 63 | 52.24 | 45 | 60.84 | 34 | 46.14 | 85 |
| 榆林 | 12.26 | 100 | 18.61 | 96 | 18.66 | 94 | 46.43 | 61 | 56.88 | 44 | 56.30 | 60 |
| 岳阳 | 62.32 | 16 | 55.24 | 27 | 56.96 | 23 | 57.51 | 31 | 58.49 | 40 | 58.95 | 54 |
| 漳州 | 35.32 | 75 | 36.91 | 75 | 38.95 | 73 | 39.96 | 76 | 39.48 | 82 | 58.61 | 55 |

| 参评城市 | 2016 | | 2017 | | 2018 | | 2019 | | 2020 | | 2021 | |
|---|---|---|---|---|---|---|---|---|---|---|---|---|
| | 得分 | 排名 | 得分 | 排名 | 得分 | 排名 | 得分 | 排名 | 得分 | 排名 | 得分 | 排名 |
| 株洲 | 66.51 | 8 | 66.01 | 8 | 66.44 | 9 | 67.54 | 8 | 67.75 | 15 | 66.62 | 30 |
| 淄博 | 54.91 | 23 | 56.72 | 22 | 66.72 | 8 | 62.42 | 22 | 71.20 | 7 | 63.40 | 40 |

附表23 二类地级市2016—2021年公共交通专题得分及排名

| 参评城市 | 2016 | | 2017 | | 2018 | | 2019 | | 2020 | | 2021 | |
|---|---|---|---|---|---|---|---|---|---|---|---|---|
| | 得分 | 排名 | 得分 | 排名 | 得分 | 排名 | 得分 | 排名 | 得分 | 排名 | 得分 | 排名 |
| 安阳 | 39.27 | 61 | 40.09 | 64 | 46.68 | 55 | 48.41 | 56 | 46.75 | 68 | 62.20 | 43 |
| 巴音郭楞蒙古自治州 | 0.00 | 105 | 0.00 | 106 | 0.00 | 107 | 0.00 | 107 | 0.00 | 107 | — | — |
| 白山 | 49.78 | 42 | 50.70 | 39 | 50.15 | 43 | 50.46 | 50 | 49.71 | 61 | 49.94 | 75 |
| 宝鸡 | 29.43 | 89 | 33.30 | 85 | 33.43 | 84 | 48.68 | 55 | 65.64 | 20 | 72.69 | 11 |
| 本溪 | 70.67 | 4 | 65.03 | 12 | 64.80 | 12 | 64.33 | 18 | 60.24 | 36 | 65.49 | 36 |
| 郴州 | 52.58 | 34 | 50.34 | 41 | 49.75 | 45 | 52.14 | 46 | 50.83 | 60 | 50.78 | 71 |
| 承德 | 19.86 | 93 | 22.59 | 94 | 20.53 | 92 | 21.79 | 95 | 21.60 | 96 | 50.33 | 73 |
| 赤峰 | 40.00 | 60 | 39.51 | 68 | 39.33 | 72 | 39.84 | 77 | 41.01 | 78 | 40.81 | 99 |
| 德阳 | 28.40 | 91 | 39.90 | 66 | 45.60 | 57 | 53.55 | 38 | 53.58 | 54 | 56.30 | 59 |
| 德州 | 49.38 | 44 | 48.91 | 47 | 51.74 | 38 | 50.98 | 48 | 58.51 | 39 | 52.36 | 67 |
| 抚州 | 38.40 | 63 | 38.05 | 70 | 51.31 | 40 | 46.42 | 62 | 47.97 | 65 | 48.75 | 78 |
| 赣州 | 37.08 | 68 | 44.07 | 57 | 43.38 | 66 | 40.27 | 75 | 40.86 | 79 | 47.99 | 81 |
| 广安 | 42.34 | 53 | 25.31 | 92 | 32.91 | 85 | 45.23 | 68 | 43.32 | 75 | 59.23 | 52 |
| 海南藏族自治州 | 94.20 | 1 | 94.20 | 1 | 94.20 | 1 | 94.20 | 1 | 74.72 | 2 | 72.64 | 12 |
| 邯郸 | 64.71 | 10 | 65.40 | 11 | 64.46 | 16 | 64.44 | 15 | 65.08 | 24 | 68.98 | 22 |
| 鹤壁 | 44.60 | 51 | 48.52 | 49 | 49.34 | 46 | 50.28 | 51 | 48.84 | 64 | 76.73 | 6 |
| 呼伦贝尔 | 41.15 | 58 | 41.27 | 62 | 44.46 | 60 | 34.54 | 85 | 37.41 | 86 | 43.28 | 94 |
| 淮北 | 54.74 | 24 | 54.16 | 30 | 53.63 | 32 | 55.09 | 34 | 56.40 | 45 | 72.34 | 13 |
| 淮南 | 54.20 | 28 | 56.35 | 24 | 55.86 | 26 | 57.71 | 30 | 57.70 | 41 | 71.72 | 16 |
| 黄山 | 31.11 | 85 | 31.56 | 88 | 33.59 | 83 | 43.19 | 70 | 39.98 | 81 | 43.63 | 93 |
| 吉安 | 34.09 | 78 | 36.54 | 78 | 44.57 | 59 | 35.15 | 84 | 33.59 | 90 | 40.92 | 98 |
| 江门 | 35.51 | 74 | 37.03 | 74 | 40.58 | 69 | 42.99 | 71 | 49.67 | 62 | 60.09 | 48 |
| 焦作 | 41.48 | 57 | 42.82 | 60 | 48.65 | 49 | 45.35 | 67 | 44.85 | 72 | 69.16 | 21 |
| 金华 | 47.94 | 47 | 54.14 | 31 | 56.48 | 25 | 59.30 | 27 | 64.02 | 28 | 67.25 | 28 |
| 晋城 | 14.92 | 97 | 39.27 | 69 | 15.33 | 98 | 18.54 | 98 | 61.09 | 33 | 44.47 | 91 |
| 晋中 | 8.71 | 101 | 9.20 | 101 | 9.65 | 100 | 14.12 | 101 | 52.51 | 57 | 34.70 | 102 |
| 酒泉 | 33.84 | 79 | 33.87 | 84 | 27.60 | 90 | 27.37 | 92 | 31.21 | 93 | 44.72 | 90 |

续表

| 参评城市 | 2016 | | 2017 | | 2018 | | 2019 | | 2020 | | 2021 | |
|---|---|---|---|---|---|---|---|---|---|---|---|---|
| | 得分 | 排名 | 得分 | 排名 | 得分 | 排名 | 得分 | 排名 | 得分 | 排名 | 得分 | 排名 |
| 廊坊 | 32.65 | 83 | 50.09 | 43 | 36.47 | 79 | 36.15 | 82 | 40.63 | 80 | 57.62 | 56 |
| 乐山 | 29.43 | 88 | 46.53 | 51 | 47.98 | 51 | 46.55 | 60 | 43.25 | 76 | 52.06 | 68 |
| 丽江 | 49.60 | 43 | 50.10 | 42 | 47.81 | 53 | 49.73 | 52 | 67.33 | 16 | 74.82 | 8 |
| 丽水 | 38.11 | 64 | 39.98 | 65 | 42.83 | 67 | 44.14 | 69 | 59.12 | 38 | 67.43 | 27 |
| 辽源 | 54.11 | 29 | 54.10 | 32 | 52.58 | 36 | 52.68 | 43 | 53.87 | 51 | 52.44 | 66 |
| 临沂 | 51.83 | 36 | 56.67 | 23 | 39.80 | 71 | 60.70 | 24 | 69.65 | 8 | 60.15 | 47 |
| 泸州 | 51.23 | 39 | 58.62 | 19 | 50.52 | 42 | 64.32 | 19 | 66.77 | 18 | 72.13 | 14 |
| 眉山 | 63.31 | 14 | 45.40 | 53 | 51.12 | 41 | 53.22 | 41 | 78.41 | 1 | 56.85 | 58 |
| 南阳 | 17.94 | 94 | 20.16 | 95 | 17.16 | 97 | 20.41 | 97 | 18.04 | 99 | 51.56 | 70 |
| 平顶山 | 24.72 | 92 | 23.33 | 93 | 30.29 | 89 | 30.95 | 89 | 32.44 | 92 | 65.97 | 31 |
| 濮阳 | 28.52 | 90 | 35.14 | 82 | 37.97 | 75 | 45.87 | 64 | 38.66 | 84 | 61.94 | 44 |
| 黔南布依族苗族自治州 | 92.16 | 2 | 92.16 | 2 | 92.16 | 2 | 92.16 | 2 | 46.08 | 71 | 71.68 | 17 |
| 曲靖 | 37.12 | 67 | 37.93 | 71 | 37.53 | 76 | 42.05 | 72 | 53.59 | 53 | 60.37 | 46 |
| 日照 | 51.74 | 37 | 49.14 | 46 | 53.48 | 34 | 62.35 | 23 | 64.85 | 25 | 62.86 | 41 |
| 上饶 | 36.52 | 70 | 35.42 | 81 | 36.05 | 81 | 32.74 | 88 | 32.85 | 91 | 44.34 | 92 |
| 韶关 | 41.79 | 56 | 47.05 | 50 | 47.53 | 54 | 45.80 | 66 | 46.99 | 67 | 60.63 | 45 |
| 朔州 | 40.69 | 59 | 44.75 | 54 | 44.75 | 58 | 46.78 | 59 | 54.76 | 48 | 46.43 | 84 |
| 宿迁 | 56.56 | 21 | 68.53 | 6 | 58.20 | 21 | 58.17 | 29 | 68.60 | 12 | 59.39 | 51 |
| 潍坊 | 33.04 | 81 | 33.99 | 83 | 51.89 | 37 | 56.31 | 32 | 62.58 | 30 | 56.27 | 61 |
| 信阳 | 7.40 | 102 | 6.74 | 102 | 6.77 | 102 | 6.79 | 102 | 7.07 | 102 | 45.33 | 89 |
| 阳泉 | 47.86 | 48 | 48.71 | 48 | 48.78 | 48 | 49.45 | 53 | 48.87 | 63 | 79.51 | 4 |
| 营口 | 45.28 | 50 | 45.66 | 52 | 45.75 | 56 | 45.87 | 65 | 73.85 | 3 | 38.69 | 100 |
| 云浮 | 32.78 | 82 | 32.28 | 86 | 31.16 | 87 | 30.91 | 90 | 30.76 | 94 | 55.46 | 62 |
| 枣庄 | 64.40 | 12 | 65.59 | 10 | 66.23 | 10 | 66.79 | 9 | 42.45 | 77 | 66.87 | 29 |
| 长治 | 36.06 | 72 | 28.05 | 91 | 22.79 | 91 | 22.62 | 94 | 67.18 | 17 | 53.50 | 64 |
| 中卫 | 51.37 | 38 | 49.20 | 45 | 51.71 | 39 | 47.61 | 57 | 54.93 | 46 | 24.37 | 104 |
| 遵义 | 39.17 | 62 | 44.32 | 56 | 43.45 | 65 | 52.24 | 44 | 53.18 | 55 | 57.08 | 57 |

**附表24　三类地级市2016—2021年公共交通专题得分及排名**

| 参评城市 | 2016 | | 2017 | | 2018 | | 2019 | | 2020 | | 2021 | |
|---|---|---|---|---|---|---|---|---|---|---|---|---|
| | 得分 | 排名 | 得分 | 排名 | 得分 | 排名 | 得分 | 排名 | 得分 | 排名 | 得分 | 排名 |
| 固原 | 42.08 | 54 | 53.15 | 37 | 53.21 | 35 | 53.26 | 40 | 52.87 | 56 | 46.07 | 86 |
| 桂林 | 41.80 | 55 | 43.40 | 58 | 43.48 | 64 | 33.98 | 86 | 34.23 | 88 | 45.64 | 87 |
| 黄冈 | 35.62 | 73 | 35.69 | 79 | 36.09 | 80 | 37.13 | 81 | 36.37 | 87 | 79.85 | 3 |

| 参评城市 | 2016 | | 2017 | | 2018 | | 2019 | | 2020 | | 2021 | |
|---|---|---|---|---|---|---|---|---|---|---|---|---|
| | 得分 | 排名 | 得分 | 排名 | 得分 | 排名 | 得分 | 排名 | 得分 | 排名 | 得分 | 排名 |
| 临沧 | 31.28 | 84 | 32.17 | 87 | 32.22 | 86 | 33.48 | 87 | 34.09 | 89 | 48.73 | 79 |
| 梅州 | 50.19 | 41 | 53.72 | 35 | 54.02 | 29 | 54.19 | 36 | 54.10 | 50 | 48.87 | 77 |
| 牡丹江 | 30.51 | 86 | 30.61 | 89 | 30.66 | 88 | 30.76 | 91 | 30.64 | 95 | 53.42 | 65 |
| 邵阳 | 37.13 | 66 | 37.20 | 73 | 38.88 | 74 | 39.70 | 79 | 37.45 | 85 | 5.70 | 105 |
| 绥化 | 0.31 | 104 | 1.90 | 103 | 2.22 | 104 | 3.730 | 103 | 1.63 | 105 | 35.70 | 101 |
| 渭南 | 29.62 | 87 | 28.41 | 90 | 7.06 | 101 | 37.36 | 80 | 68.93 | 10 | 65.09 | 37 |

附表25　四类地级市2016—2021年公共交通专题得分及排名

| 参评城市 | 2016 | | 2017 | | 2018 | | 2019 | | 2020 | | 2021 | |
|---|---|---|---|---|---|---|---|---|---|---|---|---|
| | 得分 | 排名 | 得分 | 排名 | 得分 | 排名 | 得分 | 排名 | 得分 | 排名 | 得分 | 排名 |
| 毕节 | 1.38 | 103 | 1.21 | 104 | 1.12 | 105 | 1.33 | 105 | 1.63 | 104 | 42.29 | 96 |
| 四平 | 37.63 | 65 | 37.84 | 72 | 39.82 | 70 | 39.75 | 78 | 39.33 | 83 | 47.65 | 82 |
| 天水 | 15.87 | 95 | 17.70 | 98 | 18.31 | 95 | 26.97 | 93 | 20.03 | 97 | 55.36 | 63 |
| 铁岭 | 53.72 | 30 | 44.59 | 55 | 42.01 | 68 | 41.13 | 73 | 44.51 | 73 | 40.94 | 97 |

附表26　一类地级市2016—2021年规划管理专题得分及排名

| 参评城市 | 2016 | | 2017 | | 2018 | | 2019 | | 2020 | | 2021 | |
|---|---|---|---|---|---|---|---|---|---|---|---|---|
| | 得分 | 排名 | 得分 | 排名 | 得分 | 排名 | 得分 | 排名 | 得分 | 排名 | 得分 | 排名 |
| 包头 | 66.84 | 34 | 67.15 | 43 | 64.93 | 56 | 66.19 | 48 | 69.32 | 27 | 63.21 | 62 |
| 昌吉回族自治州 | 40.86 | 103 | 37.33 | 105 | 35.48 | 105 | 34.89 | 106 | 56.62 | 80 | 45.08 | 102 |
| 常州 | 71.60 | 14 | 71.58 | 19 | 71.68 | 18 | 76.08 | 3 | 77.51 | 1 | 76.11 | 5 |
| 大庆 | 67.88 | 32 | 65.45 | 52 | 61.20 | 76 | 64.21 | 61 | 54.91 | 87 | 62.73 | 63 |
| 东莞 | 66.56 | 37 | 66.20 | 50 | 64.62 | 60 | 62.17 | 75 | 70.15 | 23 | 77.38 | 2 |
| 东营 | 68.90 | 25 | 74.47 | 8 | 72.48 | 11 | 71.61 | 14 | 73.42 | 11 | 60.51 | 75 |
| 鄂尔多斯 | 62.47 | 61 | 63.27 | 60 | 63.96 | 62 | 69.21 | 30 | 69.53 | 26 | 57.05 | 86 |
| 佛山 | 61.56 | 67 | 69.65 | 26 | 71.15 | 21 | 71.70 | 13 | 62.77 | 60 | 63.82 | 56 |
| 海西蒙古族藏族自治州 | 46.12 | 102 | 45.57 | 103 | 49.14 | 102 | 55.08 | 96 | 54.04 | 88 | 33.39 | 106 |
| 湖州 | 70.77 | 16 | 73.52 | 10 | 71.72 | 17 | 70.48 | 24 | 62.33 | 64 | 58.75 | 80 |
| 嘉兴 | 72.30 | 9 | 75.48 | 5 | 73.38 | 9 | 71.31 | 17 | 62.72 | 62 | 66.62 | 42 |
| 荆门 | 64.91 | 46 | 67.18 | 41 | 64.85 | 59 | 65.13 | 55 | 71.05 | 17 | 66.95 | 40 |
| 克拉玛依 | 51.00 | 93 | 53.26 | 92 | 70.55 | 22 | 58.65 | 89 | 65.79 | 45 | 67.13 | 39 |
| 连云港 | 64.97 | 45 | 65.43 | 53 | 65.80 | 49 | 69.10 | 31 | 70.59 | 20 | 70.04 | 24 |
| 林芝 | 62.17 | 62 | 64.50 | 55 | 40.88 | 103 | 47.22 | 103 | 44.12 | 104 | 41.01 | 103 |

续表

| 参评城市 | 2016 | | 2017 | | 2018 | | 2019 | | 2020 | | 2021 | |
|---|---|---|---|---|---|---|---|---|---|---|---|---|
| | 得分 | 排名 | 得分 | 排名 | 得分 | 排名 | 得分 | 排名 | 得分 | 排名 | 得分 | 排名 |
| 龙岩 | 63.03 | 58 | 60.46 | 72 | 62.12 | 71 | 60.78 | 78 | 52.62 | 94 | 68.00 | 33 |
| 洛阳 | 69.12 | 24 | 68.59 | 32 | 69.76 | 28 | 72.97 | 7 | 74.75 | 7 | 75.11 | 7 |
| 南平 | 60.96 | 70 | 60.27 | 74 | 59.11 | 82 | 58.96 | 88 | 50.85 | 97 | 61.86 | 69 |
| 南通 | 73.08 | 6 | 72.94 | 11 | 71.25 | 20 | 71.00 | 19 | 71.03 | 19 | 75.00 | 8 |
| 泉州 | 74.47 | 2 | 70.23 | 25 | 69.77 | 27 | 69.82 | 27 | 76.13 | 4 | 71.93 | 20 |
| 三明 | 49.65 | 95 | 53.02 | 94 | 59.16 | 81 | 57.75 | 92 | 53.86 | 89 | 56.94 | 87 |
| 绍兴 | 73.44 | 4 | 75.06 | 6 | 72.50 | 10 | 72.02 | 11 | 77.06 | 2 | 67.74 | 35 |
| 苏州 | 64.23 | 52 | 66.03 | 51 | 66.26 | 47 | 66.24 | 47 | 67.20 | 39 | 75.00 | 9 |
| 台州 | 70.67 | 17 | 70.92 | 23 | 68.68 | 32 | 70.78 | 22 | 67.75 | 37 | 67.96 | 34 |
| 唐山 | 65.32 | 43 | 59.89 | 78 | 63.93 | 63 | 69.00 | 32 | 65.39 | 49 | 65.61 | 46 |
| 铜陵 | 59.05 | 78 | 59.71 | 79 | 58.96 | 83 | 63.65 | 63 | 57.84 | 76 | 63.31 | 60 |
| 无锡 | 68.65 | 26 | 69.27 | 28 | 65.61 | 51 | 64.88 | 57 | 70.32 | 21 | 78.58 | 1 |
| 湘潭 | 66.41 | 38 | 72.59 | 13 | 68.07 | 40 | 68.93 | 34 | 70.19 | 22 | 66.24 | 44 |
| 襄阳 | 70.40 | 19 | 71.01 | 22 | 73.73 | 8 | 71.82 | 12 | 65.77 | 46 | 69.94 | 25 |
| 徐州 | 73.02 | 7 | 71.82 | 16 | 70.27 | 24 | 68.98 | 33 | 72.34 | 13 | 73.73 | 13 |
| 许昌 | 72.17 | 10 | 72.34 | 14 | 74.07 | 7 | 72.75 | 8 | 72.23 | 14 | 77.37 | 3 |
| 烟台 | 70.15 | 21 | 76.89 | 2 | 78.61 | 1 | 80.18 | 1 | 62.83 | 59 | 75.88 | 6 |
| 盐城 | 67.90 | 31 | 68.04 | 35 | 65.07 | 55 | 70.58 | 23 | 71.55 | 16 | 73.27 | 16 |
| 宜昌 | 66.74 | 35 | 63.50 | 59 | 63.49 | 65 | 64.67 | 58 | 66.07 | 43 | 61.50 | 71 |
| 鹰潭 | 73.81 | 3 | 75.74 | 3 | 71.50 | 19 | 68.55 | 39 | 72.50 | 12 | 70.77 | 21 |
| 榆林 | 70.56 | 18 | 67.59 | 38 | 67.65 | 41 | 67.03 | 44 | 61.29 | 70 | 50.43 | 96 |
| 岳阳 | 64.83 | 47 | 67.54 | 39 | 69.14 | 29 | 70.25 | 25 | 68.12 | 36 | 65.47 | 47 |
| 漳州 | 64.07 | 53 | 62.53 | 65 | 59.97 | 77 | 59.57 | 85 | 63.35 | 57 | 72.62 | 18 |
| 株洲 | 59.19 | 77 | 56.43 | 86 | 58.18 | 86 | 57.24 | 94 | 61.58 | 69 | 62.21 | 66 |
| 淄博 | 69.46 | 23 | 75.62 | 4 | 74.52 | 4 | 74.89 | 5 | 63.60 | 55 | 62.37 | 65 |

**附表27　二类地级市2016—2021年规划管理专题得分及排名**

| 参评城市 | 2016 | | 2017 | | 2018 | | 2019 | | 2020 | | 2021 | |
|---|---|---|---|---|---|---|---|---|---|---|---|---|
| | 得分 | 排名 | 得分 | 排名 | 得分 | 排名 | 得分 | 排名 | 得分 | 排名 | 得分 | 排名 |
| 安阳 | 64.05 | 54 | 64.18 | 56 | 66.06 | 48 | 65.79 | 51 | 68.36 | 34 | 68.03 | 31 |
| 巴音郭楞蒙古自治州 | 31.35 | 107 | 31.35 | 107 | 31.35 | 107 | 33.25 | 107 | 42.57 | 105 | 0.00 | 107 |
| 白山 | 58.08 | 82 | 59.99 | 76 | 61.21 | 75 | 62.61 | 69 | 61.74 | 65 | 62.62 | 64 |
| 宝鸡 | 61.48 | 68 | 66.71 | 47 | 68.52 | 34 | 66.72 | 46 | 41.89 | 106 | 48.53 | 97 |
| 本溪 | 57.83 | 83 | 53.76 | 90 | 61.73 | 74 | 62.42 | 72 | 63.10 | 58 | 63.93 | 54 |

| 参评城市 | 2016 | | 2017 | | 2018 | | 2019 | | 2020 | | 2021 | |
|---|---|---|---|---|---|---|---|---|---|---|---|---|
| | 得分 | 排名 | 得分 | 排名 | 得分 | 排名 | 得分 | 排名 | 得分 | 排名 | 得分 | 排名 |
| 郴州 | 61.41 | 69 | 59.37 | 81 | 62.73 | 70 | 68.08 | 41 | 63.80 | 54 | 67.36 | 38 |
| 承德 | 61.75 | 66 | 60.41 | 73 | 59.67 | 79 | 58.53 | 90 | 60.23 | 73 | 61.47 | 72 |
| 赤峰 | 51.70 | 88 | 59.60 | 80 | 55.38 | 91 | 57.35 | 93 | 58.16 | 75 | 58.69 | 81 |
| 德阳 | 65.02 | 44 | 70.62 | 24 | 72.17 | 12 | 71.21 | 18 | 71.93 | 15 | 65.23 | 51 |
| 德州 | 72.13 | 11 | 75.01 | 7 | 72.03 | 13 | 72.14 | 10 | 61.66 | 67 | 73.97 | 11 |
| 抚州 | 59.60 | 74 | 64.74 | 54 | 68.22 | 38 | 65.45 | 53 | 62.62 | 63 | 64.37 | 52 |
| 赣州 | 65.58 | 42 | 66.51 | 48 | 66.71 | 44 | 62.74 | 67 | 69.07 | 29 | 68.03 | 32 |
| 广安 | 66.24 | 39 | 67.50 | 40 | 71.86 | 15 | 70.85 | 21 | 69.86 | 24 | 65.25 | 50 |
| 海南藏族自治州 | 51.21 | 91 | 51.21 | 99 | 53.71 | 95 | 57.76 | 91 | 57.66 | 78 | 38.91 | 104 |
| 邯郸 | 64.77 | 48 | 61.82 | 69 | 64.48 | 61 | 65.63 | 52 | 64.61 | 52 | 69.88 | 27 |
| 鹤壁 | 64.55 | 50 | 67.67 | 36 | 68.71 | 31 | 68.89 | 36 | 69.64 | 25 | 74.36 | 10 |
| 呼伦贝尔 | 49.50 | 97 | 56.19 | 87 | 55.10 | 93 | 56.59 | 95 | 57.81 | 77 | 56.21 | 90 |
| 淮北 | 68.03 | 29 | 68.04 | 34 | 68.39 | 35 | 69.38 | 29 | 60.93 | 71 | 65.27 | 49 |
| 淮南 | 63.03 | 59 | 63.95 | 57 | 64.92 | 57 | 64.58 | 60 | 58.19 | 74 | 67.74 | 36 |
| 黄山 | 58.79 | 80 | 59.96 | 77 | 59.29 | 80 | 60.57 | 80 | 66.63 | 40 | 63.94 | 53 |
| 吉安 | 58.74 | 81 | 71.81 | 17 | 70.12 | 25 | 66.01 | 50 | 68.65 | 32 | 69.23 | 28 |
| 江门 | 66.09 | 40 | 66.79 | 46 | 68.58 | 33 | 68.44 | 40 | 71.04 | 18 | 69.01 | 29 |
| 焦作 | 71.03 | 15 | 71.12 | 21 | 71.85 | 16 | 72.73 | 9 | 73.76 | 9 | 73.85 | 12 |
| 金华 | 67.94 | 30 | 68.94 | 30 | 72.02 | 14 | 69.99 | 26 | 55.57 | 84 | 61.29 | 73 |
| 晋城 | 64.66 | 49 | 60.20 | 75 | 64.88 | 58 | 65.39 | 54 | 63.51 | 56 | 57.15 | 85 |
| 晋中 | 63.09 | 57 | 61.11 | 70 | 61.74 | 73 | 59.65 | 83 | 48.71 | 99 | 56.21 | 89 |
| 酒泉 | 59.29 | 75 | 62.96 | 64 | 59.78 | 78 | 59.59 | 84 | 60.33 | 72 | 54.13 | 92 |
| 廊坊 | 59.83 | 73 | 67.17 | 42 | 68.38 | 36 | 66.04 | 49 | 68.45 | 33 | 73.61 | 14 |
| 乐山 | 61.89 | 65 | 63.02 | 63 | 63.70 | 64 | 62.61 | 68 | 64.81 | 50 | 59.43 | 79 |
| 丽江 | 51.49 | 90 | 53.34 | 91 | 58.21 | 85 | 53.37 | 99 | 56.24 | 81 | 59.73 | 76 |
| 丽水 | 64.32 | 51 | 63.08 | 62 | 63.18 | 68 | 61.35 | 77 | 51.75 | 96 | 45.81 | 100 |
| 辽源 | 72.09 | 12 | 72.77 | 12 | 69.78 | 26 | 68.72 | 38 | 73.62 | 10 | 63.67 | 58 |
| 临沂 | 73.20 | 5 | 74.29 | 9 | 75.50 | 3 | 75.88 | 4 | 64.65 | 51 | 65.43 | 48 |
| 泸州 | 65.88 | 41 | 69.37 | 27 | 67.59 | 42 | 68.87 | 37 | 69.27 | 28 | 66.53 | 43 |
| 眉山 | 61.96 | 63 | 66.39 | 49 | 68.08 | 39 | 68.92 | 35 | 66.42 | 42 | 61.99 | 68 |
| 南阳 | 66.62 | 36 | 66.92 | 45 | 68.36 | 37 | 71.37 | 16 | 75.57 | 5 | 76.35 | 4 |
| 平顶山 | 70.08 | 22 | 68.62 | 31 | 66.55 | 45 | 69.80 | 28 | 76.59 | 3 | 73.37 | 15 |
| 濮阳 | 62.96 | 60 | 59.25 | 82 | 65.28 | 53 | 65.07 | 56 | 68.68 | 31 | 69.93 | 26 |

续表

| 参评城市 | 2016 | | 2017 | | 2018 | | 2019 | | 2020 | | 2021 | |
|---|---|---|---|---|---|---|---|---|---|---|---|---|
| | 得分 | 排名 | 得分 | 排名 | 得分 | 排名 | 得分 | 排名 | 得分 | 排名 | 得分 | 排名 |
| 黔南布依族苗族自治州 | 34.62 | 105 | 35.25 | 106 | 35.34 | 106 | 43.49 | 104 | 55.16 | 86 | 61.70 | 70 |
| 曲靖 | 63.35 | 56 | 63.56 | 58 | 65.72 | 50 | 59.55 | 86 | 47.46 | 102 | 63.44 | 59 |
| 日照 | 70.32 | 20 | 71.55 | 20 | 74.10 | 6 | 74.09 | 6 | 65.59 | 47 | 63.83 | 55 |
| 上饶 | 63.60 | 55 | 66.96 | 44 | 65.11 | 54 | 63.18 | 64 | 65.83 | 44 | 66.88 | 41 |
| 韶关 | 48.09 | 100 | 46.29 | 102 | 50.33 | 101 | 50.30 | 102 | 53.53 | 91 | 52.15 | 95 |
| 朔州 | 60.58 | 72 | 56.91 | 85 | 53.66 | 96 | 62.87 | 66 | 52.61 | 95 | 45.75 | 101 |
| 宿迁 | 67.71 | 33 | 69.15 | 29 | 65.37 | 52 | 62.28 | 73 | 74.36 | 8 | 73.01 | 17 |
| 潍坊 | 75.17 | 1 | 79.10 | 1 | 78.50 | 2 | 79.04 | 2 | 75.47 | 6 | 72.11 | 19 |
| 信阳 | 61.93 | 64 | 63.12 | 61 | 67.32 | 43 | 67.56 | 42 | 67.47 | 38 | 70.31 | 22 |
| 阳泉 | 68.18 | 28 | 67.66 | 37 | 69.02 | 30 | 70.95 | 20 | 55.93 | 82 | 60.66 | 74 |
| 营口 | 72.30 | 8 | 71.62 | 18 | 70.43 | 23 | 63.99 | 62 | 66.43 | 41 | 57.22 | 84 |
| 云浮 | 60.83 | 71 | 60.49 | 71 | 61.92 | 72 | 62.53 | 70 | 62.76 | 61 | 62.07 | 67 |
| 枣庄 | 71.68 | 13 | 71.85 | 15 | 74.44 | 5 | 71.52 | 15 | 68.28 | 35 | 70.17 | 23 |
| 长治 | 59.26 | 76 | 61.83 | 68 | 63.03 | 69 | 62.19 | 74 | 61.59 | 68 | 56.65 | 88 |
| 中卫 | 32.86 | 106 | 37.91 | 104 | 40.16 | 104 | 42.83 | 105 | 30.94 | 107 | 47.62 | 98 |
| 遵义 | 59.05 | 79 | 62.28 | 66 | 63.28 | 67 | 64.66 | 59 | 65.50 | 48 | 68.86 | 30 |

附表28　三类地级市2016—2021年规划管理专题得分及排名

| 参评城市 | 2016 | | 2017 | | 2018 | | 2019 | | 2020 | | 2021 | |
|---|---|---|---|---|---|---|---|---|---|---|---|---|
| | 得分 | 排名 | 得分 | 排名 | 得分 | 排名 | 得分 | 排名 | 得分 | 排名 | 得分 | 排名 |
| 固原 | 40.67 | 104 | 48.10 | 100 | 51.17 | 99 | 53.65 | 98 | 52.98 | 93 | 58.43 | 82 |
| 桂林 | 46.87 | 101 | 47.82 | 101 | 50.70 | 100 | 52.45 | 100 | 44.44 | 103 | 46.71 | 99 |
| 黄冈 | 51.52 | 89 | 62.17 | 67 | 63.45 | 66 | 66.84 | 45 | 53.19 | 92 | 53.08 | 94 |
| 临沧 | 50.85 | 94 | 57.04 | 84 | 57.10 | 87 | 60.22 | 82 | 55.74 | 83 | 53.79 | 93 |
| 梅州 | 49.28 | 98 | 51.48 | 95 | 55.69 | 90 | 52.16 | 101 | 49.35 | 98 | 54.44 | 91 |
| 牡丹江 | 52.22 | 87 | 51.29 | 97 | 51.98 | 98 | 60.67 | 79 | 53.71 | 90 | 59.57 | 78 |
| 邵阳 | 49.16 | 99 | 54.53 | 89 | 56.24 | 89 | 60.23 | 81 | 68.94 | 30 | 59.72 | 77 |
| 绥化 | 53.17 | 86 | 51.38 | 96 | 53.00 | 97 | 61.50 | 76 | 48.04 | 101 | 63.76 | 57 |
| 渭南 | 54.17 | 85 | 51.24 | 98 | 54.49 | 94 | 53.93 | 97 | 48.67 | 100 | 37.15 | 105 |

附表 29　四类地级市 2016—2021 年规划管理专题得分及排名

| 参评城市 | 2016 | | 2017 | | 2018 | | 2019 | | 2020 | | 2021 | |
|---|---|---|---|---|---|---|---|---|---|---|---|---|
| | 得分 | 排名 | 得分 | 排名 | 得分 | 排名 | 得分 | 排名 | 得分 | 排名 | 得分 | 排名 |
| 毕节 | 51.08 | 92 | 53.19 | 93 | 58.62 | 84 | 63.08 | 65 | 55.34 | 85 | 66.03 | 45 |
| 四平 | 68.34 | 27 | 68.25 | 33 | 66.47 | 46 | 67.27 | 43 | 63.92 | 53 | 67.57 | 37 |
| 天水 | 49.63 | 96 | 54.95 | 88 | 55.20 | 92 | 62.43 | 71 | 57.47 | 79 | 57.42 | 83 |
| 铁岭 | 54.99 | 84 | 58.18 | 83 | 56.89 | 88 | 59.15 | 87 | 61.72 | 66 | 63.26 | 61 |

附表 30　一类地级市 2016—2021 年遗产保护专题得分及排名

| 参评城市 | 2016 | | 2017 | | 2018 | | 2019 | | 2020 | | 2021 | |
|---|---|---|---|---|---|---|---|---|---|---|---|---|
| | 得分 | 排名 | 得分 | 排名 | 得分 | 排名 | 得分 | 排名 | 得分 | 排名 | 得分 | 排名 |
| 包头 | 16.53 | 98 | 19.40 | 95 | 23.80 | 90 | 23.80 | 90 | 26.90 | 81 | 26.15 | 85 |
| 昌吉回族自治州 | 0.00 | 107 | 0.00 | 107 | 0.00 | 107 | 0.00 | 107 | 35.34 | 69 | 0.00 | 107 |
| 常州 | 20.52 | 92 | 20.48 | 92 | 20.44 | 93 | 20.44 | 93 | 20.35 | 96 | 18.03 | 98 |
| 大庆 | 26.79 | 79 | 26.96 | 80 | 26.96 | 80 | 26.96 | 80 | 27.13 | 80 | 27.53 | 83 |
| 东莞 | 13.67 | 99 | 14.44 | 99 | 15.07 | 99 | 15.07 | 99 | 15.34 | 100 | 14.44 | 102 |
| 东营 | 71.52 | 5 | 71.39 | 5 | 71.40 | 5 | 71.39 | 5 | 64.68 | 9 | 74.08 | 4 |
| 鄂尔多斯 | 61.30 | 9 | 63.01 | 7 | 63.16 | 8 | 63.16 | 8 | 64.77 | 8 | 61.03 | 15 |
| 佛山 | 21.53 | 89 | 22.43 | 90 | 27.71 | 77 | 27.71 | 77 | 23.85 | 90 | 24.98 | 88 |
| 海西蒙古族藏族自治州 | 64.08 | 6 | 67.83 | 6 | 69.67 | 6 | 69.67 | 6 | 67.90 | 5 | 59.13 | 22 |
| 湖州 | 53.18 | 19 | 54.54 | 17 | 54.50 | 19 | 63.13 | 9 | 64.45 | 10 | 61.13 | 14 |
| 嘉兴 | 35.04 | 66 | 36.05 | 67 | 35.77 | 69 | 35.50 | 68 | 35.50 | 68 | 33.14 | 77 |
| 荆门 | 10.38 | 102 | 10.36 | 102 | 10.36 | 102 | 10.36 | 102 | 10.38 | 104 | 12.99 | 104 |
| 克拉玛依 | 47.97 | 28 | 46.93 | 31 | 49.26 | 30 | 44.80 | 33 | 43.81 | 45 | 47.22 | 40 |
| 连云港 | 27.32 | 77 | 27.54 | 78 | 27.47 | 78 | 27.47 | 78 | 27.49 | 79 | 27.33 | 84 |
| 林芝 | 87.17 | 1 | 88.07 | 1 | 87.61 | 1 | 87.25 | 1 | 86.89 | 1 | 87.08 | 1 |
| 龙岩 | 53.21 | 18 | 53.55 | 20 | 53.72 | 21 | 53.72 | 20 | 58.47 | 16 | 58.25 | 25 |
| 洛阳 | 49.54 | 24 | 49.36 | 26 | 49.31 | 29 | 49.31 | 26 | 49.02 | 32 | 35.90 | 71 |
| 南平 | 52.79 | 20 | 52.93 | 21 | 56.77 | 13 | 56.77 | 14 | 59.84 | 12 | 59.89 | 19 |
| 南通 | 24.04 | 87 | 24.04 | 88 | 24.03 | 89 | 24.03 | 89 | 23.98 | 89 | 22.01 | 90 |
| 泉州 | 48.18 | 27 | 48.54 | 29 | 48.40 | 32 | 48.40 | 29 | 50.80 | 30 | 46.58 | 43 |
| 三明 | 47.32 | 29 | 47.44 | 30 | 53.27 | 23 | 56.69 | 16 | 59.47 | 13 | 60.16 | 18 |
| 绍兴 | 42.55 | 40 | 42.97 | 41 | 53.29 | 22 | 42.88 | 40 | 42.88 | 46 | 40.96 | 57 |
| 苏州 | 26.53 | 81 | 26.69 | 81 | 26.65 | 83 | 26.65 | 83 | 26.57 | 84 | 24.29 | 89 |
| 台州 | 43.16 | 38 | 44.22 | 37 | 44.22 | 38 | 44.17 | 36 | 44.35 | 42 | 60.36 | 17 |
| 唐山 | 25.09 | 85 | 24.95 | 85 | 24.76 | 87 | 24.76 | 87 | 24.54 | 88 | 25.35 | 87 |
| 铜陵 | 49.07 | 26 | 39.93 | 53 | 39.91 | 53 | 39.91 | 53 | 39.81 | 56 | 42.03 | 54 |

续表

| 参评城市 | 2016 | | 2017 | | 2018 | | 2019 | | 2020 | | 2021 | |
|---|---|---|---|---|---|---|---|---|---|---|---|---|
| | 得分 | 排名 | 得分 | 排名 | 得分 | 排名 | 得分 | 排名 | 得分 | 排名 | 得分 | 排名 |
| 无锡 | 28.41 | 75 | 28.33 | 77 | 28.22 | 76 | 28.22 | 76 | 28.04 | 77 | 21.87 | 92 |
| 湘潭 | 12.57 | 101 | 12.50 | 101 | 13.19 | 100 | 13.19 | 100 | 14.54 | 102 | 13.87 | 103 |
| 襄阳 | 37.27 | 60 | 37.17 | 62 | 37.72 | 61 | 37.72 | 60 | 37.62 | 62 | 43.94 | 48 |
| 徐州 | 21.42 | 90 | 21.56 | 91 | 21.42 | 92 | 21.42 | 92 | 21.25 | 94 | 20.34 | 96 |
| 许昌 | 17.78 | 96 | 17.60 | 98 | 17.47 | 98 | 17.47 | 98 | 17.25 | 99 | 10.98 | 105 |
| 烟台 | 56.69 | 13 | 56.68 | 13 | 56.69 | 14 | 56.71 | 15 | 57.51 | 17 | 56.57 | 29 |
| 盐城 | 42.46 | 41 | 42.44 | 43 | 42.42 | 43 | 42.42 | 42 | 42.51 | 47 | 43.32 | 49 |
| 宜昌 | 54.75 | 16 | 54.71 | 16 | 55.45 | 17 | 55.45 | 18 | 55.44 | 20 | 56.75 | 27 |
| 鹰潭 | 29.08 | 73 | 28.99 | 75 | 28.87 | 75 | 28.87 | 75 | 28.67 | 76 | 28.61 | 82 |
| 榆林 | 38.38 | 57 | 38.44 | 59 | 38.37 | 59 | 38.63 | 57 | 35.28 | 70 | 37.95 | 67 |
| 岳阳 | 43.80 | 35 | 43.60 | 39 | 43.40 | 40 | 43.40 | 38 | 44.39 | 41 | 46.82 | 42 |
| 漳州 | 39.93 | 50 | 40.24 | 51 | 40.14 | 52 | 40.14 | 52 | 41.70 | 48 | 40.79 | 59 |
| 株洲 | 39.34 | 52 | 39.24 | 55 | 38.20 | 60 | 38.20 | 59 | 38.16 | 59 | 40.57 | 60 |
| 淄博 | 38.78 | 55 | 38.75 | 57 | 38.75 | 56 | 38.87 | 55 | 37.77 | 60 | 40.23 | 61 |

**附表31　二类地级市2016—2021年遗产保护专题得分及排名**

| 参评城市 | 2016 | | 2017 | | 2018 | | 2019 | | 2020 | | 2021 | |
|---|---|---|---|---|---|---|---|---|---|---|---|---|
| | 得分 | 排名 | 得分 | 排名 | 得分 | 排名 | 得分 | 排名 | 得分 | 排名 | 得分 | 排名 |
| 安阳 | 27.10 | 78 | 27.00 | 79 | 27.03 | 79 | 27.03 | 79 | 26.69 | 82 | 20.98 | 93 |
| 巴音郭楞蒙古自治州 | 33.86 | 68 | 33.86 | 69 | 33.86 | 70 | 33.86 | 69 | 64.97 | 7 | 67.72 | 8 |
| 白山 | 43.71 | 36 | 44.07 | 38 | 44.28 | 37 | 44.28 | 35 | 44.60 | 39 | 45.79 | 47 |
| 宝鸡 | 58.40 | 11 | 58.53 | 11 | 58.53 | 11 | 58.98 | 11 | 58.93 | 14 | 59.89 | 20 |
| 本溪 | 52.44 | 22 | 52.49 | 23 | 52.58 | 25 | 52.58 | 22 | 53.86 | 25 | 68.65 | 7 |
| 郴州 | 42.60 | 39 | 42.71 | 42 | 42.61 | 41 | 42.61 | 41 | 44.50 | 40 | 39.62 | 63 |
| 承德 | 55.06 | 15 | 55.06 | 15 | 54.97 | 18 | 54.97 | 19 | 54.93 | 21 | 56.57 | 30 |
| 赤峰 | 46.00 | 32 | 50.02 | 25 | 50.45 | 28 | 50.45 | 25 | 52.41 | 28 | 54.17 | 33 |
| 德阳 | 17.41 | 97 | 20.26 | 93 | 20.25 | 94 | 20.22 | 94 | 21.43 | 93 | 38.86 | 66 |
| 德州 | 26.17 | 82 | 26.10 | 84 | 26.10 | 85 | 26.10 | 85 | 26.30 | 86 | 21.92 | 91 |
| 抚州 | 57.20 | 12 | 57.17 | 12 | 57.21 | 12 | 57.21 | 13 | 57.12 | 18 | 58.52 | 23 |
| 赣州 | 39.19 | 53 | 39.08 | 56 | 38.94 | 55 | 38.94 | 54 | 38.74 | 57 | 34.84 | 75 |
| 广安 | 0.58 | 106 | 3.90 | 106 | 1.25 | 106 | 4.62 | 106 | 10.76 | 103 | 34.01 | 76 |
| 海南藏族自治州 | 72.21 | 4 | 72.07 | 4 | 71.82 | 4 | 71.82 | 4 | 74.77 | 3 | 80.50 | 3 |
| 邯郸 | 40.18 | 49 | 40.12 | 52 | 40.33 | 51 | 40.33 | 50 | 40.29 | 54 | 42.09 | 53 |

| 参评城市 | 2016 | | 2017 | | 2018 | | 2019 | | 2020 | | 2021 | |
|---|---|---|---|---|---|---|---|---|---|---|---|---|
| | 得分 | 排名 | 得分 | 排名 | 得分 | 排名 | 得分 | 排名 | 得分 | 排名 | 得分 | 排名 |
| 鹤壁 | 36.14 | 64 | 36.10 | 66 | 36.06 | 68 | 36.06 | 67 | 36.01 | 66 | 35.74 | 72 |
| 呼伦贝尔 | 62.07 | 7 | 62.89 | 8 | 63.70 | 7 | 63.70 | 7 | 65.11 | 6 | 64.74 | 10 |
| 淮北 | 19.50 | 93 | 19.22 | 96 | 19.03 | 96 | 19.03 | 96 | 18.64 | 97 | 15.34 | 100 |
| 淮南 | 32.32 | 70 | 32.17 | 71 | 31.99 | 72 | 31.99 | 71 | 31.98 | 72 | 31.15 | 79 |
| 黄山 | 78.59 | 2 | 78.46 | 2 | 78.32 | 2 | 78.08 | 2 | 77.59 | 2 | 81.24 | 2 |
| 吉安 | 35.07 | 65 | 35.04 | 68 | 51.68 | 26 | 51.68 | 23 | 51.65 | 29 | 51.77 | 35 |
| 江门 | 12.74 | 100 | 12.66 | 100 | 12.60 | 101 | 12.60 | 101 | 14.74 | 101 | 20.98 | 93 |
| 焦作 | 52.69 | 21 | 52.66 | 22 | 52.63 | 24 | 52.63 | 21 | 52.55 | 27 | 48.96 | 38 |
| 金华 | 58.59 | 10 | 59.15 | 10 | 59.01 | 10 | 58.91 | 12 | 58.91 | 15 | 62.39 | 13 |
| 晋城 | 42.33 | 42 | 42.35 | 44 | 42.35 | 44 | 42.29 | 43 | 38.26 | 58 | 42.90 | 51 |
| 晋中 | 38.64 | 56 | 38.60 | 58 | 38.54 | 58 | 38.49 | 58 | 37.73 | 61 | 38.87 | 65 |
| 酒泉 | 72.90 | 3 | 72.83 | 3 | 74.28 | 3 | 74.23 | 3 | 74.22 | 4 | 73.50 | 5 |
| 廊坊 | 36.87 | 61 | 36.76 | 63 | 36.23 | 67 | 36.23 | 66 | 35.78 | 67 | 35.64 | 73 |
| 乐山 | 39.12 | 54 | 53.82 | 19 | 40.46 | 50 | 40.47 | 49 | 54.55 | 23 | 55.58 | 32 |
| 丽江 | 29.13 | 72 | 29.23 | 74 | 29.19 | 73 | 29.14 | 73 | 29.14 | 74 | 70.38 | 6 |
| 丽水 | 61.62 | 8 | 62.49 | 9 | 62.22 | 9 | 62.35 | 10 | 62.55 | 11 | 63.11 | 12 |
| 辽源 | 18.22 | 95 | 18.28 | 97 | 18.37 | 97 | 18.37 | 97 | 18.45 | 98 | 20.01 | 97 |
| 临沂 | 36.53 | 62 | 36.62 | 64 | 37.07 | 66 | 36.93 | 65 | 37.43 | 63 | 56.59 | 28 |
| 泸州 | 34.82 | 67 | 46.90 | 32 | 37.27 | 65 | 37.26 | 64 | 46.91 | 35 | 49.14 | 37 |
| 眉山 | 0.80 | 105 | 9.52 | 104 | 3.02 | 105 | 7.39 | 105 | 10.33 | 105 | 41.96 | 55 |
| 南阳 | 40.73 | 48 | 40.63 | 50 | 40.67 | 48 | 40.67 | 47 | 40.71 | 50 | 37.50 | 68 |
| 平顶山 | 26.74 | 80 | 26.67 | 82 | 26.62 | 84 | 26.62 | 84 | 26.53 | 85 | 20.98 | 93 |
| 濮阳 | 23.26 | 88 | 23.21 | 89 | 23.18 | 91 | 23.18 | 91 | 23.26 | 92 | 26.10 | 86 |
| 黔南布依族苗族自治州 | 55.42 | 14 | 56.16 | 14 | 56.09 | 16 | 56.09 | 17 | 55.93 | 19 | 59.31 | 21 |
| 曲靖 | 28.40 | 76 | 32.09 | 72 | 56.26 | 15 | 31.97 | 72 | 31.97 | 73 | 43.27 | 50 |
| 日照 | 41.04 | 45 | 40.99 | 47 | 41.68 | 46 | 41.61 | 45 | 40.24 | 55 | 60.39 | 16 |
| 上饶 | 46.74 | 30 | 46.90 | 33 | 47.07 | 34 | 47.07 | 31 | 47.17 | 34 | 46.44 | 44 |
| 韶关 | 50.61 | 23 | 50.33 | 24 | 51.54 | 27 | 51.54 | 24 | 52.97 | 26 | 50.34 | 36 |
| 朔州 | 18.37 | 94 | 19.59 | 94 | 19.58 | 95 | 19.56 | 95 | 20.78 | 95 | 15.57 | 99 |
| 宿迁 | 37.45 | 59 | 37.42 | 61 | 37.38 | 64 | 37.38 | 63 | 37.35 | 64 | 36.88 | 70 |
| 潍坊 | 40.88 | 46 | 40.87 | 48 | 40.97 | 47 | 40.95 | 46 | 41.69 | 49 | 40.94 | 58 |
| 信阳 | 40.83 | 47 | 40.66 | 49 | 40.64 | 49 | 40.64 | 48 | 40.60 | 51 | 37.42 | 69 |
| 阳泉 | 37.68 | 58 | 37.68 | 60 | 37.68 | 62 | 37.64 | 61 | 34.82 | 71 | 57.95 | 26 |
| 营口 | 25.34 | 84 | 49.32 | 27 | 25.35 | 86 | 25.38 | 86 | 25.36 | 87 | 58.26 | 24 |

续表

| 参评城市 | 2016 | | 2017 | | 2018 | | 2019 | | 2020 | | 2021 | |
|---|---|---|---|---|---|---|---|---|---|---|---|---|
| | 得分 | 排名 | 得分 | 排名 | 得分 | 排名 | 得分 | 排名 | 得分 | 排名 | 得分 | 排名 |
| 云浮 | 8.53 | 104 | 8.44 | 105 | 8.34 | 104 | 8.34 | 104 | 8.18 | 107 | 8.80 | 106 |
| 枣庄 | 28.89 | 74 | 28.87 | 76 | 28.92 | 74 | 28.89 | 74 | 28.79 | 75 | 32.61 | 78 |
| 长治 | 43.64 | 37 | 43.58 | 40 | 43.51 | 39 | 43.46 | 37 | 47.96 | 33 | 46.01 | 45 |
| 中卫 | 21.19 | 91 | 24.91 | 86 | 26.76 | 82 | 26.76 | 82 | 26.60 | 83 | 35.11 | 74 |
| 遵义 | 41.43 | 44 | 41.98 | 46 | 42.59 | 42 | 43.10 | 39 | 49.81 | 31 | 45.88 | 46 |

**附表32　三类地级市2016—2021年遗产保护专题得分及排名**

| 参评城市 | 2016 | | 2017 | | 2018 | | 2019 | | 2020 | | 2021 | |
|---|---|---|---|---|---|---|---|---|---|---|---|---|
| | 得分 | 排名 | 得分 | 排名 | 得分 | 排名 | 得分 | 排名 | 得分 | 排名 | 得分 | 排名 |
| 固原 | 49.24 | 25 | 49.12 | 28 | 49.01 | 31 | 49.01 | 27 | 54.87 | 22 | 55.72 | 31 |
| 桂林 | 33.84 | 69 | 33.66 | 70 | 38.66 | 57 | 38.66 | 56 | 40.48 | 52 | 38.98 | 64 |
| 黄冈 | 44.79 | 34 | 44.72 | 36 | 44.67 | 36 | 44.67 | 34 | 44.69 | 38 | 48.33 | 39 |
| 临沧 | 53.82 | 17 | 54.13 | 18 | 54.11 | 20 | 48.51 | 28 | 54.38 | 24 | 63.71 | 11 |
| 梅州 | 25.50 | 83 | 26.37 | 83 | 26.78 | 81 | 26.78 | 81 | 27.72 | 78 | 30.10 | 80 |
| 牡丹江 | 46.67 | 31 | 46.86 | 34 | 47.16 | 33 | 47.16 | 30 | 46.31 | 36 | 51.85 | 34 |
| 邵阳 | 41.87 | 43 | 42.08 | 45 | 42.00 | 45 | 42.00 | 44 | 44.20 | 43 | 40.05 | 62 |
| 绥化 | 36.21 | 63 | 36.42 | 65 | 37.47 | 63 | 37.47 | 62 | 44.13 | 44 | 47.05 | 41 |
| 渭南 | 39.75 | 51 | 39.75 | 54 | 39.74 | 54 | 40.16 | 51 | 36.89 | 65 | 66.61 | 9 |

**附表33　四类地级市2016—2021年遗产保护专题得分及排名**

| 参评城市 | 2016 | | 2017 | | 2018 | | 2019 | | 2020 | | 2021 | |
|---|---|---|---|---|---|---|---|---|---|---|---|---|
| | 得分 | 排名 | 得分 | 排名 | 得分 | 排名 | 得分 | 排名 | 得分 | 排名 | 得分 | 排名 |
| 毕节 | 31.46 | 71 | 31.69 | 73 | 32.04 | 71 | 32.04 | 70 | 40.34 | 53 | 41.77 | 56 |
| 四平 | 9.76 | 103 | 9.80 | 103 | 9.80 | 103 | 9.80 | 103 | 9.94 | 106 | 15.13 | 101 |
| 天水 | 45.12 | 33 | 45.09 | 35 | 45.05 | 35 | 45.05 | 32 | 44.97 | 37 | 42.78 | 52 |
| 铁岭 | 24.56 | 86 | 24.58 | 87 | 24.63 | 88 | 24.63 | 88 | 23.63 | 91 | 29.55 | 81 |

**附表34　一类地级市2016—2021年防灾减灾专题得分及排名**

| 参评城市 | 2016 | | 2017 | | 2018 | | 2019 | | 2020 | | 2021 | |
|---|---|---|---|---|---|---|---|---|---|---|---|---|
| | 得分 | 排名 | 得分 | 排名 | 得分 | 排名 | 得分 | 排名 | 得分 | 排名 | 得分 | 排名 |
| 包头 | 57.59 | 82 | 63.19 | 64 | 64.52 | 71 | 65.46 | 69 | 68.67 | 62 | 28.25 | 98 |
| 昌吉回族自治州 | 42.72 | 98 | 42.29 | 98 | 35.49 | 99 | 41.10 | 97 | 36.36 | 98 | — | — |
| 常州 | 84.44 | 8 | 84.40 | 10 | 85.47 | 9 | 85.37 | 10 | 85.54 | 12 | 83.13 | 20 |
| 大庆 | 74.56 | 31 | 71.06 | 49 | 76.43 | 34 | 77.76 | 29 | 79.25 | 28 | 73.03 | 51 |
| 东莞 | 60.21 | 76 | 60.36 | 74 | 61.58 | 78 | 61.90 | 79 | 64.91 | 72 | 59.00 | 73 |

| 参评城市 | 2016 | | 2017 | | 2018 | | 2019 | | 2020 | | 2021 | |
|---|---|---|---|---|---|---|---|---|---|---|---|---|
| | 得分 | 排名 | 得分 | 排名 | 得分 | 排名 | 得分 | 排名 | 得分 | 排名 | 得分 | 排名 |
| 东营 | 61.87 | 69 | 60.98 | 71 | 62.05 | 76 | 62.75 | 76 | 63.63 | 76 | 66.07 | 65 |
| 鄂尔多斯 | 48.28 | 95 | 48.82 | 94 | 49.56 | 90 | 33.37 | 99 | 33.71 | 99 | 15.12 | 103 |
| 佛山 | 70.51 | 46 | 70.48 | 51 | 76.87 | 32 | 77.11 | 32 | 75.48 | 42 | 71.81 | 56 |
| 海西蒙古族藏族自治州 | — | — | — | — | — | — | — | — | — | — | 46.04 | 89 |
| 湖州 | 72.74 | 38 | 72.90 | 42 | 75.52 | 37 | 76.93 | 33 | 74.88 | 46 | 75.85 | 37 |
| 嘉兴 | 70.33 | 47 | 72.09 | 45 | 74.03 | 47 | 76.69 | 34 | 72.38 | 52 | 69.51 | 60 |
| 荆门 | 71.41 | 41 | 77.13 | 28 | 80.35 | 20 | 80.78 | 19 | 82.62 | 18 | 75.42 | 40 |
| 克拉玛依 | 15.53 | 103 | 10.62 | 104 | 42.08 | 98 | 42.08 | 96 | 51.52 | 89 | 39.49 | 94 |
| 连云港 | 81.01 | 11 | 81.52 | 15 | 81.74 | 15 | 82.36 | 15 | 82.63 | 17 | 75.05 | 42 |
| 林芝 | — | — | — | — | — | — | — | — | — | — | 100.00 | 1 |
| 龙岩 | 87.05 | 5 | 87.46 | 5 | 88.44 | 6 | 88.93 | 5 | 89.46 | 6 | 87.09 | 12 |
| 洛阳 | 73.05 | 36 | 75.60 | 32 | 77.19 | 30 | 77.74 | 30 | 84.75 | 14 | 79.27 | 28 |
| 南平 | 79.72 | 18 | 82.36 | 13 | 85.89 | 8 | 86.31 | 8 | 89.30 | 7 | 88.12 | 11 |
| 南通 | 71.32 | 44 | 71.68 | 47 | 73.77 | 48 | 74.32 | 49 | 74.90 | 45 | 62.73 | 68 |
| 泉州 | 75.36 | 28 | 75.57 | 33 | 76.12 | 36 | 76.47 | 36 | 75.98 | 40 | 66.21 | 64 |
| 三明 | 89.89 | 2 | 90.43 | 2 | 91.49 | 2 | 92.16 | 3 | 92.75 | 2 | 74.11 | 46 |
| 绍兴 | 69.48 | 49 | 77.98 | 25 | 78.52 | 24 | 79.36 | 23 | 79.52 | 27 | 74.16 | 45 |
| 苏州 | 79.92 | 17 | 79.94 | 18 | 81.10 | 17 | 81.25 | 17 | 81.50 | 19 | 53.93 | 82 |
| 台州 | 63.90 | 64 | 67.41 | 55 | 75.15 | 40 | 75.54 | 42 | 72.82 | 51 | 73.22 | 50 |
| 唐山 | 60.60 | 74 | 62.45 | 69 | 65.76 | 68 | 66.35 | 68 | 67.64 | 64 | 19.34 | 101 |
| 铜陵 | 67.66 | 55 | 75.40 | 34 | 80.41 | 19 | 80.68 | 20 | 81.29 | 20 | 53.47 | 83 |
| 无锡 | 66.06 | 58 | 66.20 | 59 | 66.84 | 66 | 67.02 | 66 | 67.21 | 66 | 62.70 | 69 |
| 湘潭 | 79.94 | 15 | 82.66 | 12 | 84.28 | 13 | 84.24 | 13 | 86.21 | 11 | 78.67 | 31 |
| 襄阳 | 87.92 | 4 | 88.52 | 4 | 89.28 | 4 | 89.58 | 4 | 90.25 | 4 | 82.39 | 23 |
| 徐州 | 86.38 | 6 | 86.71 | 6 | 87.81 | 7 | 87.67 | 7 | 87.95 | 9 | 81.88 | 24 |
| 许昌 | 64.15 | 63 | 62.66 | 67 | 68.55 | 63 | 69.39 | 59 | 71.83 | 54 | 70.92 | 58 |
| 烟台 | 74.30 | 32 | 74.27 | 37 | 74.64 | 44 | 75.00 | 45 | 74.77 | 47 | 76.25 | 36 |
| 盐城 | 82.92 | 9 | 82.98 | 11 | 83.94 | 14 | 83.84 | 14 | 83.89 | 16 | 91.57 | 9 |
| 宜昌 | 78.17 | 23 | 78.67 | 23 | 76.74 | 33 | 77.19 | 31 | 76.70 | 36 | 72.73 | 54 |
| 鹰潭 | 76.47 | 25 | 76.78 | 29 | 67.66 | 64 | 67.61 | 65 | 71.90 | 53 | 73.67 | 47 |
| 榆林 | 45.88 | 96 | 48.24 | 95 | 50.71 | 89 | 51.51 | 90 | 56.02 | 85 | 29.56 | 96 |
| 岳阳 | 71.35 | 42 | 78.88 | 22 | 81.46 | 16 | 81.75 | 16 | 85.36 | 13 | 87.04 | 13 |
| 漳州 | 79.34 | 19 | 79.69 | 19 | 79.92 | 21 | 80.13 | 21 | 76.74 | 35 | 79.03 | 29 |
| 株洲 | 80.32 | 14 | 84.75 | 9 | 85.26 | 11 | 84.98 | 12 | 88.01 | 8 | 92.85 | 8 |
| 淄博 | 65.52 | 61 | 65.60 | 60 | 65.97 | 67 | 66.48 | 67 | 64.35 | 73 | 58.30 | 75 |

附表35　二类地级市2016—2021年防灾减灾专题得分及指标板

| 参评城市 | 2016 | | 2017 | | 2018 | | 2019 | | 2020 | | 2021 | |
|---|---|---|---|---|---|---|---|---|---|---|---|---|
| | 得分 | 排名 | 得分 | 排名 | 得分 | 排名 | 得分 | 排名 | 得分 | 排名 | 得分 | 排名 |
| 安阳 | 55.95 | 85 | 66.65 | 56 | 70.14 | 56 | 69.15 | 61 | 59.32 | 82 | 53.96 | 81 |
| 巴音郭楞蒙古自治州 | 26.20 | 102 | 19.65 | 102 | 13.10 | 103 | 11.74 | 103 | 11.36 | 103 | — | — |
| 白山 | 73.31 | 34 | 73.01 | 40 | 71.13 | 54 | 70.53 | 55 | 63.77 | 75 | 77.89 | 34 |
| 宝鸡 | 80.87 | 13 | 85.99 | 7 | 91.44 | 3 | 92.26 | 2 | 91.75 | 3 | 93.55 | 7 |
| 本溪 | 60.35 | 75 | 54.74 | 88 | 54.90 | 86 | 54.18 | 87 | 44.59 | 94 | 2.83 | 105 |
| 郴州 | 72.67 | 39 | 73.01 | 41 | 74.59 | 45 | 75.30 | 44 | 75.98 | 39 | 84.06 | 18 |
| 承德 | 69.02 | 52 | 73.54 | 38 | 74.75 | 43 | 74.39 | 47 | 72.93 | 50 | 60.98 | 71 |
| 赤峰 | 59.25 | 79 | 59.48 | 77 | 49.13 | 91 | 51.91 | 89 | 54.60 | 86 | 51.08 | 86 |
| 德阳 | 69.05 | 51 | 69.35 | 53 | 69.87 | 59 | 70.37 | 56 | 70.42 | 59 | 78.71 | 30 |
| 德州 | 79.93 | 16 | 80.29 | 17 | 80.72 | 18 | 81.07 | 18 | 78.91 | 29 | 58.78 | 74 |
| 抚州 | 66.07 | 57 | 66.55 | 57 | 72.29 | 52 | 72.43 | 51 | 75.37 | 43 | 77.39 | 35 |
| 赣州 | 71.33 | 43 | 71.93 | 46 | 74.53 | 46 | 74.99 | 46 | 75.22 | 44 | 80.59 | 25 |
| 广安 | 78.18 | 22 | 78.27 | 24 | 78.48 | 25 | 78.54 | 26 | 79.83 | 25 | 78.41 | 32 |
| 海南藏族自治州 | 49.60 | 92 | 50.04 | 91 | 43.81 | 96 | 43.10 | 95 | 42.17 | 96 | 83.75 | 19 |
| 邯郸 | 74.78 | 30 | 55.50 | 87 | 59.58 | 80 | 59.96 | 83 | 62.46 | 77 | 52.78 | 85 |
| 鹤壁 | 57.40 | 83 | 57.94 | 82 | 70.90 | 55 | 71.67 | 54 | 75.71 | 41 | 80.12 | 26 |
| 呼伦贝尔 | 11.23 | 104 | 11.07 | 103 | 7.89 | 104 | 7.72 | 104 | 7.64 | 104 | 12.43 | 104 |
| 淮北 | 48.67 | 94 | 49.65 | 92 | 54.83 | 87 | 59.93 | 84 | 71.74 | 55 | 47.89 | 88 |
| 淮南 | 51.17 | 90 | 54.46 | 89 | 57.71 | 85 | 64.48 | 72 | 68.63 | 63 | 42.15 | 92 |
| 黄山 | 73.12 | 35 | 76.46 | 30 | 79.44 | 22 | 80.02 | 22 | 81.18 | 21 | 96.18 | 4 |
| 吉安 | 75.77 | 27 | 76.26 | 31 | 75.32 | 38 | 75.50 | 43 | 76.98 | 33 | 75.62 | 38 |
| 江门 | 60.65 | 73 | 59.66 | 75 | 61.86 | 77 | 62.20 | 78 | 66.99 | 68 | 72.77 | 53 |
| 焦作 | 55.95 | 86 | 59.00 | 80 | 67.52 | 65 | 68.05 | 64 | 70.47 | 57 | 63.12 | 66 |
| 金华 | 74.88 | 29 | 74.42 | 36 | 74.91 | 42 | 75.71 | 41 | 76.00 | 38 | 74.93 | 43 |
| 晋城 | 58.57 | 80 | 57.69 | 83 | 45.91 | 93 | 48.05 | 91 | 51.14 | 91 | 49.65 | 87 |
| 晋中 | 43.38 | 97 | 43.45 | 97 | 43.81 | 97 | 45.44 | 93 | 51.41 | 90 | 44.16 | 91 |
| 酒泉 | 62.29 | 67 | 62.62 | 68 | 59.51 | 81 | 60.15 | 82 | 59.59 | 81 | 82.81 | 21 |
| 廊坊 | 62.38 | 66 | 63.04 | 65 | 64.75 | 70 | 65.26 | 71 | 65.74 | 71 | 85.01 | 16 |
| 乐山 | 78.86 | 20 | 78.98 | 21 | 79.11 | 23 | 79.18 | 24 | 79.60 | 26 | 75.40 | 41 |
| 丽江 | 71.62 | 40 | 72.49 | 43 | 72.34 | 51 | 71.94 | 53 | 76.81 | 34 | 95.89 | 5 |
| 丽水 | 75.82 | 26 | 77.38 | 26 | 78.43 | 26 | 78.14 | 28 | 84.63 | 15 | 85.75 | 15 |
| 辽源 | 80.88 | 12 | 80.58 | 16 | 78.15 | 27 | 76.54 | 35 | 66.99 | 69 | 72.18 | 55 |
| 临沂 | 58.04 | 81 | 58.26 | 81 | 58.11 | 84 | 59.09 | 86 | 54.23 | 87 | 54.63 | 79 |

| 参评城市 | 2016 | | 2017 | | 2018 | | 2019 | | 2020 | | 2021 | |
|---|---|---|---|---|---|---|---|---|---|---|---|---|
| | 得分 | 排名 | 得分 | 排名 | 得分 | 排名 | 得分 | 排名 | 得分 | 排名 | 得分 | 排名 |
| 泸州 | 96.11 | 1 | 96.06 | 1 | 96.23 | 1 | 96.14 | 1 | 96.77 | 1 | 94.76 | 6 |
| 眉山 | 69.58 | 48 | 69.28 | 54 | 69.27 | 61 | 69.05 | 62 | 69.11 | 61 | 71.55 | 57 |
| 南阳 | 59.99 | 77 | 56.45 | 84 | 69.51 | 60 | 69.86 | 58 | 74.60 | 48 | 75.56 | 39 |
| 平顶山 | 53.96 | 89 | 51.68 | 90 | 63.11 | 73 | 64.08 | 74 | 67.15 | 67 | 61.43 | 70 |
| 濮阳 | 61.25 | 71 | 64.64 | 61 | 69.90 | 58 | 68.50 | 63 | 61.02 | 79 | 73.39 | 48 |
| 黔南布依族<br>苗族自治州 | 73.01 | 37 | 74.85 | 35 | 75.09 | 41 | 76.22 | 39 | 78.14 | 31 | 86.54 | 14 |
| 曲靖 | 84.92 | 7 | 85.47 | 8 | 85.24 | 12 | 85.01 | 11 | 87.37 | 10 | 78.30 | 33 |
| 日照 | 55.69 | 88 | 55.81 | 86 | 73.34 | 49 | 74.36 | 48 | 66.44 | 70 | 44.76 | 90 |
| 上饶 | 66.05 | 59 | 66.55 | 58 | 68.96 | 62 | 69.36 | 60 | 69.83 | 60 | 73.33 | 49 |
| 韶关 | 64.30 | 62 | 62.71 | 66 | 64.02 | 72 | 64.45 | 73 | 71.14 | 56 | 53.33 | 84 |
| 朔州 | 59.89 | 78 | 59.52 | 76 | 44.28 | 95 | 45.13 | 94 | 46.28 | 93 | 37.78 | 95 |
| 宿迁 | 69.08 | 50 | 69.39 | 52 | 69.99 | 57 | 70.24 | 57 | 70.44 | 58 | 74.75 | 44 |
| 潍坊 | 63.64 | 65 | 60.62 | 72 | 62.20 | 75 | 62.61 | 77 | 57.07 | 84 | 57.13 | 77 |
| 信阳 | 65.57 | 60 | 60.56 | 73 | 75.31 | 39 | 76.13 | 40 | 80.53 | 23 | 72.90 | 52 |
| 阳泉 | 55.83 | 87 | 56.21 | 85 | 59.25 | 82 | 60.65 | 81 | 44.21 | 95 | 56.41 | 78 |
| 营口 | 49.44 | 93 | 45.52 | 96 | 46.89 | 92 | 47.01 | 92 | 46.48 | 92 | 15.76 | 102 |
| 云浮 | 61.01 | 72 | 63.61 | 63 | 62.85 | 74 | 63.03 | 75 | 64.06 | 74 | 62.89 | 67 |
| 枣庄 | 68.21 | 53 | 72.34 | 44 | 71.47 | 53 | 72.03 | 52 | 59.95 | 80 | 54.15 | 80 |
| 长治 | 61.41 | 70 | 61.79 | 70 | 51.38 | 88 | 52.32 | 88 | 53.03 | 88 | 39.98 | 93 |
| 中卫 | 29.09 | 101 | 28.76 | 101 | 23.76 | 102 | 21.97 | 102 | 19.34 | 102 | 27.99 | 99 |
| 遵义 | 66.25 | 56 | 59.47 | 78 | 59.23 | 83 | 59.59 | 85 | 57.72 | 83 | 59.67 | 72 |

**附表36  三类地级市2016—2021年防灾减灾专题得分及指标板**

| 参评城市 | 2016 | | 2017 | | 2018 | | 2019 | | 2020 | | 2021 | |
|---|---|---|---|---|---|---|---|---|---|---|---|---|
| | 得分 | 排名 | 得分 | 排名 | 得分 | 排名 | 得分 | 排名 | 得分 | 排名 | 得分 | 排名 |
| 固原 | 36.04 | 100 | 35.78 | 99 | 32.45 | 100 | 31.30 | 101 | 29.57 | 100 | 67.25 | 61 |
| 桂林 | 77.27 | 24 | 77.30 | 27 | 77.14 | 31 | 76.47 | 37 | 76.31 | 37 | 98.00 | 2 |
| 黄冈 | 70.87 | 45 | 71.36 | 48 | 72.39 | 50 | 72.65 | 50 | 73.58 | 49 | 79.40 | 27 |
| 临沧 | 88.10 | 3 | 88.88 | 3 | 88.88 | 5 | 88.82 | 6 | 90.17 | 5 | 96.75 | 3 |
| 梅州 | 56.43 | 84 | 59.07 | 79 | 61.1 | 79 | 61.03 | 80 | 61.47 | 78 | 57.31 | 76 |
| 牡丹江 | 82.05 | 10 | 81.54 | 14 | 85.47 | 10 | 85.65 | 9 | 81.09 | 22 | 82.49 | 22 |
| 邵阳 | 61.89 | 68 | 63.84 | 62 | 65.08 | 69 | 65.31 | 70 | 67.48 | 65 | 69.83 | 59 |
| 绥化 | 74.05 | 33 | 73.36 | 39 | 77.45 | 29 | 78.28 | 27 | 78.84 | 30 | 84.75 | 17 |
| 渭南 | 67.94 | 54 | 71.01 | 50 | 76.41 | 35 | 76.43 | 38 | 80.14 | 24 | 66.98 | 63 |

附表37　四类地级市2016—2021年防灾减灾专题得分及指标板

| 参评城市 | 2016 | | 2017 | | 2018 | | 2019 | | 2020 | | 2021 | |
|---|---|---|---|---|---|---|---|---|---|---|---|---|
| | 得分 | 排名 | 得分 | 排名 | 得分 | 排名 | 得分 | 排名 | 得分 | 排名 | 得分 | 排名 |
| 毕节 | — | — | — | — | — | — | — | — | — | — | 67.07 | 62 |
| 四平 | 50.55 | 91 | 49.62 | 93 | 45.20 | 94 | 39.36 | 98 | 40.48 | 97 | 29.14 | 97 |
| 天水 | 78.85 | 21 | 79.26 | 20 | 78.12 | 28 | 78.84 | 25 | 77.16 | 32 | 90.53 | 10 |
| 铁岭 | 37.07 | 99 | 29.36 | 100 | 30.21 | 101 | 32.12 | 100 | 28.60 | 101 | 26.09 | 100 |

附表38　一类地级市2016—2021年环境改善专题得分及指标板

| 参评城市 | 2016 | | 2017 | | 2018 | | 2019 | | 2020 | | 2021 | |
|---|---|---|---|---|---|---|---|---|---|---|---|---|
| | 得分 | 排名 | 得分 | 排名 | 得分 | 排名 | 得分 | 排名 | 得分 | 排名 | 得分 | 排名 |
| 包头 | 53.94 | 77 | 54.93 | 81 | 58.29 | 81 | 58.29 | 81 | 62.05 | 83 | 65.27 | 87 |
| 昌吉回族自治州 | 57.74 | 68 | 57.50 | 78 | 56.17 | 85 | 56.17 | 85 | 54.69 | 97 | 0.82 | 106 |
| 常州 | 57.26 | 71 | 60.53 | 71 | 65.48 | 60 | 65.48 | 60 | 69.45 | 62 | 77.11 | 55 |
| 大庆 | 76.16 | 22 | 77.17 | 26 | 76.07 | 33 | 76.07 | 33 | 79.51 | 35 | 73.20 | 68 |
| 东莞 | 54.82 | 74 | 68.43 | 46 | 66.31 | 55 | 66.31 | 55 | 75.20 | 43 | 81.79 | 38 |
| 东营 | 43.66 | 95 | 47.12 | 96 | 55.91 | 86 | 55.91 | 86 | 64.84 | 77 | 59.12 | 97 |
| 鄂尔多斯 | 61.79 | 53 | 63.45 | 61 | 65.21 | 63 | 65.21 | 63 | 67.79 | 68 | 72.09 | 75 |
| 佛山 | 71.03 | 35 | 75.23 | 29 | 70.04 | 44 | 70.04 | 44 | 86.79 | 13 | 85.06 | 28 |
| 海西蒙古族藏族自治州 | 51.08 | 82 | 59.16 | 74 | 60.63 | 76 | 60.63 | 75 | 66.22 | 71 | 70.73 | 78 |
| 湖州 | 70.16 | 37 | 73.94 | 31 | 79.42 | 23 | 79.42 | 23 | 81.22 | 23 | 86.61 | 26 |
| 嘉兴 | 57.69 | 69 | 62.91 | 63 | 70.18 | 43 | 70.18 | 43 | 76.28 | 39 | 82.28 | 37 |
| 荆门 | 53.56 | 78 | 57.31 | 79 | 69.00 | 47 | 69.00 | 47 | 74.70 | 46 | 79.28 | 51 |
| 克拉玛依 | 71.39 | 33 | 71.48 | 38 | 56.43 | 84 | 56.43 | 84 | 68.28 | 66 | 73.04 | 69 |
| 连云港 | 54.26 | 76 | 57.10 | 80 | 60.07 | 77 | 60.07 | 76 | 64.73 | 78 | 72.87 | 70 |
| 林芝 | 79.15 | 16 | 78.92 | 20 | 80.69 | 17 | 80.69 | 17 | 91.38 | 4 | 80.82 | 42 |
| 龙岩 | 82.50 | 10 | 83.03 | 11 | 84.60 | 7 | 84.60 | 7 | 89.86 | 6 | 92.05 | 6 |
| 洛阳 | 58.44 | 65 | 58.12 | 77 | 61.54 | 75 | 59.03 | 78 | 55.49 | 95 | 72.46 | 72 |
| 南平 | 83.84 | 6 | 82.37 | 14 | 82.14 | 13 | 82.14 | 13 | 91.08 | 5 | 93.34 | 4 |
| 南通 | 59.24 | 62 | 63.73 | 60 | 66.30 | 56 | 66.30 | 56 | 69.89 | 59 | 79.88 | 48 |
| 泉州 | 84.57 | 5 | 87.45 | 3 | 87.01 | 3 | 87.01 | 3 | 80.07 | 30 | 81.56 | 39 |
| 三明 | 82.37 | 11 | 83.72 | 10 | 84.54 | 8 | 84.54 | 8 | 80.67 | 26 | 84.65 | 29 |
| 绍兴 | 66.69 | 45 | 74.89 | 30 | 79.53 | 22 | 79.53 | 22 | 80.34 | 28 | 84.56 | 30 |
| 苏州 | 60.21 | 58 | 66.68 | 52 | 67.51 | 51 | 67.51 | 51 | 73.58 | 48 | 79.85 | 49 |
| 台州 | 73.51 | 26 | 78.61 | 21 | 76.82 | 31 | 76.82 | 31 | 79.66 | 34 | 88.30 | 16 |
| 唐山 | 40.78 | 103 | 47.74 | 95 | 49.60 | 93 | 49.60 | 94 | 54.45 | 98 | 64.45 | 91 |

| 参评城市 | 2016 | | 2017 | | 2018 | | 2019 | | 2020 | | 2021 | |
|---|---|---|---|---|---|---|---|---|---|---|---|---|
| | 得分 | 排名 | 得分 | 排名 | 得分 | 排名 | 得分 | 排名 | 得分 | 排名 | 得分 | 排名 |
| 铜陵 | 73.79 | 25 | 75.67 | 28 | 72.68 | 39 | 72.68 | 39 | 69.87 | 60 | 80.14 | 46 |
| 无锡 | 59.96 | 60 | 62.30 | 64 | 64.62 | 66 | 64.62 | 66 | 73.17 | 50 | 79.70 | 50 |
| 湘潭 | 74.38 | 24 | 77.96 | 24 | 77.41 | 30 | 77.41 | 30 | 75.60 | 42 | 82.98 | 34 |
| 襄阳 | 62.81 | 51 | 66.90 | 51 | 67.91 | 50 | 67.91 | 50 | 66.17 | 72 | 74.28 | 60 |
| 徐州 | 58.65 | 63 | 61.92 | 66 | 59.13 | 78 | 59.13 | 77 | 61.60 | 86 | 69.00 | 79 |
| 许昌 | 46.09 | 88 | 52.84 | 85 | 61.88 | 74 | 61.88 | 74 | 57.84 | 92 | 72.34 | 73 |
| 烟台 | 73.25 | 28 | 73.84 | 32 | 68.45 | 49 | 68.45 | 49 | 85.39 | 16 | 75.23 | 57 |
| 盐城 | 66.14 | 46 | 69.05 | 40 | 65.93 | 58 | 65.93 | 58 | 66.69 | 70 | 78.15 | 54 |
| 宜昌 | 63.41 | 48 | 67.74 | 50 | 73.29 | 38 | 73.29 | 38 | 79.78 | 33 | 83.39 | 32 |
| 鹰潭 | 86.83 | 2 | 87.01 | 4 | 85.57 | 5 | 85.57 | 5 | 85.74 | 15 | 81.22 | 41 |
| 榆林 | 53.34 | 79 | 46.04 | 100 | 46.47 | 102 | 46.47 | 102 | 60.93 | 88 | 64.65 | 90 |
| 岳阳 | 67.73 | 44 | 68.58 | 45 | 57.05 | 82 | 57.05 | 82 | 70.48 | 56 | 73.87 | 62 |
| 漳州 | 86.61 | 3 | 86.92 | 5 | 85.17 | 6 | 85.17 | 6 | 86.83 | 12 | 89.09 | 13 |
| 株洲 | 79.58 | 13 | 82.53 | 13 | 80.87 | 16 | 80.87 | 16 | 83.37 | 18 | 87.36 | 22 |
| 淄博 | 42.91 | 97 | 46.13 | 99 | 48.90 | 97 | 48.90 | 97 | 58.47 | 91 | 52.42 | 104 |

**附表39　二类地级市2016—2021年环境改善专题得分及指标板**

| 参评城市 | 2016 | | 2017 | | 2018 | | 2019 | | 2020 | | 2021 | |
|---|---|---|---|---|---|---|---|---|---|---|---|---|
| | 得分 | 排名 | 得分 | 排名 | 得分 | 排名 | 得分 | 排名 | 得分 | 排名 | 得分 | 排名 |
| 安阳 | 43.15 | 96 | 45.22 | 101 | 44.81 | 105 | 44.81 | 105 | 45.53 | 106 | 55.06 | 102 |
| 巴音郭楞蒙古自治州 | 50.05 | 83 | 50.05 | 88 | 49.37 | 95 | 54.28 | 88 | 46.50 | 105 | 0.82 | 106 |
| 白山 | 73.36 | 27 | 68.11 | 47 | 58.92 | 79 | 58.92 | 79 | 71.94 | 53 | 88.17 | 18 |
| 宝鸡 | 69.03 | 41 | 64.19 | 57 | 71.42 | 40 | 71.42 | 40 | 75.11 | 45 | 82.89 | 35 |
| 本溪 | 57.52 | 70 | 68.67 | 44 | 82.79 | 12 | 82.79 | 12 | 92.18 | 2 | 86.98 | 24 |
| 郴州 | 77.55 | 18 | 81.39 | 16 | 83.10 | 11 | 83.10 | 11 | 87.64 | 11 | 88.37 | 15 |
| 承德 | 57.77 | 67 | 71.42 | 39 | 75.85 | 34 | 75.85 | 34 | 80.19 | 29 | 79.96 | 47 |
| 赤峰 | 60.42 | 56 | 63.76 | 59 | 66.88 | 52 | 66.88 | 52 | 74.48 | 47 | 73.70 | 63 |
| 德阳 | 46.21 | 86 | 47.02 | 97 | 51.46 | 91 | 51.46 | 92 | 79.94 | 31 | 73.99 | 61 |
| 德州 | 40.90 | 101 | 41.84 | 106 | 56.86 | 83 | 56.86 | 83 | 55.52 | 94 | 56.14 | 100 |
| 抚州 | 83.76 | 7 | 84.30 | 9 | 84.32 | 9 | 84.32 | 9 | 88.76 | 7 | 89.74 | 10 |
| 赣州 | 71.08 | 34 | 77.17 | 25 | 79.36 | 25 | 79.36 | 25 | 86.60 | 14 | 87.45 | 21 |
| 广安 | 77.13 | 19 | 79.38 | 19 | 79.38 | 24 | 79.38 | 24 | 79.79 | 32 | 83.10 | 33 |
| 海南藏族自治州 | 52.47 | 80 | 60.82 | 70 | 63.14 | 70 | 63.14 | 70 | 68.43 | 65 | 65.32 | 86 |
| 邯郸 | 44.23 | 92 | 48.67 | 91 | 45.89 | 103 | 45.89 | 103 | 49.58 | 103 | 56.96 | 99 |

续表

| 参评城市 | 2016 得分 | 2016 排名 | 2017 得分 | 2017 排名 | 2018 得分 | 2018 排名 | 2019 得分 | 2019 排名 | 2020 得分 | 2020 排名 | 2021 得分 | 2021 排名 |
|---|---|---|---|---|---|---|---|---|---|---|---|---|
| 鹤壁 | 44.74 | 90 | 47.91 | 93 | 54.61 | 87 | 54.61 | 87 | 52.52 | 100 | 53.02 | 103 |
| 呼伦贝尔 | 73.19 | 30 | 77.15 | 27 | 80.64 | 18 | 80.64 | 18 | 76.19 | 40 | 88.19 | 17 |
| 淮北 | 54.59 | 75 | 54.54 | 82 | 49.37 | 94 | 49.37 | 95 | 51.37 | 101 | 65.02 | 88 |
| 淮南 | 70.58 | 36 | 68.90 | 41 | 64.97 | 64 | 64.97 | 64 | 67.07 | 69 | 67.58 | 81 |
| 黄山 | 87.64 | 1 | 90.44 | 1 | 91.35 | 1 | 91.35 | 1 | 91.50 | 3 | 92.92 | 5 |
| 吉安 | 83.54 | 8 | 81.73 | 15 | 78.31 | 28 | 78.31 | 28 | 88.29 | 8 | 86.04 | 27 |
| 江门 | 79.37 | 15 | 79.66 | 18 | 78.28 | 29 | 78.28 | 29 | 76.03 | 41 | 83.65 | 31 |
| 焦作 | 44.87 | 89 | 48.83 | 90 | 53.93 | 88 | 53.93 | 89 | 50.70 | 102 | 51.65 | 105 |
| 金华 | 63.34 | 49 | 79.72 | 17 | 81.00 | 15 | 81.00 | 15 | 81.80 | 22 | 88.80 | 14 |
| 晋城 | 61.57 | 55 | 58.71 | 75 | 58.86 | 80 | 58.86 | 80 | 68.76 | 64 | 68.44 | 80 |
| 晋中 | 48.81 | 84 | 54.23 | 83 | 47.97 | 98 | 47.97 | 98 | 59.18 | 89 | 67.05 | 83 |
| 酒泉 | 58.24 | 66 | 60.29 | 72 | 66.88 | 53 | 66.88 | 53 | 69.52 | 61 | 74.65 | 58 |
| 廊坊 | 22.33 | 107 | 49.53 | 89 | 53.30 | 90 | 53.30 | 91 | 61.64 | 85 | 61.31 | 94 |
| 乐山 | 46.19 | 87 | 48.64 | 92 | 65.27 | 62 | 65.27 | 62 | 72.72 | 51 | 89.61 | 11 |
| 丽江 | 76.64 | 21 | 73.16 | 34 | 75.30 | 35 | 75.30 | 35 | 80.74 | 25 | 91.94 | 7 |
| 丽水 | 79.50 | 14 | 84.50 | 7 | 86.16 | 4 | 86.16 | 4 | 88.13 | 10 | 94.26 | 3 |
| 辽源 | 60.37 | 57 | 68.79 | 43 | 74.02 | 36 | 74.02 | 36 | 78.94 | 37 | 73.38 | 67 |
| 临沂 | 39.68 | 104 | 42.85 | 104 | 45.04 | 104 | 45.04 | 104 | 54.69 | 96 | 61.12 | 95 |
| 泸州 | 63.10 | 50 | 61.08 | 68 | 66.61 | 54 | 66.61 | 54 | 77.36 | 38 | 80.32 | 45 |
| 眉山 | 41.72 | 100 | 62.07 | 65 | 62.09 | 72 | 62.09 | 72 | 70.76 | 55 | 81.31 | 40 |
| 南阳 | 48.34 | 85 | 61.03 | 69 | 64.22 | 68 | 64.22 | 68 | 70.02 | 58 | 73.46 | 65 |
| 平顶山 | 43.90 | 94 | 59.37 | 73 | 62.14 | 71 | 62.14 | 71 | 61.65 | 84 | 72.30 | 74 |
| 濮阳 | 35.10 | 105 | 37.65 | 107 | 41.47 | 107 | 41.47 | 107 | 44.81 | 107 | 57.83 | 98 |
| 黔南布依族苗族自治州 | 71.44 | 32 | 64.70 | 56 | 64.54 | 67 | 64.54 | 67 | 62.99 | 81 | 89.24 | 12 |
| 曲靖 | 85.63 | 4 | 84.34 | 8 | 78.34 | 27 | 78.34 | 27 | 83.62 | 17 | 87.97 | 19 |
| 日照 | 55.04 | 73 | 52.72 | 86 | 44.56 | 106 | 44.56 | 106 | 65.68 | 74 | 63.95 | 92 |
| 上饶 | 73.22 | 29 | 72.02 | 36 | 78.59 | 26 | 78.59 | 26 | 79.06 | 36 | 91.37 | 8 |
| 韶关 | 81.44 | 12 | 82.88 | 12 | 68.50 | 48 | 68.50 | 48 | 88.27 | 9 | 95.20 | 1 |
| 朔州 | 51.73 | 81 | 52.66 | 87 | 48.95 | 96 | 48.95 | 96 | 60.97 | 87 | 64.91 | 89 |
| 宿迁 | 61.58 | 54 | 64.09 | 58 | 61.91 | 73 | 61.91 | 73 | 71.97 | 52 | 76.29 | 56 |
| 潍坊 | 42.88 | 98 | 46.56 | 98 | 47.15 | 100 | 47.15 | 100 | 57.27 | 93 | 66.28 | 84 |
| 信阳 | 55.04 | 72 | 63.13 | 62 | 69.09 | 46 | 69.09 | 46 | 62.67 | 82 | 79.02 | 52 |
| 阳泉 | 43.94 | 93 | 47.83 | 94 | 53.43 | 89 | 53.43 | 90 | 48.80 | 104 | 55.70 | 101 |
| 营口 | 69.38 | 39 | 41.86 | 105 | 64.67 | 65 | 64.67 | 65 | 65.24 | 76 | 70.92 | 77 |

| 参评城市 | 2016 | | 2017 | | 2018 | | 2019 | | 2020 | | 2021 | |
|---|---|---|---|---|---|---|---|---|---|---|---|---|
| | 得分 | 排名 | 得分 | 排名 | 得分 | 排名 | 得分 | 排名 | 得分 | 排名 | 得分 | 排名 |
| 云浮 | 77.56 | 17 | 68.02 | 49 | 81.43 | 14 | 81.80 | 14 | 75.19 | 44 | 86.87 | 25 |
| 枣庄 | 40.84 | 102 | 42.97 | 103 | 46.78 | 101 | 46.78 | 101 | 63.88 | 79 | 63.48 | 93 |
| 长治 | 59.97 | 59 | 58.40 | 76 | 63.63 | 69 | 63.63 | 69 | 65.38 | 75 | 71.15 | 76 |
| 中卫 | 58.65 | 64 | 65.64 | 54 | 65.35 | 61 | 65.35 | 61 | 68.94 | 63 | 78.37 | 53 |
| 遵义 | 75.39 | 23 | 77.99 | 23 | 80.46 | 19 | 80.46 | 19 | 83.24 | 19 | 73.39 | 66 |

**附表40 三类地级市2016—2021年环境改善专题得分及指标板**

| 参评城市 | 2016 | | 2017 | | 2018 | | 2019 | | 2020 | | 2021 | |
|---|---|---|---|---|---|---|---|---|---|---|---|---|
| | 得分 | 排名 | 得分 | 排名 | 得分 | 排名 | 得分 | 排名 | 得分 | 排名 | 得分 | 排名 |
| 固原 | 61.93 | 52 | 65.63 | 55 | 66.29 | 57 | 66.29 | 57 | 70.05 | 57 | 74.56 | 59 |
| 桂林 | 71.84 | 31 | 73.39 | 33 | 76.49 | 32 | 76.49 | 32 | 83.11 | 20 | 90.24 | 9 |
| 黄冈 | 68.34 | 43 | 68.88 | 42 | 71.03 | 41 | 71.03 | 41 | 67.9 | 67 | 73.69 | 64 |
| 临沧 | 69.04 | 40 | 61.73 | 67 | 83.87 | 10 | 83.87 | 10 | 80.94 | 24 | 87.25 | 23 |
| 梅州 | 83.04 | 9 | 89.41 | 2 | 90.39 | 2 | 90.39 | 2 | 93.03 | 1 | 94.56 | 2 |
| 牡丹江 | 59.50 | 61 | 86.20 | 6 | 69.71 | 45 | 69.71 | 45 | 73.35 | 49 | 82.39 | 36 |
| 邵阳 | 69.00 | 42 | 72.88 | 35 | 73.35 | 37 | 73.35 | 37 | 80.67 | 27 | 87.83 | 20 |
| 绥化 | 42.24 | 99 | 66.04 | 53 | 65.62 | 59 | 65.62 | 59 | 63.35 | 80 | 66.13 | 85 |
| 渭南 | 33.13 | 106 | 44.04 | 102 | 47.71 | 99 | 47.71 | 99 | 53.14 | 99 | 60.53 | 96 |

**附表41 四类地级市2016—2021年环境改善专题得分及指标板**

| 参评城市 | 2016 | | 2017 | | 2018 | | 2019 | | 2020 | | 2021 | |
|---|---|---|---|---|---|---|---|---|---|---|---|---|
| | 得分 | 排名 | 得分 | 排名 | 得分 | 排名 | 得分 | 排名 | 得分 | 排名 | 得分 | 排名 |
| 毕节 | 76.72 | 20 | 78.13 | 22 | 79.94 | 21 | 79.94 | 21 | 82.87 | 21 | 80.44 | 44 |
| 四平 | 44.36 | 91 | 52.94 | 84 | 51.14 | 92 | 51.14 | 93 | 58.58 | 90 | 72.60 | 71 |
| 天水 | 65.78 | 47 | 68.1 | 48 | 80.45 | 20 | 80.45 | 20 | 70.83 | 54 | 80.44 | 43 |
| 铁岭 | 69.53 | 38 | 71.86 | 37 | 70.58 | 42 | 70.58 | 42 | 66.06 | 73 | 67.29 | 82 |

**附表42 一类地级市2016—2021年公共空间专题得分及指标板**

| 参评城市 | 2016 | | 2017 | | 2018 | | 2019 | | 2020 | | 2021 | |
|---|---|---|---|---|---|---|---|---|---|---|---|---|
| | 得分 | 排名 | 得分 | 排名 | 得分 | 排名 | 得分 | 排名 | 得分 | 排名 | 得分 | 排名 |
| 包头 | 56.30 | 45 | 57.44 | 38 | 59.59 | 37 | 59.59 | 37 | 58.68 | 48 | 60.76 | 46 |
| 昌吉回族自治州 | — | — | — | — | — | — | — | — | — | — | — | — |
| 常州 | 55.95 | 46 | 57.10 | 40 | 57.87 | 43 | 57.87 | 43 | 55.32 | 54 | 57.35 | 55 |
| 大庆 | 60.28 | 28 | 60.96 | 26 | 58.06 | 42 | 58.06 | 42 | 64.35 | 28 | 67.80 | 28 |
| 东莞 | 71.44 | 8 | 81.38 | 2 | 82.28 | 3 | 82.28 | 3 | 84.56 | 3 | 77.31 | 7 |

续表

| 参评城市 | 2016 | | 2017 | | 2018 | | 2019 | | 2020 | | 2021 | |
|---|---|---|---|---|---|---|---|---|---|---|---|---|
| | 得分 | 排名 | 得分 | 排名 | 得分 | 排名 | 得分 | 排名 | 得分 | 排名 | 得分 | 排名 |
| 东营 | 82.23 | 2 | 76.16 | 5 | 80.78 | 4 | 80.78 | 4 | 77.59 | 8 | 59.02 | 52 |
| 鄂尔多斯 | 82.85 | 1 | 82.85 | 1 | 83.60 | 1 | 83.60 | 1 | 87.30 | 2 | 84.22 | 1 |
| 佛山 | 55.05 | 48 | 55.06 | 48 | 63.68 | 25 | 63.68 | 25 | 69.21 | 20 | — | — |
| 海西蒙古族藏族自治州 | — | — | — | — | — | — | — | — | — | — | — | — |
| 湖州 | 71.39 | 9 | 71.51 | 9 | 69.80 | 12 | 69.80 | 12 | 69.54 | 19 | 54.34 | 60 |
| 嘉兴 | 58.29 | 36 | 59.05 | 31 | 49.60 | 68 | 49.60 | 68 | 54.58 | 57 | 38.12 | 92 |
| 荆门 | 41.17 | 81 | 37.80 | 90 | 50.97 | 64 | 50.97 | 64 | 51.45 | 69 | 53.03 | 63 |
| 克拉玛依 | 51.37 | 59 | 51.37 | 63 | 51.81 | 61 | 51.81 | 61 | 46.76 | 79 | 63.06 | 39 |
| 连云港 | 53.78 | 49 | 54.51 | 50 | 51.69 | 63 | 51.69 | 63 | 60.07 | 39 | 56.57 | 57 |
| 林芝 | 44.39 | 73 | 43.27 | 77 | 83.12 | 2 | 83.12 | 2 | 88.62 | 1 | — | — |
| 龙岩 | 52.46 | 52 | 52.52 | 56 | 54.22 | 54 | 54.22 | 54 | 59.54 | 43 | 76.83 | 10 |
| 洛阳 | 35.61 | 92 | 41.85 | 82 | 46.29 | 78 | 46.29 | 78 | 40.90 | 88 | 70.76 | 21 |
| 南平 | 57.83 | 40 | 54.14 | 52 | 46.97 | 74 | 46.97 | 74 | 41.14 | 86 | 65.43 | 35 |
| 南通 | 63.53 | 19 | 67.36 | 16 | 69.08 | 14 | 69.08 | 14 | 72.55 | 15 | 68.07 | 26 |
| 泉州 | 58.81 | 34 | 59.05 | 32 | 59.43 | 39 | 59.43 | 39 | 59.60 | 41 | 66.55 | 30 |
| 三明 | 60.19 | 29 | 60.65 | 28 | 61.00 | 35 | 61.00 | 35 | 59.08 | 45 | 68.47 | 23 |
| 绍兴 | 50.66 | 61 | 51.82 | 61 | 48.65 | 70 | 48.65 | 70 | 83.33 | 4 | 48.90 | 71 |
| 苏州 | 56.72 | 43 | 55.29 | 46 | 52.52 | 57 | 52.52 | 57 | 58.87 | 47 | 52.27 | 66 |
| 台州 | 52.47 | 51 | 55.91 | 44 | 54.34 | 53 | 54.34 | 53 | 69.10 | 21 | 44.32 | 76 |
| 唐山 | 57.43 | 41 | 51.93 | 59 | 56.73 | 49 | 56.73 | 49 | 59.03 | 46 | 66.10 | 32 |
| 铜陵 | 65.00 | 18 | 69.24 | 12 | 71.32 | 10 | 71.32 | 10 | 72.63 | 14 | 77.03 | 8 |
| 无锡 | 59.51 | 30 | 59.51 | 30 | 59.51 | 38 | 59.51 | 38 | 66.32 | 26 | 60.59 | 47 |
| 湘潭 | 44.01 | 74 | 45.29 | 73 | 55.43 | 52 | 55.43 | 52 | 51.20 | 70 | 52.50 | 65 |
| 襄阳 | 42.09 | 76 | 42.40 | 79 | 42.38 | 88 | 42.38 | 88 | 42.52 | 85 | 59.78 | 49 |
| 徐州 | 62.37 | 22 | 63.36 | 23 | 61.46 | 33 | 61.46 | 33 | 60.64 | 38 | 64.89 | 36 |
| 许昌 | 39.04 | 88 | 46.84 | 71 | 47.51 | 72 | 47.51 | 72 | 54.26 | 58 | 65.82 | 33 |
| 烟台 | 71.25 | 10 | 55.38 | 45 | 62.14 | 30 | 62.14 | 30 | 59.60 | 42 | 41.95 | 83 |
| 盐城 | 51.47 | 58 | 53.00 | 54 | 56.15 | 50 | 56.15 | 50 | 64.62 | 27 | 61.74 | 43 |
| 宜昌 | 52.21 | 54 | 53.20 | 53 | 54.21 | 55 | 54.21 | 55 | 59.37 | 44 | 48.17 | 73 |
| 鹰潭 | 63.42 | 20 | 52.33 | 57 | 79.32 | 7 | 79.32 | 7 | 61.29 | 34 | 57.78 | 54 |
| 榆林 | 51.67 | 57 | 32.61 | 95 | 40.05 | 91 | 40.05 | 91 | 44.97 | 82 | 32.71 | 96 |
| 岳阳 | 47.89 | 67 | 47.36 | 68 | 48.10 | 71 | 48.10 | 71 | 53.14 | 62 | 55.56 | 59 |
| 漳州 | 58.77 | 35 | 58.98 | 33 | 61.17 | 34 | 61.17 | 34 | 61.40 | 33 | 68.04 | 27 |
| 株洲 | 52.01 | 55 | 55.15 | 47 | 57.80 | 44 | 57.80 | 44 | 48.97 | 74 | 58.46 | 53 |
| 淄博 | 65.33 | 16 | 67.77 | 15 | 70.70 | 11 | 70.70 | 11 | 68.86 | 22 | 55.90 | 58 |

| 参评城市 | 2016 | | 2017 | | 2018 | | 2019 | | 2020 | | 2021 | |
|---|---|---|---|---|---|---|---|---|---|---|---|---|
| | 得分 | 排名 | 得分 | 排名 | 得分 | 排名 | 得分 | 排名 | 得分 | 排名 | 得分 | 排名 |
| 安阳 | 40.44 | 83 | 42.22 | 80 | 44.81 | 82 | 44.81 | 82 | 47.48 | 76 | 59.23 | 50 |
| 巴音郭楞蒙古自治州 | — | — | — | — | — | — | — | — | — | — | — | — |
| 白山 | 15.85 | 101 | 16.48 | 100 | 13.42 | 101 | 13.42 | 101 | 21.76 | 102 | 30.17 | 97 |
| 宝鸡 | 50.61 | 62 | 51.34 | 64 | 51.89 | 60 | 51.89 | 60 | 55.67 | 53 | 40.52 | 89 |
| 本溪 | 66.69 | 14 | 66.69 | 17 | 68.11 | 17 | 68.11 | 17 | 66.93 | 25 | 68.36 | 24 |
| 郴州 | 55.91 | 47 | 57.90 | 35 | 59.11 | 40 | 59.11 | 40 | 60.87 | 35 | 61.21 | 44 |
| 承德 | 74.58 | 6 | 76.75 | 3 | 77.02 | 8 | 77.02 | 8 | 51.63 | 68 | 75.35 | 12 |
| 赤峰 | 59.03 | 32 | 54.57 | 49 | 57.00 | 47 | 57.00 | 47 | 71.64 | 16 | 62.06 | 42 |
| 德阳 | 39.63 | 87 | 41.66 | 83 | 44.51 | 83 | 44.51 | 83 | 40.49 | 90 | 42.17 | 82 |
| 德州 | 74.60 | 5 | 72.35 | 7 | 66.09 | 23 | 66.09 | 23 | 47.35 | 77 | 65.57 | 34 |
| 抚州 | 66.87 | 13 | 63.48 | 22 | 66.49 | 21 | 66.49 | 21 | 73.41 | 12 | 77.68 | 5 |
| 赣州 | 41.10 | 82 | 44.86 | 75 | 62.66 | 28 | 62.66 | 28 | 71.35 | 17 | 71.70 | 19 |
| 广安 | 58.14 | 39 | 56.16 | 43 | 66.66 | 19 | 66.66 | 19 | 70.92 | 18 | 41.12 | 86 |
| 海南藏族自治州 | — | — | — | — | — | — | — | — | — | — | — | — |
| 邯郸 | 73.45 | 7 | 68.85 | 13 | 67.02 | 18 | 67.02 | 18 | 63.72 | 30 | 73.15 | 16 |
| 鹤壁 | 50.05 | 63 | 49.91 | 66 | 49.74 | 67 | 49.74 | 67 | 54.17 | 59 | 74.32 | 15 |
| 呼伦贝尔 | 58.95 | 33 | 57.54 | 37 | 57.79 | 45 | 57.79 | 45 | 53.25 | 61 | 50.66 | 68 |
| 淮北 | 67.49 | 12 | 70.73 | 10 | 69.51 | 13 | 69.51 | 13 | 74.13 | 10 | 77.03 | 9 |
| 淮南 | 48.70 | 64 | 51.71 | 62 | 61.68 | 32 | 61.68 | 32 | 59.83 | 40 | 57.30 | 56 |
| 黄山 | 58.26 | 37 | 57.07 | 41 | 57.33 | 46 | 57.33 | 46 | 54.73 | 55 | 63.31 | 38 |
| 吉安 | 66.44 | 15 | 66.48 | 18 | 66.50 | 20 | 66.50 | 20 | 67.79 | 23 | 67.79 | 29 |
| 江门 | 68.65 | 11 | 69.44 | 11 | 80.01 | 6 | 80.01 | 6 | 80.13 | 6 | 81.36 | 2 |
| 焦作 | 41.98 | 77 | 46.03 | 72 | 48.82 | 69 | 48.82 | 69 | 53.34 | 60 | 62.84 | 40 |
| 金华 | 51.72 | 56 | 49.95 | 65 | 50.52 | 65 | 50.52 | 65 | 46.93 | 78 | 38.34 | 90 |
| 晋城 | 37.68 | 90 | 60.87 | 27 | 52.56 | 56 | 52.56 | 56 | 54.64 | 56 | 48.56 | 72 |
| 晋中 | 50.71 | 60 | 48.65 | 67 | 43.24 | 85 | 43.24 | 85 | 44.35 | 84 | 41.90 | 84 |
| 酒泉 | 34.91 | 95 | 32.68 | 94 | 33.28 | 97 | 33.28 | 97 | 57.37 | 51 | 70.37 | 22 |
| 廊坊 | 61.47 | 24 | 63.33 | 24 | 64.32 | 24 | 64.32 | 24 | 67.17 | 24 | 77.45 | 6 |
| 乐山 | 23.57 | 97 | 24.42 | 98 | 32.27 | 98 | 32.27 | 98 | 58.34 | 49 | 43.56 | 79 |
| 丽江 | 75.67 | 4 | 73.08 | 6 | 72.89 | 9 | 72.89 | 9 | 38.83 | 91 | 37.74 | 93 |
| 丽水 | 53.20 | 50 | 52.75 | 55 | 50.29 | 66 | 50.29 | 66 | 32.62 | 96 | 40.91 | 87 |
| 辽源 | 47.58 | 68 | 36.86 | 92 | 37.39 | 94 | 37.39 | 94 | 44.88 | 83 | 42.67 | 81 |
| 临沂 | 60.46 | 27 | 57.18 | 39 | 62.25 | 29 | 62.25 | 29 | 72.84 | 13 | 43.86 | 78 |

续表

| 参评城市 | 2016 | | 2017 | | 2018 | | 2019 | | 2020 | | 2021 | |
|---|---|---|---|---|---|---|---|---|---|---|---|---|
| | 得分 | 排名 | 得分 | 排名 | 得分 | 排名 | 得分 | 排名 | 得分 | 排名 | 得分 | 排名 |
| 泸州 | 40.22 | 84 | 44.19 | 76 | 47.36 | 73 | 47.36 | 73 | 79.22 | 7 | 46.48 | 75 |
| 眉山 | 35.19 | 93 | 36.88 | 91 | 39.41 | 92 | 39.41 | 92 | 51.67 | 67 | 40.67 | 88 |
| 南阳 | 39.93 | 85 | 33.10 | 93 | 34.30 | 96 | 34.30 | 96 | 52.03 | 65 | 66.39 | 31 |
| 平顶山 | 39.72 | 86 | 39.94 | 87 | 42.83 | 86 | 42.83 | 86 | 52.37 | 63 | 59.14 | 51 |
| 濮阳 | 45.04 | 72 | 47.36 | 69 | 51.89 | 59 | 51.89 | 59 | 51.97 | 66 | 61.14 | 45 |
| 黔南布依族苗族自治州 | 11.17 | 103 | 16.14 | 102 | 37.19 | 95 | 37.19 | 95 | 45.43 | 81 | 50.60 | 69 |
| 曲靖 | 34.95 | 94 | 29.21 | 96 | 10.85 | 103 | 10.85 | 103 | 49.35 | 73 | 33.11 | 95 |
| 日照 | 80.14 | 3 | 76.56 | 4 | 80.03 | 5 | 80.03 | 5 | 60.81 | 36 | 47.64 | 74 |
| 上饶 | 63.23 | 21 | 68.19 | 14 | 68.59 | 15 | 68.59 | 15 | 62.91 | 31 | 74.79 | 13 |
| 韶关 | 61.06 | 25 | 61.12 | 25 | 63.67 | 26 | 63.67 | 26 | 63.79 | 29 | 72.80 | 17 |
| 朔州 | 48.69 | 65 | 51.91 | 60 | 51.78 | 62 | 51.78 | 62 | 34.73 | 94 | 9.50 | 101 |
| 宿迁 | 59.42 | 31 | 60.41 | 29 | 61.99 | 31 | 61.99 | 31 | 60.72 | 37 | 68.16 | 25 |
| 潍坊 | 65.29 | 17 | 65.60 | 19 | 68.14 | 16 | 68.14 | 16 | 81.95 | 5 | 43.08 | 80 |
| 信阳 | 52.31 | 53 | 52.31 | 58 | 52.31 | 58 | 52.31 | 58 | 26.97 | 98 | 71.50 | 20 |
| 阳泉 | 43.54 | 75 | 45.19 | 74 | 42.63 | 87 | 42.63 | 87 | 34.08 | 95 | 49.58 | 70 |
| 营口 | 45.41 | 71 | 18.58 | 99 | 46.21 | 79 | 46.21 | 79 | 38.38 | 92 | 41.17 | 85 |
| 云浮 | 20.37 | 98 | 64.58 | 20 | 56.85 | 48 | 56.85 | 48 | 77.30 | 9 | 72.28 | 18 |
| 枣庄 | 56.31 | 44 | 56.22 | 42 | 55.56 | 51 | 55.56 | 51 | 52.07 | 64 | 44.28 | 77 |
| 长治 | 58.23 | 38 | 58.54 | 34 | 59.80 | 36 | 59.80 | 36 | 61.73 | 32 | 53.10 | 62 |
| 中卫 | 62.00 | 23 | 71.87 | 8 | 66.42 | 22 | 66.42 | 22 | 49.75 | 72 | 77.79 | 4 |
| 遵义 | 60.74 | 26 | 64.58 | 21 | 63.46 | 27 | 63.46 | 27 | 73.59 | 11 | 76.18 | 11 |

**附表44 三类地级市2016—2021年公共空间专题得分及指标板**

| 参评城市 | 2016 | | 2017 | | 2018 | | 2019 | | 2020 | | 2021 | |
|---|---|---|---|---|---|---|---|---|---|---|---|---|
| | 得分 | 排名 | 得分 | 排名 | 得分 | 排名 | 得分 | 排名 | 得分 | 排名 | 得分 | 排名 |
| 固原 | 12.17 | 102 | 38.83 | 88 | 46.88 | 76 | 46.88 | 76 | 56.29 | 52 | 81.30 | 3 |
| 桂林 | 46.17 | 70 | 47.17 | 70 | 46.89 | 75 | 46.89 | 75 | 50.72 | 71 | 60.19 | 48 |
| 黄冈 | 41.29 | 80 | 40.96 | 86 | 40.95 | 90 | 40.95 | 90 | 22.65 | 101 | 62.63 | 41 |
| 临沧 | 41.86 | 78 | 43.12 | 78 | 46.06 | 80 | 46.06 | 80 | 29.27 | 97 | 30.09 | 98 |
| 梅州 | 57.29 | 42 | 57.88 | 36 | 58.09 | 41 | 58.09 | 41 | 57.97 | 50 | 74.58 | 14 |
| 牡丹江 | 16.43 | 100 | 16.43 | 101 | 24.57 | 100 | 24.57 | 100 | 26.85 | 99 | 27.3 | 100 |
| 邵阳 | 37.44 | 91 | 41.44 | 84 | 43.41 | 84 | 43.41 | 84 | 47.92 | 75 | 51.77 | 67 |
| 绥化 | 17.70 | 99 | 12.51 | 103 | 12.51 | 102 | 12.51 | 102 | 12.46 | 103 | 28.96 | 99 |
| 渭南 | 41.85 | 79 | 41.29 | 85 | 45.01 | 81 | 45.01 | 81 | 45.66 | 80 | 37.4 | 94 |

**附表 45　四类地级市 2016—2021 年公共空间专题得分及指标板**

| 参评城市 | 2016 | | 2017 | | 2018 | | 2019 | | 2020 | | 2021 | |
|---|---|---|---|---|---|---|---|---|---|---|---|---|
| | 得分 | 排名 | 得分 | 排名 | 得分 | 排名 | 得分 | 排名 | 得分 | 排名 | 得分 | 排名 |
| 毕节 | 48.08 | 66 | 54.43 | 51 | 46.85 | 77 | 46.85 | 77 | 40.54 | 89 | 63.46 | 37 |
| 四平 | 29.64 | 96 | 29.09 | 97 | 31.10 | 99 | 31.10 | 99 | 36.98 | 93 | 38.30 | 91 |
| 天水 | 37.82 | 89 | 38.53 | 89 | 39.07 | 93 | 39.07 | 93 | 41.03 | 87 | 53.62 | 61 |
| 铁岭 | 46.9 | 69 | 42.03 | 81 | 41.71 | 89 | 41.71 | 89 | 26.43 | 100 | 52.54 | 64 |